新型搅拌桩复合地基理论与技术

刘松玉　等著

东南大学出版社
南京

内容提要

搅拌桩是软基处理的主要技术之一。作者针对常规搅拌桩工程实践中存在的问题进行了深入系统的研究与创新，发明了双向搅拌桩、钉形搅拌桩、排水粉喷桩复合地基系列新技术，对这些新技术进行了系统的理论研究与工程应用，形成了成套的创新技术。

本书内容包括：绪论，双向搅拌桩技术原理，双向湿喷桩施工技术与工程应用，双向粉喷桩施工技术与工程应用，钉形搅拌桩原理与施工技术，钉形搅拌桩复合地基承载特性研究，钉形搅拌桩复合地基沉降变形特性与设计方法，钉形搅拌桩加固软土地基工程应用，排水粉喷桩复合地基原理与工程应用。

本书可供土木交通行业岩土工程领域的科学技术人员参考，也可作为高等院校相关专业研究生和本科生的教学参考书。

图书在版编目(CIP)数据

新型搅拌桩复合地基理论与技术/刘松玉等著.
南京：东南大学出版社，2014.12
ISBN 978-7-5641-5450-9

Ⅰ.①新… Ⅱ.①刘… Ⅲ.①软土地基—地基处理
Ⅳ.①TU471.8

中国版本图书馆CIP数据核字(2014)第310080号

新型搅拌桩复合地基理论与技术

出版发行　东南大学出版社
社　　址　南京市四牌楼2号　邮编 210096
出 版 人　江建中
网　　址　http://www.seupress.com
经　　销　全国各地新华书店
印　　刷　江苏凤凰数码印务有限公司

开　　本　700 mm×1000 mm　1/16
印　　张　17.75
字　　数　328千字
版　　次　2014年12月第1版
印　　次　2014年12月第1次印刷
书　　号　ISBN 978-7-5641-5450-9
定　　价　50.00元

序　　言

软土地基在我国东南沿海和内陆河流湖泊流域等经济发达地区广泛分布，其强度低、沉降变形大、稳定性差，软土地基加固处理是城市建设、轨道交通、高速公路、铁路、机场、市政工程等土木工程建设领域面临的重大技术问题。我国自 1978 年引进水泥搅拌桩技术以来，在全国工程建设领域地基处理工程中得到了大量推广应用，成为最广泛的软土地基处理技术之一，形成了技术规范和规程。但我国传统搅拌桩技术存在下列主要问题：成桩质量不稳定、处理效果不稳定、桩身强度偏低、加固深度有限、施工自动化控制程度低、环境影响大、造价和管理成本高等；另一方面，传统搅拌桩复合地基技术，桩土变形协调不够，需在顶部设置垫层，导致工程造价增高。这些技术问题常导致软土地区工程工后沉降变形大、开裂、边坡失稳、突然垮塌等工程问题，并且后期维护成本高甚至影响正常运营。

本书作者针对上述问题，根据软土固化机理和复合地基应力传递与承载最优化原理，对国内外广泛应用的传统搅拌桩复合地基技术进行根本变革，创造性地提出了双向对称搅拌原理、变置换率复合地基原理和基于气压劈裂原理的复合地基技术，发明了双向搅拌桩、钉形搅拌桩和排水粉喷桩系列新技术和施工机械，形成了国家一级工法，已在我国各类软土地基工程中得到了推广应用。钉形与双向搅拌桩技术能保证搅拌桩竖向和水平向全面均匀，同等条件下桩身强度和处理深度比传统搅拌桩大大提高，且施工工效是原来的两倍；钉形和变截面搅拌桩桩土锚固协调变形一致、成层分布软土加固最优化，且可加大桩间距；排水粉喷桩技术可用于加固高含水量的超软土，并可加大有效加固深度和桩间距。这些创新技术可显著降低工程造价并有效减少环境扰动影响。该系列成果获得了 2012 年国家技术发明二等奖。

本书系统介绍了双向搅拌桩、钉形搅拌桩和排水粉喷桩复合地基新技术，包括基本原理、施工技术、设计计算方法和质量控制等，并详细介绍了工程应用实例。

本书是在三篇博士论文和多项科研应用成果基础上，由刘松玉组织课题组主要成员编写，并由刘松玉负责统稿完成。具体编写人：第1、2章（刘松玉，章定文），第3章（朱志铎），第4章（杜广印，刘松玉），第5章（刘松玉，易耀林），第6、7章（易耀林，刘松玉），第8章（刘松玉，易耀林），第9章（章定文）。研究生王康达为协助本书统稿做了大量工作。本系列技术研究过程中，课题组其他成员经绯副教授、刘志彬副教授、邓永峰教授、杜延军教授、洪振舜教授、蔡国军副教授、童立元副教授、苏州大学陈蕾副教授、安徽建筑大学席培胜教授、山东科技大学吴燕开副教授、储海岩工程师、宫能和工程师、刘锦平工程师、冯锦林工程师等，为设备研发和工程应用做出了贡献。本技术研发得到国家自然科学基金项目（50879011，51279032）、国家“十二五”科技支撑项目（2012BAJ01B02-01）和多项江苏交通科技项目的资助，并得到很多领导及工程技术人员的帮助，在此一并表示衷心的感谢！

搅拌桩处理技术自研究成功以来一直处于快速发展之中，近年来搅拌桩施工设备的智能化，应用领域向环境、海洋工程领域的拓展，采用低能耗绿色环保固化剂等是搅拌桩技术新的发展趋势。希望本书出版能对我国搅拌桩技术的发展起到推动作用，为提高我国地基处理和工程建设技术水平做出贡献。

由于笔者水平有限，书中错误在所难免，欢迎广大读者不吝赐教！

刘松玉

2014.12.8

目　　录

第1章 绪 论

1.1 搅拌桩技术发展

软土地基在我国东南沿海和内陆河流湖泊流域等经济发达地区分布广泛，其强度低、沉降变形大、稳定性差。软土地基的加固处理是城市建设、轨道交通、高速公路、铁路、机场、市政工程等土木工程建设领域面临的重大技术问题。

现有地基处理技术可以分为置换法、排水固结法、挤密法、化学加固法、复合地基法、加筋法等，其中搅拌桩复合地基是加固软土地基最广泛的方法之一[1-2]。

搅拌桩是通过专用的施工机械，将水泥、石灰等粉体（或浆液）加固材料喷入地基中，凭借钻头叶片的旋转将加固料与原位地基土强制搅拌并得到充分混合，使地基土和加固料之间发生固结、水化等一系列反应，从而使软黏土硬结，在短期内形成具有整体性强、水稳性好和足够强度的柱体。由水泥与软土搅拌形成的固结体在我国统称为水泥土搅拌桩。但由于历史原因和使用习惯，将用水泥浆与软土搅拌形成的柱状固结体称为浆喷桩（又称为湿法搅拌桩，CDM 法）；将用水泥粉体与软土搅拌形成的柱状固结体称为粉体喷射搅拌桩，简称粉喷桩（又称为干法搅拌桩，DJM 法）。

搅拌桩的发展历史可追溯到 1824 年英国人阿斯皮琴制造出硅酸盐水泥并取得的专利，利用水泥灌浆止水，使水泥和土拌合作为土木工程材料在工程中得到了应用，但主要是作为浅层处理。美国 IP 公司（Intrusion Prepakt Inc.）1950 年代中期研制开发成功就地搅拌桩（Mixed-in-Place，MIP）技术，以处理深部软土，即从不断回转的、中空轴的端部向周围已被搅松的土中喷出水泥浆，经翼片的搅拌而形成水泥土桩，桩径 0.3～0.4 m，长度 10～12 m。

粉体喷射搅拌桩则是于 20 世纪 60 年代后期，由瑞典和日本分别提出、开发、推广和应用。1967 年瑞典工程师 Kjeld Paus 提出使用石灰搅拌桩加固 15 m 深度范围内的软土地基的设想，并于 1971 年在现场制成一根用生石灰和软土拌成的搅拌桩，次年在瑞典岩土工程研究所的试验场地进行了石灰搅拌桩的载荷试验，1974 年在瑞典首都斯德哥尔摩以南约 10 km 处的呼定（Hudding）用石灰粉体搅拌桩作为路堤和深基坑边坡稳定措施。瑞典 Linden－Alimak 公司还制造出专用的粉体搅拌施工机械，桩径可达 0.5 m，最大加固深度 10～15 m。后来，粉喷桩在北欧

(Scandinavia)地区推广使用，并且固化剂由最初的纯石灰发展到"石灰＋水泥"，以及"水泥＋其他工业废料"等。北欧地区最常用的粉喷桩施工机械是单搅拌轴，桩体直径为0.5～1.2 m(多为0.6～1.0 m)，最大加固深度达到了30 m，典型的施工机械如图1-1所示[3]。

图1-1 北欧地区最常用的粉喷桩施工机械(Holm G.，2003)

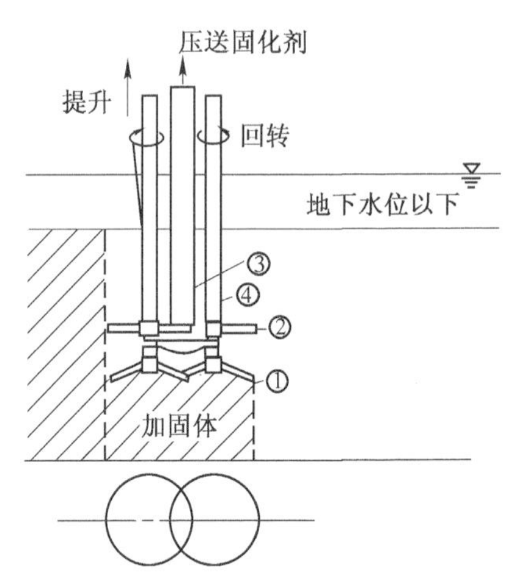

图1-2 DLM法的施工原理

①、②—搅拌翼片；③—固化剂输出口；④—搅拌轴

1968年日本港湾技术研究所(PHRI)参照MIP工法的特点，开始研制石灰搅拌施工机械，分别研制成了两类石灰搅拌机械，形成两种施工方法：一类为使用颗粒状生石灰的深层石灰搅拌法(DLM法)；另一类为使用生石灰粉末的粉体喷射搅拌法(DJM法)。

所谓DLM法，是一种以生石灰为固化剂的施工方法，日本第一个工程应用项目是1974年由FUDO建筑公司实施完成的。其施工原理如图1-2所示，由两根带有旋转翼片的回转轴及在其中间部位兼作导向柱的固化剂输入管组成，固化剂从两个搅拌面的交叉部位输入地层中。通常形成如图1-2所示的两个圆叠合形状断面的双柱状加固体。

粉体喷射搅拌法(DJM)，作为日本建设省综合开发计划中有关“地基加固新技术开发”的一部分，是以建设省土木研究所(施工技术研究室)和日本建设机械化协会(建设机械化研究所)为中心，在1977年至1979年所开发的专项技术。开发了在土中分离加固材料与空气以及排出空气的技术，使工法达到了实用化。DJM法采用了压缩空气连续通过钻杆向土中喷射水泥粉的技术，其搅拌喷射头如图1-3。日本搅拌机械有单轴和双轴两种，最大加固深度达33 m。2002年8月，日本推出了标准的粉体喷射搅拌法(DJM)施工机械，如图1-4所示[4]。该机械为双搅拌轴，每个轴有两层叶片，且装置在不同高度，搅拌叶片直径1 000 mm，最大加固深度达30 m。适用的土层条件为不排水抗剪强度小于70 kPa的黏性土和标准贯入击数小于15的砂土。如果施工作业面或者高度受到限制，可以采用单轴搅拌机。由于日本软土分布广泛，粉体喷射搅拌法(DJM)在日本的陆上工程建设中得到了广泛应用。

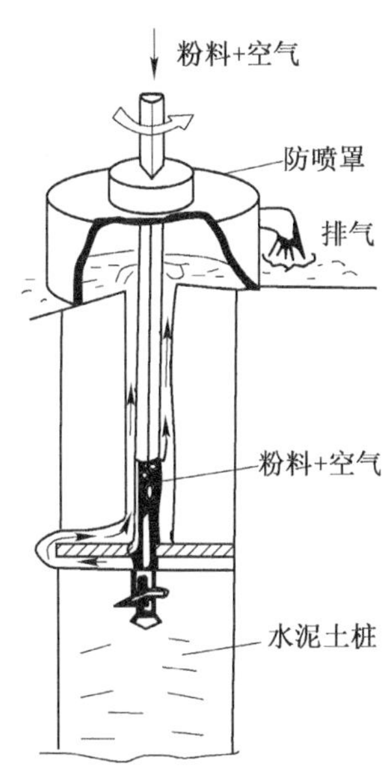

图1-3 日本粉喷搅拌喷射头

图1-4 日本陆上工程标准的DJM施工机械
(双轴，搅拌直径1.0 m，加固深度30 m)(Terashi M.，2003)

由于搅拌桩最大限度地利用原土，对软土的加固效果良好；施工过程中无振动、无污染，对周围环境及建筑物无不良影响，根据设计需要，可灵活地采用柱状、壁状、格栅状和块状等平面布置加固形式，在一定范围内根据需要，调整固化剂用量，得到固化土的不同强度，因此搅拌法加固软土地基技术在瑞典、芬兰、挪威、法国、英国、联邦德国、美国、加拿大等国家得到了广泛应用。

我国于1977年由冶金部建筑研究总院和交通部水运规划设计院进行了室内试验和机械研制工作，于1978年制造出国内第一台双轴中心管输浆的搅拌机械。1980年，天津机械施工公司与交通部第一航务工程局科研所对日本螺旋钻孔机械进行改装，开发了单轴搅拌和叶片输浆型搅拌机，水泥土搅拌桩在全国迅速得到了推广应用。

我国铁道部第四勘测设计院于1983年初开始进行石灰粉搅拌法加固软土的试验研究，并于1984年7月在广东省云浮硫铁矿铁路专用线上单孔4.5 m盖板箱涵软土地基加固工程中应用，使用的深层搅拌机是铁道部第四勘测设计院和上海探矿机械厂共同开发的单头GPP-5型桩机，桩径直径500 mm，桩长8 m，共打设了石灰搅拌桩321根。1985年4月通过铁道部技术鉴定，建议逐步推广使用。后来相继在武昌和连云港用于下水道沟槽挡土墙和铁路涵洞软基加固，均获得良好效果。1988年，铁道部第四勘测设计院与上海探矿厂联合研制成功GPP-5型粉体喷射搅拌机，并通过铁道部和地矿部联合鉴定后投入批量生产。以后铁道部武汉工程机械研究所和上海华杰科技开发公司也先后制造出既能喷粉又能喷浆，全液压步履式的PH-5和GPY-16型单轴粉喷桩机。

工程实践证明，搅拌桩是一种具有很大推广价值的软土地基加固技术，已广泛应用于铁路、高等级公路、市政工程、工业民用建筑等的地基处理中。冶金工业部颁发的《软土地基深层搅拌加固法技术规程》(YBJ 225—91)，住房与城乡建设部颁发的《建筑地基处理技术规范》(JGJ 79—2012)中均对水泥土搅拌桩的工程应用进行了较详细的规定[5]。2013年住房与城乡建设部颁发的《复合地基技术规范》(GB/T 50783—2012)也对深层搅拌桩复合地基技术进行了详细规定[6]，促进了该技术的应用发展。水泥土搅拌桩已成为我国目前应用最广泛的软土地基处理技术之一。

1.2 搅拌桩适用范围

1.2.1 适用土质

国外使用深层搅拌法加固的地基土有新吹填的超软土、沼泽地带的泥炭土、海洋相淤泥土等。我国一开始引进搅拌法技术时，亦用于处理淤泥及淤泥质土。我国关于搅拌法的第一本行业标准《软土地基深层搅拌加固法技术规程》(YBJ 225—91)和1992年9月1日开始施行的《建筑地基处理技术规范》中"深层搅拌法"部分，规定搅拌法适用于处理淤泥、淤泥质土、粉土和含水量较高且地基承载力标准值不大于120 kPa的黏性土。《建筑地基处理技术规范》(JGJ 79—2002)规定搅拌法适用于处理正常固结的淤泥与淤泥质土、粉土、素填土、黏性土、饱和黄土以及无流动地下水的饱和松散砂土等地基。经过多年推广应用后，2012 年颁布的《建筑地基处理技术规范》(JGJ 79—2012)规定水泥土搅拌桩复合地基适用于处理正常固结的淤泥、淤泥质土、素填土、黏性土(软塑、可塑)、粉土(稍密、中密)、粉细砂(松散、中密)、中粗砂(松散、稍密)、饱和黄土等土层;不适用于含大孤石或障碍物较多且不易清除的杂填土、欠固结的淤泥与淤泥质土、硬塑及坚硬的黏性土、密实的砂类土，以及地下水渗流影响成桩质量的土层。该规范还规定，当水泥土搅拌桩用于处理泥炭土、有机质土、pH 值小于 4 的酸性土、塑性指数大于 25 的黏土，或在腐蚀性环境中以及无工程经验的地区使用时，必须通过现场和室内试验确定其适用性[5]。

根据室内试验，一般认为用水泥作固化剂，对含有高岭石、多水高岭石、蒙脱石等黏土矿物的软土加固效果较好，而对含有伊利石、氯化物和水铝石英矿物的黏性土以及有机质含量高、pH 较低的黏性土加固效果较差。

在某些地区的地下水中含有大量硫酸盐(海水侵入地区)，因硫酸盐与水泥发生反应时，对水泥土具有结晶性侵蚀，会出现开裂、崩解而丧失强度。为此应选用抗硫酸盐水泥，使水泥土中产生的结晶膨胀物质控制在一定的数量范围内，另外也可掺加活性材料例如粉煤灰，以提高水泥土的抗侵蚀性能。

在我国北纬 40°以南的冬季负温条件下，冰冻对水泥土的结构损害甚微。在负温时，由于水泥与黏土矿物的各种反应减弱，水泥土的强度增长缓慢(甚至停止);但正温后，随着水泥水化等反应的继续深入，水泥土的强度可接近标准强度。

搅拌法加固水下松散砂土应特别注意是否存在地下水径流和承压地下水，否则水泥拌入松砂中，水泥颗粒尚未初凝会被流水冲走，将会造成严重事故。尤其是近年来在江河堤防工程中经常使用水泥土(砂)薄墙作为截渗技术，由于水流冲走水泥颗粒，将使墙身渗透破坏比降性能大大降低。

根据土质情况，水泥、水泥系固化材料及生石灰的应用范围，用图 1-5 加以概括，可供应用中参考[7]。

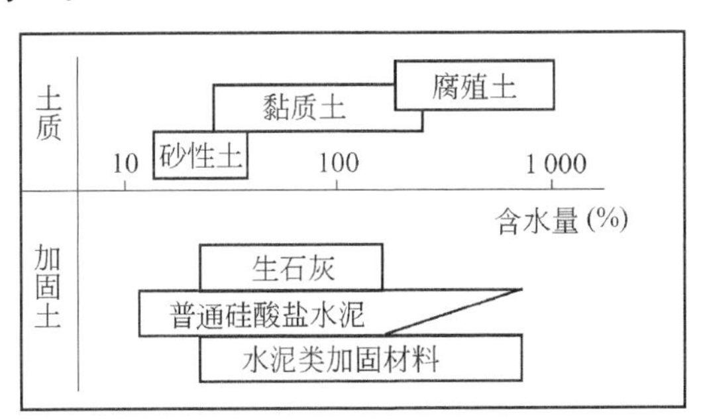

图 1-5　对不同土质选择加固材料简图[7]

1.2.2　加固深度

水泥土搅拌桩的加固深度主要受施工机械的影响。作为竖向受力的水泥土搅拌桩,仅从应力传递的角度而言,有一个所谓临界桩长的概念,也就是在桩顶荷载作用下,桩身应力向下传递,由于桩侧摩阻力的作用,桩身应力逐步降低,在桩身一定深度处,桩身应力为零。从桩顶到该深度处的桩长称为“临界桩长”。但这种观点对以沉降作为控制标准的工程来说是不符合的。在日本和北欧,搅拌桩加固软土的深度已达到 30 m 以上[4];国内由于施工设备的限制,《建筑地基处理技术规范》(JGJ 79-2012)仍规定粉喷桩的长度不宜大于 15 m,湿法加固深度不宜大于 20 m[5]。

1.2.3　工程应用范围

由于搅拌桩具有许多独特的优点而被广泛应用[8-12]。在日本,这种方法可用于如图 1-6 所示的这些工程中[7,13],主要为建(构)筑物地基、边坡稳定、防渗工程、抗液化加固等。

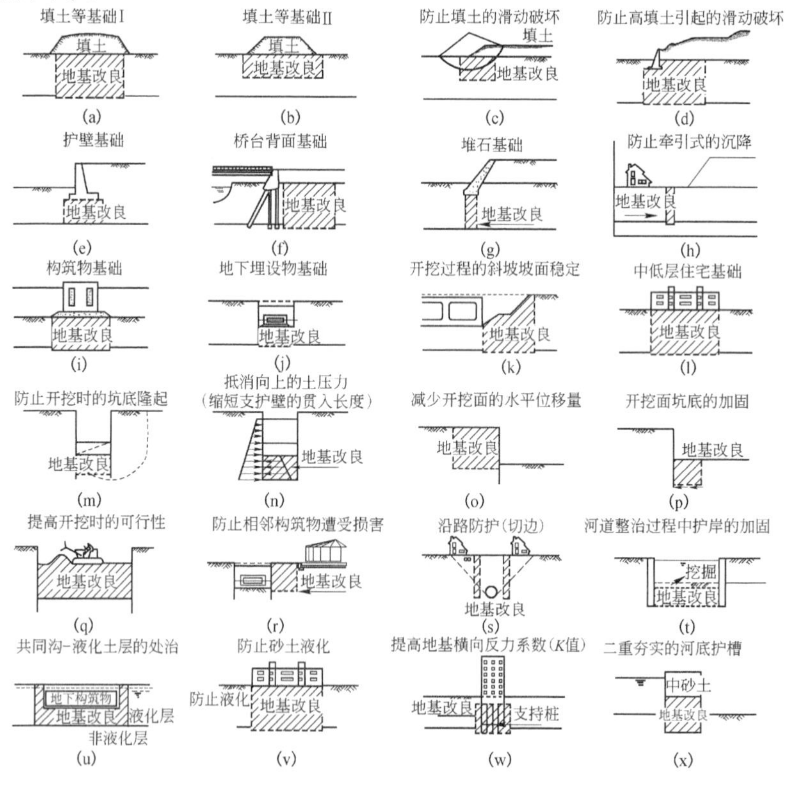

图 1-6　粉喷桩在日本的应用工程类型(喷射搅拌工法研究会,1993)

在我国,搅拌桩常用于下列工程中:[10][14]

1. 地基加固形成搅拌桩复合地基,以提高地基承载力、增大变形模量、减少沉降量。具体应用于下列工程:

(1) 建(构)筑物的地基加固,如6～12层多层住宅、办公楼,单层或多层工业厂房,水池贮罐基础等。

(2) 高速公路、铁道和机场场道以及高填方地基等。

(3) 油罐地基等。

(4) 大面积堆场地基,包括室内和露天。

根据建筑物基础形式以及承载力和沉降要求,搅拌桩加固体可以分为柱状、壁状、隔栅状、块状等(图1-7)[15]。搅拌桩平面排列布置方式见图1-8所示,常用的主要有正方形、长方形和梅花形。

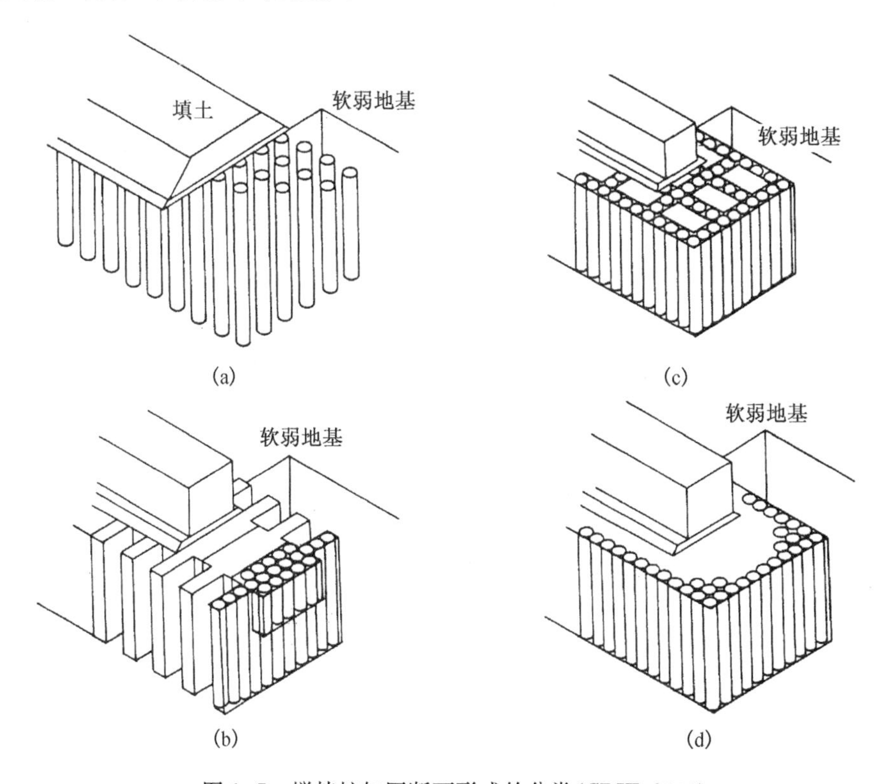

图1-7 搅拌桩加固断面形式的分类(CDIT,2002)

2. 支挡结构物:软土层中的基坑开挖、管沟开挖或河道开挖的边坡支护和防止底部管涌、隆起。当采用多排水泥土桩形成挡墙时,常采用格栅状的布桩形式。

采用单个搅拌桩互相搭接而成竖直壁状墙体作护岸结构,比起混凝土连续墙、

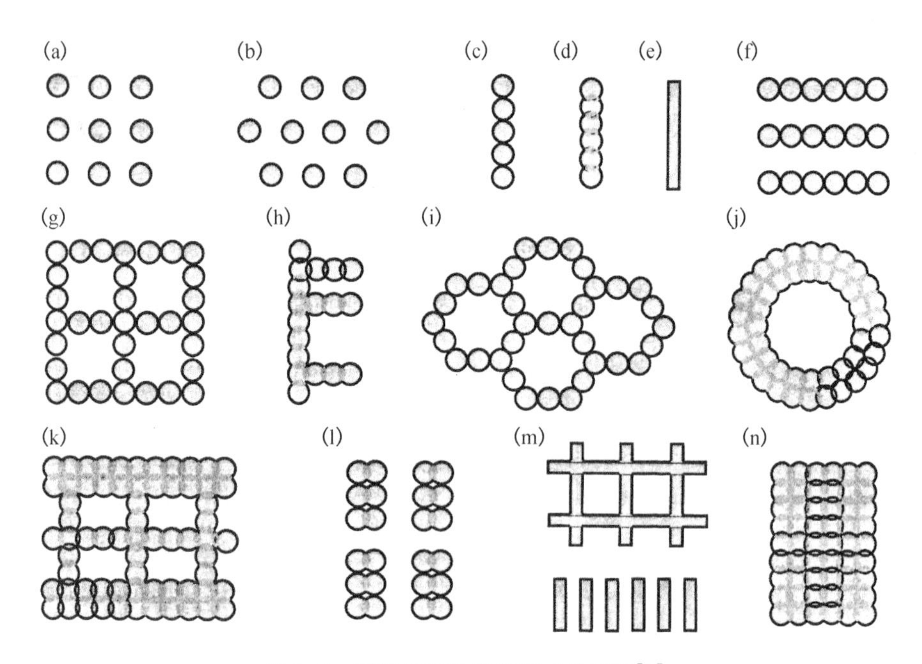

图 1-8　搅拌桩桩位排列形式示意图[16]

a. 矩形;b. 三角形(梅花形);c. 搭接墙;d. 重叠搭接墙;e. 等厚墙;f. 搭接排桩;
g. 搭接形格栅状;h. 重叠形扶壁式墙;i. 搭接形串珠状;j. 环状;k. 框架式;
l. 8 字形搅拌桩;m. 多重等厚墙;n. 整体块状

预制钢筋混凝土桩、钢板桩等护岸方案,不但施工简便,而且经济实用,工期可大大缩短。为了确保护岸墙的自身安全,通常单桩的搭接宽度以 10 cm 为宜。搭接太小,墙体强度和稳定性不够;搭接过大,则浪费桩身材料。桩的搭接见图 1-8 c、d 所示。

当搅拌桩墙体用于基坑支护时,为了提高支护效果,一般应采用较高标号的水泥作固化剂。根据支护高度和计算要求,粉喷桩护岸墙可由单排、双排或三排桩体构成,也可做成单排、双排或三排加肋式,还可以做成仓格式。各种护岸墙形式见图 1-8 k、n 所示。

除隔栅式以外的各式护岸墙,通常厚度都较薄,为了保证墙体的稳定,墙体伸入基坑底以下的深度较大,用以获得较大的被动土压力,以平衡各种外力的作用。设计这类护岸墙体时,主要应计算关键部位的墙体强度、伸入基底的深度及整体稳定性。

有时,壁状搅拌桩体是专门用作普通重力式挡土墙使用的,其厚度较大,墙的入土深度较小,自身稳定性好。此种情况下,墙身靠自重来保持稳定,其入土深度可按一般挡土墙考虑,而墙身断面根据抗倾和抗滑稳定计算确定。墙的断面形式可做成箱格式或台阶式(图 1-9)[17]。箱格式与仓格式的区别在于前者有箱底，而后者无仓底；台阶式系按重力式挡墙的断面要求使粉喷桩顶标高不在一个平面上而形成台阶。箱格式和台阶式护岸墙施工较为麻烦，施工费用较高，应慎重进行方案比较选用。

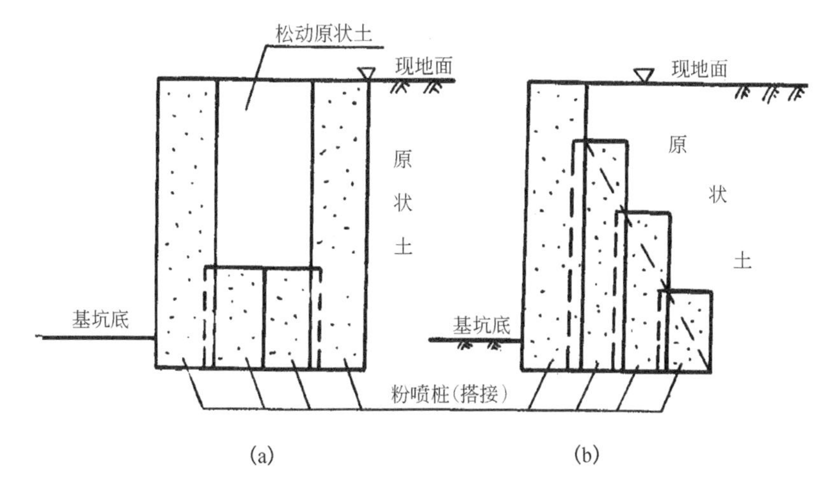

图 1-9　箱格式和台阶式护岸墙(薛殿基，1997)

3. 防渗止水帷幕：由于水泥土结构致密，其渗透系数可小于 $1\times10^{-9}\sim1\times10^{-11}$ cm/s，因此可用于软土地基基坑开挖和其他工程的防渗帷幕。

采用水泥作固化剂制成的搅拌桩，由于水泥与原位土混合后所形成较密实的水泥土体，其湿密度比原土的湿密度可增加 5%～10%，渗透系数明显降低，将这种搅拌桩互相搭接而成为一个完整的地下连续墙，可有效地起到阻水作用，降低水的渗透，避免坑壁流沙发生。所以，在有地下水的基坑做粉喷桩护岸墙，同时具有护岸和防渗两种功能(图 1-10)。

4. 防止地基液化：传统的观点认为，水泥搅拌桩不能解决场地土的液化问题。对于水泥搅拌桩的抗液化性能，规范[18-20]也没有提及。然而，根据国外的工程实践经验，加上深入的理论分析、计算，论证了采用水泥搅拌桩复合地基处理除可提高承载力外，还可以适当降低天然地基土的液化指数，改善地基土综合抗震工程地质性能指标。

水泥搅拌桩处理液化地基的作用机理主要为：水泥搅拌桩的刚度比桩间土的刚度要大得多，因此在桩体上产生应力集中现象，大部分荷载将由桩体承担，桩间土应力相对减少，并有效减少地震时产生的剪应变和超静孔隙水压力；同时桩体的存在对桩间土起着侧向限制、约束作用，阻止桩间土的侧向变形。另外，水泥土桩

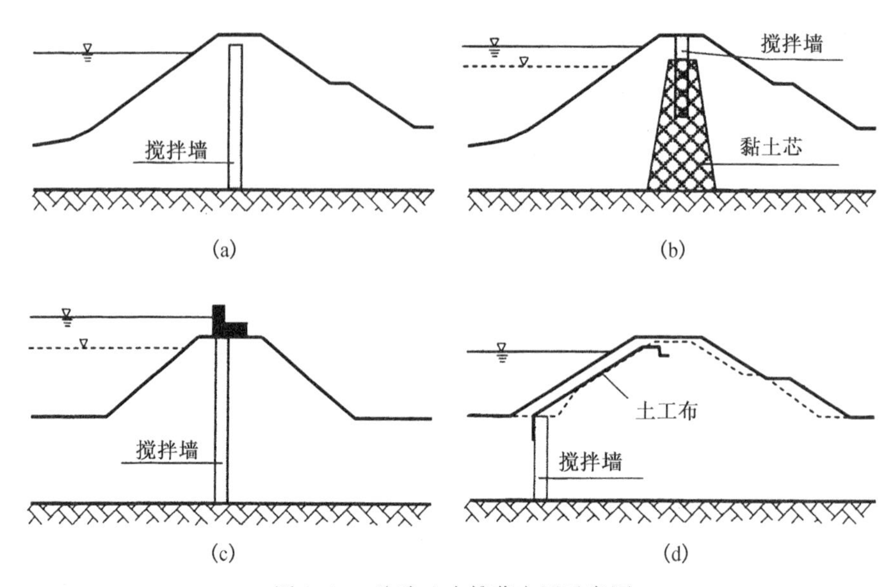

图 1-10　防渗止水帷幕应用示意图

a. 大坝防渗透芯墙；b. 大坝黏土防渗芯墙联合屏障；
c. 大坝防渗芯墙及建筑物地基加固；d. 大坝防渗流屏障

还可以在一定程度上改善桩周土工程特性(特别是砂土和粉土)，这就改变了液化地基中的应力—应变条件，提高了地基土体的抗剪强度。

典型的水泥土桩抗液化实例是日本神户水泥土桩处理的一座建筑物[21-22]。1995 年大地震时，神户港的绝大部分建筑都遭到了毁灭性的破坏，但是，有一座正在施工的建筑物却完好无损(图 1-11)。分析其主要原因，是由于在建筑物的混凝土桩基础周围，采用隔栅状的水泥土桩处理液化土层，提高了混凝土桩基础的侧向阻力[图 1-11(c)]。地震后的开挖结果显示：水泥土加固区没有任何液化的痕迹。

5. 环境岩土工程方面：近年来，随着污染地基处理的需要，搅拌桩技术开始应用于污染土的处治，主要用作为隔离屏障、固化或稳定[23]。隔离屏障是采用搅拌桩将污染场地隔离并阻止其扩散，又分为主动隔离和被动隔离，如图 1-12 所示。固化/稳定化是指将废弃物或污染物与胶凝材料混合，同时通过物理和化学的手段降低污染物质的淋滤能力，从而将有害物质转化为环境可接受的材料。固化(Solidification)是针对物理修复过程而言的，是指将液体、泥浆或其他一些物理性质不稳定的有害废弃物转化为稳定的固体；稳定化(Stabilization)则是针对化学修复过程而言的，是指通过化学的方法减少土中污染物质的溶解度、迁移性，将其转化为化学惰性的物质，从而减少这些废弃物的毒害性。图 1-13 为采用固化/稳定化法处理土中污染物质的简化示意图[24]。

(a) 工程场地全景图(箭头所指为完好无损的建筑物)

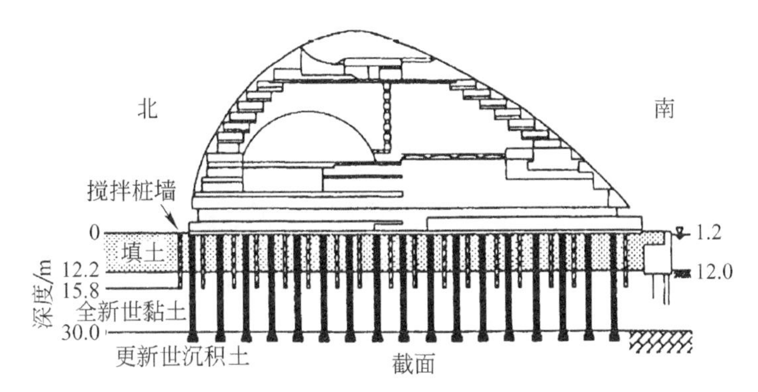

(b) 建筑物地基基础剖面图

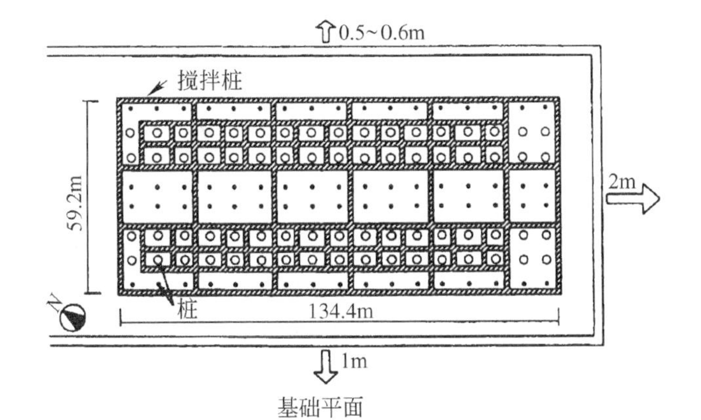

(c) 建筑物地基基础平面图

图 1-11 水泥土桩抗液化典型实例(Porbaha 等,1999)

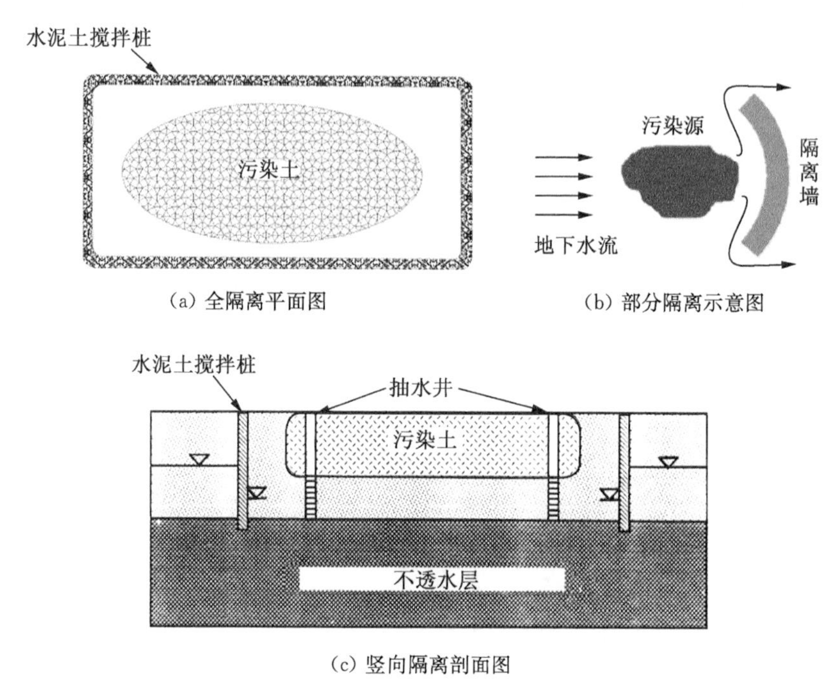

图 1-12　竖向隔离墙平面与剖面布置示意图

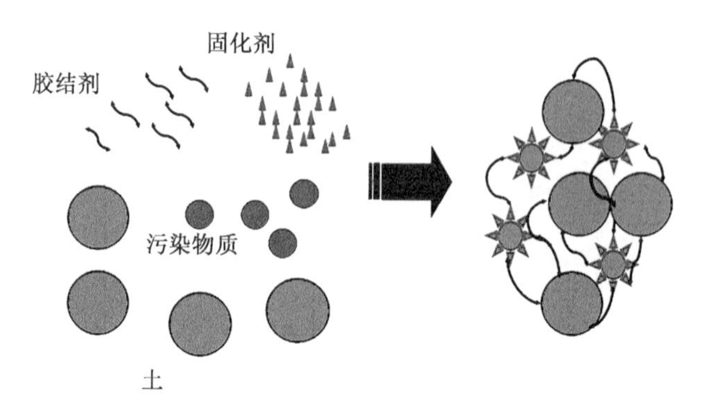

图 1-13　固化/稳定化法处理污染土原理示意图

与其他修复技术(如生物修复、冲洗法和蒸汽浸提等)相比,固化/稳定化技术处置具有以下优点:水泥材料和应用技术都较为成熟,水泥固化过程操作方便;水泥材料与多种废弃物具有兼容性,能够处理的化学成分范围较广,能使大多数液相废弃物与水泥发生化学作用;形成的水泥固化体具有很好的化学和物理长期稳定性,相对好的力学和结构特性,相对低的渗透性;对紫外线、生物降解有高的抵抗力，对核废料具有很好的屏蔽作用；采用合理的配合比，可使固化过程快速、可控。因此该技术得到了国际学者和工程界的持续密切关注和广泛应用研究。如美国超级基金项目对1982年至2005年间修复的977个污染场地统计表明，采用固化/稳定化修复技术的场地占总项目数的24%；固化/稳定化技术修复重金属污染场地的比例达到了重金属污染场地的80.6%(图1-14)[25]。

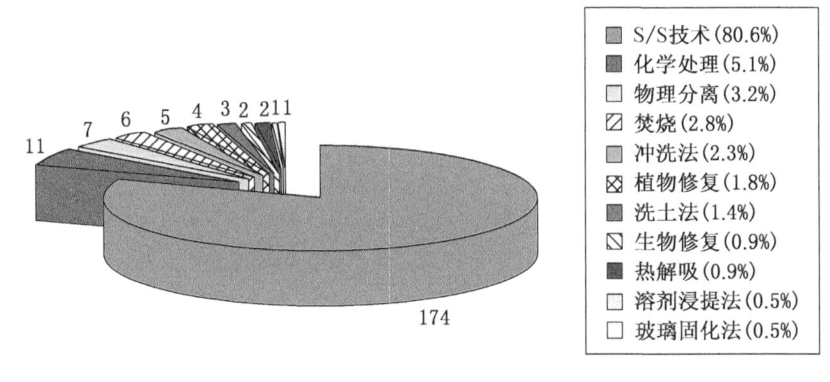

图1-14 美国超级基金项目固化/稳定化技术修复重金属污染场地统计图[25]

根据使用的胶凝材料的不同，固化/稳定化技术可以分为[24]：①水泥固化/稳定化技术，主要胶结材料为水泥，或水泥与粉煤灰、膨润土等联合使用，适用于重金属等成分的处理；②火山灰(Pozzolanic)固化/稳定化技术，主要胶结材料为粉煤灰、石灰、高炉灰、铝硅酸盐，适用于金属和废酸的处理；③热塑性(Thermoplastic)固化/稳定化技术，主要胶结材料为沥青、聚乙烯材料，适用于金属、放射性核物质和有机物质的处理；④有机聚合材料固化/稳定化技术，如尿素、甲醛等，适用于金属和废酸的处理。

根据处理场地的不同，固化/稳定化技术又可分为原位处理和非原位处理。原位处理是采用水泥搅拌桩等技术将污染土与水泥等固化材料就地搅拌处理，达到包裹污染物质、防止其向周围环境进一步扩散的目的；非原位处理指将污染土开挖后，在反应罐中与水泥充分搅拌，然后将固化后的污染土当作有害废弃物堆填到废弃物填埋场、回填到原址或作为建筑材料回收利用。

固化/稳定化技术尤其适用于重金属污染场地的修复。根据U.S.EPA 2000年对固化/稳定化技术应用案例的统计(图1-15)[26]，重金属场地采用固化/稳定化技术法处理的数量占到了89%，如果加上放射性金属则达到了92%，其中所处理金属居前5位的是铅、铬、砷、镉、铜(图1-16)，其他处理场地较少的金属为镍(14个)、锌(13个)、钡(9个)、汞(8个)、锑(7个)、银(3个)、钚(2个)、锶(2个)。这些金属污染物处理前在土中的含量在50～70 000 mg/kg，个别场地中铅含量高达 424 000 mg/kg，镉含量高达 170 000 mg/kg。经处理后，固化体淋滤试验的重金属浓度均符合环境要求(即 RCRA TCLP 标准)。

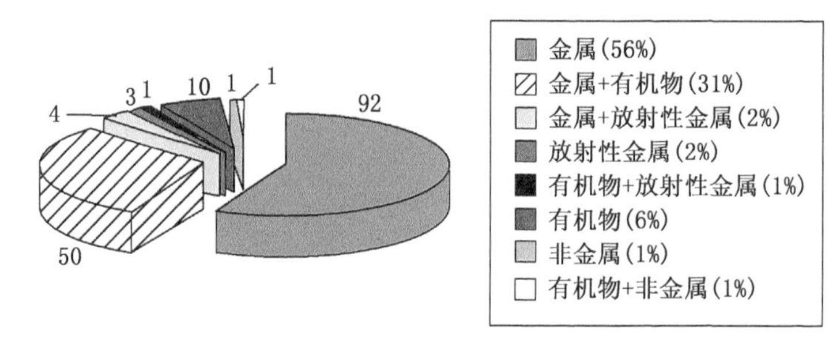

图 1-15　U. S. EPA 利用固化/稳定化技术处理各种类型污染场地的数量统计[26]

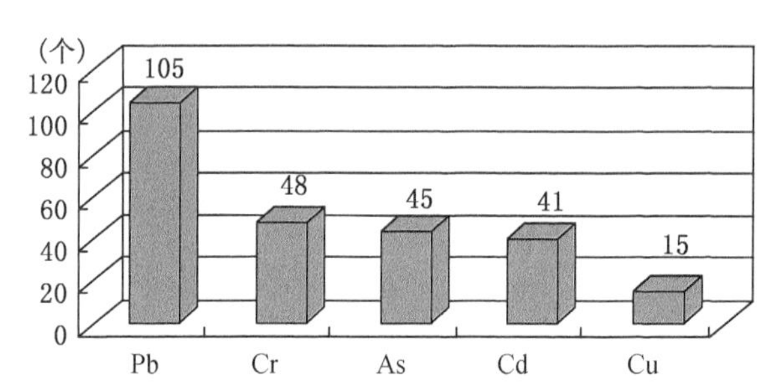

图 1-16　U. S. EPA 利用固化/稳定化技术处理各种重金属元素污染场地的数量统计[26]

固化/稳定化技术处理污染场地过程中，重金属污染物与水泥等胶结材料、水泥水化产物以及土体之间同时存在或者连续发生多种物理化学反应，主要包括[27]：

(1) 重金属吸附于水泥土表面。吸附的效果取决于土体的矿物特性和高 pH 环境。Mollah 等研究固化/稳定化过程中的界面现象发现金属对黏土的表面有强烈的吸引力[28]。Glendinning 等研究认为金属的表面吸附是石灰固化污染土的主要固化机理[29]。

(2) pH 相关的沉淀。形成不溶性氢氧化物是水泥固化/稳定化技术的主要机理之一。水泥水化后的孔隙溶液呈较明显的碱性(pH=13)，溶液中 OH^- 浓度的提高可生成金属化合物沉淀。图 1-17 是几种典型重金属氢氧化物溶解度与 pH 的关系。pH<10 之前，重金属氢氧化物溶解度随着 pH 的增长而降低；当 pH>10 之后，金属阳离子形成可溶性的化合阴离子，溶解度提高。

(3) 氧化还原反应生成不溶化合物沉淀。在低 Eh 环境下，多元金属阳离子可

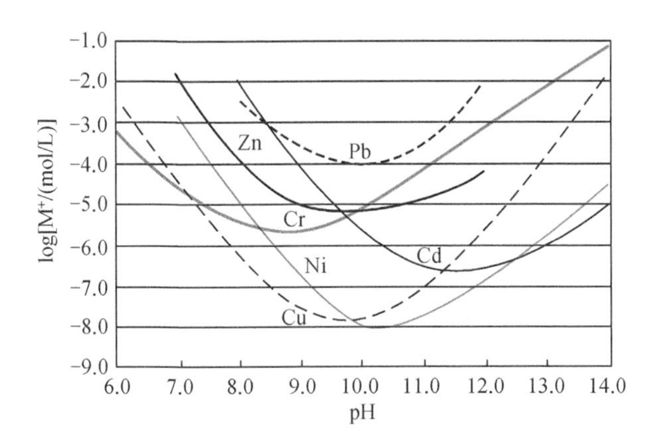

图 1-17 重金属离子溶解度随 pH 的变化

以被还原为不易溶的金属阳离子物质，如将有毒的六价 Cr^{6+} 还原为 Cr^{3+}，并形成 $Cr(OH)_3$。

(4) 吸附于水泥水化产物 C—S—H 表面，或被包裹进 C—S—H 胶体中。C—S—H 是一种无定形胶状微孔隙材料，具有很高的比表面积，可以通过物理方式吸附大量的阳离子和阴离子。在许多情况下，C—S—H 物理吸附作用甚至强于化学作用。

(5) 化学结合进水泥结晶状水化产物中。重金属离子通过加成或置换反应结合进 C—S—H 或 Aft/Afm 也是固化/稳定化法的重要固化机理。

6. 其他应用：对桩侧或板桩背后软土的加固以增加侧向承载能力；对于较深的基坑开挖还可将钢筋混凝土桩和水泥土桩构成复合壁体共同承受水、土压力；用于地下盾构施工地段的软土加固以保证盾构的稳定掘进等。近年来，利用搅拌桩的隔震特点，还可采用搅拌桩形成隔震墙，减少振动的影响。

1.3 国内外搅拌桩新技术

1.3.1 整体搅拌加固技术

整体搅拌加固技术(Mass Stabilization)[30]是 20 世纪 90 年代初期由芬兰的 YIT 建筑有限公司提出的，主要用于加固有机质土和疏浚土等软土。

1. 基本原理

整体搅拌加固技术的施工机械由挖掘机改造而成(图 1-18 和图 1-19)，另外配套设备还有灰罐(20 m^3)、空气压缩机以及搅拌工具。加固剂(如水泥)的输入方法和粉喷桩一样，通过高压空气注入土中。搅拌时水平向和竖直向同时搅拌，提高了固化土的搅拌均匀程度。搅拌头的直径通常为 600～800 mm，旋转速率为 80～100 r/min。整体加固技术(Mass Stabilization Method)的加固深度一般小于 5 m.

图 1-18　整体加固技术施工机械(Nenad J.，2003)

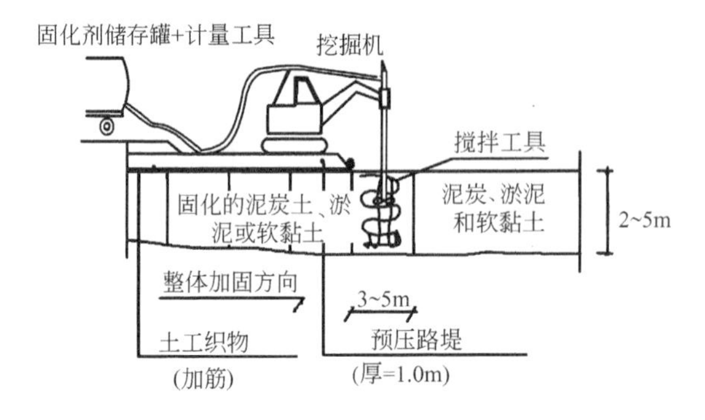

图 1-19　整体加固技术施工示意图(Nenad J.，2003)

2. 工程实例

在北欧地区，许多工程采用了整体加固技术加固有机质土和疏浚土等软土，并且已经取得成功。例如，芬兰 Veittostensuo 地区的 12 号公路试验堤填筑、瑞典 Bettna 地区 221 公路的填筑、瑞典 673 公路试验堤的填筑等都采用了整体加固技术加固淤泥土层。这里简单介绍芬兰 Veittostensuo 地区的 12 号公路试验堤填筑时的情况。

1993 春，芬兰 Veittostensuo 地区的 12 号公路试验段采用整体加固技术加固淤泥。上部淤泥采用整体加固技术处理（500 m^3），下部黏土采用粉喷桩加固（2 000 m^3），如图 1-20 所示。

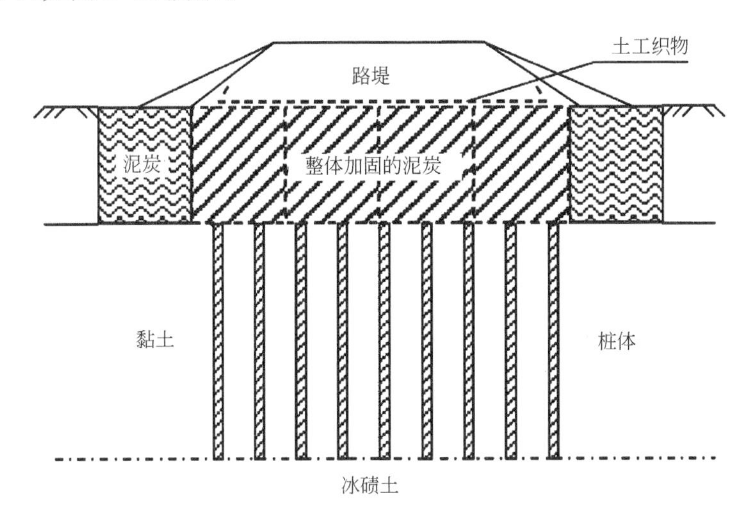

图 1-20　整体加固技术试验堤示意图（Nenad J.，2003）

土层地质条件为表层是 3～5 m 厚的淤泥质土，含水量为 253%～1 670%，抗剪强度为 3～8 kPa。中间是黏土层，厚 10～20 m，含水量为 52%～283%，抗剪强度为 7～15 kPa，下层为冰碛土。地下水位于地表下 0.1 m。

整体加固厚度为 3 m，固化剂为 50%的速凝水泥＋50%高炉炉渣，固化剂用量为 250 kg/m^3。粉喷桩桩长 15 m，桩径 700 mm，桩间距为 750 mm。固化剂采用 50%的石灰＋50%高炉炉渣，固化剂用量为 100 kg/m^3。

整体加固层的设计强度为 50 kPa。施工完成以后，对固化土强度和变形特性进行了长达 8 年的监测。整体加固的固化土强度采用桩体贯入试验和桩体十字板试验测试，其强度为 40～150 kPa，满足设计要求。

永久路堤高度为 1.5 m，采用超载预压，超载高度为 1.0 m。分 3 次填筑，沉降监测结果见图 1-21。可见，联合整体加固技术和粉喷桩处理以后，软基沉降较小（300～400 mm）。超载卸除以后，地基沉降迅速稳定。

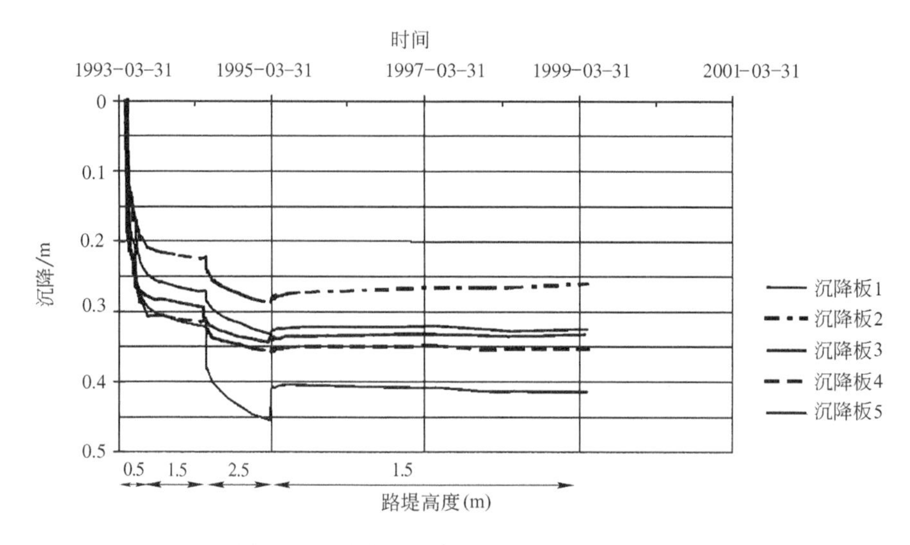

图 1-21 试验堤沉降历时(Nenad J.，2003)

1.3.2 粉体喷射注水搅拌工法(MDM)

当地基土的天然含水量小于 30%(黄土含水量小于 25%)，或者具有较薄的硬土层等情况时，粉体喷射搅拌工法难以施工，且水泥不能充分水化，因此不能取得理想的加固效果。基于此，Johan Gunther 和 Benny Lindrtröm(2004)提出了粉体喷射注水搅拌工法(MDM)[31]。

粉体喷射注水搅拌工法(MDM)就是在传统粉体喷射搅拌工法(DJM)施工时，通过特定的导管向土体中喷入一定量的水(图 1-22)，调整黏土的液性指数或者砂土的含水量，从而加固常规粉体喷射搅拌工法(DJM)不能加固的某些土体。图 1-22(a)中的外围 4 个孔为水源输送通道，中间的大孔为固化剂粉体输送通道。MDM 工法施工机械在常规的粉喷桩机基础上改装而成，改进了粉喷桩机搅拌头，增加了一个水泵、一个水管以及喷水量控制计量装置。水和水泥通过不同导管、不同的喷口喷入土中，这样可以防止喷口阻塞。应该注意的是，MDM 工法中，喷入土中的水泥用量应该考虑土中天然含水量和加入的水量，通过水泥土的室内配合比试验确定。

改进的粉体喷射注水搅拌工法(MDM)较常规的粉体喷射搅拌工法(DJM)具有更加广泛的适用范围，例如：

(1) 密砂或者干土中天然含水量较低时，喷入的水泥粉不能充分水化，从而得不到预期的加固效果，并且还会浪费材料，喷入一定量的水以后，使得水泥充分水

(a) MDM 搅拌轴内部构造

(b) MDM 搅拌喷射头

图 1-22 MDM 搅拌轴和搅拌喷射头

化,可以取得较高强度的桩体。

(2) 处理较硬的土层或者硬土层以下的软土时,需要打穿较硬的土体,常规的粉体喷射搅拌工法难以施工,粉体喷射注水搅拌工法(MDM)可以在较硬的土体正常施工。

(3) 粉体喷射注水搅拌工法(MDM)还可以处理沿深度具有不同密实度、不同含水量和不同稠度的土层。

粉体喷射注水搅拌工法(MDM)和常规的粉体喷射搅拌工法(DJM)相比,其优越性主要表现为:具有更加广泛的适用范围;增加土中的含水量以后,可以提高施工搅拌效益。尽管土中水灰比的加大会降低水泥土强度,但是,搅拌效益的提高可以增加水泥土的均匀性,包括沿桩土截面和沿桩体深度,综合考虑这两方面,反而增加了桩体强度。

1.3.3 TRD(等厚水泥土搅拌地下连续墙)工法

TRD 工法,即水泥土地下连续墙施工工法(Trench Cutting Re-mixing Deep Wall Method),是日本 1993 年开发成功的施工工法,TRD 工法是将链式切削器插入土中,靠链式切削器的转动并沿水平方向掘削前进,形成连续的沟槽,同时将固化液从切削器的端部喷出,与土在原地充分混合搅拌,形成水泥土地下连续墙的一种施工工艺。固化液是由水泥系固化材料、添加剂和水等混合而成的悬浊的液体。TRD 工法原理示意图如图 1-23 所示。如果将水泥土地下连续墙用作支护结构、隧道的竖井,则可在水泥土墙中插入型钢,以增加连续墙的强度和刚度[32-33]。由于 TRD 工法具有显著优点,在全世界得到了广泛应用。我国《建设行业重大技术装备研制和国产化工作“十五”计划和 15 年规划》将 TRD 工法列为地下工程机械的开发重点和主要工作任务之一。

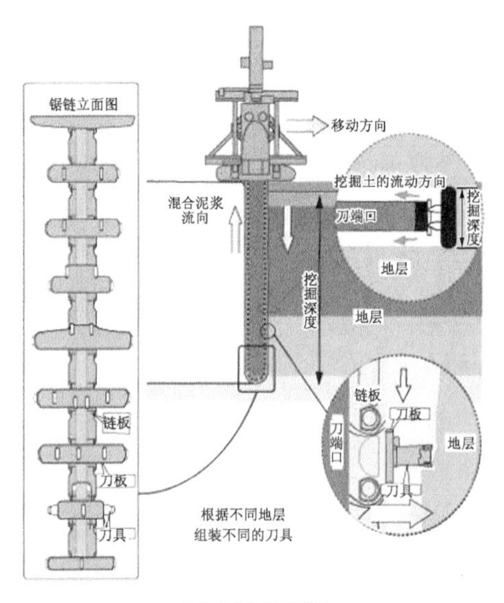

(a) 原理示意图

(b) 施工示意图

图 1-23　TRD 工法原理与施工示意图(据上海广大基础公司)

1. TRD 工法的特点

(1) 稳定性高:TRD 工法施工机械采用低重心设计形式,与传统水泥土搅拌工法设备相比，TRD设备机械高度大幅度降低。由于整机的地上高度不超过10 m，其地上高度与切削沟槽的深度无关，同时箱式刀具在筑造墙体时经常插入地中，故而装置的整体稳定性好。

(2) 精度高、施工能力强：TRD工法采用步履式主机底盘，可实现优质的直线性、垂直性的高精度施工。地下连续墙的垂直度和平整度高，由计算机进行调控。对砂砾、硬土、砂质土及黏性土等所有土质均能实现高速掘削。经过工程实测，TRD连续墙的垂直度达到深度的1/1000[32]。在已有建筑物或构筑物旁施工时，TRD工法的近接性特别好，从连续墙中心至已有墙边的距离，最小可达650 mm。

(3) 止水性强：由于TRD工法是连续施工的，所造成的整个连续墙没有接缝，因此其止水性强。

(4) 形成纵向均一品质墙体：在垂直方向上实施全层纵向切割、混合、搅拌工作，使水泥浆与原状地基土达到充分均匀混合搅拌，形成均一品质地下连续墙体，最深可达60 m。

(5) 连续墙的厚度均匀：由于TRD机械的精度高，可连续作业，因此造成的连续墙厚度均匀，并可以用最适当的间距设置芯材。

(6) 良好的挖掘能力可实现节约成本：无需其他工法辅助，可独立对硬质地基(砂砾、泥岩、软岩等)进行成槽作业。

2. TRD工法与SMW工法的比较[33]

(1) TRD工法施工机械的外形(地面以上)高度比SMW工法的机械高度低，如筑造6.5 m深的墙体时，TRD工法的机械地上高度为6.7 m，而SMW工法的施工机械地上高度为近40 m。SMW工法的机械随墙体的深度增加，地上高度也增加，而TRD工法的地上高度与墙体深度无关，当墙体深度增加时只增加地下的箱式刀具的长度。

(2) 作为临时设施水泥加固土的挡土墙、止水墙时，其墙体的连续性、均质性等是SMW工法无法比拟的，特别是由于SMW工法本身存在的问题影响了SMW工法的适用范围及其墙体的质量，比如筑造25 m以上深度的止水墙时使用SMW工法施工较困难，而TRD工法则无任何问题。另外，在黏性土层施工时，由于黏土块的存在，SMW工法不能得到均质混合搅拌的墙体。

(3) TRD工法筑成的墙体为等厚度无接缝，根据墙体的压缩强度要求，芯材的断面、间距可以任意设置，故而效率高，经济性好。而SMW工法筑成的墙体不但有孔与孔之间的结合缝隙，芯材的插入更受到孔间距的限制。

(4) TRD工法施工时土砂飞溅少。

3. TRD工法的应用领域

TRD适用范围较广，对黏性土、砂壤土、砾质土等地层及其相互交错地层均适用。其不仅可以适用于 N 值在 100 击以内的软、硬质土层，还可以在粒径小于 100 mm 的软砾石层和 $q_u \leqslant 5$ MPa 的软岩中施工，地层适应性强。据日本有关资料介绍，在应用于砂砾石地层时，其中所含卵石最大粒径可达 40～50 cm，但赵峰等通过研究分析得出其粒径不宜超过 20～30 cm，否则会影响成墙的精度和质量[34]。

TRD 的主要应用范围包括：

(1) 建筑基坑、隧道竖井、路堑等基槽开挖的止水、挡土墙。

(2) 防洪堤、水坝、贮水池等构筑物的地下止水、隔水墙，特别适合我国堤防工程的建设。

(3) 地基处理。软弱地基土改良，施工形成格子形状的地下连续墙还用于液化地基处理。

(4) 环境岩土工程。用于防止污染物扩散或迁移的隔离墙。TRD 工法在美国的第一个工程应用是在南加州，用于施工 24 m 深的垂直防渗墙以防止海水入侵淡水蓄水层[35]。

(5) 其他地基工程(如腐殖土层的地基改良)。

1.3.4 砼芯水泥土搅拌桩

砼芯水泥土搅拌桩(Concrete-cored DCM Pile)是在水泥土搅拌桩中及时插入小直径预制混凝土桩而形成的复合材料桩[36]，预制内芯桩可以是方桩、管桩，也有采用现浇小直径灌注桩(图 1-24)。水泥土搅拌桩施工方便、造价低廉，其较大的侧表面积是桩侧摩阻能够充分发挥的前提，而预制钢筋混凝土桩作为内芯，其较高的桩身强度保证了桩体自身不被压坏，使得桩侧摩阻能够向深处发挥，因此砼芯水泥土搅拌桩综合了水泥土搅拌桩和钢筋混凝土桩各自的长处，实现了桩身强度和桩周(端)土承载力的良好匹配。砼芯水泥土搅拌桩软基处理方法具有加固面积大，协调变形能力强，应力相对比较均匀等优点，与一般的软基处理方法相比可以更好地控制变形，减小累计沉降，因此是一种既能满足设计对沉降和承载力的要求，又能达到经济有效目的的处理方法。

图 1-24 砼芯水泥土搅拌桩照片(据邓亚光等)

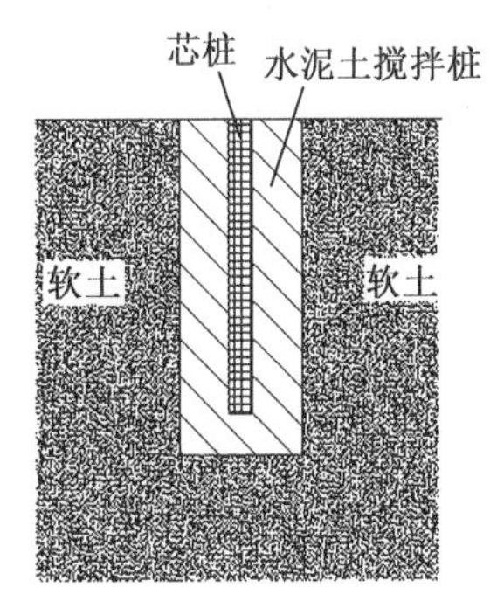

图 1-25　砼芯水泥土搅拌桩桩身结构示意图

图 1-25 给出了砼芯水泥土搅拌桩桩身结构示意图。砼芯水泥土搅拌桩内芯是上部荷载的主要承担者，并且随着荷载的增加，应力越来越向砼芯集中，由于砼芯的存在，荷载向深部转移，使材料效率能够充分发挥；水泥土桩身的作用在于利用大的表面积获得较高的桩侧总摩阻力，因此，砼芯水泥土搅拌桩的承载特性与刚性单桩类似，而且传递到水泥土搅拌桩底面和持力土层中的荷载比例很小，可视其为摩擦桩；砼芯水泥土搅拌桩既继承了高强度砼芯低压缩性的特点，又利用了廉价水泥土搅拌桩大的侧表面积，所以经济实用；砼芯水泥土搅拌桩由于存在砼芯—水泥土—土的双层扩散模式，实际桩土应力比较小，有利于其复合地基桩土共同作用；与相当桩径、桩长和置换率的水泥土搅拌桩组成的复合地基相比，砼芯水泥土搅拌桩复合地基承载力有较大提高，沉降控制效果更好。

1.3.5　长板—短桩工法

在高速公路工程建设中，对于深厚软土地基的处理，如果单独采用排水固结法或水泥土搅拌桩处理，一般难以取得令人满意的效果。为此同济大学叶观宝等提出了采用水泥土搅拌桩与塑料排水板(或砂井) 排水固结联合处理的方法(因桩较短，而塑料排水板较长，故简称长板一短桩工法)[37]。与水泥土搅拌桩复合地基和塑料排水板排水固结法相比，该工法既有效地利用了高速公路建设固有的预压期，较好地解决了地基沉降问题，又充分发挥了两种方法的长处，不失为一种行之有效的方法。该工法已经应用于江苏省淮盐高速公路软土地基处理等工程。

基于对水泥土搅拌桩和塑料排水板排水预压法的认识，根据现场监测结果的分析，徐超和叶观宝等提出了长板一短桩工法加固机理的概念模型，如图 1-26 所示。在剖面上可将处理后的地基划分为：①水泥土搅拌桩复合地基层(简称复合层)；②预压排水固结层(简称固结层)；③未加固处理的原状软土层(简称未加固层)，其下部为不需要加固的非软土层。

长板一短桩工法加固机理如下：一方面在地表一定深度范围内，利用水泥土搅拌桩与桩间土共同组成复合地基，提高复合层的承载力和地基复合模量，并减小地基的总沉降量；在高速公路填土期，由于复合层稳定性的提高，理论上可以加快填土速率。另一方面将塑料排水板打穿上部复合层，插入深部软土层，给固结层提供排水通道，缩短排水路径，有利于固结层和下部未加固层的排水固结；由于短的搅拌桩质量易于保证，其刚度比周围土体大得多，在上部附加填土荷载作用下，有利于附加应力向深部软土层传递，可加速下部软土层的排水固结。

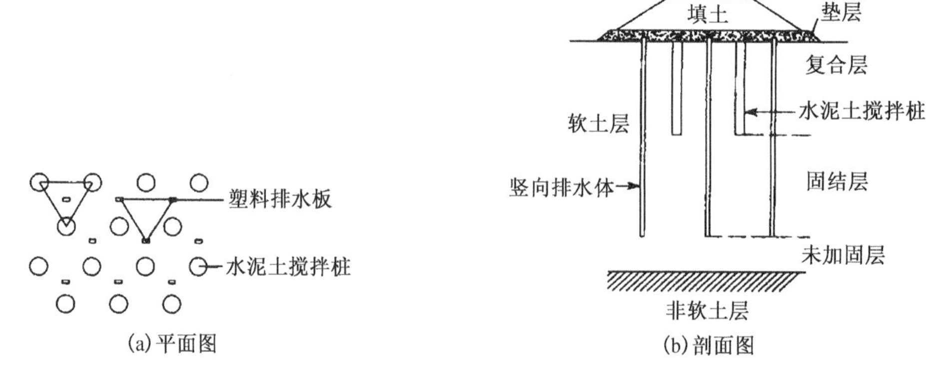

图 1-26 长板—短桩工法复合地基概念模型

相对于常规搅拌桩方法，长板一短桩工法中的短桩没有支撑在非软土层，在填土荷载作用下有一定的向下刺入(短桩的沉降大于常规的搅拌桩)。一方面，使桩底以下附加应力增大，加速了短桩下部软土层的排水固结速率；另一方面，桩与桩间土的沉降比较协调，桩土荷载分担比较均匀。相对于常规塑料排水板方法，长板一短桩工法由于复合层的存在，改善了地基的承载性能和稳定性，也极大地减小了复合层的压缩量。在高速公路建设中，除了固有的填土期外，一般经过地基处理后的段落都存在一定的预压期，长板一短桩工法可以充分利用这段时期，完成大部分固结层和未加固层的固结沉降，满足工后沉降要求，而且随着软土地基的排水固结，地基土强度逐步得到提高，地基稳定性可以得到保证。

长板一短桩工法不仅利用搅拌桩增强地基土强度，而且利用塑料排水板排出施工荷载引起的超孔隙水，加快施工期固结沉降，达到减小工后沉降的目的，该工法在道路、机场和码头等工程领域有广阔的应用价值。

1.3.6 CSM 工法和 FMI 工法

CSM 工法(Cutter Soil Mixing Method)[38-40]主要用于地下连续墙、边坡和基坑支护工程，该设备的钻头为两组对称垂直旋转搅拌齿轮，搅拌齿轮围绕水平轴垂直对称旋转，水平轴通过竖向钻杆和动力系统连接，在双重垂直对称旋转搅拌齿轮之间设置喷浆口，如图 1-27 所示。在施工过程中，旋转搅拌齿轮对称内向旋转切割、搅拌土体，同时通过搅拌齿轮之间的喷浆口向土体喷浆，形成板式墙体。该工法的最大优点是通过钻头搅拌叶片的对称内向旋转，阻止浆液上行途径，能够保证墙体质量，且施工连续，墙体之间连接可靠。该工法的施工墙板厚度可达 500～1 200 mm，一次施工墙板宽度可达 2 200～2 800 mm，最大施工深度可达 40 m。

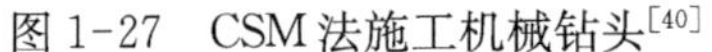
图 1-27　CSM 法施工机械钻头[40]

图 1-28　FMI 工法施工机械[30]

FMI 工法(Cut-Mix-Injection Method)[40]于 1994 年在德国最早研制成功,主要用于铁路地基处理和基坑支护工程。该工法的施工机械特点是具有一个机械臂,在机械臂上设置两条履带,在履带上安装连续搅拌叶片和多个喷浆口,机械臂的最大倾角达到 80°,如图 1-28 所示。施工时,通过安装在机械臂上的履带转动,带动搅拌叶片旋转、切割土体,多个喷浆口同时向土体喷浆。该工法的优点是基础(或墙板)一次成型,不存在桩体之间的连接处理,工效高,但该工法的施工深度有限。

上述新技术在国内外工程中已得到应用推广,大大促进了搅拌桩技术的发展。相比而言,我国搅拌桩施工技术自研制成功并应用以来未有根本性的突破,主要表现在成桩机械、施工工艺和监控技术比较落后,在工程中出现不少事故,造成工程界对水泥土搅拌桩处理软土地基的效果产生怀疑,许多地方对水泥土搅拌桩采取慎用甚至限用。归纳起来主要表现为:

(1) 桩身强度达不到设计要求:由于常规搅拌桩施工中土压力、孔隙水压力、喷浆压力的相互作用,造成水泥浆沿钻杆上行,冒出地面,形成"溢浆",影响水泥土搅拌桩桩体中的水泥掺入量。

(2) 桩身强度分布不均匀:由于水泥土搅拌桩施工过程中存在"溢浆"现象,桩体上部水泥含量较高,越往下水泥含量越少。施工中只能控制总的水泥用量和平均掺入量,不能定量控制单位长度的水泥掺量,水泥掺入比沿桩身深度分布不均匀,存在薄弱面。工程实践检测结果表明,常规搅拌桩往往上部桩身强度较高,下部桩身强度很低;另外,由于搅拌叶片的同向旋转,很难把水泥土充分搅拌均匀,造成水泥土中有大量成块的土团和成块的水泥凝固体,桩身强度沿水平面分布也不均匀。

(3) 处理深度较浅:由于"溢浆"与搅拌不均匀性,深部含浆(粉)量不够且喷浆喷粉不顺畅，使其有效处理深度大大减小，制约了水泥土搅拌桩的应用范围。

(4) 工程造价较高：桩土共同作用难以协调，需在桩顶部设置垫层或土工织物加筋层；另外搅拌桩桩间距较小，实际工程设计中搅拌桩桩间距通常小于 1.5 m，因此水泥土搅拌桩复合地基造价相对较高。

针对上述问题，需要从搅拌加固原理、新型固化剂、机械设备与施工控制、搅拌桩荷载传递机理等方面进行根本变革，以改善搅拌桩的效果，提高该技术的发展和应用水平。本书全面介绍笔者发明的双向搅拌桩、钉形搅拌桩和排水粉喷桩复合地基技术原理和工程应用。

第 2 章　双向搅拌桩技术原理

2.1　双向搅拌桩技术原理

2.1.1　单向搅拌技术问题

我国自 1977 年引进搅拌桩技术以来，跟国外一样，一直采用单向搅拌工艺。图 2-1 是我国常规搅拌桩设备原理图，其采用的搅拌叶片形式如图 2-2 所示。国外采用的典型搅拌叶片形式如图 2-3 所示，其搅拌方式如图 2-4(a)所示。

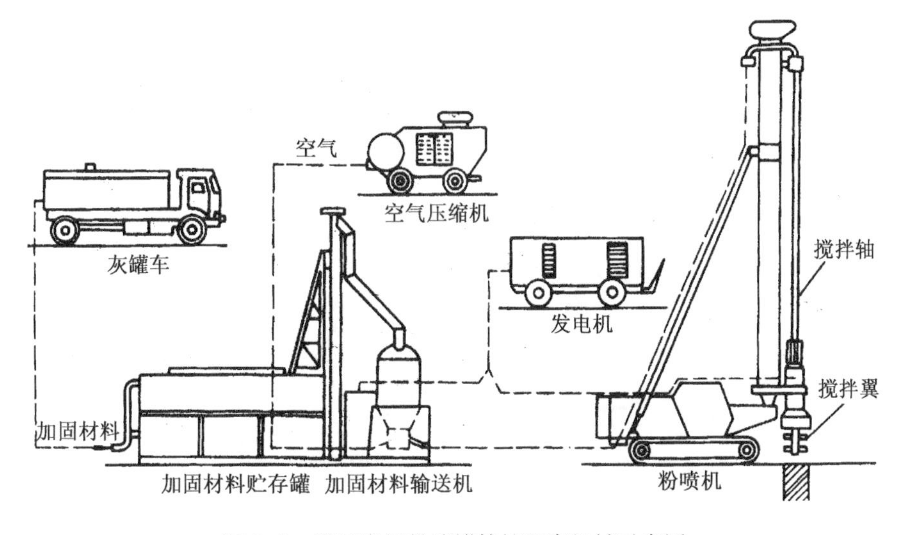

图 2-1　我国常规粉喷搅拌桩配套机械示意图

上述国内外传统搅拌桩均采用单向搅拌工艺，存在下列问题：

(1) 单向搅拌工艺导致常规搅拌桩施工中土压力、孔隙水压力、喷浆压力的相互作用，造成水泥浆沿钻杆上行，冒出地面形成“溢浆”，影响水泥土搅拌桩桩体中的水泥掺入量，因而桩身强度不高且上下不均匀。

(2) 单向搅拌工艺受力不对称，水泥与土搅拌不均匀，水泥土中有大量成块的土团和成块的水泥凝固体，因而固化反应不完全，导致搅拌桩水平方向不够均匀，强度离散性大。

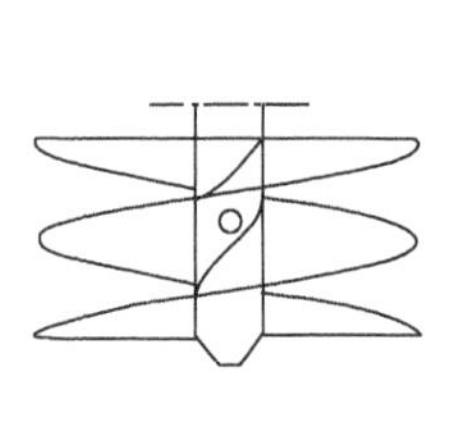

(a)粉喷桩搅拌头示意图

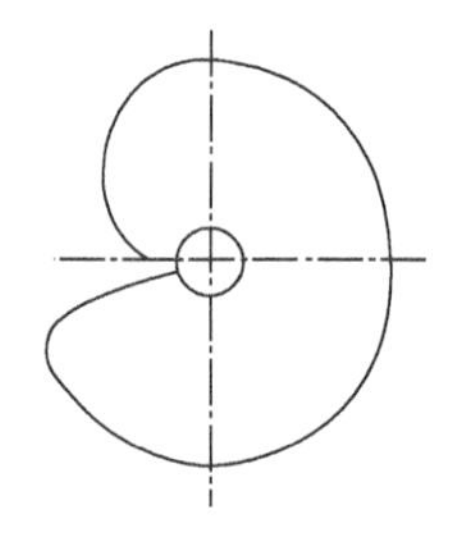

(b)粉喷桩搅拌头单叶片投影

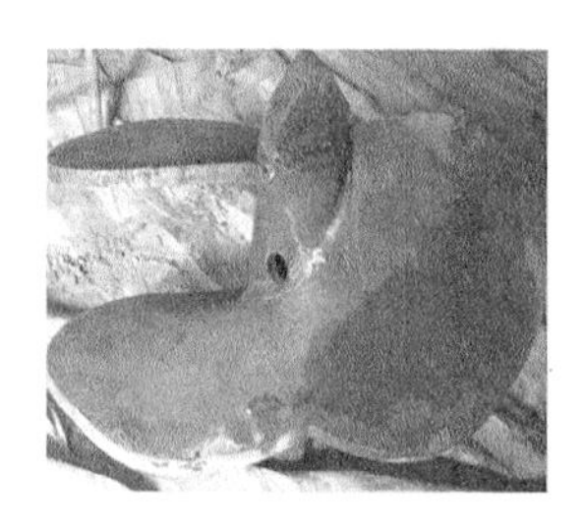

(c)粉喷桩搅拌头照片

图 2-2　我国采用的典型搅拌叶片图

(a)　(b)　(c)　(d)

图 2-3　国外采用的典型搅拌头照片[20]

(3) 单向搅拌工艺容易引起地下孔隙水压力积聚，且呈螺旋式上升，导致深部喷口处压力大，喷粉喷浆不畅，因而深部强度低，有效加固深度一般只有 15 m 左右，且对周围扰动影响大。

2.1.2　双向搅拌桩技术原理

双向搅拌桩是指在成桩过程中，采用同心双轴钻杆，由动力系统带动分别安装在内、外同心钻杆上的两组搅拌叶片，同时正、反方向双向旋转搅拌水泥土形成的水泥土搅拌桩[41-42]。

双向搅拌桩搅拌头如图 2-4(b)、(c)所示。其装备可通过对常规搅拌桩成桩机械的动力传动系统、钻杆以及钻头进行改进而成，也有整机成套双向搅拌桩机，其核心部分为内、外嵌套同心双重钻杆，实现双向同时搅拌的动力箱体，双向搅拌桩搅拌头等[41]。

双向搅拌技术具有下列独特优点[43-45]：

(1) 双向搅拌头是在内钻杆上设置正向旋转搅拌叶片并设置喷浆口，在外钻杆上安装反向旋转搅拌叶片，其外钻杆上叶片反向旋转可以起压浆作用，有效阻断水泥浆上冒途径，无溢浆现象，保证了水泥掺入量。

(2) 正、反向旋转叶片把水泥浆控制在两组叶片之间，同时双向搅拌水泥土，使水泥和土体强力拌和，充分发生固化反应，因而搅拌全面均匀，桩身强度提高。

(3) 双向搅拌工艺受力对称稳定；地下孔隙水受力基本相抵，有效降低了超静孔隙水压力积聚，减小了浆(粉)喷孔口围压，保证了浆(粉)喷特别是深部的顺畅性，因而保证了深部加固效果，且减少了对周围环境扰动影响。

(4) 双向搅拌工艺使打桩机架受力稳定，可提高地基加固深度至 30 m。

(5) 双向搅拌工艺只需二搅一喷工艺，完全满足水泥与土拌和次数的需要，比常规搅拌桩的四搅二喷工艺可提高一倍工效。

已有工程实践表明：采用双搅工艺施工时地面无冒浆现象，桩身强度沿深度分布均匀，且较常规搅拌桩有明显的提高，搅拌桩桩长可达 30 m。

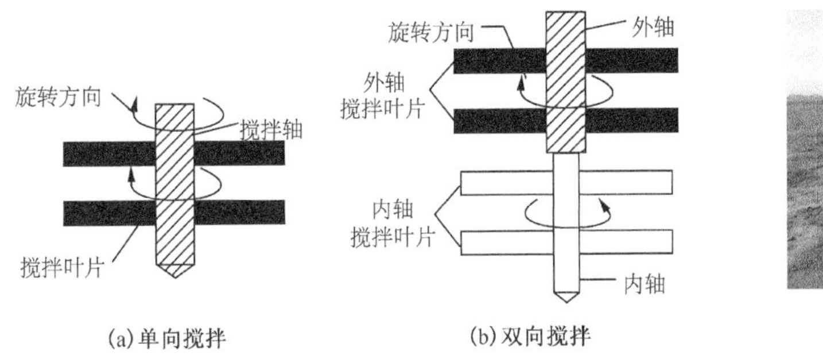

(a)单向搅拌　(b)双向搅拌

(c)双向搅拌头照片

图 2-4　单向和双向搅拌原理示意图

2.2　双向搅拌桩机施工参数分析[46]

双向搅拌桩的最大施工深度、最大桩径主要取决于施工机械参数。施工前应根据设计桩深和桩径选择施工机械参数，最大施工深度和最大桩径主要由施工机械的动力系统的输出功率、地基土体的力学性质、内外钻杆的转速、搅拌叶片的宽度和倾角等因素制约。在机械设备和参数的确定中，应以保证工程质量为原则，尽量使内、外钻杆动力系统的最大输出功率得到充分利用。

双向搅拌桩的动力系统是由不同功率（22 kW、37 kW、45 kW）的两组电机组成，通过动力传动系统带动内外钻杆分别按不同方向旋转、切割、搅拌土体。其动力系统输出功率与桩体直径、施工深度、钻头设计参数和地基土体力学参数等有关。

施工机械动力系统的输出功率主要用以：①平衡作用于搅拌叶片的被动土压力；②补偿搅拌叶片在旋转、切割土体过程中损耗的能量；③平衡搅拌叶片在旋转过程中，桩周土体对搅拌叶片摩阻力所消耗的能量；④平衡水泥土对钻杆摩阻力消耗的能量；⑤系统能量损耗等五部分。当动力系统的输出功率达到其最大输出功率时，其施工深度和桩径达到极值。

2.2.1　内钻杆动力系统能量平衡分析

钻杆与搅拌叶片连接如图 2-5 所示。

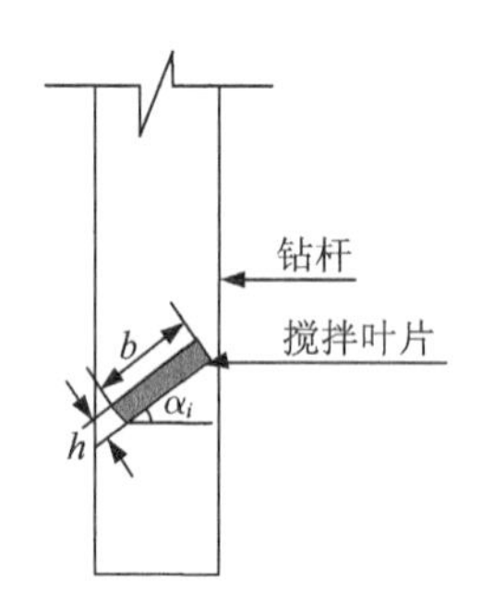

图 2-5　钻杆与搅拌叶片连接示意图

图中：α_i——内（外）钻杆第 i 组搅拌叶片与钻杆间夹角/(°)；

b——搅拌叶片宽度/m；

h——搅拌叶片厚度/m。

钻机钻进过程中，随钻机下沉、切割、搅拌土体，地基土对固着于内钻杆搅拌叶片作用有被动土压力、搅拌叶片表面的黏滞阻力（下层叶片为地基土的不排水抗剪强度，其他叶片取重塑土不排水抗剪强度），见图 2-6 所示。施工过程中，内钻杆动力系统的输出功率主要以：①平衡作用于搅拌叶片的被动土压力；②补偿搅拌叶片在旋转、切割土体过程中损耗的能量；③平衡搅拌叶片在旋转过程中，桩周土体对搅拌叶片摩阻力所消耗的能量；④系统能量损耗等四种方式耗散。

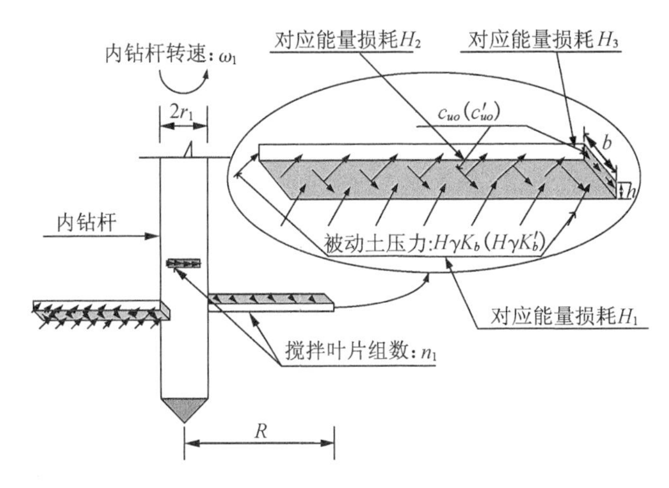

图 2-6　内钻杆搅拌系统能量损耗示意图

图中：H_1——平衡作用于搅拌叶片的被动土压力耗散功率；

H_2——平衡搅拌叶片在旋转、切割土体过程中损耗的功率；

H_3——平衡桩周土体对搅拌叶片阻力所消耗的功率；

R——桩体半径；

r_1——内钻杆半径；

γ——地基土体容重(地下水位以下取浮容重)；

n_1——安装在内钻杆上搅拌叶片组数；

ω_1——钻杆转速/弧度 · s^{-1}；

K_b——为地基土被动土压力系数；

K'_b——为地基土重塑样被动土压力系数；

c_{uo}——地基土体的不排水抗剪强度/kPa；

c'_{uo}——地基土体重塑样不排水抗剪强度/kPa。

1. 平衡作用于搅拌叶片的被动土压力耗散功率

搅拌叶片在旋转过程中，向地基土体运动，同时地基土体对搅拌叶片作用被动土压力，平衡被动土压力的作用消耗一部分能量。作用在最下一层的搅拌叶片的被动土压力系数取地基土体的被动土压力系数，作用在其他搅拌叶片的被动土压力系数取地基土体重塑样的被动土压力系数。

作用于搅拌叶片的被动土压力为：

$$F_1 = 2RH\gamma\left[K_b(b \cdot \sin\alpha_i + h \cdot \cos\alpha_i) + K'_b\sum_{i=1}^{n_1-1}(b \cdot \sin\alpha_i + h \cdot \cos\alpha_i)\right] \quad (2\text{-}1)$$

平衡被动土压力的作用消耗的功率：

$$H_1 = \frac{1}{2}F_1\int_0^R \omega_1 \, \mathrm{d}r$$

$$= \omega_1 R^2 H\gamma\left[K_b(b \cdot \sin\alpha_i + h \cdot \cos\alpha_i) + K'_b\sum_{i=1}^{n_1-1}(b \cdot \sin\alpha_i + h \cdot \cos\alpha_i)\right] \quad (2\text{-}2)$$

$$H_1 = \lambda_1 HR^2 \quad \left(\lambda_1 = \omega_1\gamma\left[K_b(b \cdot \sin\alpha_i + h \cdot \cos\alpha_i) + K'_b\sum_{i=1}^{n_1-1}(b \cdot \sin\alpha_i + h \cdot \cos\alpha_i)\right]\right)$$

式中：H——施工深度/m；

其他符号同图 2-5 和图 2-6 中所示。

2. 平衡搅拌叶片在旋转、切割土体过程中损耗的功率

搅拌叶片在旋转、切割土体过程中，土体对搅拌叶片作用一种黏滞阻力，作用在内钻杆最下一层搅拌叶片表面的黏滞阻力取地基土体的不排水抗剪强度，作用在内钻杆其他搅拌叶片表面的黏滞阻力取地基土体重塑样的不排水抗剪强度。

平衡黏滞阻力损耗的功率：

$$\begin{aligned} H_2 &= 2b\omega_1\left[(c_{uo} + c'_{uo})\int_0^R r\mathrm{d}r + 2(n_1 - 1)c'_{uo}\int_0^R r\mathrm{d}r\right] \\ &= b\omega_1 R^2[c_{uo} + (2n_1 - 1)c'_{uo}] \end{aligned} \quad (2\text{-}3)$$

$$H_2 = \lambda_2 R^2 \quad (\lambda_2 = b\omega_1[c_{uo} + (2n_1 - 1)c'_{uo}])$$

式中符号同式(2-2)和图 2-6。

3. 平衡桩周土体对搅拌叶片摩阻力所消耗的功率

由于搅拌叶片在旋转过程中切割土体，桩周土体对搅拌叶片与桩周土体接触面作用一种黏滞阻力，作用在最下一层搅拌叶片与桩周土体接触面的黏滞阻力取地基土体的不排水抗剪强度，作用在其他搅拌叶片与桩周土体接触面的黏滞阻力取地基土体重塑样的不排水抗剪强度。

平衡接触面黏滞阻力损耗的功率：

$$H_3 = 2bhR[c_{uo} + (2n_1 - 1)c'_{uo}]\omega_1 \quad (2\text{-}4)$$

$$H_3 = \lambda_3 R \quad (\lambda_3 = 2bh\omega_1[c_{uo} + (2n_1 - 1)c'_{uo}])$$

式中符号同式(2-2)和式(2-3)。

4. 系统能量损耗

内钻杆动力及动力传动系统能量损耗主要有内钻杆动力齿轮、内钻杆动力传动齿轮和内钻杆自身转动所消耗的能量。即：

$$H_4 = \int_0^{\frac{D_1}{2}} 2\pi\rho d_1\omega_1^3 r^3 \, \mathrm{d}r + \int_0^{\frac{D_2}{2}} 2\pi\rho d_2\omega'^3_1 r^3 \, \mathrm{d}r + 2\pi\rho d_3\omega_1^3 r_1^3 L$$

$$H_4 = \frac{1}{32}\pi\rho(d_1\omega_1^3 D_1^4 + d_2\omega'^3_1 D_2^4) + 2\pi\rho d_3\omega_1^3 r_1^3 L \tag{2-5}$$

由能量守恒定律可知，电机输出功率分别等于内钻杆和钻头消耗功率之和，即：

$$W \geqslant H_1 + H_2 + H_3 + H_4 = \lambda_1 HR^2 + \lambda_2 R^2 + \lambda_3 R + H_4 \tag{2-6}$$

即最大桩深和最大桩径服从下列关系式：

$$H = \frac{W - \lambda_2 R^2 - \lambda_3 R - H_4}{\lambda_1 R^2} \tag{2-7}$$

式中：ω'_1—— 内钻杆动力齿轮转速 / 弧度 · s^{-1}，$\omega'_1 = D_1\omega_1/D_2$；

D_1—— 内钻杆动力传动齿轮直径 /m；

D_2—— 内钻杆传动齿轮直径 /m；

ρ—— 齿轮和钻杆材料密度 /kg · m^{-3}；

式中其他符号同式(2-2) 和图 2-3 中所示。

2.2.2　外钻杆动力系统能量平衡分析

钻机钻进过程中，随钻机下沉、切割、搅拌土体，地基土对固着于外钻杆搅拌叶片作用有被动土压力、搅拌叶片表面的黏滞阻力(取重塑土不排水抗剪强度)，对外钻杆作用有侧摩阻力，详见图 2-7 所示。施工过程中，外钻杆动力系统的输出功率主要以：①平衡作用于搅拌叶片的被动土压力；②补偿搅拌叶片在旋转、切割土体过程中损耗的能量；③平衡搅拌叶片在旋转过程中，桩周土体对搅拌叶片摩阻力所消耗的能量；④平衡水泥土对钻杆摩阻力消耗的能量；⑤系统能量损耗等五种方式耗散。

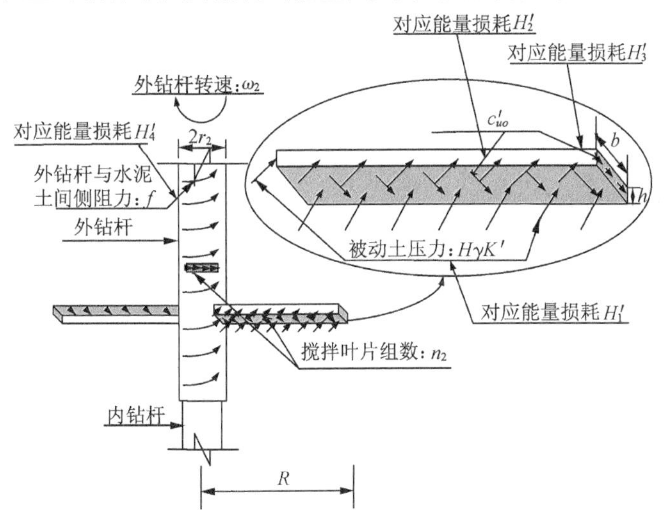

图 2-7　外钻杆搅拌系统能量损耗示意图

图中：H_1'——平衡作用于搅拌叶片的被动土压力耗散功率；

H_2'——平衡搅拌叶片在旋转、切割土体过程中损耗的功率；

H_3'——平衡桩周土体对搅拌叶片阻力所消耗的功率；

H_4'——平衡水泥土对钻杆摩阻力消耗的功率；

r_2——外钻杆半径；

ω_2——外钻杆转速/弧度 · s^{-1}；

n_2——安装在外钻杆上搅拌叶片组数；

式中其他符号同图 2-6 中所示。

1. 平衡作用于搅拌叶片的被动土压力耗散功率

作用在外钻杆搅拌叶片上的被动土压力系数取地基土体重塑样的被动土压力系数。

作用于搅拌叶片的被动土压力为：

$$F_1 = 2RH\gamma K'_b \sum_{i=1}^{n_2} (b \cdot \sin\alpha_i + h \cdot \cos\alpha_i) \tag{2-8}$$

平衡被动土压力的作用消耗的功率：

$$H'_1 = \frac{1}{2}F_1 \int_0^R \omega_2 \, \mathrm{d}r = \omega_2 R^2 H\gamma K'_b \sum_{i=1}^{n_2} (b \cdot \sin\alpha_i + h \cdot \cos\alpha_i) \tag{2-9}$$

$$H'_1 = \lambda'_1 R^2 H \quad \left(\lambda'_1 = \omega_2 \gamma K'_b \sum_{i=1}^{n_2} (b \cdot \sin\alpha_i + h \cdot \cos\alpha_i)\right)$$

式中其他符号同式(2-2)和图 2-7 中所示。

2. 平衡搅拌叶片在旋转、切割土体过程中损耗的功率

作用在外钻杆其他搅拌叶片表面的黏滞阻力取地基土体重塑样的不排水抗剪强度。

平衡黏滞阻力损耗的功率：

$$H'_2 = 4n_2 b\omega_2 c'_w \int_0^R r\mathrm{d}r = 2n_2 b\omega_2 c'_w R^2 \tag{2-10}$$

$$H'_2 = \lambda'_2 R^2 \quad (\lambda'_2 = 2n_2 b\omega_2 c'_w)$$

式中其他符号同式(2-2)和图 2-7 中所示。

3. 平衡桩周土体对搅拌叶片摩阻力所消耗的功率

作用在外钻杆搅拌叶片与桩周土体接触面的黏滞阻力取地基土体重塑样的不排水抗剪强度。

平衡接触面黏滞阻力损耗的功率：

$$H'_3 = 4n_2bhR \cdot c'_w\omega_2 \tag{2-11}$$

$$H'_3 = \lambda'_3R \quad (\lambda'_3 = 4n_2bh\omega_2 \cdot c'_w)$$

式中其他符号同式(2-2)和图 2-7 中所示。

4. 平衡水泥土对钻杆摩阻力消耗的功率

水泥土搅拌桩施工过程中,动力传动系统带动钻杆旋转,水泥土对外钻杆作用一种黏滞阻力,黏滞阻力取水泥土施工结束时的不排水抗剪强度。

平衡水泥土对钻杆黏滞阻力消耗的功率:

$$H'_4 = 2\pi\omega_2 \cdot {r_2}^2 \cdot f \cdot H \tag{2-12}$$

$$H'_4 = \lambda'_4H \quad (\lambda'_4 = 2\pi\omega_2 \cdot {r_2}^2 \cdot f)$$

式中:f——外钻杆与水泥土之间侧摩阻力/kPa;

式中其他符号同式(2-2)和图 2-7 中所示。

5. 系统能量损耗

外钻杆动力及动力传动系统能量损耗主要有外钻杆动力齿轮、外钻杆动力传动齿轮和外钻杆自身转动所消耗的能量。即:

$$\begin{aligned} H'_5 &= \int_0^{\frac{D'_1}{2}} 2\pi\rho d'_1\omega_2^3r^3\,\mathrm{d}r + \int_0^{\frac{D'_2}{2}} 2\pi\rho d'_2\omega'^3_2r^3\,\mathrm{d}r + 2\pi\rho d'_3\omega_2^3r_2^3L \\ H'_5 &= \frac{1}{32}\pi\rho(d'_1\omega_2^3D'^4_1 + d'_2\omega'^3_2D'^4_2) + 2\pi\rho d'_3\omega_2^3r_2^3L \end{aligned} \tag{2-13}$$

由能量守恒定律可知,电机输出功率分别等于外钻杆和钻头消耗功率之和,即:

$$W' \geqslant H'_1 + H'_2 + H'_3 + H'_4 + H'_5 = \lambda'_1HR^2 + \lambda'_2R^2 + \lambda'_3R + \lambda'_4H + H'_5 \tag{2-14}$$

即最大桩深和最大桩径服从下列关系式:

$$H = \frac{W' - \lambda'_2R^2 - \lambda'_3R - H'_5}{\lambda'_1R^2 + \lambda'_4} \tag{2-15}$$

最大施工深度和最大桩径分别按内外钻杆协调确定后取小值。

式中:ω'_2—— 外钻杆动力齿轮转速 / 弧度 · s^{-1},$\omega'_2 = D'_1\omega_2/D'_2$;

D'_1—— 外钻杆动力传动齿轮直径 /m;

D'_2—— 外钻杆传动齿轮直径 /m;

式中其他符号同式(2-2) 和图 2-7 中所示。

2.2.3　计算示例

以试验段场地软土层地质条件为例:假定场地土质均匀,地基土参数见表2-1,施工机械和工艺参数见表 2-2,由式(2-7)和式(2-15)可分别得到内、外钻杆动力系统所能施工的最大桩径与最大施工深度的关系曲线,见图 2-8 所示。

表 2-1　地质条件参数

地基土不排水抗剪强度 c_{u0}/kPa	重塑土不排水抗剪强度 c'_{u0}/kPa	被动土压力系数 K_b	重塑土被动土压力系数 K'_b	钻杆与土侧摩阻力 f/kPa	地基土容重 γ/kN·m^{-3}
14	4	1.70	1.15	2	18

表 2-2　机械参数和工艺参数

内钻杆半径 r_1/m	外钻杆半径 r_2/m	叶片宽度 b/m	叶片厚度 h/m	内钻杆转速 ω_1/r·min^{-1}	外钻杆转速 ω_2/r·min^{-1}
0.042 5	0.047 5	0.10	0.03	54	70

叶片倾角 α_i/(°)	内钻杆叶片组数 n_1/组	外钻杆叶片组数 n_2/组	内钻杆电机功率 W/kW	外钻杆电机功率 W'/kW
10	2	2	22	22

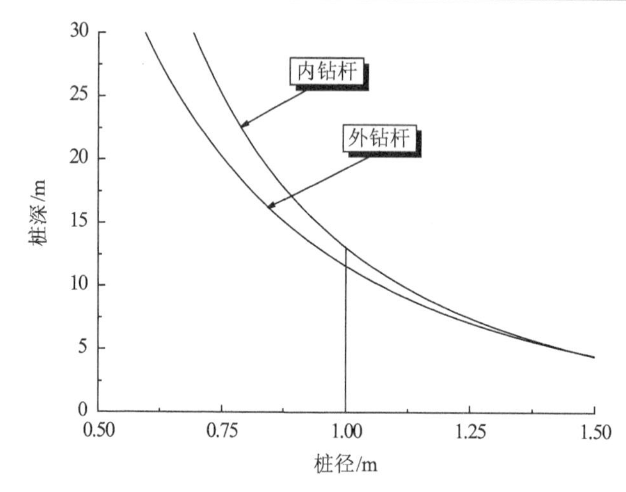

图 2-8　最大桩体半径与最大施工深度关系曲线

由图 2-8 可以看出,在表 2-2 机械参数条件下,内、外钻杆相同功率动力系统所能提供的最大施工深度与最大施工桩径关系曲线非常接近。说明在内、外钻杆转速分别为 54 r/min 和 70 r/min 时，内、外钻杆的动力系统应选取相同功率的电机。

2.3　双向搅拌桩施工扰动分析

2.3.1　双向搅拌桩与单向搅拌桩施工扰动的差异

水泥土搅拌桩施工会对桩周一定范围内的土体产生扰动，使桩周土体强度降低，在土体中产生超静孔隙水压力，随龄期的增长，超静孔隙水压力消散，桩周土体产生固结，桩周土体强度得到恢复[47-49]。

双向水泥土搅拌桩施工过程中搅拌叶片正反向旋转搅拌、切割土体的同时，对上、下两组叶片之间土体的顶面和底面分别施加方向相反的剪切应力分量 T_{Q1}、T_{Q2}和压应力分量 p_{Q1}、p_{Q2}(图 2-9)，由于双向搅拌桩机的动力系统为两台功率相等的电机，但由于内、外钻杆的动力传动过程中的实际损耗不相等，外钻杆的动力传动过程的动力损耗略大于内钻杆的动力传动损耗，因此 p_{Q2}略大于 p_{Q1}，同样 T_{Q2}略大于 T_{Q1}。实际工程中这种动力传动损耗差异相对于传动动力很小，可认为 $T_{Q1}=T_{Q2}$，$p_{Q1}=p_{Q2}$，因此双向水泥土搅拌桩施工过程中对桩周土体的扰动较小，且其溢浆和排土现象都能够得到有效的控制；而常规水泥土搅拌桩叶片按同一方向旋转，其剪切应力分量 T_1、T_2和压力分量 p_1、p_2的分量方向分别相同，被搅拌叶片包裹的土体自身受力不能平衡，只有在周围土体的约束下平衡，同样就对周围土体产生一个反作用力，同时也会产生较大的孔隙水压力。因此常规单向水泥土搅拌桩施工过程对桩周土体的扰动较大，且会出现较为严重的溢浆和排土现象。

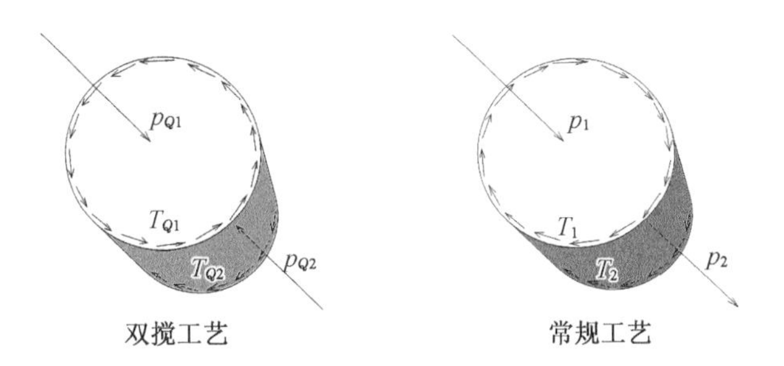

图 2-9　搅拌桩施工土体受力示意图

2.3.2　理论分析

1. 常规搅拌桩施工过程桩周土体应力场分布

水泥土搅拌桩施工过程可采用球孔扩张模型进行分析，如图 2-10 所示。钻头在不同的深度搅拌时，侧向均存在着静水压力对喷浆压力的制约作用，因此假设在某一深度 z 处，模型在对侧向施加一喷浆压力 p_j 的同时，在外围水平向也同时受到约束力 p_0 的作用，p_0 为静水压力，大小为 $\gamma_w h$，h 为水位深度，γ_w 为水的容重，r_0 为桩体半径，T_Q 为搅拌叶片对桩周土体的剪切应力。为了分析搅拌桩施工过程中桩周土体应力变化，对桩周土体作如下假设：

(1) 土体是均匀的和各向同性的理想弹塑性材料；

(2) 土体是饱和、不可压缩的，即无瞬时排水效应产生；

(3) 土体强度符合摩尔—库仑强度准则；

(4) 土体各向有效初始应力相等；

(5) 土体为无质量介质。

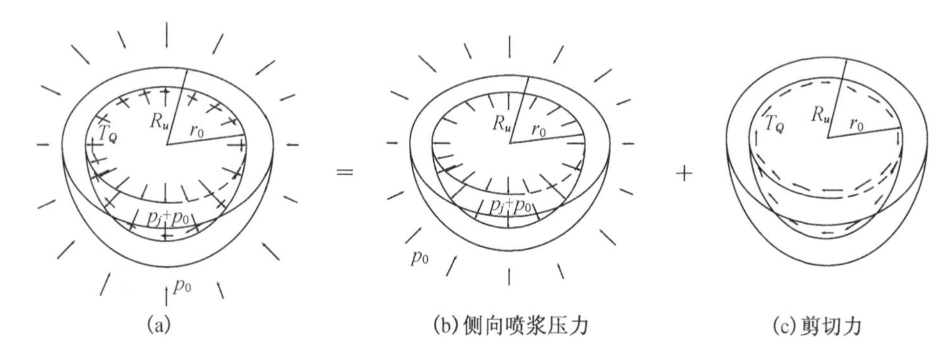

图 2-10　水泥土搅拌桩施工过程圆球扩张模型图

在侧向喷浆压力和剪切力作用下，桩周土体由近到远会逐渐发生屈服，屈服区的范围最后为一定值，在屈服区外侧是弹性变形区。因此在侧向喷浆压力 p_j 和剪切力 T_Q 的作用下，桩周土体是一个由塑性向弹性变化的过程。

(1) 弹性区应力场

① 径向荷载作用下桩周土体弹性区应力场

对于球对称问题，在径向荷载作用下有 $u_R = u_R(R)$，$u_\theta = u_\varphi = 0$，$\gamma_{\theta\varphi} = \gamma_{R\varphi} = \gamma_{R\theta} = 0$，$\tau_{\theta\varphi} = \tau_{R\varphi} = \tau_{R\theta} = 0$，其他应变和应力分量仅是 R 的函数，而与 θ 和 φ 无关，即 $\sigma_\theta = \sigma_\varphi = \sigma_T$，$\varepsilon_\theta = \varepsilon_\varphi = \varepsilon_T$。

径向荷载作用下桩周土体弹性区应力场为：

$$\left.\begin{aligned} \sigma_R &= p_j \frac{r^3}{R^3} + p_0 \\ \sigma_T &= -p_j \frac{r^3}{R^3} + p_0 \end{aligned}\right\} \tag{2-16}$$

② 剪切荷载作用下桩周土体应力场

对弹性区圆球扩张图 2-10 模型(c)，在球坐标中其平衡方程如下：

$$
\begin{aligned}
&\frac{\partial\sigma_R}{\partial R}+\frac{1}{R}\frac{\partial\tau_{\theta R}}{\partial\theta}+\frac{1}{R\sin\theta}\cdot\frac{\partial\tau_{\varphi R}}{\partial\varphi}+\frac{1}{R}(2\sigma_R-\sigma_\theta-\sigma_\varphi+\cot\theta\cdot\tau_{\theta R})=0\\
&\frac{\partial\tau_{\theta R}}{\partial R}+\frac{1}{R}\frac{\partial\sigma_\theta}{\partial\theta}+\frac{1}{R\sin\theta}\cdot\frac{\partial\tau_{\varphi R}}{\partial\varphi}+\frac{1}{R}[(\sigma_\theta-\sigma_\varphi)\cot\theta+3\tau_{R\theta}]=0\\
&\frac{\partial\tau_{R\varphi}}{\partial R}+\frac{1}{R}\frac{\partial\tau_{\theta\varphi}}{\partial\theta}+\frac{1}{R\sin\theta}\cdot\frac{\partial\sigma_\varphi}{\partial\varphi}+\frac{1}{R}(3\tau_{R\varphi}+2\cot\theta\cdot\tau_{\theta\varphi})=0
\end{aligned}
\tag{2-17}
$$

由弹性力学知识可知在图 2-10 模型(c)所示荷载作用下，$\sigma_R=0$，$\sigma_\varphi=\sigma_\theta$，$\tau_{\theta\varphi}=0$，$\tau_{R\varphi}=\tau_{R\theta}=\tau_T$，剪切应力大小与 θ，φ 无关。则平衡方程可简化为：

$$
\frac{\partial\tau_T}{\partial R}+\frac{3}{R}\cdot\tau_T=0
$$

$$
\Rightarrow\tau_T=CR^{-3}
$$

将边界条件：$\tau_T\big|_{R=r_0}=T_Q$ 代入上式可得：$C=r_0^3T_Q$，则 $\tau_T=\dfrac{r_0^3}{R^3}T_Q$。

运用叠加原理可得弹性区应力场为：

$$
\left.
\begin{aligned}
\sigma_R&=p_j\cdot\frac{r^3}{R^3}+p_0\\
\sigma_T&=-p_j\cdot\frac{r^3}{R^3}+p_0\\
\tau_T&=\frac{r_0^3}{R^3}T_Q
\end{aligned}
\right\}
\tag{2-18}
$$

(2) 塑性区应力场

喷浆压力和搅拌叶片对桩周土体的剪切力较小时，桩周土体处于弹性状态，当喷浆压力和搅拌叶片对桩周土体的剪切力增大到一定值后，桩周土体则由弹性状态进入到塑性状态。随着离桩中心距离的增加，土体由塑性状态逐渐过渡到弹性状态。

对于塑性区的应力场求解，应从平衡方程入手，但空间问题的三个平衡方程求解非常复杂，难以求出解析解。分析模型受力情况，有 $\sigma_\varphi=\sigma_\theta$，$\tau_{\theta\varphi}=0$，$\tau_{R\varphi}=\tau_{R\theta}=\tau_T$，且 σ_φ、σ_θ、$\tau_{R\varphi}$、$\tau_{R\theta}$ 的数值与 θ、φ 无关。此外，在平衡方程的推导过程中选取 $\theta=90^\circ$ 的单元作为代表性单元进行分析，如图 2-11 所示，则其平衡方程为：

2-11　球孔扩张问题示意图

$$\frac{\partial \sigma_R}{\partial R}+\frac{2(\sigma_R-\sigma_T)}{R}=0 \tag{2-19}$$

$$\frac{\partial \tau_T}{\partial R}+\frac{3}{R}\cdot\tau_T=0 \tag{2-20}$$

由摩尔-库仑破坏准则：

$$\sigma_1-\sigma_3=(\sigma_1+\sigma_3)\sin\varphi+2c_{u0}\cos\varphi$$

又因为：$\sigma_1+\sigma_3=\sigma_R+\sigma_T$，$\sigma_1-\sigma_3=\sqrt{(\sigma_R-\sigma_T)^2+4\tau_T^2}$

$$\Rightarrow \sqrt{(\sigma_R-\sigma_T)^2+4\tau_T^2}=(\sigma_R+\sigma_T)\sin\varphi+2c_{u0}\cos\varphi$$

对于饱和黏土在不排水条件下，有 $\varphi=0$，再结合边界条件：$\sigma_R|_{R=r}=p_j+p_0$，可得在饱和黏性土中水泥土搅拌桩施工时桩周土中塑性区应力场为：

$$\left.\begin{aligned}
\sigma_R=&\frac{4\sqrt{R^6c_{u0}^2-r^6T_Q^2}}{3R^3}-\frac{4c_{u0}}{3}\ln(c_{u0}R^3+\sqrt{R^6c_{u0}^2-r^6T_Q^2})+p_j+p_0-\\
&\frac{4\sqrt{c_{u0}^2-T_Q^2}}{3}+\frac{4c_{u0}}{3}\ln\left[r^3\cdot(c_{u0}+\sqrt{c_{u0}^2-T_Q^2})\right]\\
\sigma_T=&\frac{2\sqrt{R^6c_{u0}^2-r^6T_Q^2}}{3R^3}+\frac{4c_{u0}}{3}\ln(c_{u0}R^3+\sqrt{R^6c_{u0}^2-r^6T_Q^2})-p_j-p_0+\\
&\frac{4\sqrt{c_{u0}^2-T_Q^2}}{3}-\frac{4c_{u0}}{3}\ln\left[r^3\cdot(c_{u0}+\sqrt{c_{u0}^2-T_Q^2})\right]\\
\tau_T=&\frac{r_0^3}{R^3}T_Q
\end{aligned}\right\} \tag{2-21}$$

2. 双向搅拌桩施工过程桩周应力场变化

根据圣维南原理，在分析双向搅拌桩施工过程距桩周一定距离土体应力场时可忽略剪切应力 T_Q 对桩周土体应力场的影响。

图 2-10 模型(a)为双向搅拌桩施工扰动模型，其桩周土体在施工过程中同样分为弹性区和塑性区。弹性区解答同式(2-18)，下面对其塑性区一般解答进行求解。

对于仅径向荷载作用的球对称问题，在径向荷载作用下有 $u_R=u_R(R)$，$u_\theta=u_\varphi=0$，$\gamma_{\theta\varphi}=\gamma_{R\varphi}=\gamma_{R\theta}=0$，$\tau_{\theta\varphi}=\tau_{R\varphi}=\tau_{R\theta}=0$，其余的应变和应力分量仅是 R 的函数，而与 θ 和 φ 无关，即 $\sigma_\theta=\sigma_\varphi=\sigma_T$，$\varepsilon_\theta=\varepsilon_\varphi=\varepsilon_T$。可得该模型的平衡方程为：

$$\frac{\partial \sigma_R}{\partial R}+\frac{2(\sigma_R-\sigma_T)}{R}=0$$

由摩尔-库仑破坏准则：$\sigma_R-\sigma_T=(\sigma_R+\sigma_T)\sin\varphi+2c_w\cos\varphi$

边界条件：$\sigma_R|_{R=r}=p_j+p_0$

可得塑性状态下桩周土体应力场：

$$\left.\begin{aligned}&\sigma_R=(p_j+p_0)\left(\frac{r}{R}\right)^{2\left[1-\tan^2\left(45^\circ-\frac{\varphi}{2}\right)\right]}+c_w\cdot\cot\varphi\cdot\left[\left(\frac{r}{R}\right)^{2\left[1-\tan^2\left(45^\circ-\frac{\varphi}{2}\right)\right]}-1\right]\\&\sigma_T=(p_j+p_0)\tan^2\left(45^\circ-\frac{\varphi}{2}\right)\cdot\left(\frac{r}{R}\right)^{2\left[1-\tan^2\left(45^\circ-\frac{\varphi}{2}\right)\right]}-2c_w\tan\left(45^\circ-\frac{\varphi}{2}\right)+\\&\quad c_w\tan^2\left(45^\circ-\frac{\varphi}{2}\right)\cdot\cot\varphi\cdot\left[\left(\frac{r}{R}\right)^{2\left[1-\tan^2\left(45^\circ-\frac{\varphi}{2}\right)\right]}-1\right]\end{aligned}\right\}\tag{2-22}$$

对于饱和黏性土：

$$\left.\begin{aligned}&\sigma_R|_{\varphi=0}=\lim_{\varphi\to0}\sigma_R=p_j+p_0+4c_w\cdot\ln\left(\frac{r}{R}\right)\\&\sigma_T|_{\varphi=0}=\lim_{\varphi\to0}\sigma_T=p_j+p_0+4c_w\cdot\ln\left(\frac{r}{R}\right)-2c_w\end{aligned}\right\}\tag{2-23}$$

3. 搅拌桩施工过程中桩周土体塑性区范围

施工过程对桩周土体的扰动影响范围，可以近似取值桩周土体塑性区范围。在弹塑性边界处，有应力连续条件：

$$\sigma_{R(塑)}=\sigma_{R(弹)}\tag{2-24}$$

将式(2-18)和式(2-21)联合代入式(2-24)可得在饱和黏性土地基常规搅拌桩施工过程桩周土体塑性区半径；将式(2-16)和式(2-22)联合代入式(2-24)可得双向搅拌桩施工过程桩周土体塑性区半径；将式(2-16)和式(2-23)联合代入式(2-24)可得在饱和黏性土地基双向搅拌桩施工过程桩周土体塑性区半径。

4. 桩周土体超静孔压分布形式

(1) 常规工艺桩周土体超静孔压的分布形式

由于水泥土搅拌桩的施工，使桩周土体的应力场发生了变化，桩周土体应力的改变势必使桩周土体产生超静孔隙水压力。假设桩周土体无质量介质，桩周土体的初始应力状态是由于静止水压力产生的，即：$p_0=\gamma_w h_w$。

桩周土体应力场变化为：

$$\Delta\sigma_R=\sigma_R-p_0$$
$$\Delta\sigma_T=\sigma_T-p_0$$

由摩尔圆可得：

$$\sigma_1=\frac{\sigma_R+\sigma_T}{2}+\frac{\sqrt{(\sigma_R-\sigma_T)^2+(2\tau_T)^2}}{2}$$

$$\sigma_3=\frac{\sigma_R+\sigma_T}{2}-\frac{\sqrt{(\sigma_R-\sigma_T)^2+(2\tau_T)^2}}{2}$$

由上式可得：

$$\Delta\sigma_1=\frac{\Delta\sigma_R+\Delta\sigma_T}{2}+\frac{\sqrt{(\Delta\sigma_R-\Delta\sigma_T)^2+(2\tau_T)^2}}{2}$$

$$\Delta\sigma_3=\frac{\Delta\sigma_R+\Delta\sigma_T}{2}-\frac{\sqrt{(\Delta\sigma_R-\Delta\sigma_T)^2+(2\tau_T)^2}}{2}$$

有

$$\left.\begin{aligned}\Delta\sigma_R+\Delta\sigma_T&=\frac{2\sqrt{R^6c_w^2-r^6T_Q^2}}{R^3}-2p_0\\\Delta\sigma_R-\Delta\sigma_T&=\frac{2\sqrt{R^6c_w^2-r^6T_Q^2}}{3R^3}-\frac{8c_w}{3}\ln(c_wR^3+\sqrt{R^6c_w^2-r^6T_Q^2})+2(p_j+p_0)-\\&\quad\frac{8\sqrt{c_w^2-T_Q^2}}{3}+\frac{8c_w}{3}\ln[r^3\cdot(c_w+\sqrt{c_w^2-T_Q^2})]\end{aligned}\right\}\tag{2-25}$$

由 Skempton 的应力变化引起的超静孔隙水压力公式，有：

$$\begin{aligned}\Delta u_w&=B[\Delta\sigma_3+A_f(\Delta\sigma_1-\Delta\sigma_3)]\\&=B\left[\frac{\Delta\sigma_R+\Delta\sigma_T}{2}-\left(\frac{1}{2}-A\right)\sqrt{(\Delta\sigma_R-\Delta\sigma_T)^2+4\tau_T^2}\right]\end{aligned}\tag{2-26}$$

将桩周土体应力场代入式(2-26)可得桩周土体超静孔压分布公式：

$$\Delta u_w=B\left[\begin{aligned}&\frac{\sqrt{R^6c_w^2-r^6T_Q^2}}{R^3}-p_0-\\&(1-2A)\sqrt{\left[\begin{aligned}&\frac{\sqrt{R^6c_w^2-r^6T_Q^2}}{3R^3}-\frac{4c_w}{3}\ln(c_wR^3+\sqrt{R^6c_w^2-r^6T_Q^2})+\\&(p_j+p_0)-\frac{4\sqrt{c_w^2-T_Q^2}}{3}+\frac{4c_w}{3}\ln[r^3\cdot(c_w+\sqrt{c_w^2-T_Q^2})]\end{aligned}\right]^2+\frac{r^6}{R^6}T_Q^2}\end{aligned}\right]\tag{2-27}$$

对于常规搅拌桩，由于搅拌叶片对桩周土体切割作用，搅拌叶片对桩周土体的剪切应力可取值 $T_Q=c_w$。由此，可得到常规搅拌桩施工过程中在桩周土体中产生的超静孔压为：

$$\Delta u_w = B\left[\begin{array}{l}\sqrt{1-\left(\frac{r}{R}\right)^6}c_w - p_0 - \\ (1-2A)\sqrt{\left[\begin{array}{l}\sqrt{1-\left(\frac{r}{R}\right)^6}\cdot\frac{c_w}{3}-\frac{4c_w}{3}\ln\left(c_w R^3\left(1+\sqrt{1-\left(\frac{r}{R}\right)^6}\right)\right)+ \\ (p_j+p_0)+\frac{4c_w}{3}\ln[r^3\cdot c_w]\end{array}\right]^2+\frac{r^6}{R^6}c_w^2}\end{array}\right] \tag{2-28}$$

(2) 双向搅拌工艺桩周土体超静孔压的分布形式

① 一般形式

双向搅拌桩沉桩过程中桩周土体应力场变化：

$$\Delta\sigma_R = (p_j+p_0)\left(\frac{r}{R}\right)^{2\left[1-\tan^2\left(45^\circ-\frac{\varphi}{2}\right)\right]} + c_w\cdot\cot\varphi\cdot\left[\left(\frac{r}{R}\right)^{2\left[1-\tan^2\left(45^\circ-\frac{\varphi}{2}\right)\right]}-1\right]-p_0$$

$$\begin{aligned}\Delta\sigma_T = {} & (p_j+p_0)\tan^2\left(45^\circ-\frac{\varphi}{2}\right)\cdot\left(\frac{r}{R}\right)^{2\left[1-\tan^2\left(45^\circ-\frac{\varphi}{2}\right)\right]} - 2c_w\tan\left(45^\circ-\frac{\varphi}{2}\right)+ \\ & c_w\tan^2\left(45^\circ-\frac{\varphi}{2}\right)\cdot\cot\varphi\cdot\left[\left(\frac{r}{R}\right)^{2\left[1-\tan^2\left(45^\circ-\frac{\varphi}{2}\right)\right]}-1\right]-p_0\end{aligned} \tag{2-29}$$

将桩周土体应力场变化公式(2-29)代入 Skempton 公式，可得双向水泥土搅拌桩施工过程桩周土体超静孔隙水压力分布公式：

$$\Delta u_w = B\left\{\begin{array}{l}(1-A_f)\left[\begin{array}{l}(p_j+p_0)\tan^2\left(45^\circ-\frac{\varphi}{2}\right)\cdot\left(\frac{r}{R}\right)^{2\left[1-\tan^2\left(45^\circ-\frac{\varphi}{2}\right)\right]}-2c_w\tan\left(45^\circ-\frac{\varphi}{2}\right)+ \\ c_w\tan^2\left(45^\circ-\frac{\varphi}{2}\right)\cdot\cot\varphi\cdot\left[\left(\frac{r}{R}\right)^{2\left[1-\tan^2\left(45^\circ-\frac{\varphi}{2}\right)\right]}-1\right]\end{array}\right]+ \\ A_f\left[(p_j+p_0)\left(\frac{r}{R}\right)^{2\left[1-\tan^2\left(45^\circ-\frac{\varphi}{2}\right)\right]}+c_w\cdot\cot\varphi\cdot\left[\left(\frac{r}{R}\right)^{2\left[1-\tan^2\left(45^\circ-\frac{\varphi}{2}\right)\right]}-1\right]\right]-p_0\end{array}\right\} \tag{2-30}$$

② 饱和黏性土场地中桩周土超静孔隙水压力分布形式

双向搅拌桩施工过程中桩周土体应力场变化：

$$\begin{aligned}\Delta\sigma_R &= p_j + 4c_w\cdot\ln\left(\frac{r}{R}\right) \\ \Delta\sigma_T &= p_j + 4c_w\cdot\ln\left(\frac{r}{R}\right)-2c_w\end{aligned} \tag{2-31}$$

将桩周土体应力场变化公式代入 Skempton 公式，可得黏性土场地双向搅拌桩施工过程桩周土体超静孔隙水压力分布计算式：

$$\Delta u_w = B\left\{-2(1-A_f)c_{u0}+4c_{u0}\cdot\ln\left(\frac{r}{R}\right)+p_j\right\} \tag{2-32}$$

式中：$B=\dfrac{1}{1+n\left(\dfrac{m_f}{m_s}\right)}$，$n$ 为土体的初始孔隙率，m_f 为孔隙流体的体积压缩系数，m_s 为土骨架的体积压缩系数，对于饱和土，$B=1$；

A——Skempton 孔隙应力系数，可由三轴试验求取；在没有三轴试验数据的情况下，A_f 可由下面公式求得：

$$A_f=\frac{c_{u0}}{p'}+\frac{1-\sin\varphi'}{2\sin\varphi'} \tag{2-33}$$

式中：p'——初始有效应力。

5. 双搅工艺施工扰动影响因素分析

(1) 理论计算结果的验证

双向搅拌桩和常规水泥土搅拌桩分别采用如下计算参数：喷浆压力（浆泵压力）为 0.25 MPa，$c_{u0}=14$ kPa，$\varphi'=20°$，$\gamma_{浆}=17$ kN/m^3，$r=0.25$ m。计算结果与现场施工结束时实测结果对比见图 2-12 和图 2-13 所示。

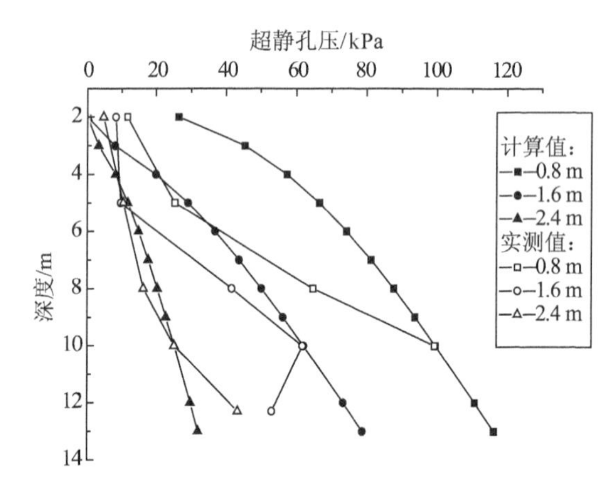

图 2-12　常规搅拌桩施工桩周土不同位置处超静孔压实测值与计算值

由图可见，理论计算结果与现场实测结果虽然存在一定差异，但能够反映出水泥土搅拌桩施工过程桩周土体超静孔压的分布规律。随施工深度的增加，钻头出浆口喷浆压力在增大，对桩周土体扰动程度也随之增加。误差产生的主要原因是在理论计算中假设地基为均质，参数选取软土层地基土力学参数的平均值，与实际

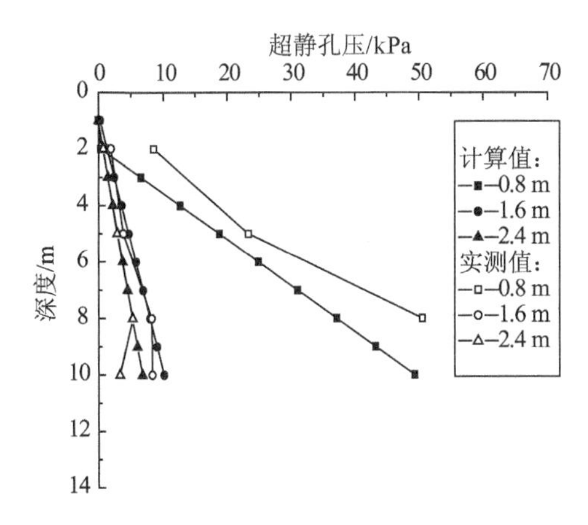

2-13　双向搅拌工艺施工桩周土不同位置处超静孔压实测值与计算值

地质条件存在一定差异。

双向搅拌工艺施工过程对桩周土体扰动的主要影响因素有喷浆压力 p_j(浆泵压力)、桩周土体的内摩擦角 φ 和不排水抗剪强度 c_{u0}、施工深度 h。下面对上述影响因素进行计算分析,计算工况见表 2-3 所示。

表 2-3　计算工况一览表

参　数	工况 1	工况 2	工况 3
p_j	变化	0.25 MPa	0.25 MPa
h	8 m	8 m	8 m
c_{u0}	14 kPa	变化	14 kPa
φ	20°	20°	变化

(2) 喷浆压力的影响

双向水泥土搅拌桩施工过程对桩周土体的扰动,主要是由喷浆压力引起的,随喷浆压力的增大,对桩周土体的扰动范围和扰动程度都将增加。图 2-14 是在桩周土体不排水抗剪强度 14 kPa、内摩擦角20°、深度 8 m 处,不同喷浆压力引起的超静孔压随距离桩体中心距离的变化曲线。计算结果显示,随喷浆压力的增加,双向搅拌桩施工过程对桩周土体的扰动程度和扰动范围都在增加。

(3) 桩周土体不排水抗剪强度影响

双向水泥土搅拌桩对桩周土体的扰动程度和扰动范围与桩周土体的力学性质有很大关系。图 2-15 是在喷浆压力 0.25 MPa、桩周土体内摩擦角 20°、深度 8 m 处,桩周土体不排水抗压强度变化时,超静孔压随距桩体中心距离变化曲线。计算

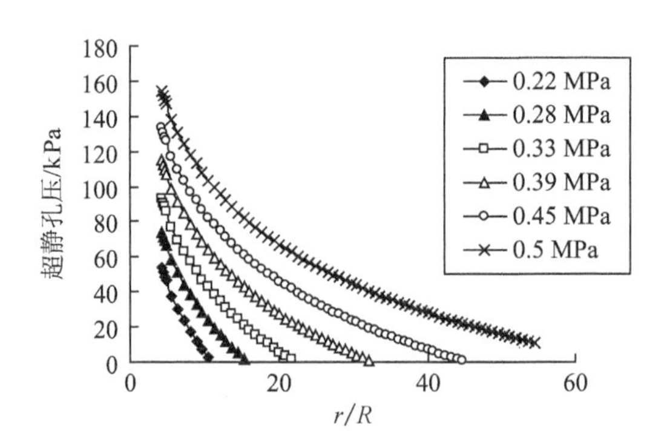

图 2-14　喷浆压力对桩周土超静孔压的影响(工况 1)

结果显示,随桩周土体的不排水抗剪强度的增加,双向水泥土搅拌桩施工过程对桩周土体的扰动程度和扰动范围都在减小。随桩周土体力学参数的提高,桩周土体抗变形能力也在提高,抗变形能力的提高会减小对相邻土体单元的影响,从而加速扰动程度的衰减。

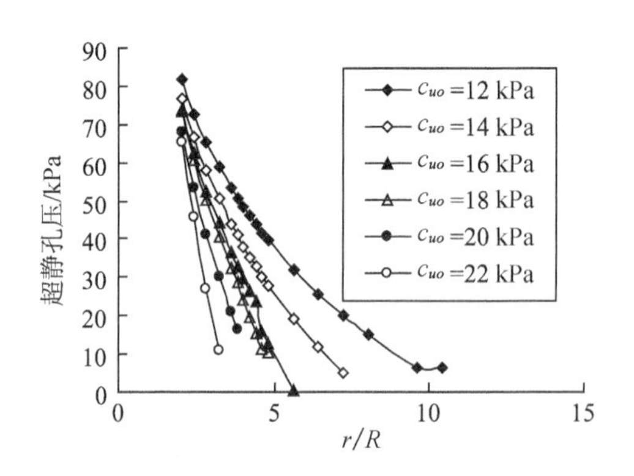

图 2-15　桩周土强度对超静孔压的影响(工况 2)

(4) 桩周土体内摩擦角影响

图 2-16 是在喷浆压力 0.25 MPa、桩周土体不排水抗压强度 14 kPa、深度 8 m 处,桩周土体内摩擦角取值不同时,超静孔压随距桩体中心距离的变化曲线。计算结果显示,随桩周土体内摩擦角的增加,双向水泥土搅拌桩施工对桩周土体的扰动程度和扰动范围都在减小。

综合以上分析结果可知,双向搅拌桩施工过程对桩周土体扰动影响因素中,喷浆压力起主导作用,桩周土体的内摩擦角其次,桩周土体不排水抗压强度同样对扰动程度和扰动范围有较大影响,超静孔压随距桩中心距离的增加呈对数衰减。

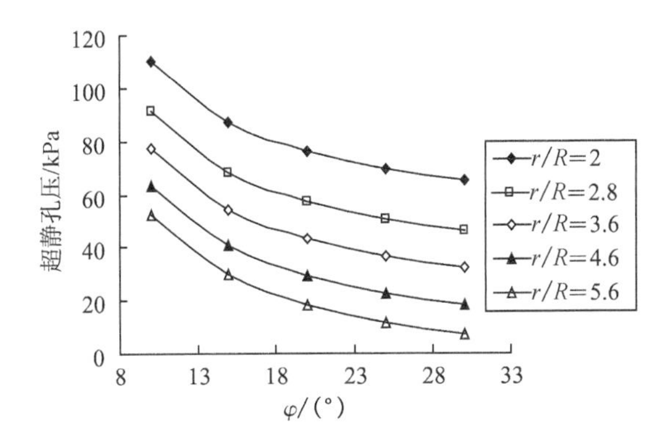

图 2-16　桩周土内摩擦角对超静孔压的影响(工况 3)

2.3.3　双向搅拌桩施工扰动现场实测结果分析

为了对比分析双向搅拌桩和常规搅拌桩施工对桩周土体的扰动效应,预先在某高速公路双向搅拌桩试验区和常规搅拌桩试验区距离桩体不同距离、不同深度埋设了孔隙水压力计(图 2-17),测试搅拌桩施工产生的超静孔压及其消散过程。

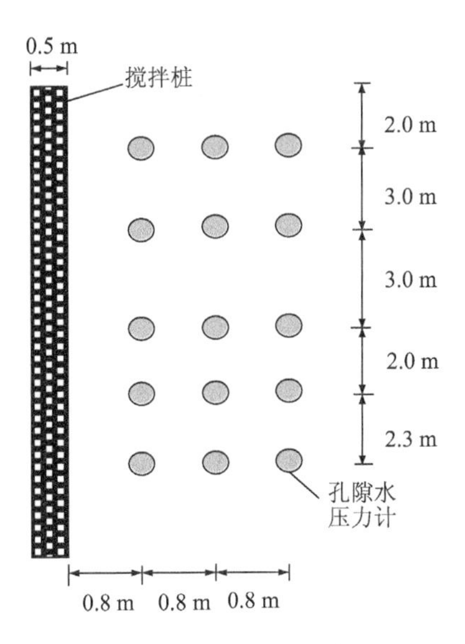

图 2-17　搅拌桩和孔压计布置图

测试结果见图 2-18 和图 2-19 所示,其中个别孔压计在搅拌桩施工过程中遭到破坏。从图 2-18、图 2-19 可看出,常规水泥土搅拌桩施工后在距桩边 0.8 m、1.6 m 和 2.4 m 引起的最大超静孔压分别为 99 kPa、70 kPa 和 13 kPa,而双向湿喷桩在相同位置引起的最大超静孔压分别为 51 kPa、11 kPa 和 8 kPa,说明双向湿喷施工扰动小于常规水泥土搅拌桩。这是因为常规水泥土搅拌桩的施工扰动主要由于喷浆压力和叶片旋转产生的剪切力导致的,而双向湿喷桩施工时,内、外钻杆旋转方向相反,搅拌产生的剪切力基本抵消,减小了施工对桩周土体的扰动。

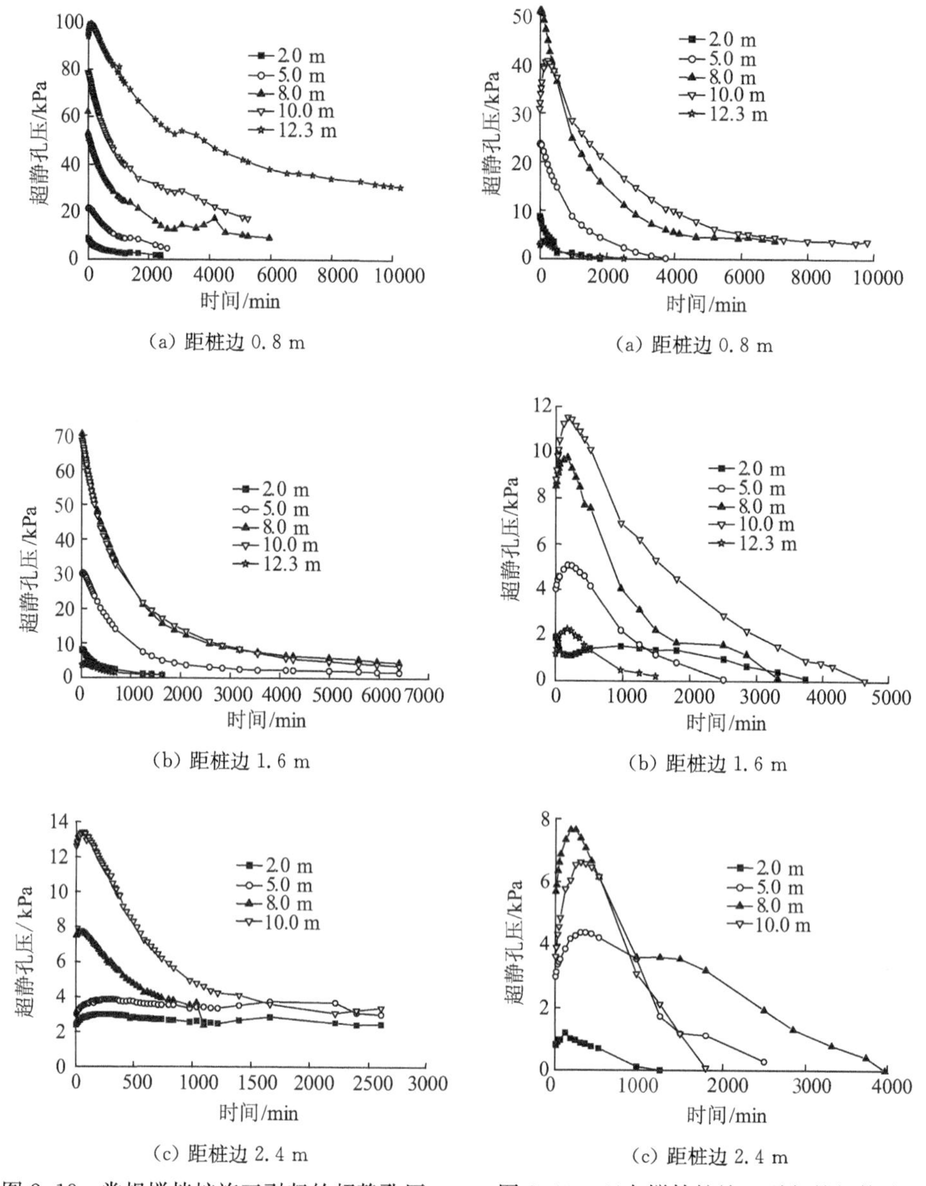

图 2-18　常规搅拌桩施工引起的超静孔压

图 2-19　双向搅拌桩施工引起的超静孔压

图 2-20 为距离桩边 1.6 m 位置不同深度处常规搅拌桩和双向搅拌桩施工引起的超静孔隙水压力的对比曲线。由图 2-20 可见，随施工过程的发展，孔压有一个产生、发展过程，常规搅拌桩和双向搅拌桩在下沉过程距桩边 1.6 m 位置处，桩周土中产生的超静孔隙水压力最大值分别为 62 kPa 和 12 kPa。沿深度方向，双向

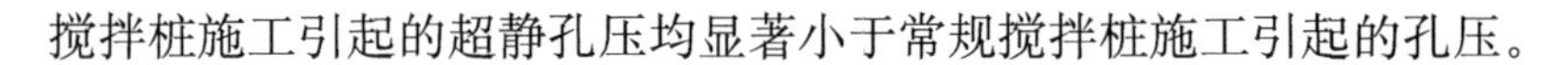

搅拌桩施工引起的超静孔压均显著小于常规搅拌桩施工引起的孔压。

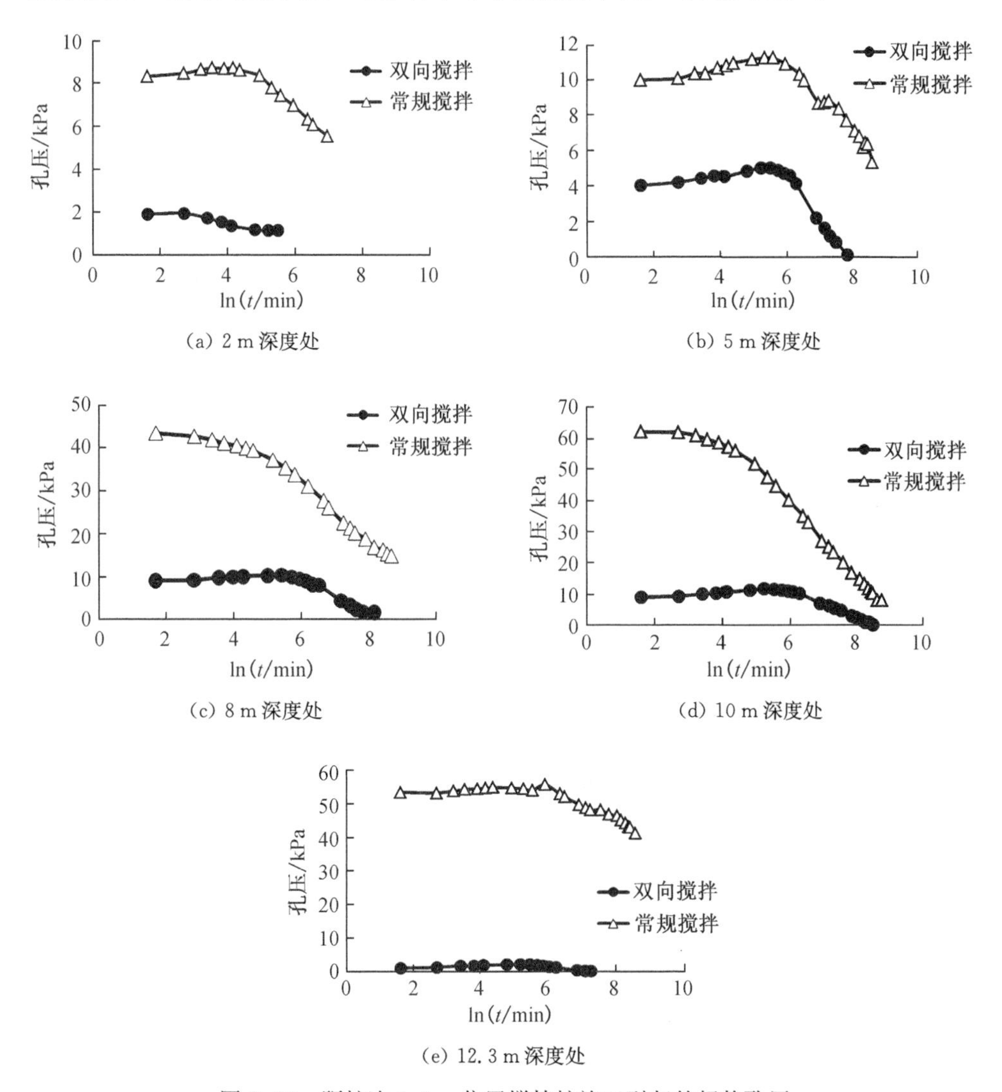

(a) 2 m 深度处

(b) 5 m 深度处

(c) 8 m 深度处

(d) 10 m 深度处

(e) 12.3 m 深度处

图 2-20　距桩边 1.6 m 位置搅拌桩施工引起的超静孔压

2.4　双向搅拌桩均匀性的电阻率评价

2.4.1　基于电阻率原理的水泥土搅拌均匀性评价方法

水泥土的搅拌均匀性是决定其强度的关键因素，它与水泥土微观结构和宏观力学性质之间有着密切的内在联系。水泥土的微观结构具体包括以下几方面[50-52]:①结构单元的大小、形状、表面特征及其定量比例关系;②各单元体在空间上的排列状况;③各单元体的连接特征等。可以采用电阻率方法对其进行定量评价。

1. 电阻率法的基本原理

电阻率是表征物质导电性的基本参数,某种物质的电阻率实际上就是当电流垂直通过由该物质所组成的边长为 1 m 的立方体时而呈现的电阻。显然物质的电阻率值越低,其导电性就越好,反之,若物质的电阻率越高,其导电性就越差。根据 Komine[53] 关于土的电阻率计算模型,近似地把土层模型看成是由两相介质组成的,即由土颗粒骨架和水所构成(图 2-21),电阻率表达式为式(2-34)。

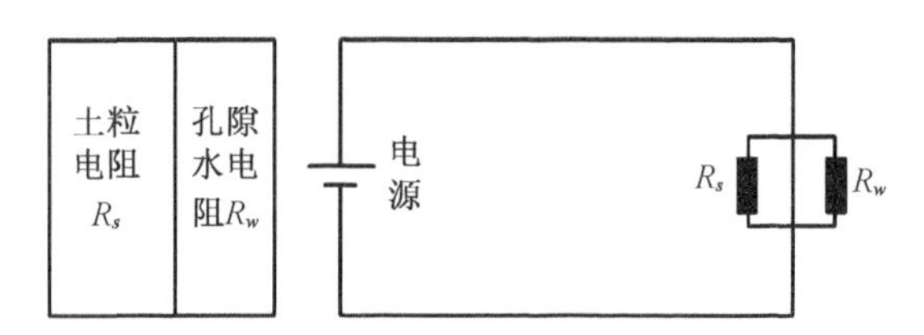

图 2-21 土的电阻率计算模型[53]

$$\rho=\frac{1}{\frac{1}{\rho_s}\cdot\frac{1}{1+e}+\frac{1}{\rho_w}\cdot\frac{e}{1+e}} \tag{2-34}$$

式中:ρ、ρ_s、ρ_w——分别为土、土颗粒和孔隙水的电阻率;

e——土的孔隙比。

1942 年,Archie[54] 率先通过试验研究了土的电阻率与其结构的关系,提出了适用于饱和无黏性土的电阻率结构模型,建立了饱和无黏性土的电阻率 ρ 随孔隙水电阻率 ρ_w 的变化关系方程:

$$\rho=a\rho_w n^{-m} \tag{2-35}$$

式中:ρ——土电阻率;

ρ_w——孔隙水电阻率;

a——土性参数;

m——胶结系数;

n——孔隙率。

Keller 与 Frischknecht [55]将 Archie 模型拓展用于非饱和土,建立了新的方程:

$$\rho = a\rho_w n^{-m} S_r^{-p} \tag{2-36}$$

式中：S_r——饱和度；

p——饱和度指数。

Archie 模型是最简化的电阻率模型，忽略了土颗粒表面导电性对整个土体导电性的影响，在孔隙水电阻率很小，且土体中黏土矿物含量很低的情况下是适用的。对于土颗粒表面导电性不能忽略的情况（如黏性土），Archie 模型则不能适用。1968 年 Waxman 与 Smits[56]通过两并联电阻试验研究提出了适用于表面导电性良好的黏性土电阻率模型：

$$\rho = \frac{a\rho_w n^{-m} S_r^{1-p}}{S_r + \rho_w BQ} \tag{2-37}$$

式中：S_r——饱和度；

p——饱和度指数；

B——双电层中与土颗粒表面电性相反电荷的电导率；

Q——单位土体孔隙中阳离子交换容量。

BQ 为土颗粒表面双电层的电导率，单位为 $1/(\Omega \cdot \mathrm{m})$。

$$\bar{\rho} = \frac{\rho_v + \rho_H}{3} \tag{2-38}$$

式中：$\bar{\rho}$——平均电阻率；

ρ_v——竖向电阻率/$\Omega \cdot \mathrm{m}$；

ρ_H——水平向电阻率/$\Omega \cdot \mathrm{m}$。

Archie[54]还提出了土的结构因子（F）的概念，定义结构因子（F）为土电阻率与孔隙水电阻率之比（$F=\rho/\rho_w$），是个无量纲的参数；并建立了结构因子与孔隙率之间的关系模型：

$$F = an^{-m} \tag{2-39}$$

结构因子可反映土的结构（构成）、孔隙情况等，与土的颗粒形状、长轴方向、孔隙比 n、胶结指数 m 和饱和度等有关。

Waxman 与 Smits[56]通过现场试验研究，认为 Archie 电阻率模型只适用于饱和无黏性固结状态的纯净砂，对于黏性成分含量较多的土体，结构因子应该用表观结构因子（F_a）来表示：

$$F_a = F(1 + BQ\rho_w)^{-1} \tag{2-40}$$

当土颗粒表面导电性对整个土体导电性的影响不存在时，土的表观结构因子与 Archie 定义的结构因子相等。

对于各向异性土体来说，结构因子是随方向的不同而变化着的，竖向结构因子与水平结构因子存在一定差别，分别定义为：

竖向结构因子：$F_v = \frac{\rho_v}{\rho_w}$ (2-41)

水平结构因子：$F_H = \frac{\rho_H}{\rho_w}$ (2-42)

定义平均结构因子 $\bar{F}$ 为：

$$\bar{F} = \frac{F_v + 2F_H}{3} \tag{2-43}$$

Arulanandan[57-58]通过研究还提出了土的平均形状因子($\bar{f}$)的概念，土的形状因子是表征土体颗粒形状的参数。对于紧密聚合状的土体来说，土的平均结构因子与平均形状因子之间存在如下相关关系：

$$\bar{F} = n^{-\bar{f}} \tag{2-44}$$

竖向形状因子：$f_v = -\frac{\ln F_v}{\ln n}$ (2-45)

水平形状因子：$f_H = -\frac{\ln F_H}{\ln n}$ (2-46)

利用土电阻率特性指标可以量化土的各向异性大小，定义土的各向异性指数(A)为：

$$A = \sqrt{\frac{\frac{\rho_v}{\rho_w}}{\frac{\rho_H}{\rho_w}}} = \sqrt{\frac{F_v}{F_H}} \tag{2-47}$$

以上公式中：ρ_w——孔隙水的电阻率；

ρ_v——土的竖向电阻率；

ρ_H——土的水平电阻率；

F_v——竖向结构因子；

F_H——水平结构因子；

$\bar{F}$——平均结构因子；

$\bar{f}$——平均形状因子；

n——孔隙率；

A——各向异性指数。

该指标可以用来评价搅拌桩的均匀性。

2. 水泥土电阻率法测试方法

目前国际上比较通用的电阻率测试方法主要有以下几种[59]：

(1) Wenner 方法

目前我们室内试验和现场测试所用的主要方法就是直接通电流的 Wenner 方法(DC 法)，如图 2-22 所示。它是一种四相电极测试方法，电流 I(mA)通过外部电极测出，诱导电压由内部电极测出，则半空间电阻率 $\rho=2\pi aU/I$ 。式中：I 为电流；U 为电压；a 为两电极片间的水平距离。

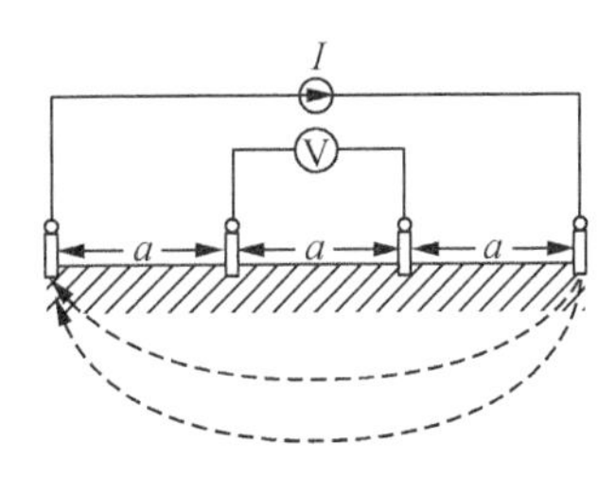

图 2-22　Wenner 法示意图

(2) 二相电极法

二相电极法如图 2-23 所示，分为两大类：一类用两相电极法测得土样电阻 R，再由公式 $\rho=R\dfrac{S}{l}$ 求得土样电阻率。式中：ρ 为土样电阻率(Ω · m)；R 为土样电阻(Ω)；S 为电流通过土样的横截面面积(m^2)；l 为电极片距离(m)。

另一类用高阻抗电压表测得土样两端电位差，用电流表测得回路电流强度，再由公式 $\rho=\dfrac{\Delta U}{I}\dfrac{S}{l}$ 计算获得土样电阻率。式中：ρ 为土样电阻率(Ω · m)；ΔU 为电位差(V)；I 为电流强度；S 为电流通过土样的横截面面积(m^2)；l 为电极片距离(m)。

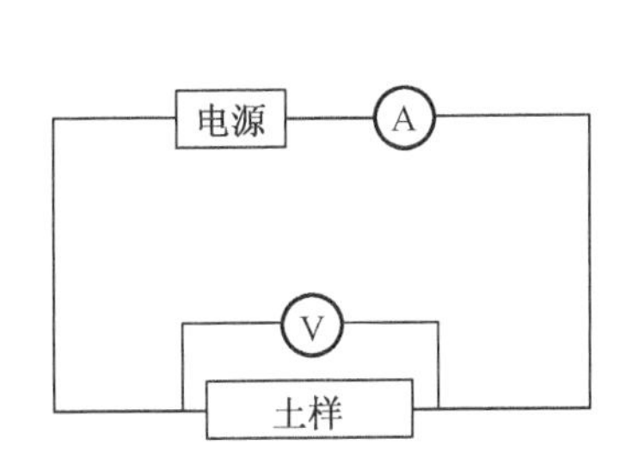

图 2-23　二相电极法示意图

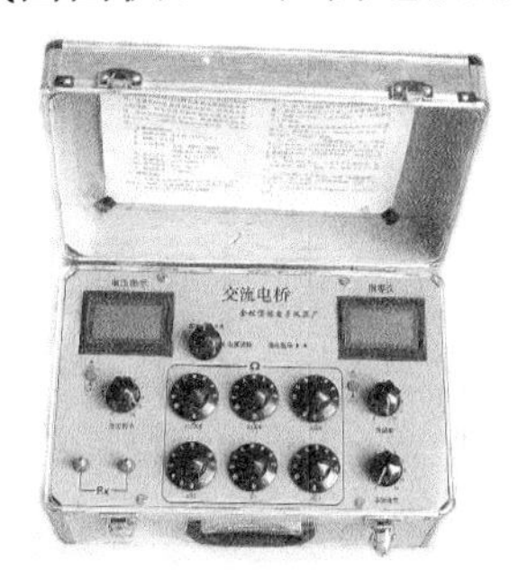

2-24　电阻测试仪照片

(3) 四相电极法

四相电极法的测试装置用于常规土工试验中，如压缩试验、三轴试验，要比二相测法复杂。

东南大学岩土所研制的低频交流电阻测试仪(图 2-24)，应用交流二相电极测得土样电阻 R，再由公式 $\rho=R\dfrac{S}{l}$ 求得土样电阻率。式中：ρ 为土样电阻率(Ω · m)；

R 为土样电阻(Ω)；S 为电流通过土样的横截面面积(m^2)；l 为电极片距离(m)。

仪器的原理见图 2-25 所示。

测试所用电极为铜电极，长、宽、高分别为 70 mm、70 mm 和 2 mm，测试时将电极片放在制备好的水泥土样上，试验所用水泥土样规格为 70.7 mm×70.7 mm×70.7 mm。为了使电极片和水泥土样充分接触，在上部电极片上加 2 MPa 的压强(预备试验证实 2 MPa 效果为佳)。之后调节电桥平衡，测出水泥土电阻值。

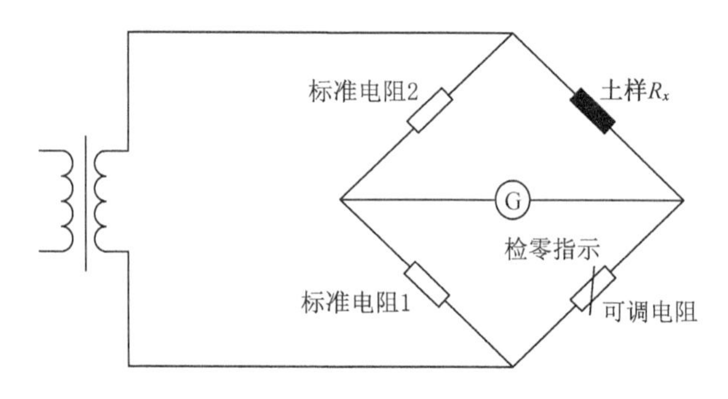

图 2-25　电阻测试仪原理图

3. 水泥土的电阻率模型

Komine[53]提出了水泥固化土的并联和串联模型，如图 2-26 所示。水泥粉喷搅拌后，天然状态的土变成水泥土，由于土粒(固相)是不可压缩的，水泥与软土搅拌处理后，水泥所占的体积是原来土层孔隙体积的一部分，水泥搅拌后孔隙比减小。

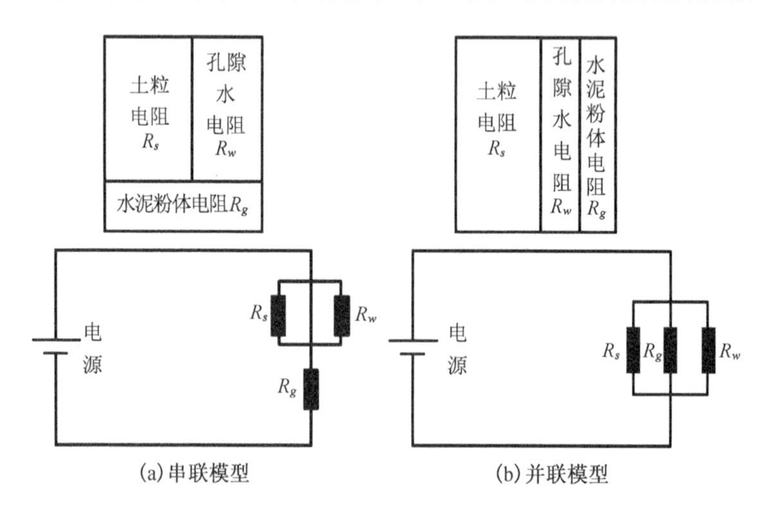

图 2-26　水泥土电阻率计算模型

水泥土的电阻率由下列公式计算：

$$\rho_{sg}=\frac{1}{\dfrac{1-\sigma}{\rho_{sgs}}+\dfrac{\sigma}{\rho_{sgp}}} \tag{2-48}$$

而

$$\rho_{sgs}=\frac{1}{\dfrac{1}{(1+e)\left(1-\dfrac{a_w}{100}\right)^2}\cdot\dfrac{1}{\rho_s}+\left[\dfrac{1}{\left(1-\dfrac{a_w}{100}\right)}-\dfrac{1}{(1+e)\left(1-\dfrac{a_w}{100}\right)^2}\right]\cdot\dfrac{1}{\rho_w}}+\frac{a_w}{100}\rho_g\text{(串联)} \tag{2-49}$$

$$\rho_{sgp}=\frac{1}{\dfrac{1}{1+e}\cdot\dfrac{1}{\rho_s}+\left(\dfrac{e}{1+e}\cdot\dfrac{a_w}{100}\right)\cdot\dfrac{1}{\rho_w}+\dfrac{a_w}{100}\cdot\dfrac{1}{\rho_g}}\text{(并联)} \tag{2-50}$$

$$a_w=\frac{n}{100}\cdot\frac{\alpha}{100}\times 100 \tag{2-51}$$

式中：ρ_{sg}、ρ_{sgs} 和 ρ_{sgp}—— 分别为水泥土的电阻率、串联模型水泥土的电阻率和并联模型水泥土的电阻率；

σ—— 水泥土中并联模型所占的比例；

ρ_s、ρ_w、ρ_g—— 分别为土颗粒、孔隙水和水泥粉体的电阻率；

a_w—— 水泥掺入比；

e—— 孔隙比；

n—— 孔隙率；

α—— 水泥粉所占孔隙中的体积比。

由式(2-34)可以看出，组分不同的土体(ρ_s不同)具有不同的电阻率，即使组分相同的土层，也会由于孔隙比不同及孔隙水的成分和含量的不同而使电阻率在很大范围内变化。由式(2-49)、式(2-50)可以看出，水泥土中由于水泥掺入比的不同，将会改变土颗粒、孔隙水和水泥粉体电阻率对水泥土电阻率的影响程度。宏观上表现为水泥掺入比不同，水泥土电阻率不同。结合式(2-34)、式(2-49)和式(2-50)可知，孔隙比通过影响土颗粒电阻率和孔隙水电阻率在土体电阻率中所占比例而对土体电阻率产生影响，一般来说，结构致密的土层孔隙率较小，含水量较低，电阻率较高；结构疏松的土层孔隙率较大，含水量高，电阻率较低[59]。

2.4.2　基于电阻率的双向搅拌桩均匀性测试分析

1. 工程概况

为比较双向搅拌桩桩身质量，在沪苏浙高速公路江苏段布置了双向搅拌桩试验C区(K30+250～K30+350)和常规搅拌桩试验D区(K30+350～K30+450),开展了现场28 d龄期的标准贯入试验、室内无侧限抗压强度试验与电阻率测试结果的对比分析,分析双向水泥土搅拌桩与常规水泥土搅拌桩桩身质量的差异性。

试验段设计参数均为:桩长16.5 m,桩径500 mm,桩间距1.4 m,桩位均采用梅花形布置,水泥掺入量为65 kg/m,水灰比为0.45～0.55,喷浆压力不小于0.25 MPa。双向水泥土搅拌桩内、外钻杆钻速分别不小于54 r/min和70 r/min,钻机提升、下降不大于1.0 m/s,常规桩按照正常施工参数进行控制。双向水泥土搅拌桩采用两搅一喷工艺施工,常规水泥土搅拌桩采用四搅两喷工艺施工。

工程场地位于沪苏浙高速公路K30+250～K30+450,表层为鱼塘区清淤后回填土,填土高度约2 m。根据勘察资料,第四纪地层主要为全新统、晚更新统地层组成,自上而下分述如下:

① 表层黏性耕植土:分布于地表,中密,为灰～灰褐色亚黏土,夹根茎,属中等压缩性土,埋深1.2～2.0 m;中间夹泥炭层,黑色,软塑,颗粒较细,厚度1.2～2.0 m。

② 冲湖积淤泥质亚黏土:灰褐色,冲积,流塑,饱和,颗粒较细,黏性较大,下部略含贝壳碎片,埋深2.0～14.0 m,厚度约12.0 m。

③ 冲湖积亚黏土:灰绿色,可～硬塑,稍湿,颗粒较细,黏性较大,下部略带粉性,含贝壳、钙质铁等结核,多呈中密状,埋深14.0～16.5 m,厚度约2.5 m。

④ 上更新统冲湖积相亚黏土:绿黄～黄色,硬塑,稍湿,颗粒较细,黏性较大,含铁、锰等结核,埋深约16.5 m以下(未揭穿)。

土层主要物理力学性质指标见表2-4所示。

表2-4 土层的主要物理力学性质指标

土层编号	厚度/m	容重/kN·m^{-3}	含水量/%	孔隙比	塑性指数I_p	液性指数I_L	快剪		压缩系数/MPa^{-1}	压缩模量/MPa
							C/kPa	φ(°)		
①	2.0	18.5	32.6	0.958	14.6	0.83	27.2	26.8	0.19	10.67
②	12.0	16.2	69.7	1.700	21.6	1.60	13.6	16.7	1.44	2.17
③	2.5	19.9	24.6	0.703	12.3	0.39	32.0	9.5	0.28	5.8
④	未穿透	19.8	25.3	0.739	22.1	0.07	78.0	25.0	0.17	9.4

2. 桩身芯样电阻率及其相关参数

在龄期28 d,对双向水泥土搅拌桩试验段和常规水泥土搅拌桩试验段各随机抽取6根桩,对其桩体芯样进行了电阻率测试,并对地下水进行电阻率测试,地下水电阻率为 8.22 Ω · m。

(1) 桩身芯样电阻率

电阻率测试结果汇总见图 2-27～图 2-29。

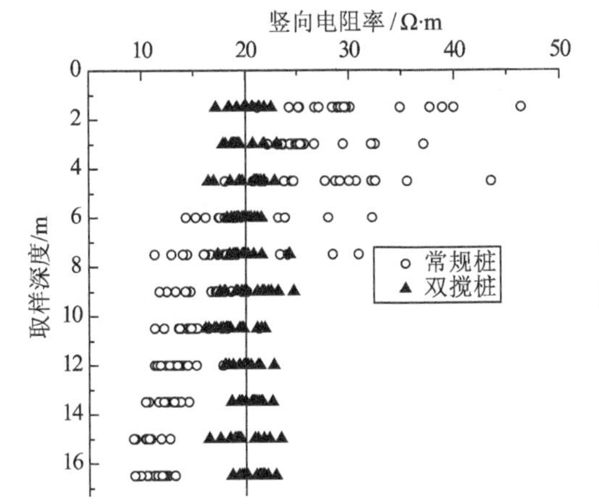

图 2-27　竖向电阻率沿深度分布对比图

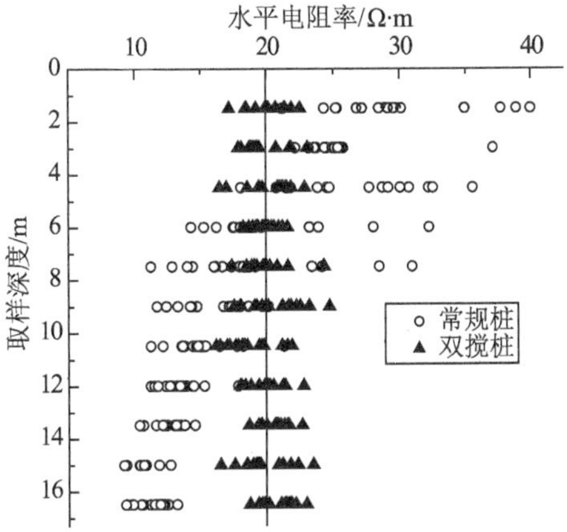

图 2-28　水平电阻率沿深度分布对比图

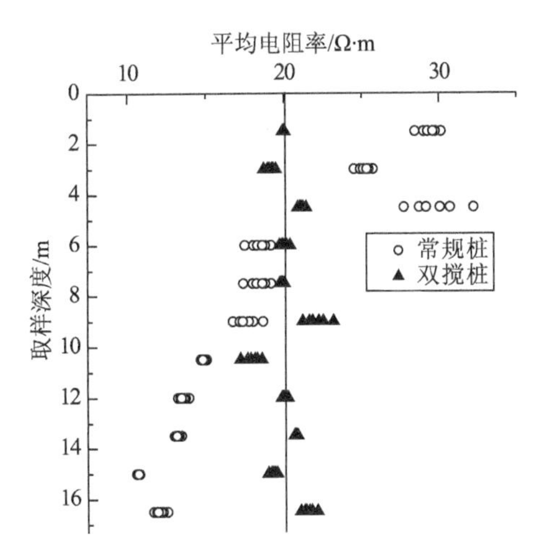

图 2-29　平均电阻率沿深度分布对比图

由图 2-27 和图 2-28 可以发现，双向水泥土搅拌桩 28 d 龄期的水平电阻率和竖向电阻率基本集中在 20 Ω · m 附近，沿深度分布变化不大；而常规水泥土搅拌桩 28 d 龄期的水平电阻率和竖向电阻率在 10～32 Ω · m 之间，且随深度的增加逐渐减小。说明双向水泥土搅拌桩桩身质量沿深度分布均匀；而常规水泥土搅拌桩桩身质量沿深度分布不够均匀，随深度的增加其宏观力学特性逐渐变差。

水泥土电阻率取决于水泥土的孔隙率、孔隙形状、孔隙液电阻率、饱和度、固体颗粒成分、形状、定向性、胶结状态等。水泥土搅拌桩施工过程将原土体结构破坏，将水泥浆掺入土体，经过搅拌，形成水泥土。随着龄期的增加，水化程度逐渐变大，水化硅酸钙凝胶体逐渐增多，水化产物充填黏土颗粒间孔隙的程度也逐渐变大，结构相对密实，因而导电性降低，电阻率增大。水泥土的电阻率越大，其强度也越高[60-62]。

(2) 桩身芯样结构因子

桩身芯样的结构因子汇总见图 2-30～图 2-32。

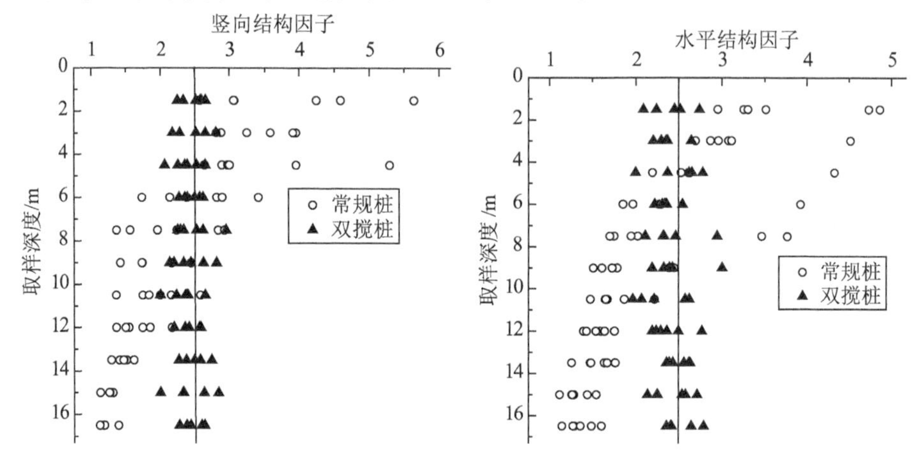

图 2-30 竖向结构因子沿深度分布对比图　图 2-31 水平结构因子沿深度分布对比图

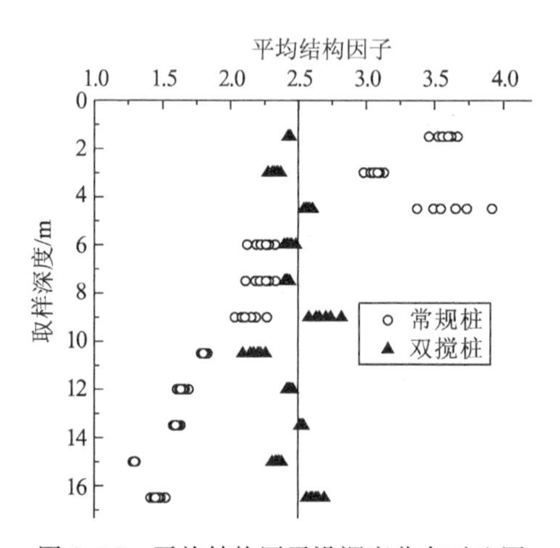

图 2-32 平均结构因子沿深度分布对比图

由图 2-30 和图 2-31 可以发现，双向水泥土搅拌桩 28 d 龄期的水平结构因子和竖向结构因子基本集中在 2.5 附近，沿深度分布变化不大；而常规水泥土搅拌桩 28 d 龄期的水平结构因子分布在 1.1～4.8 之间，竖向结构因子分布在 1.1～5.6 之间，且随深度的增加逐渐减小。

水泥土结构因子主要反映水泥土的孔隙率和孔隙结构，结构因子越大反映水泥土的孔隙率越低，空间结构越趋于网架结构。说明双向水泥土搅拌桩芯样的孔隙率、孔隙结构和强度沿深度基本无变化；而常规水泥土搅拌桩，随深度增加其芯样的孔隙率逐渐变大，孔隙结构趋于松散。

(3) 桩身芯样形状因子

桩身芯样的形状因子汇总见图 2-33～图 2-35。

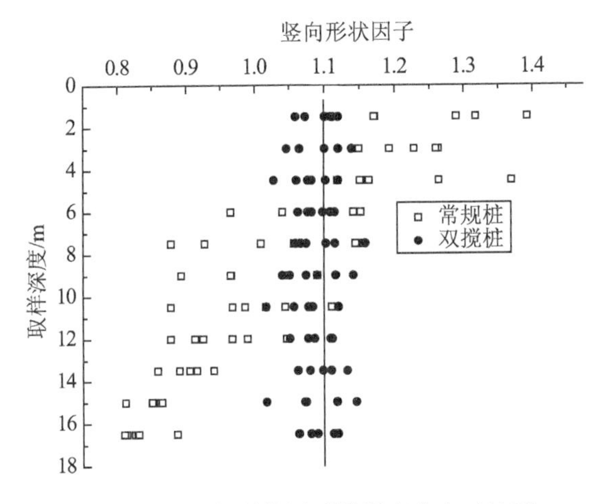

图 2-33　竖向形状因子沿深度分布对比图

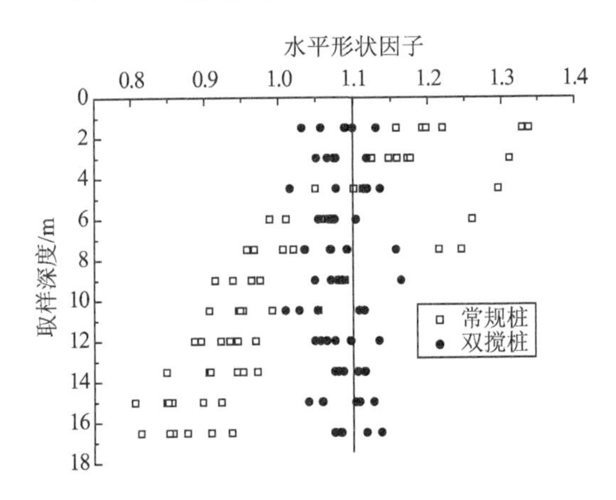

图 2-34　水平形状因子沿深度分布对比图

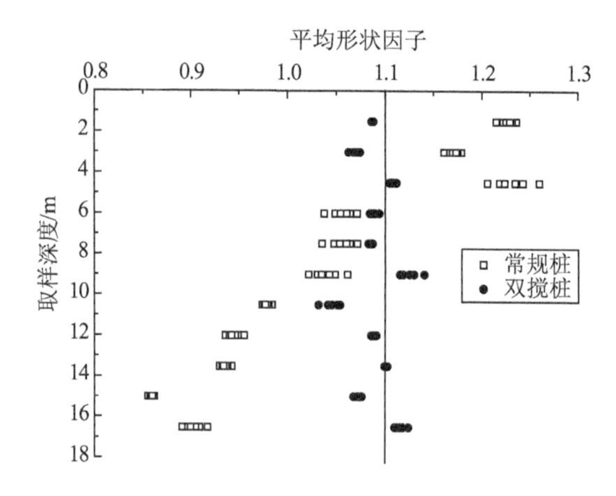

图 2-35　平均形状因子沿深度分布对比图

由图 2-33 和图 2-34 可以发现，双向水泥土搅拌桩 28 d 龄期的水平形状因子和竖向形状因子基本集中在 1.1 附近，沿深度分布变化不大；而常规水泥土搅拌桩 28 d 龄期的水平形状因子分布在 0.80～1.34 之间，竖向形状因子分布在 0.81～1.39 之间，且随深度的增加逐渐减小。

水泥土的形状因子主要反映水泥土颗粒形状与胶结程度。形状因子越大，其团聚状结构比例越大，颗粒粒径也越大，且颗粒间胶结程度越强，黏聚力越大。说明双向水泥土搅拌桩芯样水泥土的结构类型、土颗粒大小和土颗粒之间的联结类型沿深度分布均匀，且颗粒结构趋向于团粒结构，土颗粒之间的联结类型趋向于面接触；而常规水泥土搅拌桩沿深度分布不够均匀，表现出随深度增加逐渐变差。

(4) 桩身芯样各向异性指数

桩身芯样的各向异性指数汇总见图 2-36 和图 2-37。

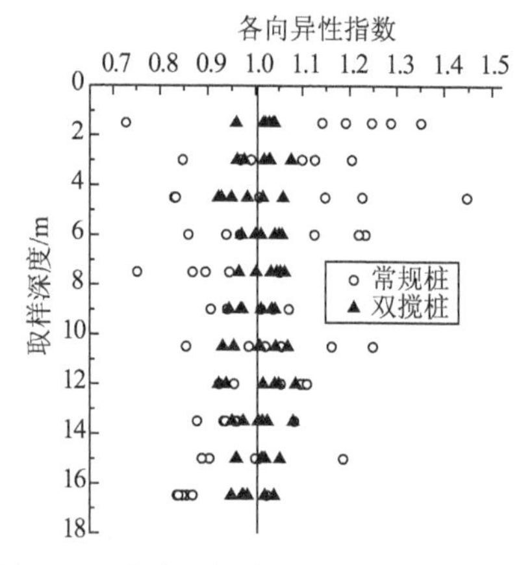

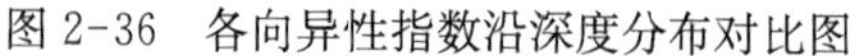
图 2-36　各向异性指数沿深度分布对比图

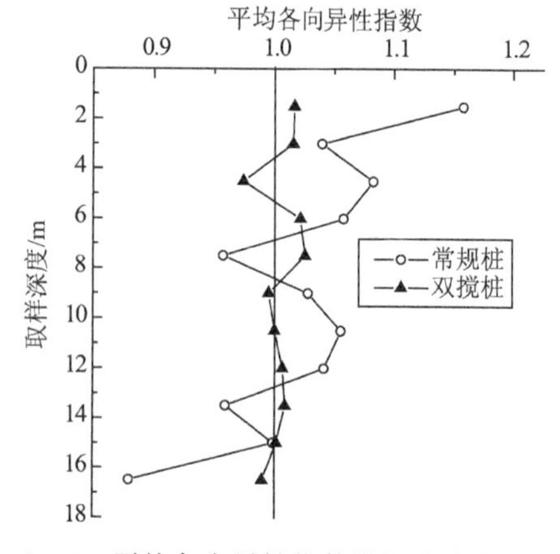

2-37　平均各向异性指数沿深度分布对比图

图 2-37 中平均各向异性指数为同一深度各芯样各向异性指数 A 的平均值。

水泥土各向异性指数反映水泥土颗粒的定向排列。水泥土搅拌桩施工过程中破坏了土体颗粒的原有沉积方向，土体颗粒之间由于水泥浆的胶结作用，呈现一种无序排列。水泥土搅拌桩的各向异性指数是对搅拌均匀性检验最直观的指标之一，搅拌越均匀，其各向异性指数越趋近于 1。

由图 2-36 和图 2-37 可以看出，双向水泥土搅拌桩芯样的各向异性指数基本为 1，而常规水泥土搅拌桩芯样的各向异性指数分布较为离散，在 0.8～1.2 之间。究其原因，双向水泥土搅拌桩成桩机械采用同心双重钻杆，在内钻杆上设置正向旋转搅拌叶片并设置喷浆口，在外钻杆上安装反向旋转搅拌叶片，通过正、反向旋转叶片同时双向搅拌水泥土，水泥土的搅拌均匀性较常规工艺大幅度提高，同时解决了“溢浆”问题，使水泥浆沿桩身掺入均匀。其各向异性指数表明：双向水泥土搅拌桩可近似认为是各向同性体；而常规桩离散性较大，存在较为明显的各向异性。

3. 桩体均匀性宏观力学指标分析

在龄期 28 d，对双向水泥土搅拌桩和常规水泥土搅拌桩取芯的同时进行了标准贯入试验，在进行电阻率测试的同时进行无侧限抗压强度试验。

(1) 标准贯入试验

标准贯入试验结果汇总见图 2-38 和图 2-39。

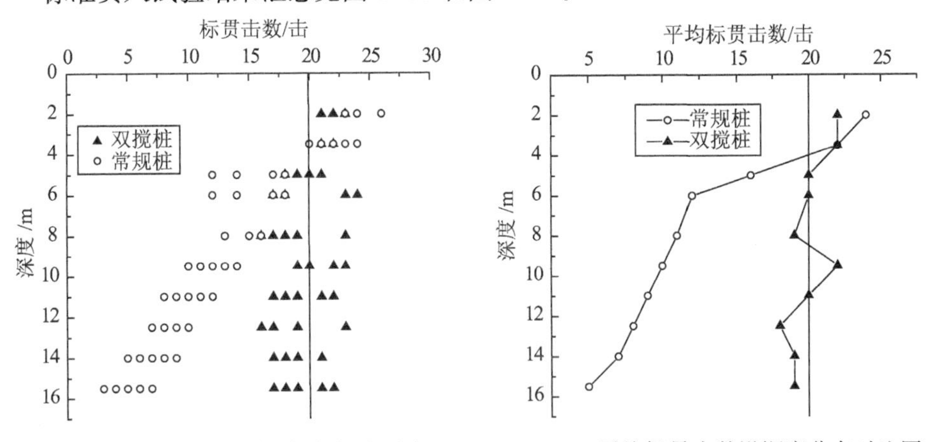

图 2-38　标贯击数沿深度分布对比图

2-39　平均标贯击数沿深度分布对比图

图 2-38 和图 2-39 标准贯入试验结果显示：双向水泥土搅拌桩沿桩体垂直各深度标准贯入击数变化基本在 17～24 击之间，平均为 20 击；而常规水泥土搅拌桩标准贯入击数在 3～26 之间变化，桩身上部和下部的标准贯入击数相差 4～5 倍，且随深度增加而衰减。

(2) 无侧限抗压强度试验

芯样无侧限抗压强度试验结果汇总见图 2-40 和图 2-41。

图 2-40 和图 2-41 芯样无侧限抗压强度试验结果显示：双向水泥土搅拌桩沿桩体垂直各深度无侧限抗压强度基本集中在 1.2 MPa 附近；而常规水泥土搅拌桩无侧限抗压强度在 0.1～2.6 MPa 之间变化，且随深度增加而衰减，特别是 6 m 以下桩体强度很低。

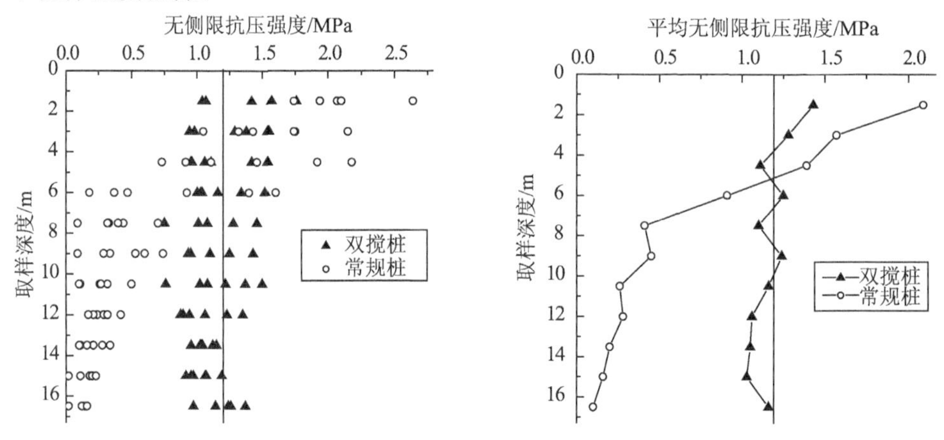

图 2-40　无侧限抗压强度沿深度分布对比图　　图 2-41　平均无侧限抗压强度沿深度分布对比图

芯样无侧限抗压强度试验和标准贯入试验分析结果与电阻率试验结果基本一致，即双向水泥土搅拌桩桩身沿水平和竖向全面均匀；而常规水泥土搅拌桩桩身均匀性差，离散性较大，随深度增加质量越差。

第 3 章　双向湿喷桩施工技术与工程应用

3.1　双向湿喷桩施工设备与工艺

根据双向搅拌桩技术的基本原理，分别研制开发了适合于干喷和湿喷的施工机械和工艺[41-42]。

双向湿喷桩成桩机械对现行水泥土搅拌桩成桩机械的动力传动系统、钻杆以及钻头进行了改进，采用同心双轴钻杆，在内钻杆上设置正向旋转叶片并设置喷浆口，在外钻杆上安装反向旋转叶片，通过外杆上叶片反向旋转过程中的压浆作用和正、反向旋转叶片同时双向搅拌作用，阻断水泥浆上冒途径，保证水泥浆在桩体中均匀分布和搅拌均匀，确保成桩质量。双向湿喷桩施工设备见图 3-1～图 3-3 所示。

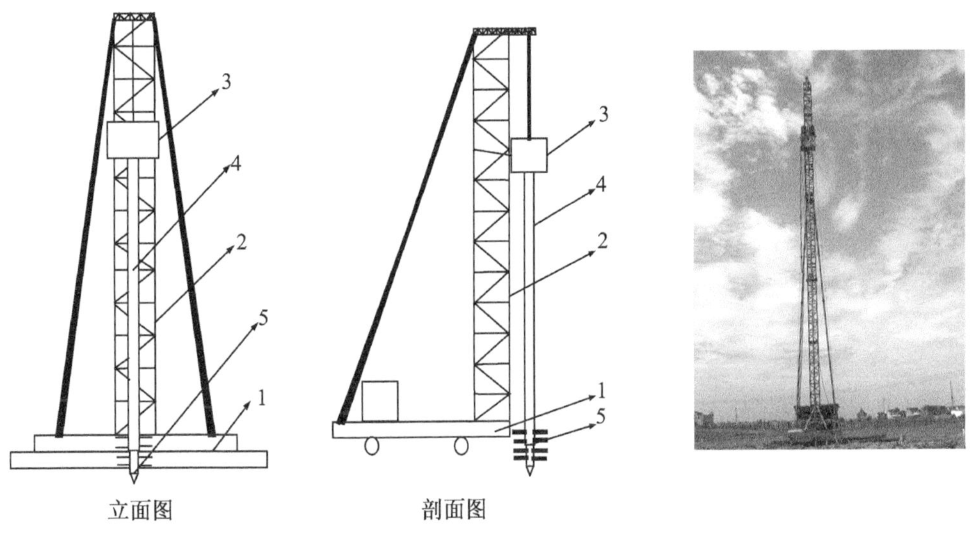

图 3-1　双向湿喷桩机立面图、剖面图及照片

1—底盘；2—机架；3—动力箱体；4—钻杆；5—钻头

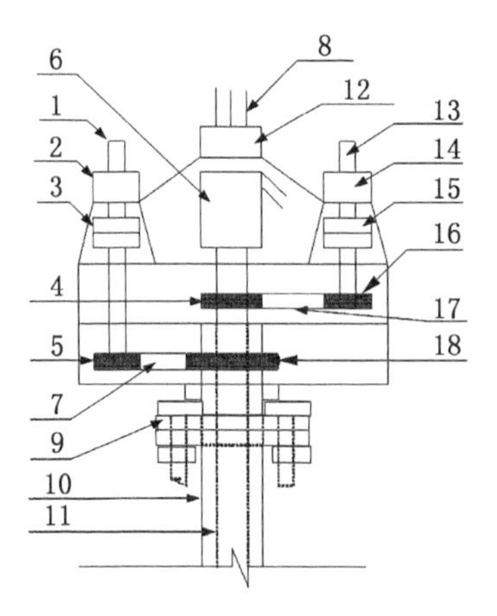

图 3-2 双向湿喷桩机箱体结构示意图

1—外钻杆电动机；2—外钻杆减速器；3—外钻杆连接器；4—内钻杆动力传动齿轮；5—外钻杆动力齿轮；6—水接头；7—外钻杆动力传动齿轮；8—钢丝绳；9—内钻杆动力传动系统连接法兰；10—外钻杆；11—内钻杆；12—滑轮组；13—内钻杆电动机；14—内钻杆减速器；15—内钻杆连接器；16—内钻杆动力齿轮；17—内钻杆动力传动齿轮；18—外钻杆动力传动齿轮

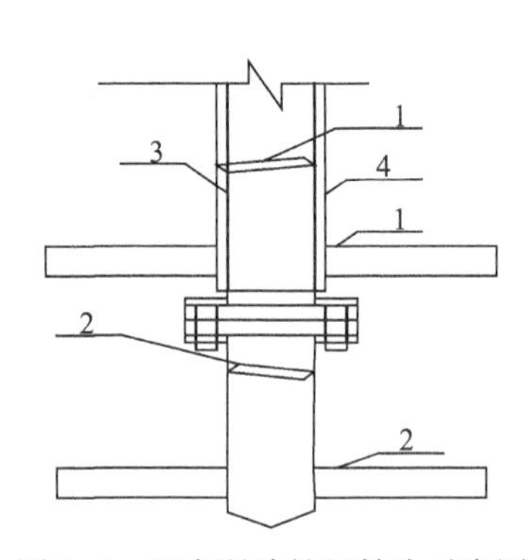

图 3-3 双向湿喷桩机钻头示意图

1—安装在外钻杆上的反向旋转搅拌叶片；2—安装在内钻杆上的正向旋转搅拌叶片；3—内钻杆；4—外钻杆

双向湿喷桩施工工艺和常规水泥土搅拌桩施工工艺基本相似，仅将常规水泥土搅拌桩的“四搅两喷”工艺改变为“两搅一喷”工艺（图 3-4），其桩位布置形式同样可采用梅花形或正方形布置。

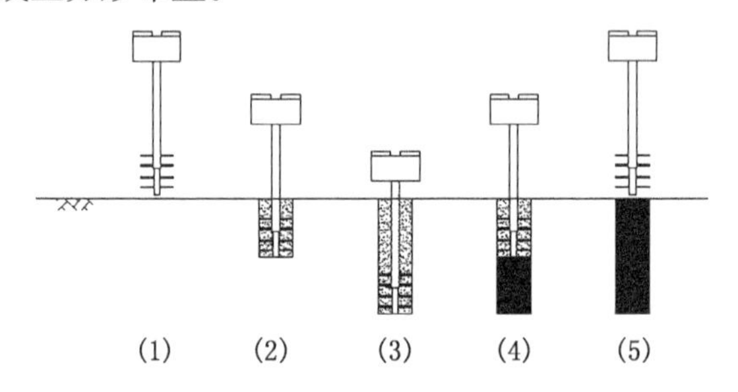

图 3-4 双向搅拌桩施工工艺流程图

主要操作步骤如下：

(1) 双向搅拌机就位：双向搅拌机到指定桩位并对中。

(2)(3) 切土喷浆、搅拌下沉：启动搅拌机，使搅拌机沿导向架向下切土，同时开启送浆泵向土体喷水泥浆，两组叶片同时正、反向旋转（外钻杆逆时针旋转，内钻杆顺时针旋转）切割、搅拌土体，搅拌机持续下沉，直到设计深度，在桩端应就地持续喷浆搅拌10 s以上。

(4)提升搅拌:搅拌机提升、关闭送浆泵,两组叶片同时正、反向旋转搅拌水泥土,直到地表或设计桩顶标高以上50 cm。

(5) 完成单桩施工。

3.2　双向湿喷桩施工质量控制

3.2.1　原材料控制

一般情况下,固化剂宜选用强度等级为42.5级及以上的水泥。所购置水泥应是国家免检产品,且在有效期内使用;严禁使用受潮、结块、变质的劣质水泥。对非免检水泥,应分批提供有关标号、安定性等试验报告。水灰比应根据施工时的可喷性和不同的施工机械合理使用,宜取0.5~0.65,地基含水量高者取小值。

3.2.2　水泥掺入量控制

水泥掺入量应由室内配合比试验确定。根据土样含水率、孔隙比以及有机质含量不同,水泥掺入量应有所变化。水泥掺入量应分别控制单桩总水泥掺入量和桩身水泥沿桩身分布量。根据设计或规程要求确定单位截面桩体搅拌次数、桩体水泥掺入量、水灰比、浆泵断浆量和内外钻杆转速,通过控制水灰比、浆泵断浆量以及内外钻杆转速确定钻机提升和下沉速度,严格控制桩体水泥掺入量。

3.2.3　工艺试桩要求

1. 在没有施工资料的场地和地质条件比较复杂的场地应根据设计要求进行工艺试桩,同一工程地质条件下试桩数应不少于3根。

2. 试验桩的地质条件应具有代表性,试验桩设计参数应与工程桩一致。

3. 工艺性试桩应获得的参数:

(1) 掌握满足设计单桩喷浆量的各种技术参数,包括钻杆下沉和提升速度、喷浆压力、喷浆量、搅拌机转速、进入持力层电流和钻进速度等,掌握下沉和提升的阻力情况,选择合理的搅拌头形式、电机功率与搅拌叶片的宽度和倾角等。

(2) 检验室内试验所确定的配合比、水灰比是否便于施工,是否需要添加外加剂等。

(3) 检验桩身的无侧限抗压强度是否满足设计要求。

(4) 根据需要检验复合地基承载力是否满足设计要求。

4. 根据试桩参数调整施工组织设计和施工方案。

3.2.4　施工时质量控制应符合下列规定

（1）水泥浆液应严格按照预定的配合比进行拌制，制备好的浆液不得离析，不得搁置时间过长（一般不超过 2 h）；浆液倒入时应加筛过滤，以免浆液内结块，损坏泵体。

（2）泵送浆液前，管路应保持潮湿，以利于输浆。现场拌制浆液应有专人记录每根桩水泥用量，并记录送浆开始、结束时间等。

（3）根据工艺成桩试验确定的技术参数进行施工。操作人员应记录每米下沉、提升时间，送浆时间、停浆时间等。

（4）供浆必须连续，拌和必须均匀，一旦因故停浆，为防止断桩或缺浆，应使搅拌机回到停浆前 1 m 处，待恢复供浆后继续施工。如停浆时间超过 3 h，为防止浆液硬结堵管，应先拆除输浆管路，清洗后备用。

（5）施工中若发现喷浆量不足，应在旁边补桩 1 根，补桩桩长和喷浆量不得小于设计值。

（6）双向湿喷桩在地面以下 2～5 m 范围内应适当降低搅拌机下沉和提升速度，桩体上部 50 cm 以内应进行人工捣实。

（7）常规水泥土搅拌桩在桩底应持续喷浆搅拌时间不少于 30 s；双向湿喷桩在桩底应持续喷浆搅拌时间不少于 10 s。

3.2.5　质量控制

双向湿喷桩质量控制应贯穿施工全过程，应坚持全程的施工监理。施工过程中随时检查施工记录和计量记录，并对照规定的施工工艺对每根桩进行质量评定。检查重点是水泥用量、桩长、内外钻杆转速、搅拌机提升和下沉速度、停浆处理方法和单桩施工时间等。

（1）施工准备阶段，应对原材料质量、计量设备、搅拌叶片的伸展直径和机械性能进行检查。

（2）施工前应检查桩位放样偏差，其容许偏差应控制在±50 mm。

（3）施工过程中应检查机架的垂直度、机架底盘的水平度、水泥浆比重、搅拌机提升和下沉速度以及钻机下沉最后 30 s 的电流和钻进速度等。

（4）单桩施工结束后，应对桩位偏差、桩径、单桩水泥用量以及单桩施工时间进行检查。其中桩位偏差不大于 50 mm，桩径和单桩水泥用量不小于设计值，单桩施工时间不小于由工艺试桩确定的时间值。

（5）桩身质量检测：双向湿喷桩成桩 7 d 后采用浅部开挖观察桩体成型情况和搅拌均匀程度，并可检验桩身直径，如实做好记录，检查频率为 0.1%，且不少于 3 根。

双向湿喷桩成桩 28 d 后应进行标准贯入试验和取芯进行室内无侧限抗压强度测试。为保证试块尺寸，钻孔直径不小于 108 mm。检验桩数应随机抽取总桩数的 0.5%，且不少于 3 根。通过芯样可对桩长、强度、均匀性等综合评价。

(6) 承载力检测：双向湿喷桩复合地基承载力检验应采用复合地基静载试验和单桩载荷试验。载荷试验必须在桩身强度满足荷载试验条件，并宜在成桩 28 d 后进行。检验数量为总桩数的 0.1%～0.2%，且每个单项工程不少于 3 点。

(7) 质量检测标准：双向湿喷桩质量检验标准应符合表 3-1 规定。

表 3-1　双向湿喷桩质量检验标准

<table>
<tr><th rowspan="2">项目</th><th rowspan="2">序号</th><th rowspan="2">检查项目</th><th colspan="2">容许偏差值</th><th rowspan="2">检查方法</th><th rowspan="2">检查频率</th></tr>
<tr><th>单位</th><th>偏差值</th></tr>
<tr><td rowspan="6">保证项目</td><td>1</td><td>桩径</td><td colspan="2">不小于设计值</td><td>钢卷尺量测</td><td>≥2%</td></tr>
<tr><td>2</td><td>桩长</td><td colspan="2">不小于设计值或电流、钻进速度控制值</td><td>钻芯取样结合施工记录</td><td>100%</td></tr>
<tr><td>3</td><td>水泥掺入量</td><td colspan="2">不小于设计值</td><td>查施工记录</td><td>100%</td></tr>
<tr><td>4</td><td>桩身强度</td><td colspan="2">不小于设计值</td><td>标贯试验和强度试验</td><td>≥0.5%</td></tr>
<tr><td>5</td><td>承载力</td><td colspan="2">不小于设计值</td><td>载荷试验</td><td>≥0.1%</td></tr>
<tr><td>6</td><td>水泥质量</td><td colspan="2">符合国家标准</td><td>送检</td><td>2 000 m^3 且每单项工程不少于一次</td></tr>
<tr><td rowspan="4">一般项目</td><td>1</td><td>提升和下沉速度</td><td>m/s</td><td>±0.05</td><td>测单桩下沉和提升时间</td><td>10%</td></tr>
<tr><td>2</td><td>水灰比</td><td>g/cm^3</td><td>±0.05</td><td>测水泥浆比重</td><td rowspan="2">每台班不少于 1 次</td></tr>
<tr><td>3</td><td>外加剂</td><td colspan="2">±1%</td><td>按水泥重量比计量</td></tr>
<tr><td>4</td><td>喷浆量</td><td colspan="2">±1%</td><td>标定</td><td>每台泵一次</td></tr>
<tr><td rowspan="3">允许偏差项目</td><td>1</td><td>桩位</td><td>mm</td><td>±50</td><td>钢卷尺量测</td><td>2%</td></tr>
<tr><td>2</td><td>垂直度</td><td colspan="2">1%</td><td>测机架垂直度</td><td>5%</td></tr>
<tr><td>3</td><td>桩顶标高</td><td>mm</td><td>+30，−50</td><td>扣除桩顶松散体</td><td>2%</td></tr>
</table>

3.3 双向湿喷桩加固冲湖积相软土工程应用[63]

3.3.1 试验工程概况

沪苏浙高速公路江苏段是上海至武威国家重点干线公路的重要组成部分，同时作为苏州规划的“一纵三横”丰字形高速公路主骨架中的第三横，是苏州市东西向对外交通的重要通道之一，它的建设对完善国家和江苏高速公路网体系，加快构筑沪苏浙地区交通主骨架，加强沿海与中西部地区的经济联系，加速推进长江三角洲地区经济一体化进程等均具有重要意义。沪苏浙高速公路所经区域位于长江三角洲太湖湖积平原区，地势低平，自东北向西南缓缓倾斜，南北高差 2.0 m 左右，水系发达，河道稠密，湖荡星罗棋布，水面积(不包括太湖水面)占全市面积 22.07%，属典型的湖荡水网平原区。根据其沉积环境、岩性、物源等特征，可将苏州地区分为两个工程地质区，即西部基岩山间洼地地区和东部冲湖积平原区，东部冲湖积平原沉积区是路线通过的主要区域(图 3-5)。从中生代以来，本区基底构造就一直趋于持续下降过程，第四系地层发育完全，最大厚度可达 180 余米，具有自西向东逐渐增厚的变化规律，在剖面上显示出多沉积的韵律特点，河、湖、海相沉积交替进行，成因比较复杂，但层序清晰。路线通过地段由西向东，陆相沉积逐渐减弱，海陆交互相沉积逐渐增强。

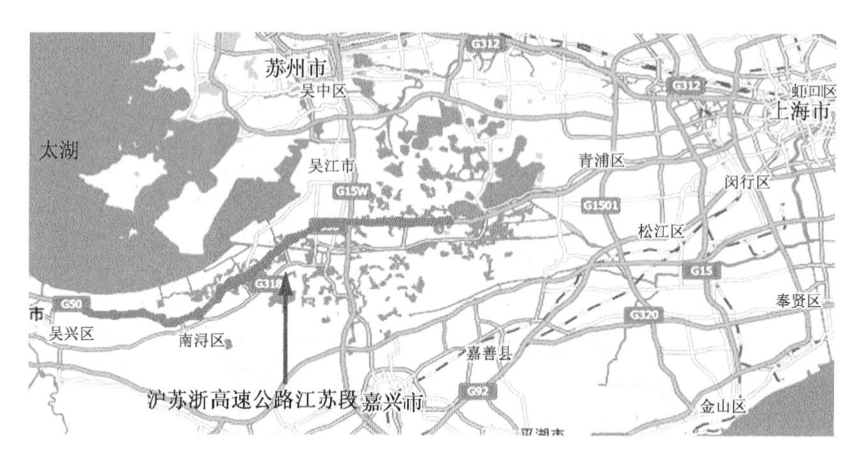

图 3-5　沪苏浙高速公路(江苏段)线路位置示意图

沪苏浙高速公路江苏段路线经过地区全部被第四系松散堆积层所覆盖，根据勘察资料，第四纪地层主要为全新统、晚更新统地层组成，自上而下分述如下：

(1) 表层黏性土层(Q_4^{al-1})：分布于地表，呈褐色、灰黄色，软～硬塑状，层厚

0.60～2.00 m。

(2) 冲湖积亚黏土、淤泥质土(Q_4^{al-1})：灰色～深灰色，含腐殖质，流塑。

(3) 冲湖积黏性土(亚黏土、黏土、亚砂土)(Q_4^{al-1})：黄色、灰黄色，局部呈灰黑色，具层理，夹粉砂，软塑～硬塑。

(4) 粉砂(Q_4^{al-1})：灰黄色为主，多呈透镜体分布，饱和，中密。

(5) 冲湖积黏性土(亚黏土、黏土、亚砂土)(Q_4^{al-1})：以灰色为主，含贝壳碎片，具层理，间夹薄层粉砂，软塑～流塑。

(6) 上更新统冲湖积相(Q_4^{mc-1})：由黏性土及粉砂组成，一般塑性土以亚砂土或亚黏土为主，呈灰绿色或绿黄色，含钙质结核，软塑～硬塑，且以硬塑状为主，粉砂多呈灰绿色或灰色，含贝壳碎片及钙质结核，饱和，多呈中密状。

沿线软土层随着原始地貌位置和沉积环境的不同，淤泥和淤泥质土软土全线均有分布，局部夹软塑～流塑亚黏土，软土厚度变化较大。图3-6为沪苏浙高速公路工程地质概要示意图。

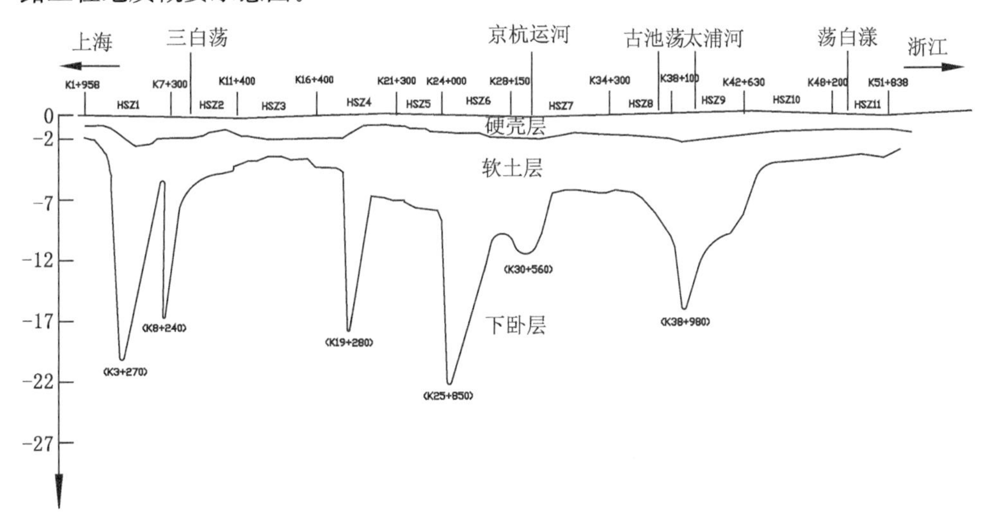

图3-6　沪苏浙高速公路工程地质概要图

在调查收集已有地质资料的基础上，通过多功能CPTU测试手段查明沪苏浙高速公路建设场地的工程地质、水文地质条件和不良地质等问题，对场地工程地质条件作出评价。根据场地CPTU试验曲线(图3-7)，场地揭露深度内土层自上而下可分为填土，粉质黏土，淤泥、淤泥质土，黏土和粉质黏土夹粉砂等层(表3-2)。

表 3-2　沪苏浙高速公路(江苏段)CPTU 测试资料土层划分及指标表

层号	土名	层厚/m	容重 γ/kN·m^{-3}	q_c/MPa	f_s/kPa	摩阻比 R_f/%
1	填土	2.3	18.0	1.35	32.71	3.72
2	粉质黏土	0.6	18.0	1.27	27.87	4.67
3	淤泥、淤泥质土	10.3	17.5	0.45	1.09	1.07
4	黏土	5.0	18.0	2.60	70.57	5.30
5	粉质黏土夹粉砂	未揭穿	18.0	3.25	141.84	4.00

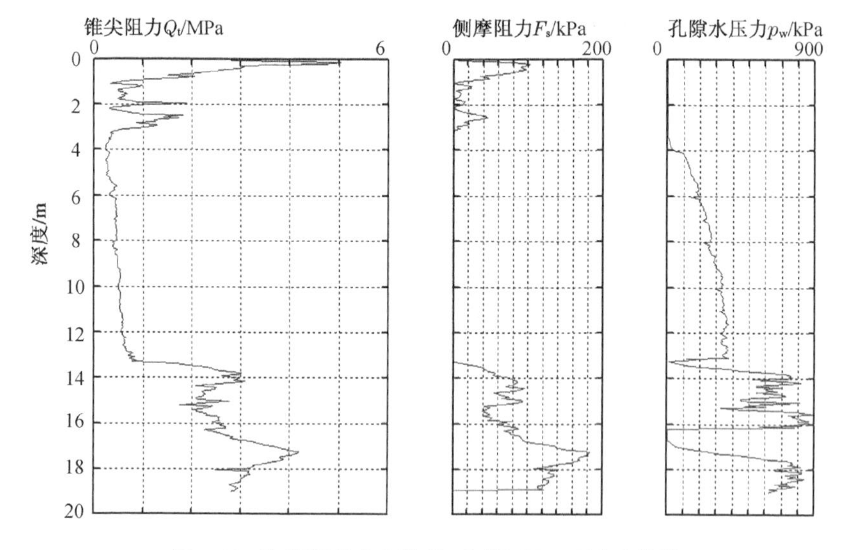

图 3-7　沪苏浙高速公路(江苏段)CPTU 试验曲线

在 CPTU 试验孔深度 4.0～23.0 m 处做了 15 个消散试验，测得淤泥、淤泥质土的固结系数平均值为 $C_h=0.53\times10^{-3}\ \text{cm}^2/\text{s}$，渗透系数为 $K_h=0.03\times10^{-7}\ \text{cm/s}$；黏土层的固结系数平均值为 $C_h=1.07\times10^{-3}\ \text{cm}^2/\text{s}$，渗透系数为 $K_h=0.03\times10^{-7}\ \text{cm/s}$；粉质黏土夹粉砂的固结系数平均值为 $C_h=0.29\times10^{-3}\ \text{cm}^2/\text{s}$，渗透系数为 $K_h=0.01\times10^{-7}\ \text{cm/s}$。

为比较双向湿喷桩和常规水泥土搅拌桩成桩过程和成桩质量的差异性进行了单桩对比试验和试验段试验。

试验地点位于 K30＋050～K30＋450 段落，其中 K30＋220～K30＋400 段为鱼塘，鱼塘区清淤后回填土，填土高度约 2 m。试验段土层分布剖面图见图 3-8 所

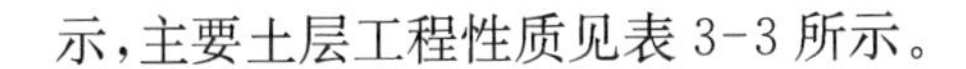

示，主要土层工程性质见表 3-3 所示。

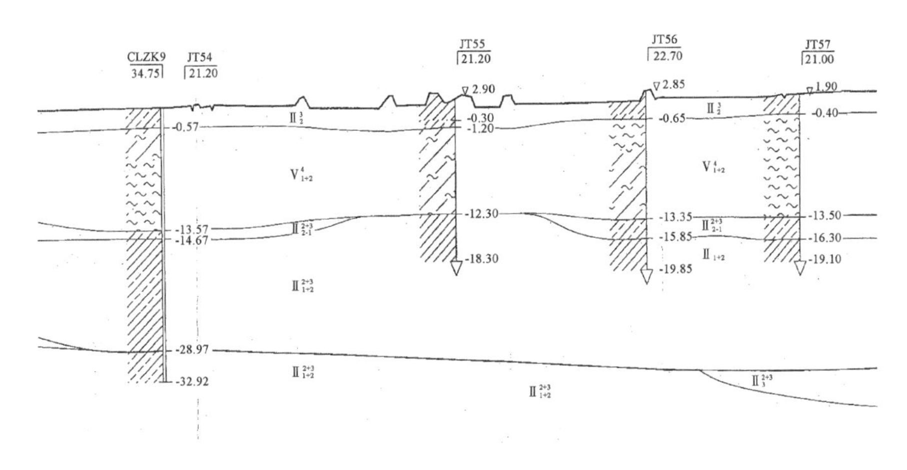

图 3-8　试验段土层剖面图

表 3-3　试验段土层主要土性指标

土层编号	埋深 /m	容重 /kN·m^{-3}	含水量 /%	孔隙比	液限 /%	塑限 /%	固结快剪		压缩系数 a_{v1-2} /(MPa^{-1})	压缩模量 E_{s1-2} /MPa
							c_g/kPa	φ_g/(°)		
①	0～2	19.0	35.0	0.94	41.9	23.6	31.2	25.0	0.22	8.8
②—1	2～14	17.0	50.9	1.43	53.6	24.1	12.6	16.3	1.49	1.9
②—2	14～16	20.3	23.9	0.67	46.7	21.7	40.3	23.5	0.22	7.5
②—3	16～	20.5	24.1	0.65	35.8	14.8	37.9	29.7	0.07	25.1

场地地基土层自上而下分为四层：

① 表层黏性土：为耕植土，分布于地表，浅黄色，中密，为灰～灰褐色亚黏土，夹植物根茎，中等压缩性土，埋深在 0～1.0 m、1.2～2.0 m；中间夹泥炭层，黑色，软塑，颗粒较细，埋深在 1.0～1.2 m。

② 淤泥质亚黏土：灰褐色，冲湖积相，软流塑，很湿～饱和，颗粒较细，黏性较大，下部略含贝壳碎片，埋深在 2.0～14.0 m。

③ 亚黏土：灰绿色，冲湖积相，可～硬塑，湿，颗粒较细，黏性较大，下部略含粉性，含贝壳、钙质铁等结核，多呈中密状，埋深在 14.0～16.5 m。

④ 亚黏土：绿黄～黄色，上更新统冲湖积相，硬塑，稍湿，颗粒较细，黏性较大，含铁、锰等结核，埋深在 16.5 m 以下(未揭穿)。

3.3.2　试验方案

试验段搅拌桩均采用梅花形布置，设计桩径为 500 mm，桩间距 1.4 m，处理深度分别为 15.0 m 、16.5 m，试验段单桩水泥掺入量：500 mm 直径为 65 kg/m，水灰比 0.45～0.55。试验 C、D 区设计图及主要技术参数见图 3-9 和表 3-4 所示。

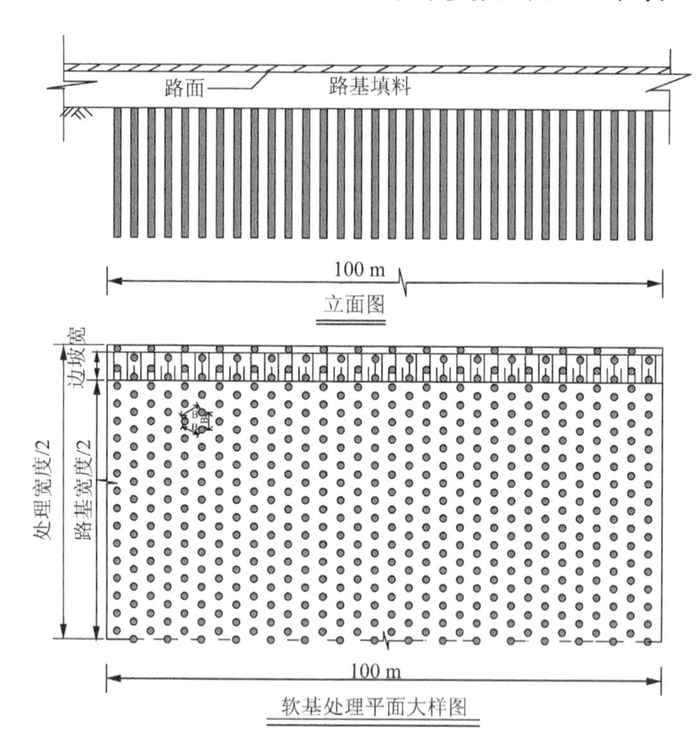

图 3-9　双向湿喷桩与常规搅拌桩平面布置图与立面图

表 3-4　试验 C、D 区主要设计参数

试验区	里程桩号	桩型	处理深度/m	桩径/mm	桩间距/m
C	K30+250～K30+350	双向湿喷桩	15.0	500	1.4
D	K30+350～K30+450	常规水泥土桩	16.5	500	1.4

结合现场条件，在试验 C、D 区分别施工 3 根单桩，用于桩身强度、微观结构对比试验和有效桩长研究，另外分别施工 2 根单桩用于单桩施工扰动分析，具体试验内容如下：

(1) 桩身强度及电阻率测试

对双向湿喷桩 C 区和常规水泥土搅拌桩 D 区，施工后分别进行 28 d 龄期的标准贯入试验和桩身水泥土无侧限抗压强度以及电阻率试验，分析各区搅拌桩桩身水泥土强度、桩身水泥土微观结构及其存在的差异性。

(2) 施工孔压测试

为了解双向湿喷桩施工过程对地基土的影响，在试验段 C 区 K30＋320 和 D 区 K30＋380 两断面路基轴线附近各埋设三组孔压计，孔压计埋设孔分别距桩边 0.8 m、1.6 m 和 2.4 m，在地表以下 2 m、5 m、8 m、10 m 和 12.3 m 等五个不同深度埋设孔压计。

试验测试单桩施工过程和在路堤荷载作用下超静孔隙水压力的产生与消散情况，为双向湿喷桩工艺施工和常规水泥土搅拌桩工艺施工对桩周土扰动理论分析提供试验依据。

(3) 载荷试验

C、D 试验区各进行了三组三桩复合地基载荷试验。在进行复合地基载荷试验的同时进行了桩土应力比测试，通过对双向湿喷桩复合地基桩土应力比测试分析，为其在群桩作用下的土拱效应理论分析提供试验支持。

(4) 填筑期观测

通过埋设于不同深度软土中的孔压计监测路堤填筑过程中桩周软土孔压的变化规律，通过埋设于路堤左、中、右三个测点的沉降板量测各时期路堤表面沉降变化情况，通过埋设于路堤左右两侧的测斜管反映路堤填筑各时期的侧向位移情况，通过埋设于路堤中轴线上的分层沉降管测试路基不同深度的分层压缩量，以及通过埋设于桩顶和桩间土上的土压力盒测量堆载预压期桩顶及桩间土压力变化情况。

3.3.3　试验成果

(1) 施工扰动与搅拌均匀性比较

为了对比分析双向湿喷桩和常规水泥土搅拌桩施工对桩周土体的扰动效应，预先在距离桩体不同距离、不同深度埋设了孔隙水压力计，测试搅拌桩施工产生的超静孔压及其消散过程，并取芯样进行了电阻率测试分析。比较结果见 2.3 节、2.4 节。

(2) 桩身强度

搅拌桩施工 28 d 后，在两试验区各随机抽取 6 根桩体进行标准贯入试验(SPT)，同时另取 6 根取芯进行无侧限抗压强度试验，取芯和标准贯入试验沿桩体深度每 1.5 m 一组。标准贯入击数和无侧限抗压强度测试结果见图 3-10、图 3-

11。双向湿喷桩的桩身标准贯入击数为 18～24，芯样无侧限抗压强度为 1.0～1.6 MPa，标准贯入击数和无侧限抗压强度沿深度方向变化很小；常规水泥土搅拌桩的桩身标准贯入击数从上部的 26 击随深度增加减少到下部的 9 击，无侧限抗压强度随深度增加由 2.0 MPa 以上减小到 0.1 MPa，变化范围很大，桩身质量沿深度变差，下部桩身强度很差。

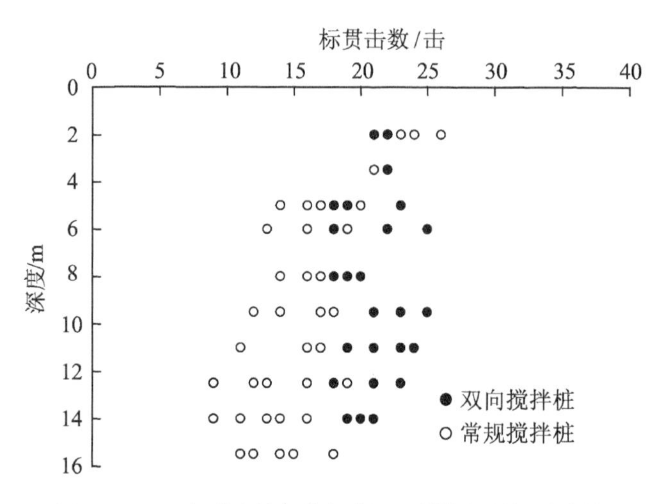

图 3-10　双向湿喷桩与常规水泥土搅拌桩的标贯击数

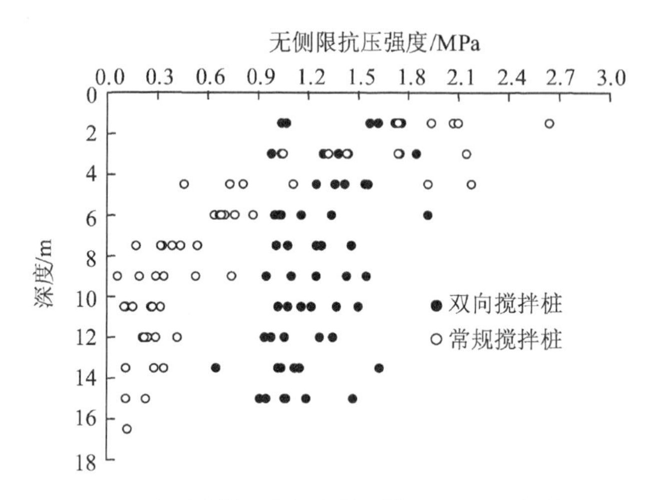

图 3-11　双向湿喷桩与常规水泥土搅拌桩的无侧限抗压强度

芯样无侧限抗压强度试验和标准贯入试验得出结论与电阻率试验结果基本一致，即双向湿喷桩桩身质量沿深度分布均匀；而常规水泥土搅拌桩桩身质量均匀性差，离散性较大，随深度增加质量越差。

(3) 复合地基荷载试验

在各试验区分别进行了三组三桩复合地基载荷试验，荷载试验依据《建筑地基处理技术规范》(JGJ 79—2002)进行，采用直径为 2.55 m 的圆形荷载板，其面积为三桩等效处理面积，试验的 p-s 曲线见图 3-12 所示。由图 3-12 可看出，当荷载较小时，相同荷载作用下双向湿喷桩和常规水泥土搅拌桩的沉降比较接近，因为荷载较小时荷载影响深度很小，基本在浅层。由图 3-10、图 3-11 可知，在 4 m 以内常规水泥土搅拌桩与双向湿喷桩的桩身质量相差不大，常规水泥土搅拌桩由于冒浆其上部强度还略高于双向湿喷桩，所以沉降相差很小；当荷载较大时，相同荷载下双向湿喷桩沉降小于常规水泥土搅拌桩，荷载越大，差异越明显，因为荷载越大，影响深度越大，双向湿喷桩桩身质量的均匀性优势越能体现出来。

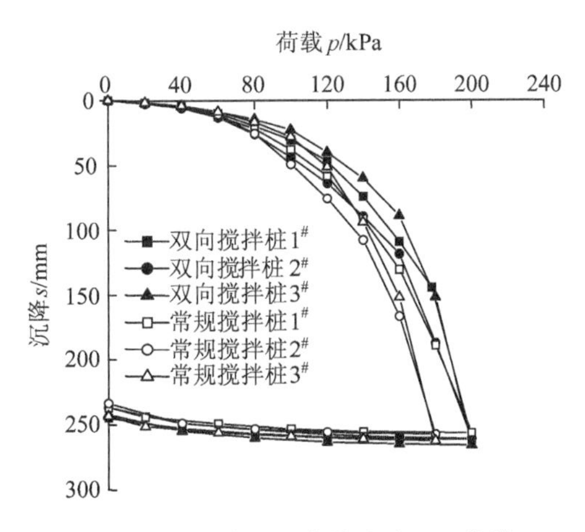

图 3-12 复合地基载荷试验 p-s 曲线

复合地基荷载试验成果见表 3-5 所示，根据规范确定的双向湿喷桩复合地基承载力特征值为 100 kPa，常规水泥土搅拌桩复合地基承载力特征值为 93.3 kPa，双向湿喷桩高于常规水泥土搅拌桩，但相差不大，其主要原因还是荷载试验因受荷载作用面积和时间的限制，影响深度浅，不能反映大面积、长期荷载作用的实际工程受力状况，所以双向湿喷桩的桩身质量优势未能充分体现。

表 3-5 三桩复合地基载荷试验成果

试验点	龄期/d	极限承载力/kPa	承载力特征值/kPa	最大桩土应力比
双向湿喷桩 1#	44	200	100	10.8
双向湿喷桩 2#	36	200	100	10.5
双向湿喷桩 3#	45	200	100	8.3
常规水泥土搅拌桩 1#	45	200	100	6.3
常规水泥土搅拌桩 2#	50	180	90	7.0
常规水泥土搅拌桩 3#	53	180	90	8.6

在复合地基荷载试验过程中，对桩顶和桩间土应力进行了测试，复合地基桩土应力比随荷载的变化曲线见图 3-13 所示，可以看出随荷载的增大，桩土应力比均呈现出先增大，后减小，并有趋于稳定的态势。加载过程中双向湿喷桩复合地基的最大桩土应力比分别为 8.5、10.5 及 10.8，而常规水泥土搅拌桩复合地基的最大桩土应力比为 6.5，6.9 及 8.6，双向湿喷桩大于常规水泥土搅拌桩，说明由于桩身强度比较均匀，双向湿喷桩整体桩身质量优于常规水泥土搅拌桩，所以桩体承担了更大的荷载，这对于减小桩间土附加应力，减小复合地基沉降是很有意义的。

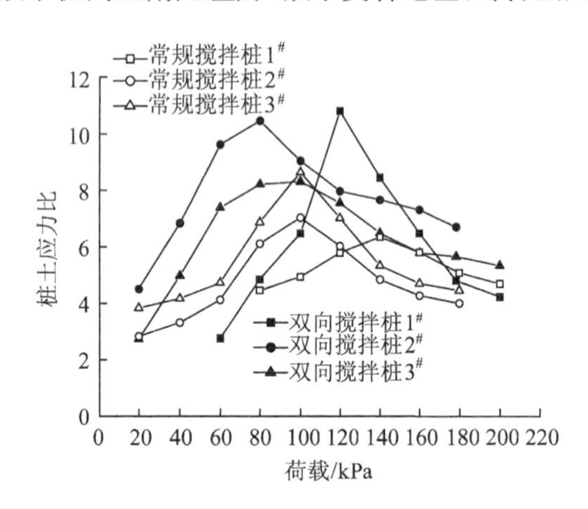

图 3-13 桩土应力比曲线

3.3.4 加固效果分析

为了对比分析路堤荷载下双向湿喷桩和常规水泥土搅拌桩复合地基加固效果，

对试验段进行了填筑期观测，包括桩土应力比、地表沉降、坡角处地基侧向变形和路中心地基超静孔隙水压力等，观测点平面布置图和观测点剖面布置示意图见图 3-14 和图 3-15 所示。

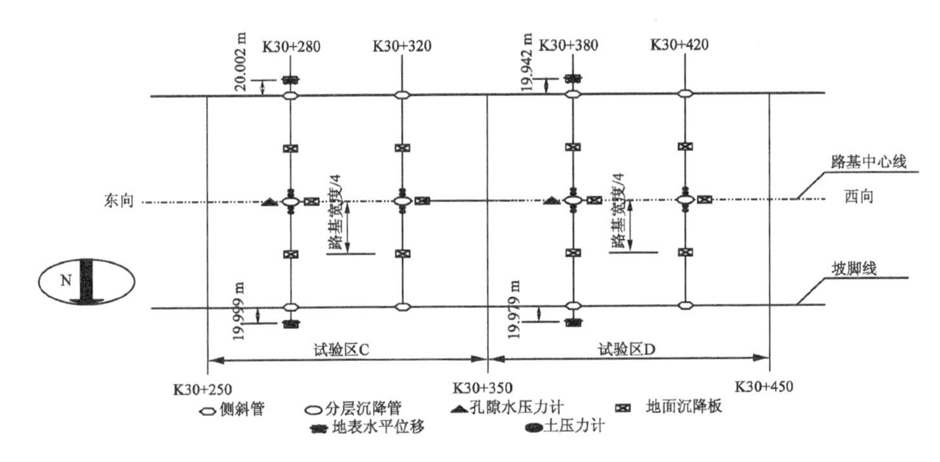

图 3-14　观测点平面布置图

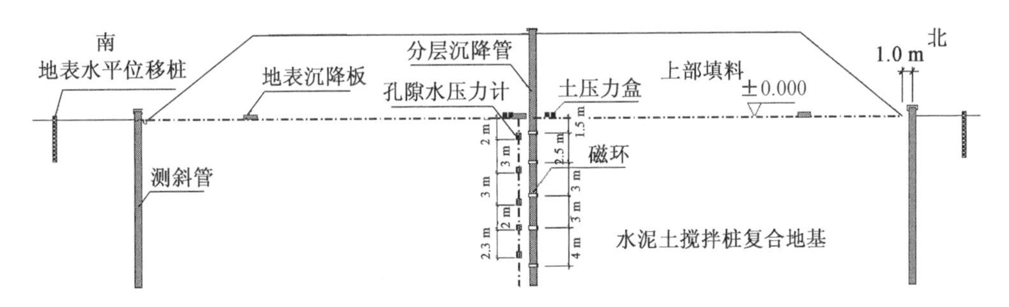

图 3-15　观测点剖面布置示意图

(1) 桩土应力比和荷载分担比

从图 3-16 可以看出，与复合地基荷载试验不同，路堤荷载下桩土应力比随着填土高度的增加而增大，这是因为一方面填土不高，荷载不大，另一方面，路堤荷载下桩间土的承载能力先发挥充分，然后随着填土高度增加，一部分桩间土上部分填土荷载通过土拱效应转移到桩顶。通过桩土应力比可以换算得到桩体的荷载分担比，其变化规律与桩土应力比一致。

在填土初期(前 3 个月)，填土高度较小时，常规水泥土搅拌桩试验区的填土高度略小于双向湿喷桩试验区，但其桩土应力比和桩土荷载分担比却高于双向湿喷桩，随后，常规水泥土搅拌桩试验区的桩土应力比随填土高度增长的速度变缓，双向湿喷桩试验区的桩土应力比超过常规水泥土搅拌桩，后来常规水泥土搅拌桩试验

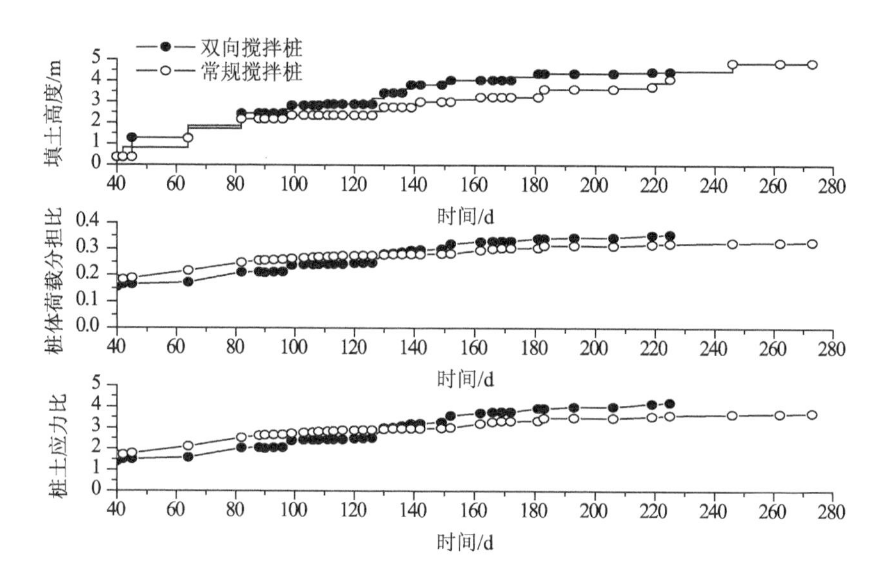

图 3-16 填土过程中桩土应力比和荷载分担比变化曲线

区填土高度超过了双向湿喷桩，但其桩土应力比还是小于双向湿喷桩。最后观测的结果见表 3-6 所示。

表 3-6 最后观测的桩土应力比和荷载分担比

试验区	填土高度/m	桩土应力比	桩体荷载分担比
双向湿喷桩	4.43	4.19	0.354
常规水泥土搅拌桩	4.86	3.70	0.326

（2）地表沉降

由于地表最大沉降在路中心，故以路中心地表沉降进行对比分析，图 3-17 为试验区路中心地表沉降曲线。从地表沉降曲线可以发现地表沉降的发展与填土高度相对应，随时间而逐渐稳定。

将路中心线处最后观测的地表沉降和根据双曲线法预测的最终沉降汇总于表 3-7，其中工后沉降是指预测的最终沉降与最后观测沉降之差。可以看出，试验区填土高度相近，但常规水泥土搅拌桩试验区最后观测沉降、预测的最终沉降和工后沉降却分别为双向湿喷桩的 1.35、1.38 和 1.45 倍，这说明双向湿喷桩试验区由于采用了双向搅拌工艺，提高了桩身质量，特别是下部桩身质量，有效减小了复合地基总沉降和工后沉降。

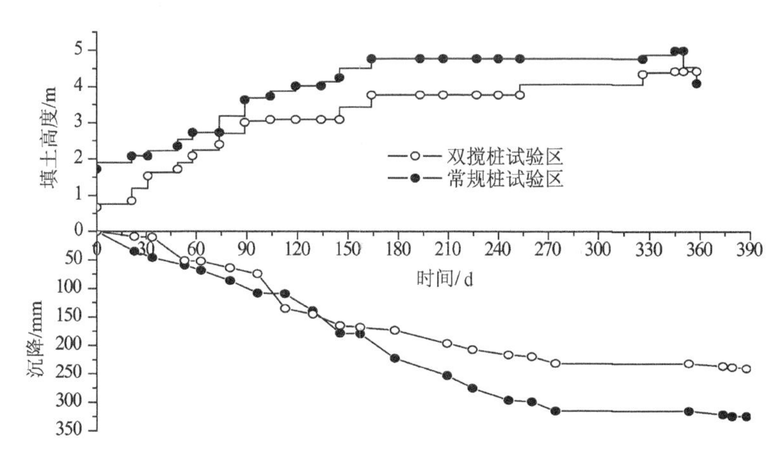

图 3-17 试验区路中心地表沉降曲线

表 3-7 试验段路中心地表沉降汇总表

试验区	最大填土高度 /m	最后观测沉降 /mm	预测最终沉降 /mm	工后沉降 /mm
双向湿喷桩	4.62	240	345	105
常规水泥土搅拌桩	4.77	324	476	152

(3) 坡角水平位移

图 3-18 为试验区坡角深层水平位移变化曲线，从图 3-18(a)可以看出，双向湿喷桩试验区的坡角最大水平位移一般出现在地表，在 0～3 m 深度内基本不变或略有减小，从该深度往下水平位移迅速减小，到 10 m 处大多不足最大值的 1/3。而常规水泥土搅拌桩试验区坡角的水平位移从地表往下还有所增大，且下部水平位移减小的速率小于双向湿喷桩试验区，故其深部(5～12 m)的水平位移较大，见图 3-18(b)所示。这是因为常规水泥土搅拌桩的桩身强度随着深度增加降低，较多的桩身荷载转移到土体，导致土中的侧向应力增大。在预压期末(2007 年 2 月 2 日)，两试验区的填土高度相同，常规水泥土搅拌桩试验区的坡角最大水平位移为 55.6 mm，双向湿喷桩试验区最大水平位移为 47.5 mm，常规水泥土搅拌桩试验区的最大水平位移大于双向湿喷桩试验区的最大水平位移。

(4) 超静孔隙水压力

图 3-19 为试验区路中心超静孔压曲线。由图 3-19 可以看出，对应填土加载，地基不同深度的超静孔压都迅速上升，出现波峰，在填土间隙，超静孔压随着时间慢慢消散，降至波谷，下一次填土，超静孔压又重新上升，之后又逐渐消散，

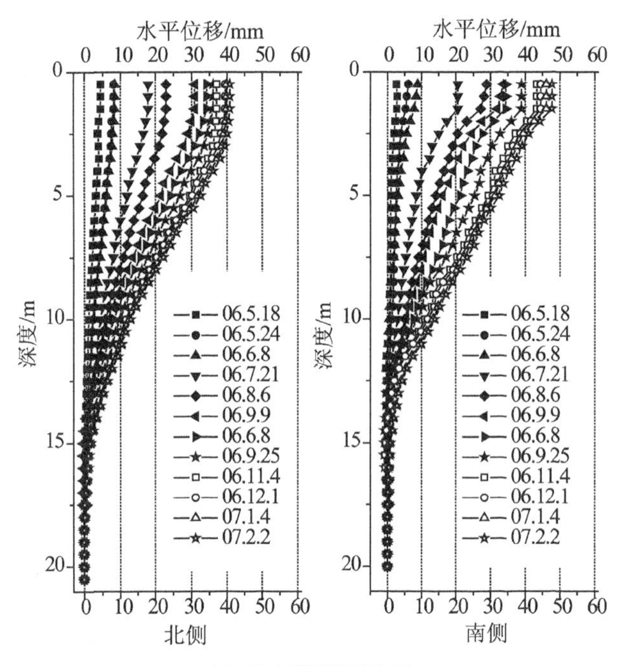

(a) 双向湿喷桩试验区

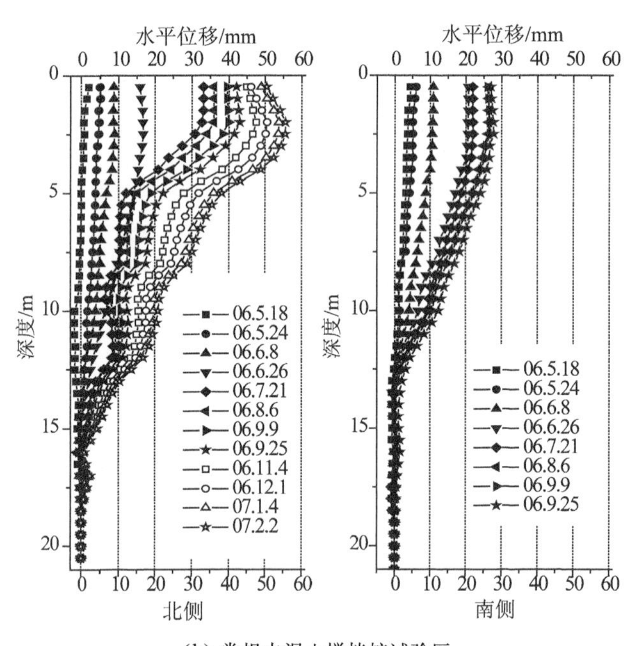

(b) 常规水泥土搅拌桩试验区

图 3-18　试验区坡角深层水平位移变化曲线

如此重复直到填土结束。从图中可以看出,2.0 m,5.0 m,8.0 m,10.0 m和12.3 m 等不同深度的超静孔压消散曲线性状相差很小,相同时间10 m 处的超静孔压相对最大。图 3-19 同时表明,相同时间双向湿喷桩试验区的填土高度大于常规水泥土搅拌桩试验区,但各个观测深度的超静孔压基本都小于常规搅拌桩,说明双向湿喷桩复合地基有利于加快路基填筑。

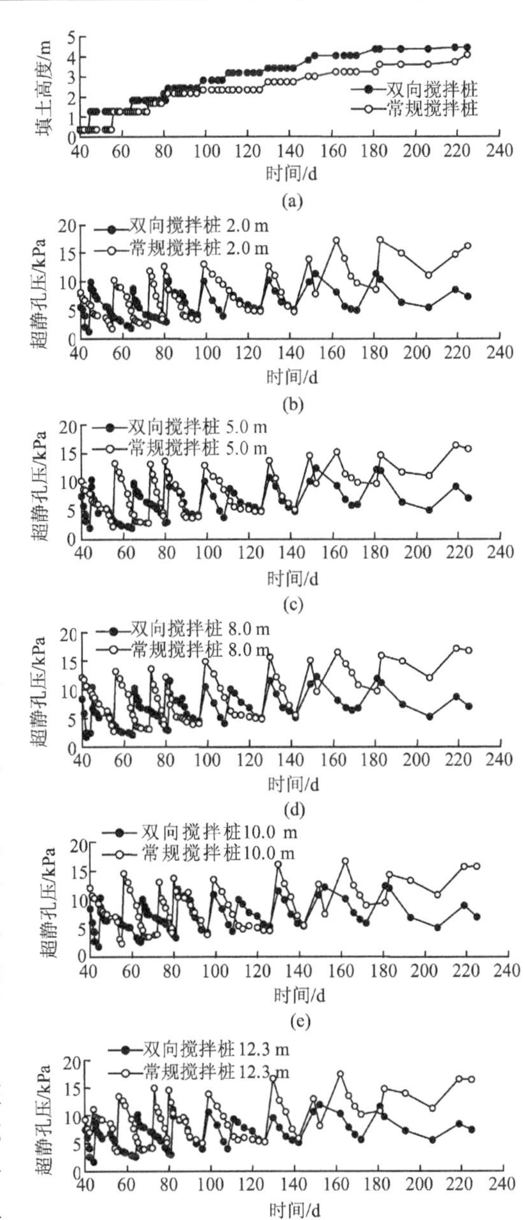

图 3-19　试验区路中心超静孔压曲线

3.3.5　技术经济比较分析

通过上述试验研究表明:双向湿喷桩技术能有效地提高搅拌均匀性,消除地面冒浆现象,提高桩身强度,增加有效加固深度;同时能减小搅拌桩施工对桩周土体的扰动,工效可提高一倍;双向湿喷桩复合地基荷载分担比高于常规水泥土搅拌桩复合地基,施工期沉降和工后沉降小于常规水泥土搅拌桩复合地基,坡角处地基水平位移小于常规水泥土搅拌桩复合地基,复合地基内部产生孔隙水压力低于常规水泥土搅拌桩复合地基,有利于加快路基填筑。

从经济指标来看,水泥土搅拌桩单价主要由直接费用和间接费用两部分组成,其中直接费用包括人工费、材料费、机械使用费,间接费用主要由企业管理费和上交国家税费两部分组成。对于单位体积水泥土,在水泥掺入量相同的情况下,不论采用双搅工艺还是常规工艺,两者的材料费是相同的。两种工艺单价组成的差异分析见表 3-8 所示。

表 3-8　双向湿喷桩与常规水泥土搅拌桩单价经济对比分析

<table>
<tr><th colspan="3">内　　容</th><th>双搅桩与常规桩比较</th><th>备注</th></tr>
<tr><td rowspan="5">直接费</td><td colspan="2">人工</td><td>减少</td><td>20%～30%</td></tr>
<tr><td colspan="2">材料</td><td>相同</td><td></td></tr>
<tr><td rowspan="3">机械</td><td>动力费</td><td>增加</td><td>30%</td></tr>
<tr><td>机械磨损</td><td>增加</td><td>50%</td></tr>
<tr><td>台班费用</td><td>减少</td><td>20%～30%</td></tr>
<tr><td colspan="3">间接费</td><td>增加</td><td>近 0.6%</td></tr>
<tr><td colspan="3">单位造价</td><td>增加</td><td>增加 5%～10%</td></tr>
</table>

由表 3-8 可以看出，采用双搅工艺施工单位体积水泥土的费用较常规工艺提高 5%～10%。

但由于在水泥掺入比相同条件下，双向湿喷桩桩身强度要高于常规水泥土搅拌桩，在实际运用中可采用较小的双向湿喷桩的水泥掺入量和增大桩间距的方法，使两种方法达到相同的复合地基处理效果。在水泥掺入比相同情况下，采用双向湿喷桩的桩间距可较采用常规水泥土搅拌桩的桩间距提高约 10% ，则采用双向湿喷桩的工程总量较采用常规水泥土搅拌桩约减少 17%以上。

综上分析，采用两种工艺处理相同面积的软土地基，双向湿喷桩较常规水泥土搅拌桩节约工程费用 10%左右。另外，双向搅拌工艺采用“两搅一喷”的工艺，比常规搅拌桩的“四搅两喷”工艺可提高工效 1 倍。

第 4 章　双向粉喷桩施工技术与工程应用

4.1　常规粉喷桩技术局限

粉体喷射搅拌法是通过专用的施工机械，用压缩空气将粉体加固料以雾状喷入地基中，凭借钻头叶片的旋转，使粉体加固料与原位地基土强制搅拌并得到充分混合，使地基土和加固料之间发生固结、水化等一系列反应，从而使软黏土硬结，在短期内形成具有整体性强、水稳性好和足够承载力的柱体。该项技术 20 世纪 80 年代引进我国，各科研和生产单位进行了大量的研究，并制造了适合我国国情的施工设备，提出了相应施工工艺。

4.1.1　常规粉喷桩机械设备简介

国外施工机械以日本制造的 DJM 系列为代表，如表 4-1 所示，图 4-1 为 DJM 法的施工系统配套布置图[64]。

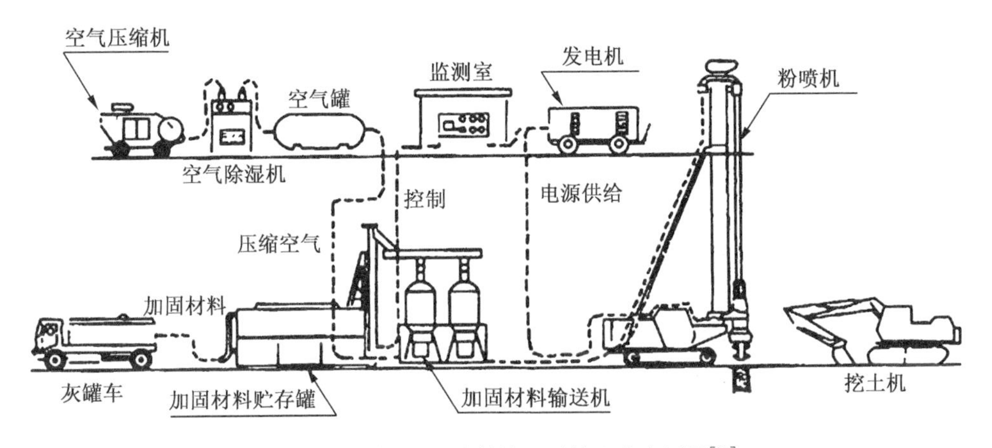

图 4-1　日本 DJM 法的施工系统配套布置图[64]

表 4-1　日本几种粉体喷射搅拌施工机械性能参数汇总表[7]

分类	项目	施工机械类型及规格				
搅拌机	搅拌机型号	DJM-1037	DJM-1070	DJM-2050	DJM-2070	DJM-2090
	搅拌轴直径/mm	800	1 000	1 000	1 000	1 000
	搅拌轴根数/根	1	1	2	2	2
	轴间距/mm	—	—	1 200～2 000(间距 200)	1 000,1 200,1 500	1 000,1 200,1 500
	搅拌轴回转速度/r·min^{-1}	5～50	5～50	16.5～54	24,48(50 Hz)	32,64(50 Hz)
	搅拌轴最大扭矩/kN·m	10.0	20.0	17.6	20.0	25.2
	加固深度/m	10(最大 15)	15(最大 20)	15(最大 20)	20(最大 23)	25(最大 30)
	钻进、提升速度/m·min^{-1}	0～7.0	0～7.0	0～4.0	0.5～3.0	0.5～3.0
	搅拌驱动方式	电动机-油压	电动机-油压	柴油发动机-油压	电动机	电动机
基础机械	移动方式	俯卧式滑动垫板	俯卧式滑动垫板	履带式	履带式	履带式
	规格:长/mm×宽/mm×高/mm	4 320×3 100×1 700	7 150×3 080×2 000	5 090×3 290×2 860	6 420×4 600×4 485	9 227×4 920×6 800
	接地压力/kPa	23	24	63	85	100
搅拌机总重量/kg		9 000	22 000	40 000	59 000	80 000
空气压缩机/m^3·min^{-1}		10.5×1 台(700 kPa)	10.5×1 台(700 kPa)	10.5×2 台	17×2 台(700 kPa)	17×2 台(700 kPa)

我国喷粉桩机的研制工作始于 1983 年,比瑞典、日本晚 10 年左右,但 20 多年来得到较大发展。主要有铁道部武汉工程机械研究所研制的 FPJ-1 型粉喷桩机、PH-5 型喷粉桩机,以后又研制了 PH-5A、B 型机,逐步形成了 PH 系列喷粉桩机(表 4-2)。此外,铁道部大桥局桥梁机械厂、铁道部武汉工程机械厂、铁道部十一局机械厂等也仿制了 PH 系列喷粉桩,但数量很少。

表 4-2　PH-5 系列粉喷桩机主要性能参数[17]

项目名称		单位	PH-5A	PH-5B	PH-5D
地基加固深度		m	14.5	18	18
成桩直径		mm	500	500	500(喷粉)～1 000(喷浆)
钻机转速	正	r/min	15、25、44、70、108	15、25、44、70、108	7、12、21、34、52
	反	r/min	17、29、52、82、126	17、29、52、82、126	8、14、25、40、62
最大扭矩		kN·m	21	21	55
提升速度	正	m/min	0.228、0.386、0.679、1.081、1.665		0.116～1.497
	反	m/min	0.268、0.455、0.800、1.72、1.960		0.137～1.761
钻杆规格		mm	125×125	125×125	125×125
纵向单步行程		m	1.2	1.2	1.2
横向单步行程		m	0.5	0.5	0.5
接地比压		MPa	≤0.028 7	≤0.038	≤0.038 5
灰罐容量		m^3	1.3	1.3	1.3
空气机排量		m/min	1.6	1.6	1.6
主电机功率		kW	37	37	37
油泵电机		kW	5	5	7.5
空压电机		kW	13	13	13
整机重量	喷浆	kg	7 500	10 000	12 000
	喷粉	kg	9 500	12 000	14 000

多年的工程实践证明，粉喷桩在施工过程中具有振动小、噪音低、速度快、施工设备简单、造价经济等优点，特别适合于像连云港海相软土的高含水量软土。

4.1.2　常规粉喷桩技术存在的局限

常规粉喷桩的施工工艺采用“四搅两喷”的工艺，若严格按照规程来操作，成桩 10 m 的桩体需要 40～50 min，施工效率不够高；施工期间由于水泥粉与土体中水分快速发生水化反应，导致下部桩体很难二次复搅，从而达不到全程复搅的效果；同时由于在“四搅两喷”施工过程中，机械自始至终都在带气工作，在软土地基中形成较高的超孔隙水压力，破坏软土的结构及成桩质量；尽管采取了喷粉记录设备和严格的施工管理,深部桩体的质量保证仍有待进一步提高。另外常规粉喷桩施工设备故障率高,系列品种不完善,缺乏成桩直径较大、加固深度大于 20 m 的喷粉桩机。

上述常规粉喷桩施工技术跟传统湿喷桩技术一样,采用单向搅拌技术,归纳起来会导致下列问题:

(1) 桩身强度沿竖向分布不均匀,上部桩身强度较高,下部桩身强度很低。

(2) 桩身强度沿水平向分布不均匀,水泥土中有大量成块的土体和水泥凝固体。

(3) 处理深度较浅,一般不超过 15 m。

(4) 桩土共同作用难以协调,需在桩顶部设置碎石垫层或土工织物加筋层。

(5) 桩间距较小,复合地基造价相对较高。

(6) 单桩施工完成出现粉喷桩突然下沉,俗称“沉桩”现象。

因此,对常规粉喷桩的施工工艺、机械设备进行变革是迫切需要解决的技术问题。

4.2 粉喷桩“下沉”原因分析

4.2.1 搅拌桩“下沉”现象

“下沉”是指在粉喷桩桩体施工完毕后,桩体出现下沉、地表出现空洞的现象。根据发生的时间与表现特点,下沉现象可分为下列几类:

(1) 即时性下沉:粉喷桩桩体施工完成后随即发生的下沉现象。

(2) 滞后性下沉:粉喷桩桩体施工完成一段时间后才表现出来的下沉现象。

(3) 显形下沉:出现在地表可见的下沉现象。

(4) 隐形下沉:由于地表有一层较厚的硬壳层,出现在地表以下的不可见的下沉现象。此种下沉桩不易被发现,具有较大的危害性。

一般情况下,下沉现象以即时性、显形沉桩最为常见,如下图 4-2 所示。从图中可以看出,沉陷的孔洞与孔径一致,直径均为 0.5 m,孔壁直立,沉桩深度达1.0 m。

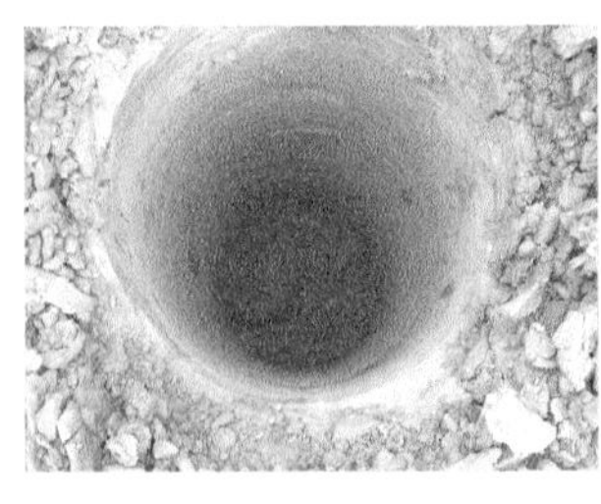

(a) 江苏连云港粉喷桩下沉现象

(b) 实测沉桩的深度(超过 1.0 m)

(c) 江苏淮安某工程出现的沉桩现象(据陈国臻)

图 4-2 常规粉喷桩施工结束出现的“下沉”现象

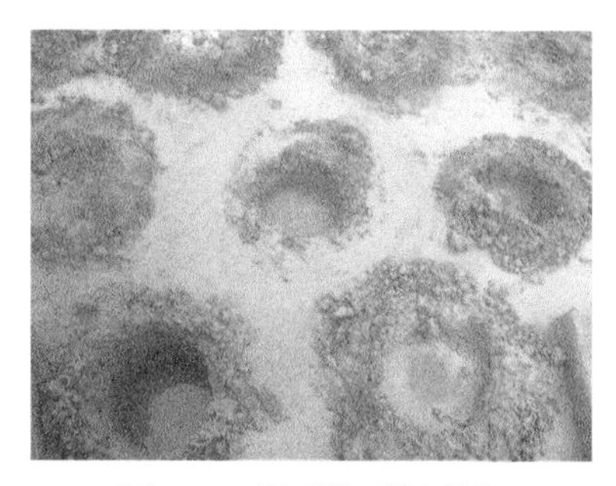

图 4-3　湿喷桩下沉现象
（据徐永福）

湿喷桩施工后也会出现类似下沉现象[65]（图 4-3）。徐永福介绍了江苏省长江三角洲冲积平原某高速公路工程，湿喷桩施工过程中和施工完成后数小时内，出现不少下沉现象，其主要表现为[65-66]：

（1）部分桩机钻进及提升时，下沉突然加速，然后速度又趋于正常。

（2）部分湿喷桩在施工完成后立即出现下沉，下沉量最大达到 60 cm，并伴有大量细砂翻涌出来。

（3）湿喷桩施工完成静置 1 天或 1 夜后，部分桩出现下沉，沉降在 15～40 cm，最大达到 70 cm，桩头出现大量细砂。

4.2.2　“下沉”现象原因分析

上述表明搅拌桩特别是粉喷桩“下沉”是经常出现的现象，下沉深度变化于几十厘米到几米，其原因至今未能得到完全理解。Larsson(2005)[67]认为，该现象多发生于低灵敏度软土层上覆有较厚硬壳层的情况，其原因可能是粉喷桩施工过程中，输送粉体的压缩空气会排出到地表，但由于硬壳层的存在阻碍了土中气体的排出，使土中气体聚集于搅拌体周围，该封闭的气体和搅拌装置对上部硬壳层产生一个下拉力，当封闭空气冒出地表后就形成地表空洞，出现所谓桩体下沉现象。

徐永福(2000)[65]认为引起沉桩现象主要有两方面原因：一是土体扰动引起孔隙比减小导致地表下沉；二是软土的侧向位移，钻头搅拌过程中水平向离心力和喷粉气流两种因素，使土体出现侧向位移，且成流塑状态。

针对湿喷桩下沉的原因，徐永福(2013)[66]等进行了系统的现场试验分析，通过施工时的孔隙水压力、土压力和桩周土扰动影响测试分析，认为搅拌桩施工时桩周粉土类的触变导致强度降低是导致下沉现象的原因。并提出采用水平向土压力 p 和超静孔隙水压力之差作为湿喷桩下沉与否的判据。即：

$$p - \Delta u \leqslant 0 \tag{4-1}$$

式中：p——水平向土压力，由于土体处于类似于“液化”状态，土体 3 个方向的应力相等；

Δu——超孔隙水压力。

当水平向土压力小于超孔隙水压力时即出现下沉(图 4-4)。

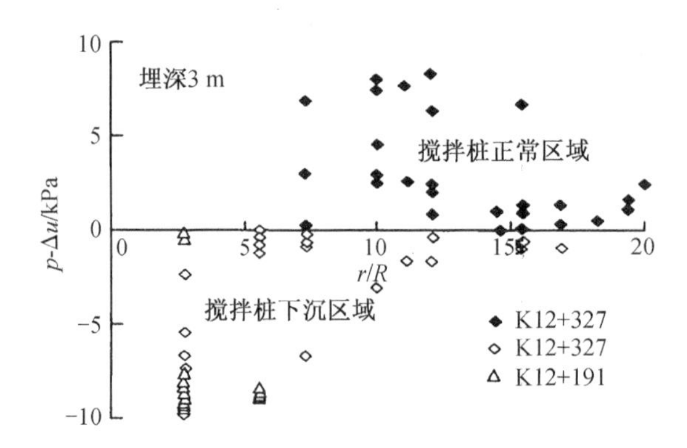

图 4-4　土压力与超孔隙水压力之差随距离的变化[66]

饱和粉土中湿喷桩下沉的判据与砂土液化的判据相同。

进一步研究还表明，湿喷桩施工引起土体触变的范围在 1.5 m 范围以内，如果湿喷桩中心间距小于 1.5 m，一个湿喷桩下沉可能导致一片湿喷桩下沉；如果湿喷桩间距大于 1.5 m，湿喷桩下沉对相邻湿喷桩的影响很小，湿喷桩下沉是孤立的个体事件。

实际上，不少学者采用圆柱扩张理论研究了搅拌桩施工时桩周土中超静孔隙水压力分布和塑性区分布的理论计算公式，据此可以估计搅拌桩施工导致桩周土强度降低的范围。

沈水龙[68]把浆喷桩周土假设为理想弹塑性材料(图 4-5)，运用圆柱扩张理论，同时结合摩尔-库仑破坏准则，求解出了搅拌桩施工引起的桩周土应力场变化规律、超静孔隙水压力以及施工影响的塑性区范围。

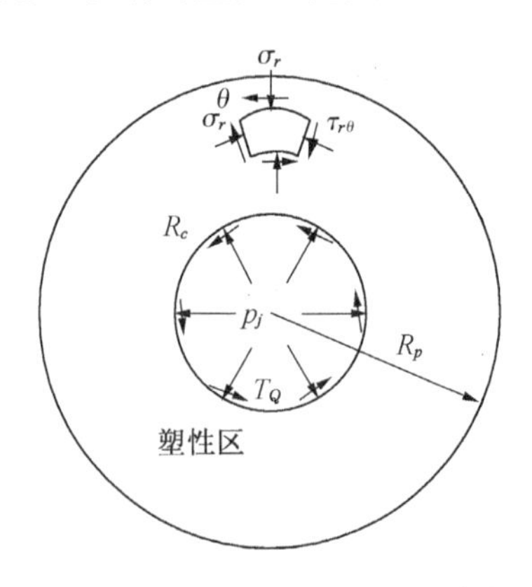

图 4-5　圆柱扩张模型示意图[69]

搅拌桩施工引起的超静孔隙水压力可由下式计算：

$$\frac{\Delta u}{c_u}=\frac{\Delta p'_c}{c_u}-2\ln\frac{r}{R_c}-\ln\left[\frac{1+B_{r1}}{1+B_{rt}}\right]-B_{rt}+0.816\alpha_f \tag{4-2}$$

式中：$B_{r1}=\sqrt{1-t_c^2\left(\frac{R_u}{r}\right)^4}$；$B_{rt}=\sqrt{1-t_c^2}$；$t_c=\frac{T_Q}{c_u}$；

$\Delta p'_c=p_j-p_0$

p_j——粉喷桩施工过程的喷粉压力/kPa；

r——距桩心距离/m；

R_c——粉喷桩的半径/m；

R_p——喷粉压力作用下的塑性区半径/m；

p_0——桩周围土体的侧向压力/kPa；

T_Q——钻头搅拌时在环向产生的环向剪切力/kPa；

c_u——桩周原位土体的不排水剪切强度/kPa。

$\alpha_f=0.707(3A_f-1)$；A_f为 Skempton 孔压参数，可由三轴试验求取。在没有三轴试验数据的情况下，A_f可由下面公式求得：

$$A_f=\frac{c_u}{p'_0}+\frac{1-\sin\varphi'}{2\sin\varphi'}$$

根据上式，塑性区分布范围与其他因素的关系见图 4-6 所示。

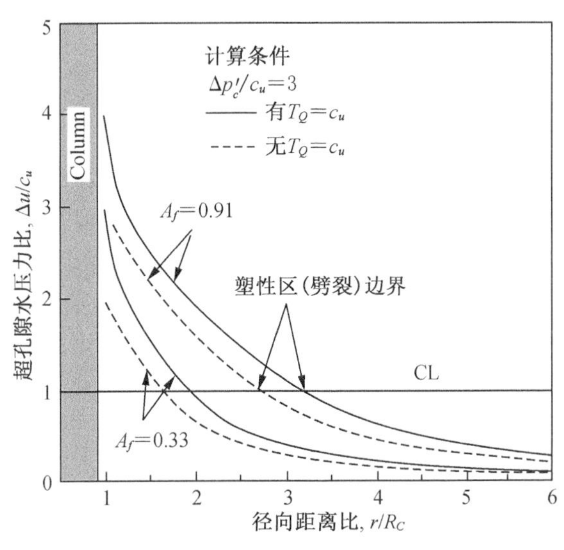

图 4-6　湿喷桩施工期桩周土超静孔隙水压力分布图[68]

江苏省出现的粉喷桩下沉现象主要在连云港海相软土和里下河潟湖相软土中,该两类软土的特点是灵敏度大、硬壳层缺失或很薄。根据上述公式,天然重度取 16 kN/m^3,c_u 取 10 kPa,有效内摩擦角 φ' 取 28°,则不同深度处的 A_f=0.65～1.0,根据图 4-6,塑性区范围为(2～3.5)R_c,若搅拌桩半径为 0.25 m,则塑性区范围在桩周外侧 0.25～0.65 m 范围,若桩间距小于 1.5 m,则可能出现塑性区交汇,引起搅拌桩区域下沉,这跟徐永福现场测试的情况相类似。

上述现场测试和理论分析均表明,搅拌桩下沉现象主要是由于施工扰动导致桩周土中孔隙水压力迅速上升所致,现场测试也表明常规粉喷桩施工引起的超静孔隙水压力大于湿喷桩施工引起的超静孔压,因此粉喷桩施工出现的桩体下沉现象多于湿喷桩。

徐永福曾建议通过减小钻头叶片倾角 A 降低钻孔壁上的侧向挤压力,改进施工工艺,调整施工顺序等综合措施,避免桩体下沉现象。本书提出的双向搅拌技术和排水粉喷桩技术,均能大大减小桩周土体扰动,有效降低施工产生的超静孔隙水压力,是克服桩体下沉现象的有效方法。已有工程实践表明,采用本书介绍的双向搅拌桩和排水粉喷桩施工技术,未出现一例桩体下沉现象。

4.3 双向粉喷桩施工技术

根据双向搅拌技术原理,在我国铁道部武汉工程机械研究所生产的 PH-5D 型常规粉喷桩机的基础上,对钻头、动力设备、粉体发射器以及计量和监控系统进行全方位的改进,形成了双向粉喷桩技术。

4.3.1 双向粉喷桩施工设备

(1) 双向搅拌钻头研制

粉喷桩施工搅拌钻头应该满足既能顺利地钻进到指定深度,不致因地基土层中的土体阻碍而搅拌不动从而失去喷粉功能,同时又能将土体充分搅碎并与固化料搅拌均匀,因此搅拌钻头要有足够的强度和韧性。

为了保证加固效果,搅拌钻头必须满足下列要求:

① 钻头形状应使在给进和提升时其阻力最小。

② 必须提供充分的搅拌次数,保证灰、土搅拌均匀。

③ 对灰土混合后的土体有良好的压密作用,喷粉口应保证喷灰时阻力最小,喷粉均匀。

目前,我国采用的钻头的主要型式有螺旋式(图 4-7)、耙式以及综合式,因此在工程中就需要根据施工实际来决定采用哪一种钻头。钻头上喷粉孔,一种是开在钻头芯管上，另一种是开在搅拌叶片上，目前施工中大部分采用的是钻头芯管上开孔方式。实际上，钻头上喷粉开孔的位置直接影响到喷粉效果，轻者使喷粉口堵塞，形成断桩，严重的会影响到施工质量。

图 4-7　改造前原来的螺旋叶片钻头

图 4-8　改造后粉喷桩钻头

双向搅拌粉喷桩机钻头(图 4-8)设有与外钻杆连接的外钻头和与内钻杆连接的内钻头，所述的外钻头设有与外钻杆连接的套管，在套管的外壁上固定有搅拌叶片，在套管的内壁设有与内钻杆之间配合的轴承和密封装置，内钻头设有与内钻杆对接的芯管，芯管的外壁上设有上下两层翼片，下层翼片的下部为钻尖，两层翼片之间的距离为 20～30 cm，在两层翼片之间靠近上层翼片的芯管上开有喷灰口。外钻头与外钻杆之间、内钻头与内钻杆之间均通过螺纹连接。在粉喷桩施工钻进和提升过程中，内、外钻杆上的叶片转动方向相反，实现双向搅拌。这种钻头具有结构简单、搅拌均匀、地层适应性强、成桩效率高和有效控制返灰的优点，能显著改善成桩质量。

(2) 增加内钻杆和上传动装置

① 增加内钻杆：在原有粉喷桩机械设备的基础上增加内钻杆，内钻杆套在矩形外钻杆内，钻杆上端的水龙头通过内、外法兰分别与内、外钻杆连接。上部增加的动力设备通过水龙头的转换，带动内钻杆。矩形外钻杆在转盘中穿过，钻杆原设备提供动力驱动外钻杆转动。施工中同时开启内钻杆与外钻杆动力使之同轴转动，但方向相反。

为了防止施工中沿内、外钻杆在喷粉压力下漏灰，在钻头内钻杆和外钻杆间、上部水龙头上安装了多组性能良好的密封圈，同时在密封圈的上端和下端以及上部水龙头中设置起固定作用的尼龙套，以延长组合密封圈的使用寿命。外钻杆钻头的外方套筒和叶片可以一起拆卸，便于更换和维修。具体改装后的桩机、机械立面示意图及照片如图 4-9 所示。

② 增加上传动装置：双向搅拌桩机的上传动装置主要用于带动内钻杆工作，包括与内钻杆连接的上传动电机，在上传动电机与内钻杆之间的传动轴。传动轴的上部装有输料装置，下部设有外钻杆转动套，外钻杆转动套通过轴承和定位卡环装

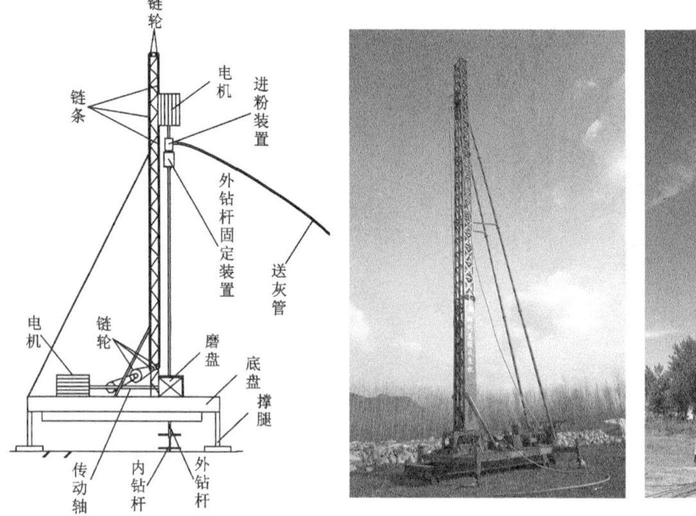

图 4-9　双向粉喷桩施工机械立面示意图

在传动轴的下部，外钻杆转动套与外钻杆之间通过法兰连接；输料装置设有通过轴承装在传动轴上部的套管，套管中部设有与喷灰设备连接的喷嘴，在套管内设有与连接喷嘴相通的环形进料通道，在传动轴上设有与环形进料通道连通的进料孔，进料孔向下的传动轴的中心设有连通进料孔和内钻杆之间的中心输料孔(图 4-10)。

与现有技术相比，外钻杆的动力传动系统设在底盘上，内钻杆的动力传动系统设在钻杆的顶部，这样既可实现对内钻杆的动力传动，又可确保外钻杆的传动平稳。利用本装置的双向搅拌桩机可一次性成桩，无需进行第二次复搅，施工工效提高一倍；搅拌均匀，施工平稳，成桩质量好，没有返灰现象，充分保证了桩体每一部分的水泥用量，水泥用量可降低 10%～20%，节约了施工成本。

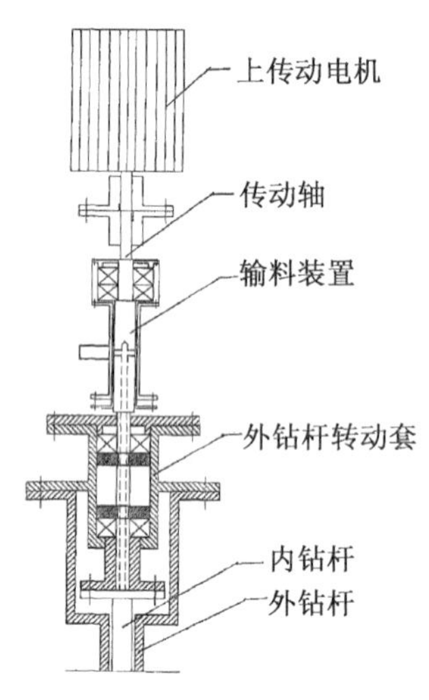

图 4-10　上传动装置结构布置图

4.3.2　双向粉喷桩施工工艺与质量控制

1) 施工工艺

根据设计要求，先平整场地，清除施工地段地上、地下的一切障碍物，并进行清表处理，场地低洼处应先填素土，沟塘处应抽水、清淤，并填筑至双向搅拌粉喷桩施工高程处。了解施工现场周围环境及进场运输道路，并搭设临时设施供现场施工及设备检修、保养之用。根据试桩确定的水泥掺量要求进行施工。

双向粉喷桩的施工工艺见图 4-11 所示。

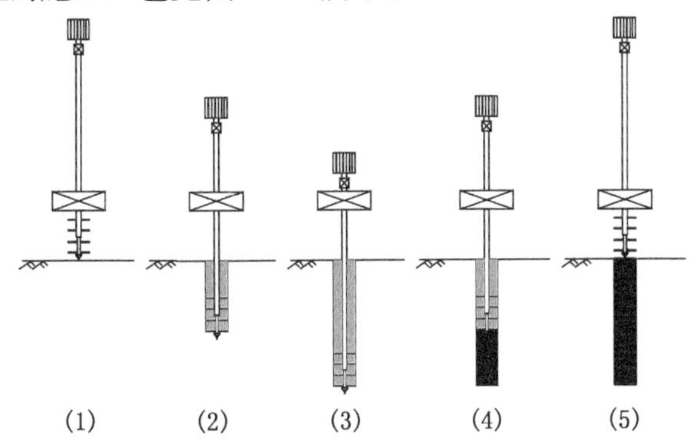

图 4-11　双向粉喷桩施工工艺流程图

主要操作步骤如下：

(1) 双向搅拌机定位：双向搅拌机移动，将钻头对准桩位。

(2) 下钻：先启动内钻杆钻头(反向)，后启动外钻杆钻头(正向)，然后启动加压装置，加压装置中的链条同时对内、外钻杆加压，使内外钻杆沿导向架向下，内钻头先切土、入土，外钻头后入土、搅拌。

(3) 喷灰、搅拌：开启喷粉装置，在内钻头(反向)入土后喷灰，其两层旋转叶片作用为：下面一层是破土，上面一层为搅拌；外钻头(正向)入土后，其两层旋转叶片作用为搅拌、压灰；直到设计深度，停止喷灰。

(4) 提升、搅拌：在达到设计深度时，先将外钻杆钻头换向(反向)，后对内钻杆钻头换向(正向)，同时对加压装置换向，链条将钻头提升至设计桩顶标高，完成双向粉喷桩施工。

(5) 成桩。

2) 双向粉喷桩施工质量控制

(1) 工艺试桩

双向粉喷桩施工前必须进行工艺性试桩，按室内配合比试验确定的水泥掺量进行试桩，通过检测确定施工技术参数，主要包括：

① 通过试桩确定合理桩长、水泥用量等。

② 满足设计喷入量的各种技术参数，如预搅下沉速度、提升速度、复搅速度、喷气压力、单位时间喷入量，以及水泥干粉经输灰泵到达搅拌机喷灰口的时间等。

③ 确定搅拌的难易程度和均匀性。

④ 掌握钻进和提升的阻力情况，选择合理的技术措施。

(2) 施工中注意事项

① 施工单位对于下钻深度、喷粉量、电流值等各种施工参数以及施工过程中

遇到的各种问题和处理措施，要详细记录，且必须有施工技术人员在现场控制，施工单位必须对现场施工进行监督管理，严格按规定做好质量管理工作。

② 严格控制喷粉标高和停粉标高，不得中断喷粉，确保桩体长度，严禁在尚未喷粉的情况下进行钻杆下钻作业。

③ 粉喷桩施工中因故喷粉中断，必须在 24 h 内复喷，第二次喷粉接桩时，其重叠长度应大于 1 m，如超过 24 h 应进行补桩，两桩桩径重叠长度不小于 1/3。

④ 搅拌机每次下沉或提升时间必须有专人记录，深度误差不得大于 5 cm，时间误差不得大于 5 s。

⑤ 水泥用量的误差不得大于 1%，施工中发现喷粉量不足，必须整桩复打，复打的喷粉量仍应不小于设计用量。

⑥ 桩身施工时，应采用中-低速挡钻进和提升，钻进速度控制在不大于 1.2 m/min，提升速度控制在小于 1 m/min 。

⑦ 施工期间对使用的钻头要定期检查，其直径磨耗量不得大于 1 cm。

⑧ 粉喷桩的打设范围和施工顺序应严格按图纸执行。

⑨ 成桩 7 d 后，应进行开挖检查，观测桩体成型情况及搅拌均匀程度，成桩 28 d 后应进行钻孔取芯进行无侧限抗压强度试验等。

⑩ 注意施工场地的整洁，严禁散灰大面积污染场地。

4.4 双向粉喷桩施工扰动试验研究

4.4.1 试验目的

为了分析双向粉喷桩施工扰动情况，在江苏连云港某高速公路进行了现场试验研究。粉喷桩施工过程中记录粉喷桩施工参数，连续观测孔隙水压力变化，测地面变形及桩顶沉降；试桩结束后观测孔隙水压力消散过程，并在成桩结束后 7 d、28 d 对桩周土进行 CPT 和十字板剪切试验，以确定桩周土体强度变化情况。这些试验的目的是：

(1) 确定单根粉喷桩（包括常规粉喷桩和双向搅拌粉喷桩）施工时，桩周土体孔隙水压力变化的大小和范围。

(2) 研究桩周围土体强度增长的程度和基本规律。

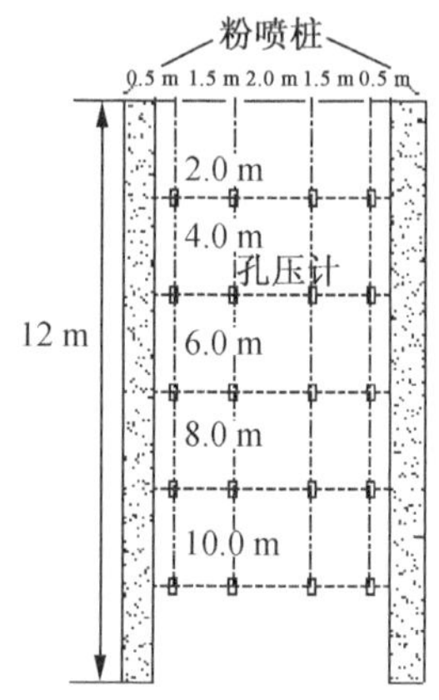

图 4-12 粉喷桩施工孔压计布置示意图

4.4.2 试验成果分析

对比试验段Ⅳ（位于 DK0＋308～DK0＋380）试验区内，常规粉喷桩施工前，在试验区内距试验桩桩边 0.5 m、2.0 m、4.0 m 分别埋设孔隙水压力计（图 4-12），每孔在地表下 2.0 m、4.0 m、6.0 m、8.0 m、10.0 m 等 5 个不同深度处埋设孔压计。

(1) 施工期过程中孔隙水压力变化

图 4-13 为两根常规粉喷桩试桩过程中距桩边0.5 m、2.0 m 和 4.0 m 的超孔隙水压力发展曲线。

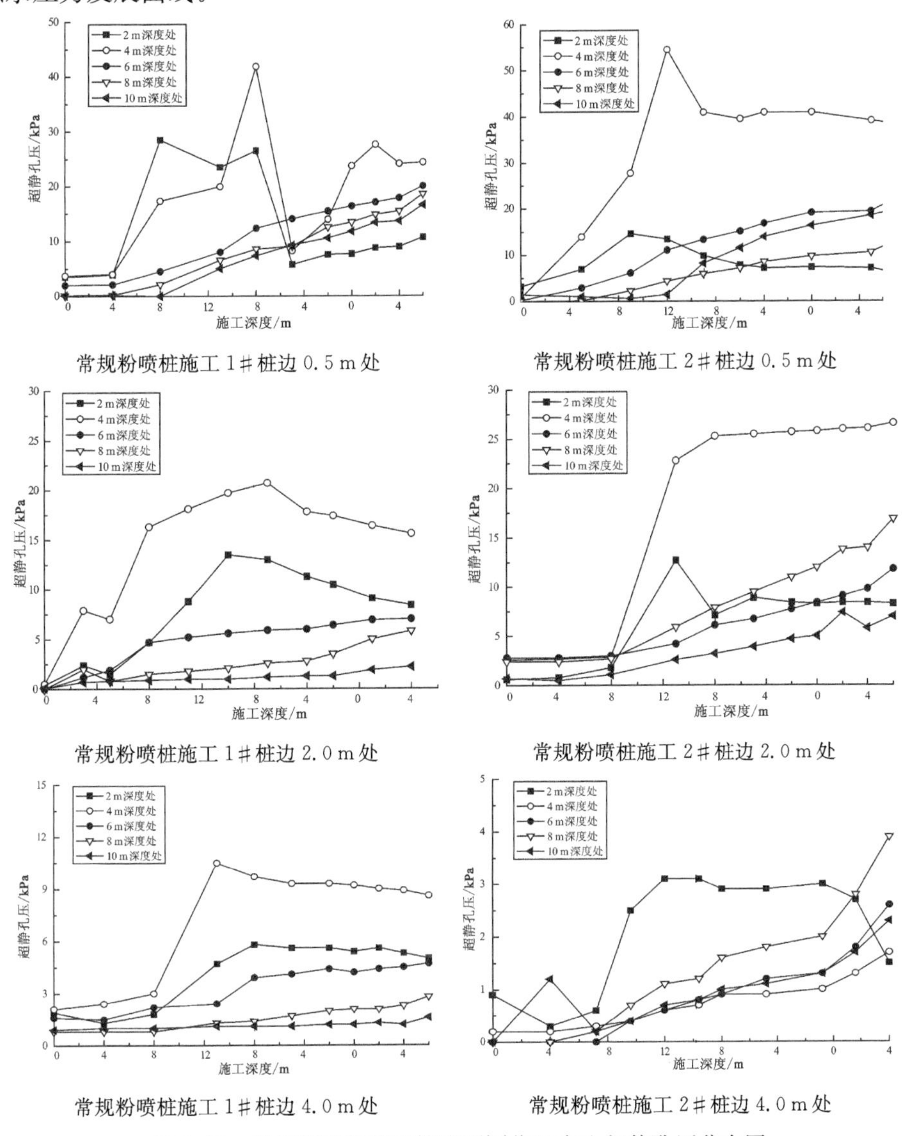

常规粉喷桩施工 1# 桩边 0.5 m 处　常规粉喷桩施工 2# 桩边 0.5 m 处

常规粉喷桩施工 1# 桩边 2.0 m 处　常规粉喷桩施工 2# 桩边 2.0 m 处

常规粉喷桩施工 1# 桩边 4.0 m 处　常规粉喷桩施工 2# 桩边 4.0 m 处

图 4-13　常规粉喷桩施工桩边不同位置产生超静孔压分布图

通过图 4-13 可以看出，常规粉喷桩施工工艺施工引起的超静孔压为距离桩边 0.5 m，离地表 4 m 深度处，产生的超静孔压最大值为 41.8 kPa 和 54.5 kPa，平均为 48.2 kPa。

图 4-14 为两根双向搅拌粉喷桩试桩过程中距桩边 0.5 m、2.0 m 和 4.0 m 的超孔隙水压力发展曲线。

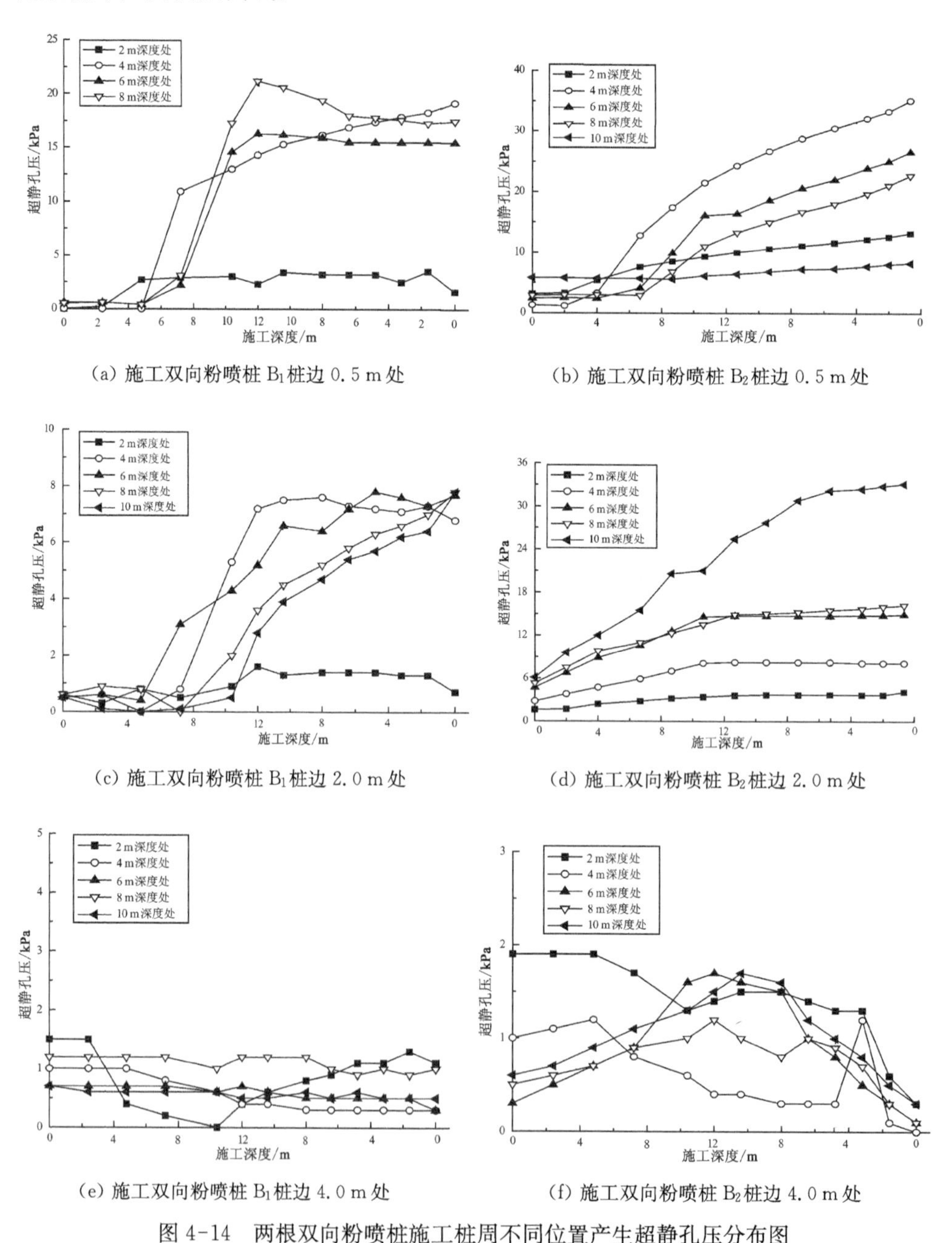

(a) 施工双向粉喷桩 B_1 桩边 0.5 m 处

(b) 施工双向粉喷桩 B_2 桩边 0.5 m 处

(c) 施工双向粉喷桩 B_1 桩边 2.0 m 处

(d) 施工双向粉喷桩 B_2 桩边 2.0 m 处

(e) 施工双向粉喷桩 B_1 桩边 4.0 m 处

(f) 施工双向粉喷桩 B_2 桩边 4.0 m 处

图 4-14　两根双向粉喷桩施工桩周不同位置产生超静孔压分布图

通过图 4-14 可以看出，双向搅拌粉喷桩施工工艺施工引起的超静孔压为距离桩边 0.5 m，离地表 4 m 深度处，产生的超静孔压最大值为 35.1 kPa。

(2) 施工结束后超静孔压消散

常规粉喷桩施工结束后超静孔隙水压力开始均有一个上升的阶段，达到最大超静孔隙水压力需要 3 h(180 min)，而且随着深度的增加，产生的超静孔压也逐渐增大，最大超静孔压为 58.5 kPa，为施工结束后 180 min 左右(距离桩边 0.5 m、10 m 深度处)，并且随深度的增大超静孔压消散的时间也有所加长(图 4-15)。

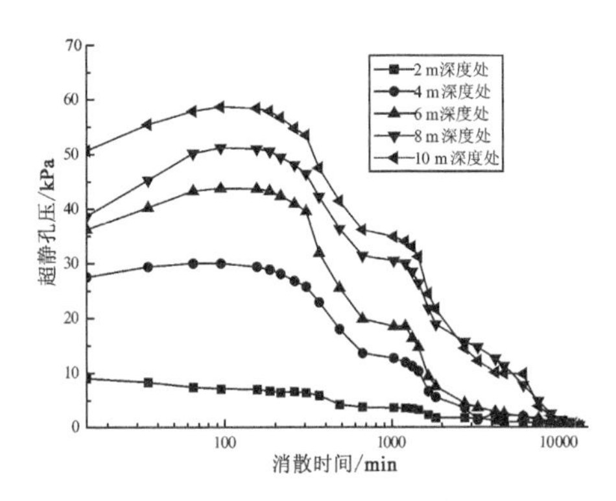

常规粉喷桩 1# 桩边 0.5 m 处超静孔压消散

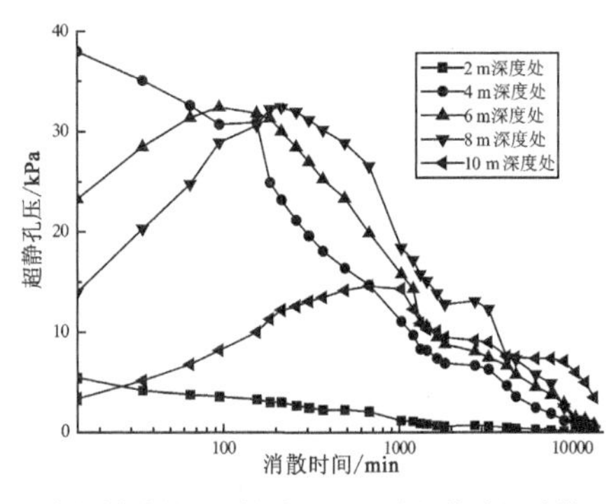

常规粉喷桩 2# 桩边 0.5 m 处超静孔压消散

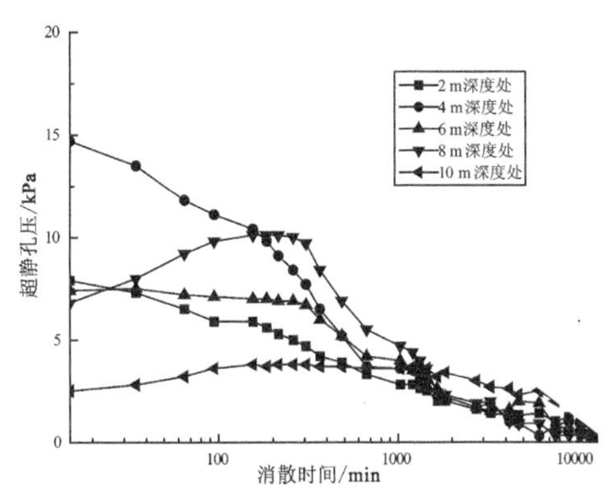

常规粉喷桩 1# 桩边 2.0 m 处超静孔压消散

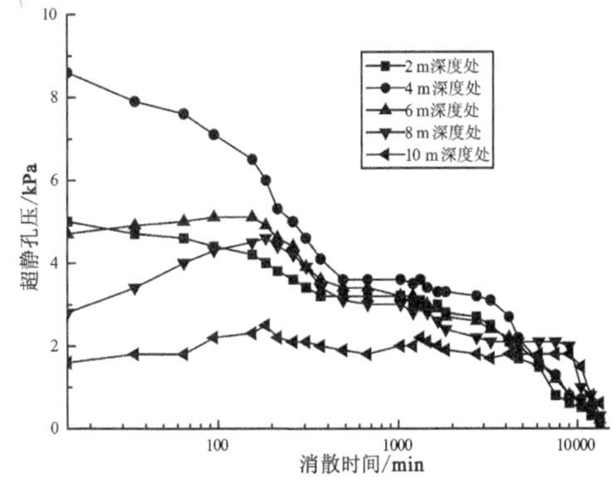

常规粉喷桩 2# 桩边 2.0 m 处超静孔压消散

图 4-15　常规粉喷桩施工结束后不同位置的超静孔压消散规律图

双向粉喷桩施工结束后，没有复搅(B_1)的双向粉喷桩施工产生的超静孔隙水压力最大值为 23.5 kPa，而且最大值在施工结束后 70 min 左右达到。进行了复搅(上部 4.0 m，B_2)的双向搅拌桩在距离桩边 0.5 m 水平位置 4.0 m 深度处产生超静孔压最大值达到了 53.4 kPa，如图 4-16 所示。

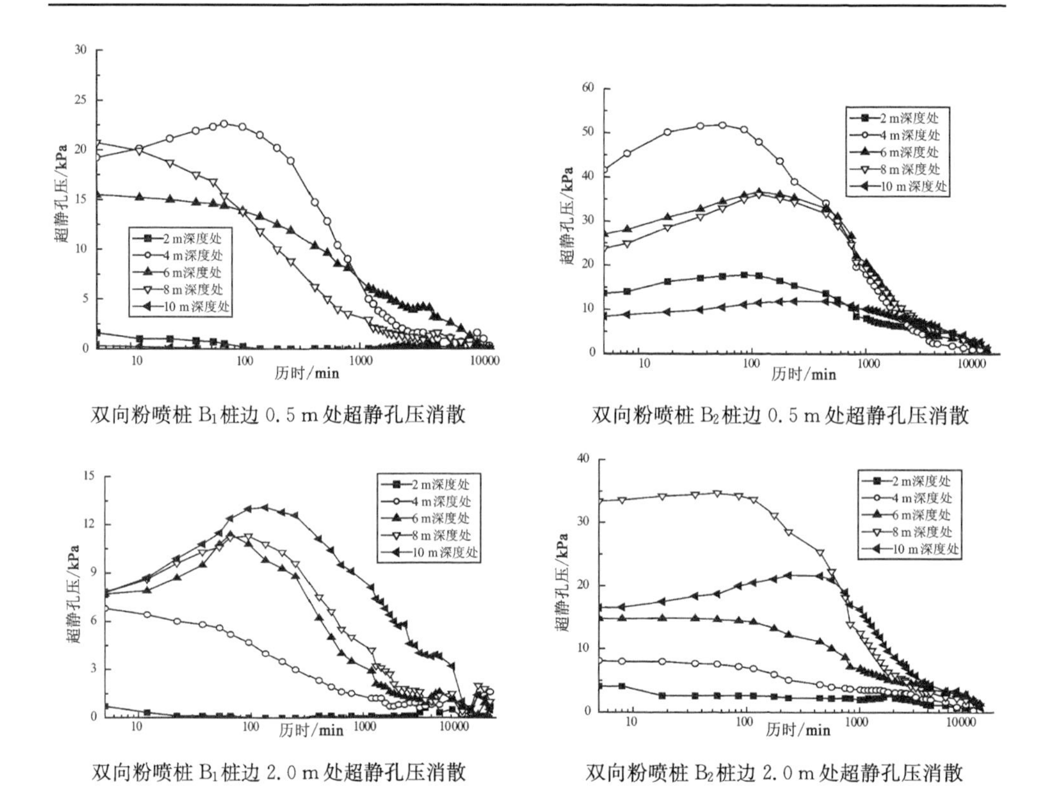

双向粉喷桩 B_1 桩边 0.5 m 处超静孔压消散　　双向粉喷桩 B_2 桩边 0.5 m 处超静孔压消散

双向粉喷桩 B_1 桩边 2.0 m 处超静孔压消散　　双向粉喷桩 B_2 桩边 2.0 m 处超静孔压消散

图 4-16　双向粉喷桩施工结束后不同位置的超静孔压消散规律图

常规粉喷桩和双向粉喷桩施工产生的超静孔压及消散情况对比如图 4-17 所示：

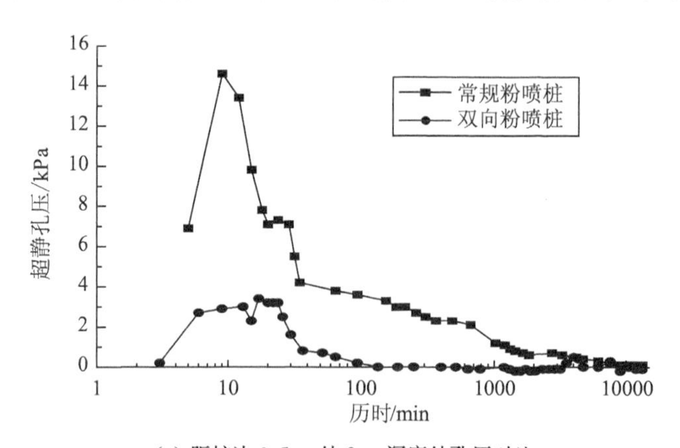

(a) 距桩边 0.5 m 处 2 m 深度处孔压对比

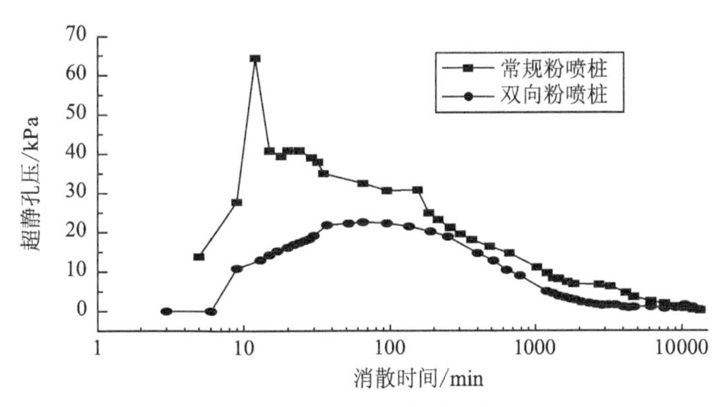

(b) 距桩边 0.5 m 处 4 m 深度处孔压对比

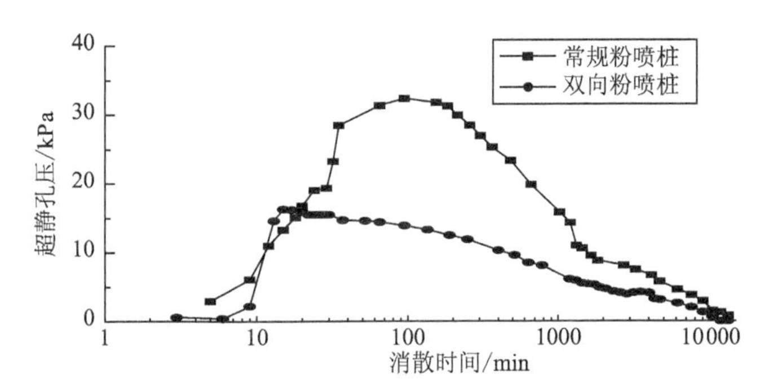

(c) 距桩边 0.5 m 处 6 m 深度处孔压对比

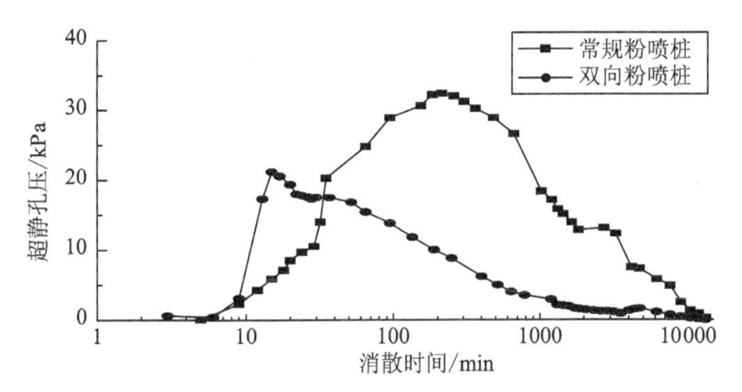

(d) 距桩边 0.5 m 处 8 m 深度处孔压对比

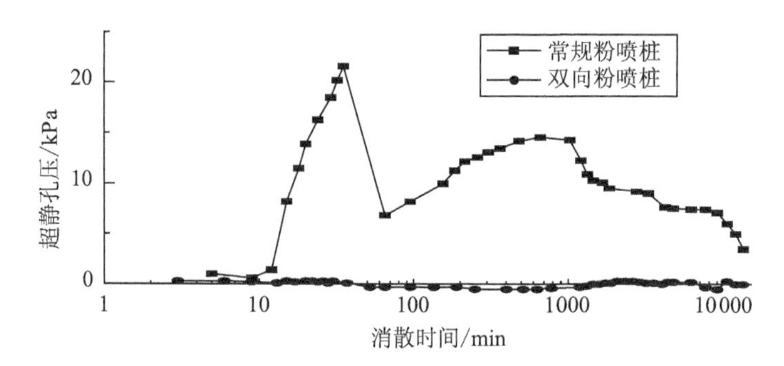

(e) 距桩边 0.5 m 处 10 m 深度处孔压对比

图 4-17 常规粉喷桩与双向粉喷桩施工孔压对比图

从图 4-17 可以看出，双向粉喷桩施工的影响范围较常规粉喷桩小，孔压消散也较常规粉喷桩快。

(3) 单桩施工结束后桩周土体测试

常规粉喷桩和双向搅拌粉喷桩在施工结束后对桩间土进行了 7 d、28 d CPT 和十字板剪切试验，以确定施工过程中对桩间土的扰动。图 4-18、图 4-19 和表 4-3 为常规粉喷桩成桩 7 d 后的试验结果。图 4-20、图 4-21 和表 4-4 为常规粉喷桩成桩 28 d 后的试验结果。

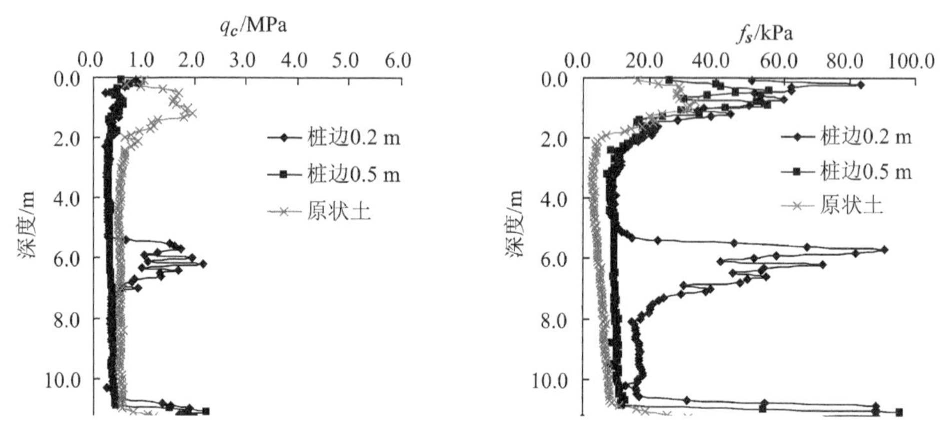

图 4-18 成桩 7 d 后 CPT 试验结果

表 4-3　常规粉喷桩成桩 7 d 后十字板试验结果

深度/m	7 d 强度平均值/kPa				未打桩区强度平均值/kPa	
	桩边 0.2 m		桩边 0.5 m			
	原状土	扰动土	原状土	扰动土	原状土	扰动土
3.00	11.53	6.54	9.60	4.87	17.80	4.71
5.00	11.63	6.25	9.11	3.88	20.98	4.57
7.00	14.74	7.20	8.02	3.82	21.50	5.23
9.00	15.11	6.52	9.05	8.94	24.40	5.33

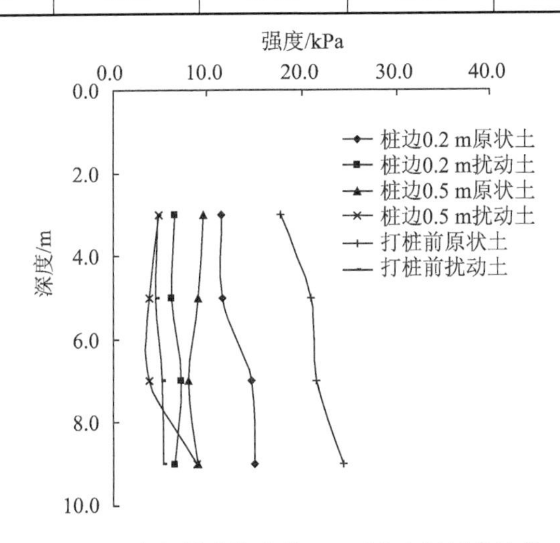

图 4-19　常规粉喷桩成桩 7 d 后十字板试验结果

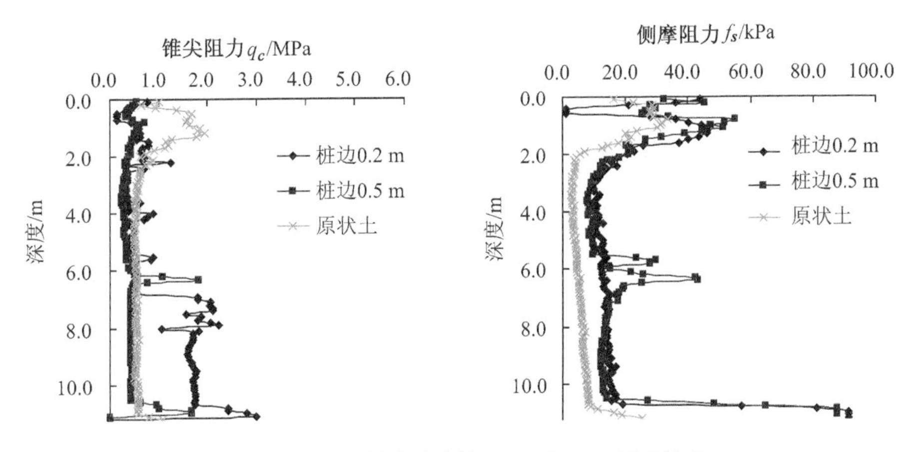

图 4-20　常规粉喷桩成桩 28 d 后 CPT 试验结果

表 4-4　常规粉喷桩成桩 28 d 后十字板试验结果

深度/m	28 d 强度平均值/kPa				未打桩区强度平均值/kPa	
	桩边 0.2 m		桩边 0.5 m			
	原状土	扰动土	原状土	扰动土	原状土	扰动土
3.00	9.20	4.51	9.60	4.45	17.80	4.71
5.00	11.22	5.19	11.41	6.01	20.98	4.57
7.00	11.12	5.95	9.56	5.65	21.50	5.23
9.00	14.96	7.04	10.46	5.40	24.40	5.33

通过 CPT 试验和十字板剪切试验结果可知，常规粉喷桩在距桩边 0.2 m、0.5 m 处，打桩后 7 d、28 d 土体强度比打桩前有所减低，随着龄期的增加，土体强度逐渐恢复。

图 4-22、图 4-23 和表 4-5 为双向搅拌粉喷桩成桩 7 d 后的试验结果，图 4-24、图 4-25 和表 4-6 为双向搅拌粉喷桩成桩 28 d 的试验结果。

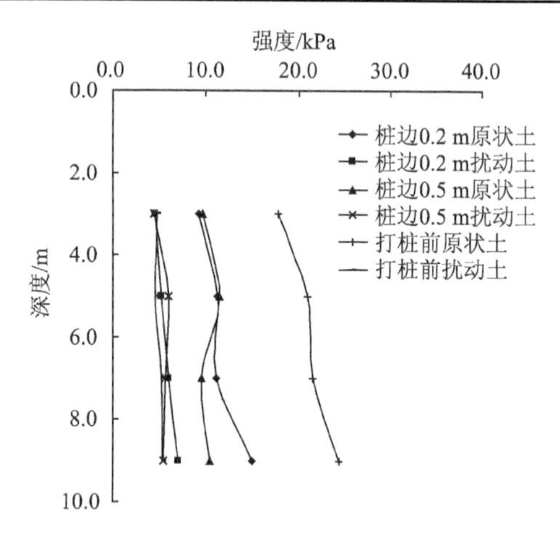

4-21　常规粉喷桩成桩 28 d 后十字板试验结果

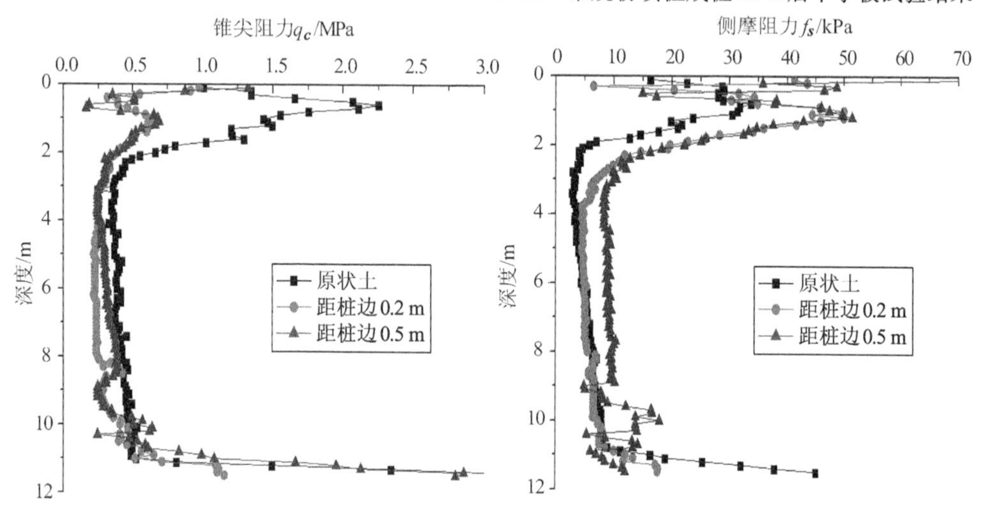

图 4-22　双向粉喷桩成桩 7 d 后 CPT 试验结果

表 4-5　双向粉喷桩成桩 7 d 后十字板试验结果

深度/m	7 d 强度平均值/kPa				未打桩区强度平均值/kPa	
	桩边 0.2 m		桩边 0.5 m			
	原状土	扰动土	原状土	扰动土	原状土	扰动土
3.00	16.20	5.68	13.01	5.93	17.80	4.71
5.00	13.20	5.12	13.87	4.74	20.98	4.57
7.00	15.48	5.99	16.40	5.91	21.50	5.23
9.00	14.93	5.89	15.65	7.04	24.40	5.33

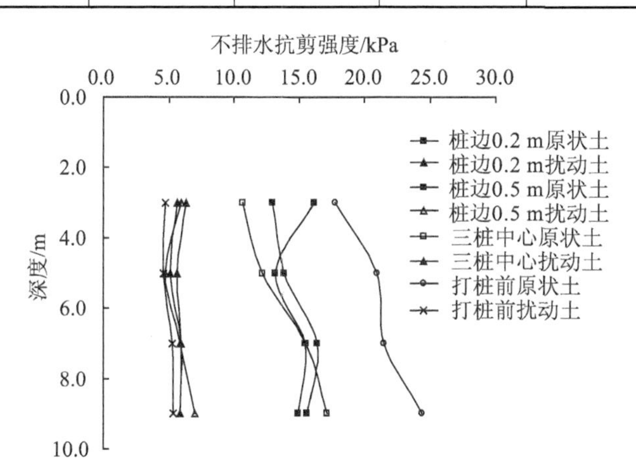

图 4-23　双向粉喷桩成桩 7 d 后十字板试验结果

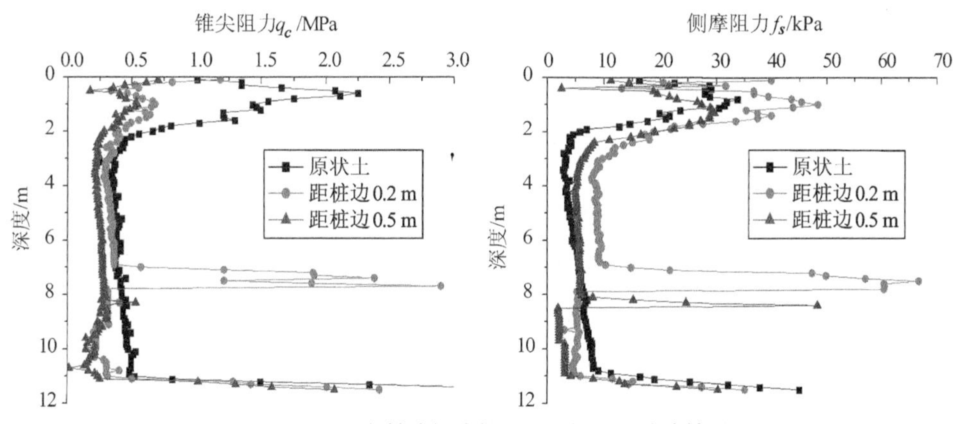

图 4-24　双向粉喷桩成桩 28 d 后 CPT 试验结果

表 4-6　双向粉喷桩成桩 28 d 后十字板试验结果

深度/m	28 d 强度平均值/kPa				未打桩区强度平均值/kPa	
	桩边 0.2 m		桩边 0.5 m			
	原状土	扰动土	原状土	扰动土	原状土	扰动土
3.00	18.46	5.77	14.11	6.03	17.80	4.71
5.00	16.38	5.91	16.79	5.50	20.98	4.57
7.00	18.16	5.42	19.05	6.06	21.50	5.23
9.00	19.48	6.16	20.48	6.03	24.40	5.33

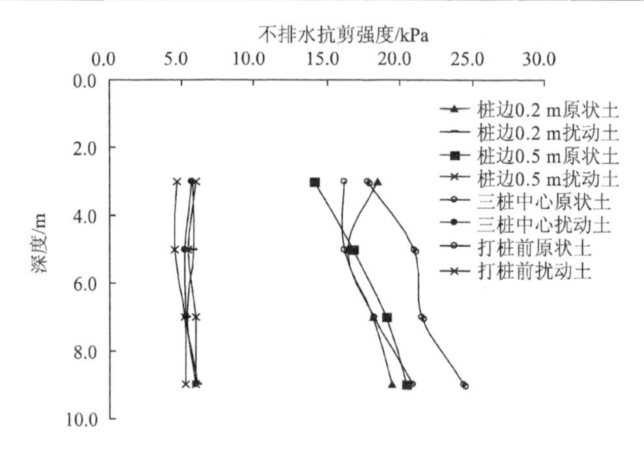

图 4-25　双向粉喷桩成桩 28 d 后十字板试验结果

通过 CPT 试验和十字板剪切试验结果可知，双向粉喷桩在距桩边 0.2 m、0.5 m 处，打桩后 7 d、28 d 土体强度比打桩前有所减低，随着龄期的增加，土体强度逐渐恢复，但较常规粉喷桩对桩周土的扰动性小。

4.5　双向粉喷桩加固海相软土工程应用

4.5.1　工程概况

临沂至连云港高速公路（江苏段）是国家高速公路网中"纵三"，即长（春）深（圳）国家高速公路的组成部分，起自苏鲁省界抗日山南新集与长深高速公路山东段相接，终点在连云港新海城区东北宋跳接上宁连高速公路，路线全长约 51.59 km（图 4-26）。临沂至连云港高速公路位于江苏省东北部沿海地区，沿线总体属于苏北滨海平原地区，其表层全部为第四纪所覆盖，第四纪沉积物主要以海相冲积物为主。工程地质勘察资料表明，线路所经区域绝大部分地势平坦，河流纵横成网，工程地质条件复杂，软土分布广泛且工程性质差，连云港段不良地质层主要为淤泥及淤泥质(亚)黏土，该软土具含水量高(最高达 88.3%)、压缩性大、强度低、天然孔隙比大等特征。淤泥、淤泥质软土全线均有分布，厚度及埋深相对较为稳定，软土厚度为 9.0～11.0 m 之间，软土埋深在 10.0～11.0 m；典型的地质剖面见图 4-27。原设计常规粉喷桩 266 300 延米，经优化设计后采用双向搅拌粉喷桩处理 197 872 延米，节约 59 200 延米。

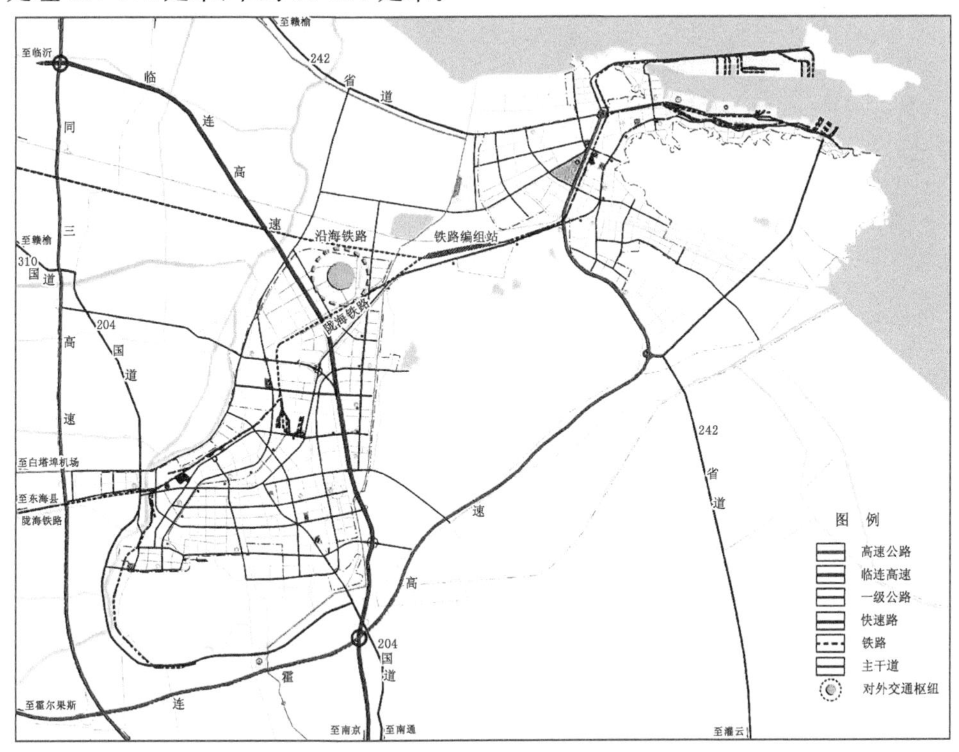

图 4-26　临沂至连云港高速公路示意图

4.5.2　工程地质条件

经勘察，场地主要软土层具有沉积连续，土质均匀，高塑性、高含水量、高压缩性和低强度的特点，其物理力学指标见表 4-7 所示。

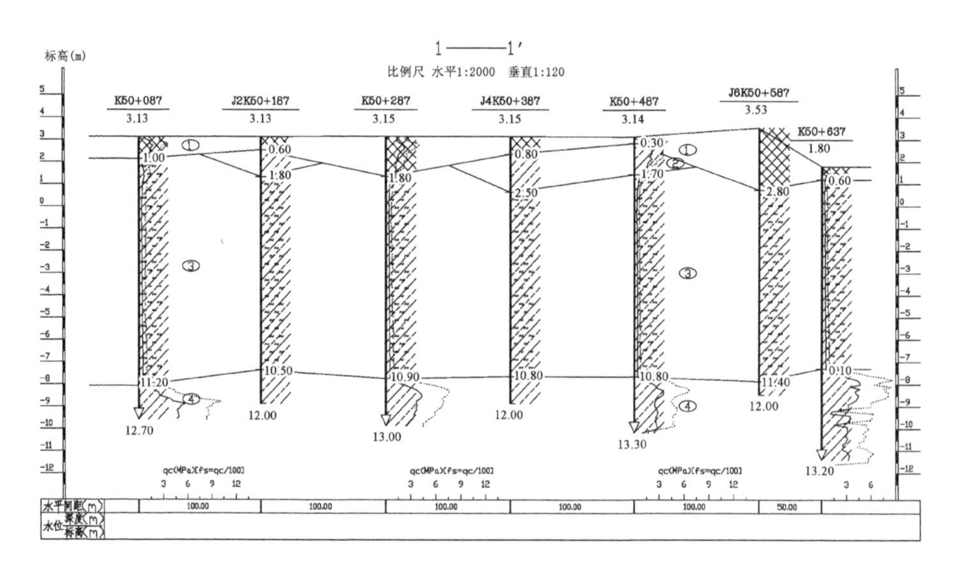

图 4-27　典型工程地质剖面图

表 4-7　海相软土物理力学指标

土样	天然含水率/%	容重/kN·m⁻³	孔隙比 e	塑性指数 I_p	液性指数 I_L	压缩系数/MPa⁻¹	固结系数		直剪			
							C_h /cm²·s⁻¹	C_v /cm²·s⁻¹	c_u /kPa	φ_u/(°)	c_{cu}/kPa	φ_{cu}/(°)
淤泥	60.3	15.1	1.68	25.4	1.04~1.95	1.88	4.39×10^{-4}	2.46×10^{-4}	10.8	1.5	8.9	15.4

按照 CPTU 曲线(图 4-28),在试验揭露深度范围内场地土层划分如下(表 4-8):

表 4-8　采用 CPTU 测试资料对场地土层划分表

层号	土名	层厚/m	q_t/MPa	f_s/kPa	R_f/%
①	素填土	0.75	1.07	48.66	4.55
②	黏土	1.25	0.53	28.05	5.30
③	淤泥、淤泥质土	9.00	0.39	7.51	1.92
④	亚黏土	未揭穿	1.67	80.50	4.70

① 层,素填土,以黏性土及粉质黏土为主,层厚 0.30~0.80 m,平均层厚 0.75 m。

② 层,黏土,层厚 0.50~1.50 m,平均层厚 1.25 m。

③ 层,淤泥、淤泥质土,层厚 8.00~10.00 m,平均层厚 9.00 m。

④ 层,黏土,未揭穿。

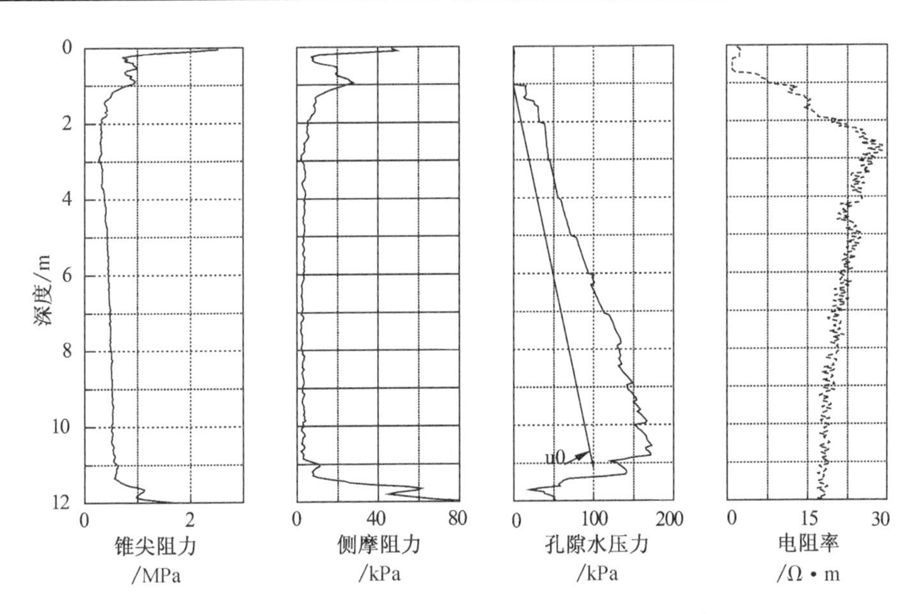

图 4-28　试验段典型 CPTU 曲线(K50+587,B_1 孔)

通过现场 CPTU 测试其土层主要物理力学指标如表 4-9、表 4-10 和图 4-29、图 4-30、图 4-31 所示。

表 4-9　采用 CPTU 测试资料获得土层的状态参数汇总表

层号	土 名	重度/kN·m^{-3}	超固结比	静止土压力系数 K_0	灵敏度 S_t
①	素填土	18.6	2.3	0.7	2.04
②	黏土	16.7	1.3	0.9	1.88
③	淤泥、淤泥质土	15.2	0.8	0.8	2.70
④	亚黏土	18.4	3.4	1.0	1.45

表 4-10　采用 CPTU 测试资料获得土层的强度及变形参数汇总表

层号	土名	十字板抗剪强度 S_u/kPa	压缩模量 E_{s1-2}/MPa	初始剪切模量 G_0/MPa	原位应力 $[\sigma_0]$/kPa
①	素填土	66.49	8.77	7.14	78.95
②	黏土	33.26	4.18	11.85	64.17
③	淤泥、淤泥质土	24.27	3.20	14.75	46.87
④	亚黏土	97.26	12.84	33.56	118.64

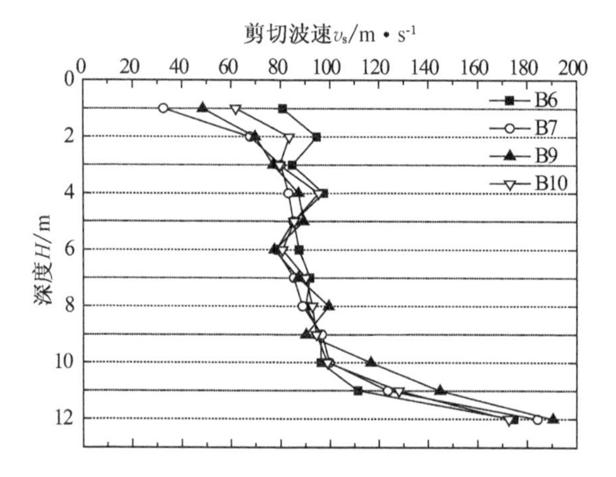

图 4-29 SCPT 测试所得的剪切波速随深度变化曲线图(B_6、B_7、B_9 和 B_{10} 四孔)

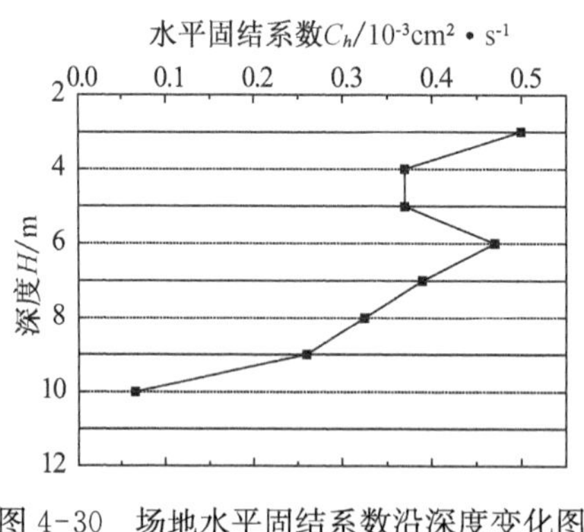

图 4-30 场地水平固结系数沿深度变化图

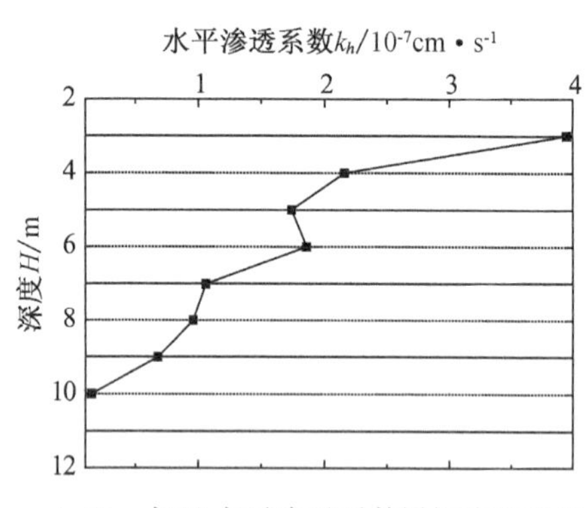

4-31 场地水平渗透系数沿深度变化图

4.5.3 双向粉喷桩的成桩质量

(1) 开挖桩头检测

成桩 7 d 后,采用浅部开挖桩头(深度宜超过停灰面下 50 cm)发现:双向搅拌粉喷桩由于具有四层叶片,下钻与提升均进行搅拌,较常规粉喷桩具有一定的层理,桩体较为密实,含灰量分布均匀,未出蜂窝状孔洞(图 4-32)。

(2) 搅拌均匀性

通过对双向粉喷桩施工过程及施工后的检测可以看出,双向粉喷桩搅拌均匀,成桩质量高(图 4-33)。

(3) 取芯及标准贯入试验

采用钻孔方法连续取水泥土搅拌桩桩芯,可直观地检验桩体强度和搅拌的均

双向粉喷桩

常规粉喷桩

图 4-32　开挖桩头的近景立面图

双向粉喷桩

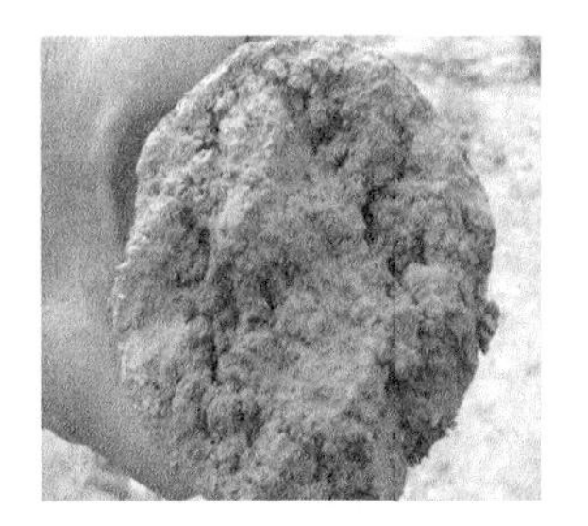

常规粉喷桩

图 4-33　双向粉喷桩与常规粉喷桩搅拌均匀性对比照片

匀性。通过对双向搅拌和常规粉喷桩取芯对比(图 4-34)可以看出:双向搅拌粉喷桩成桩质量大幅提高。

双向粉喷桩

常规粉喷桩

图 4-34　双向粉喷桩和常规粉喷桩取芯检测对比图

通过对双向粉喷桩以及常规桩进行标贯试验(图 4-35)可以看出,双向粉喷桩桩身标贯击数要比常规桩高,特别是桩体下部,桩身质量明显提高。

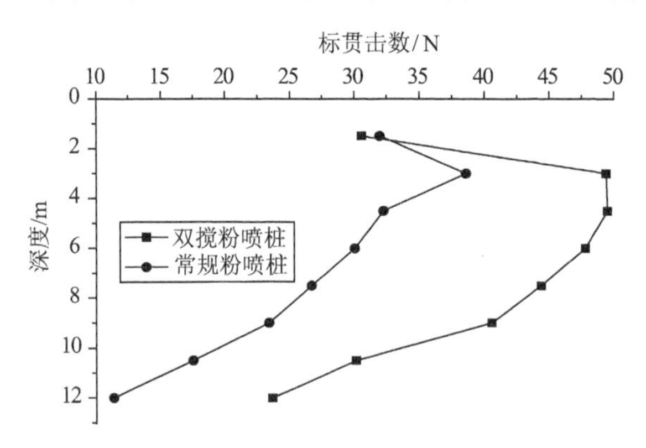

图 4-35 双向粉喷桩和常规粉喷桩标准贯入试验对比图

(4) 室内无侧限抗压强度

由双向搅拌粉喷桩与常规桩无侧限抗压强度对比可知(图 4-36),双向搅拌粉喷桩芯样无侧限抗压强度比常规桩的大,特别是下部桩身质量更是比常规桩的好。

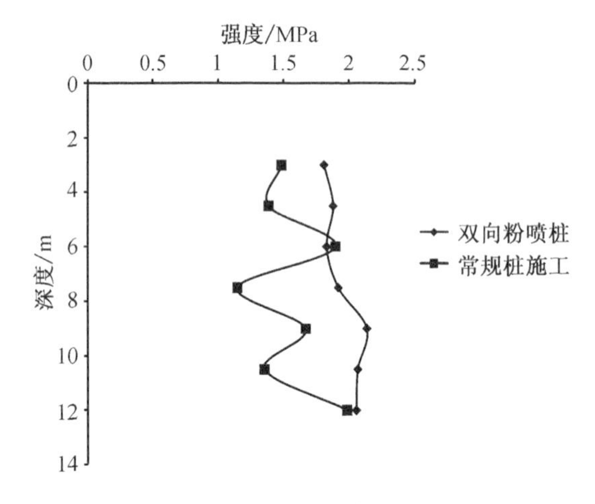

图 4-36 双向粉喷桩与常规桩室内无侧限抗压强度平均值对比图

(5) 双向粉喷桩小应变检测

双向粉喷桩施工完后,进行了小应变检测,结果显示大部分桩身完整性好(图 4-37),通过 200 根桩的检测,波速在 1 600～2 400 m/s,由于双向粉喷桩强度高,均匀性好,小应变发射波方法可以较好地检测桩身质量。

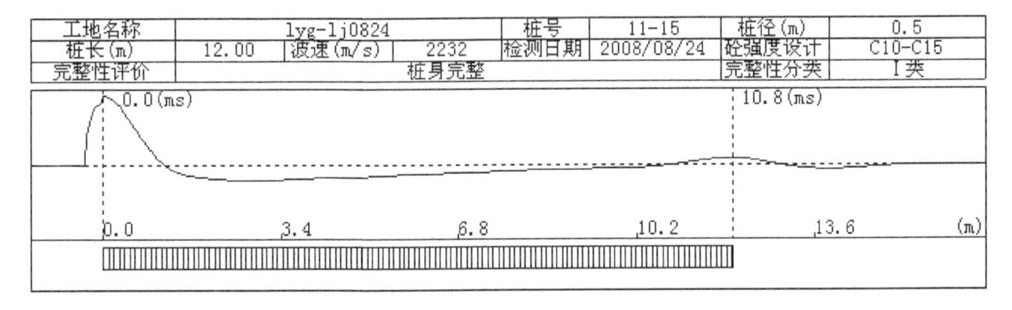

工地名称	lyg-1j0824			桩号	12-10	桩径(m)	0.5
桩长(m)	12.00	波速(m/s)	2287	检测日期	2008/08/24	砼强度设计	C10-C15
完整性评价	桩身完整					完整性分类	Ⅰ类

0.0(ms)
10.5(ms)
0.0　3.4　6.9　10.3　13.8　(m)

图 4-37　双向粉喷桩小应变检测典型波形图

（6）单桩和复合地基承载力

双向和常规粉喷桩施工结束后，进行了单桩承载力和三桩复合地基载荷试验，试验结果见表 4-11、表 4-12、图 4-38、图 4-39，可以看出：双向粉喷桩单桩承载力和三桩复合地基承载力特征值分别为 110 kN 和 130 kPa，均明显高于常规粉喷桩。

表 4-11　单桩承载力特征值

桩径 /mm	试桩编号	施工桩长 /m	最大加载量 /kN	最大累计稳定沉降量 s/mm	单桩竖向极限承载力 Q_u/kN	单桩竖向承载力特征值 R_a/kN
500 双向粉喷桩	1#	12.0	破坏荷载	19.48	220	110
	2#	12.0		16.65	220	
500 常规粉喷桩	5#	12.0		19.55	180	80
	6#	12.0		13.05	160	

表 4-12 复合地基承载力特征值取值汇总表

桩径 /mm	测试点	施工桩长 /m	s/b=0.006 所对应的承载力 /kPa	最大加载量 /kPa	复合地基承载力极限值 P_u/kPa	复合地基承载力特征值 f_{spk}/kPa
500 双向粉喷桩	B_1	12.0	137	260	260	130
	B_2	12.0	148		260	
500 常规粉喷桩	C_5	11.0	78		156	78
	C_6	11.0	91		182	

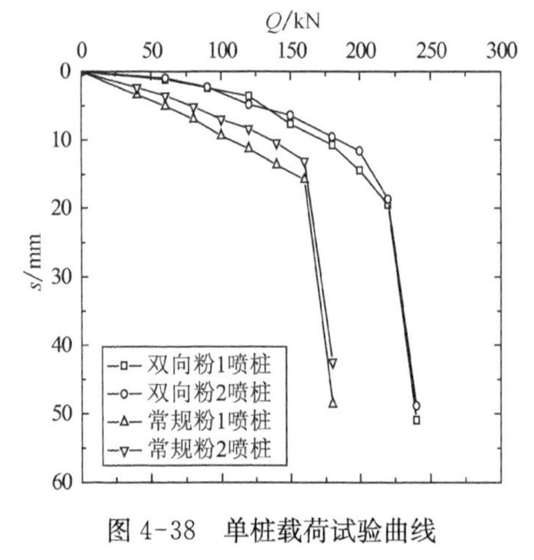

图 4-38 单桩载荷试验曲线

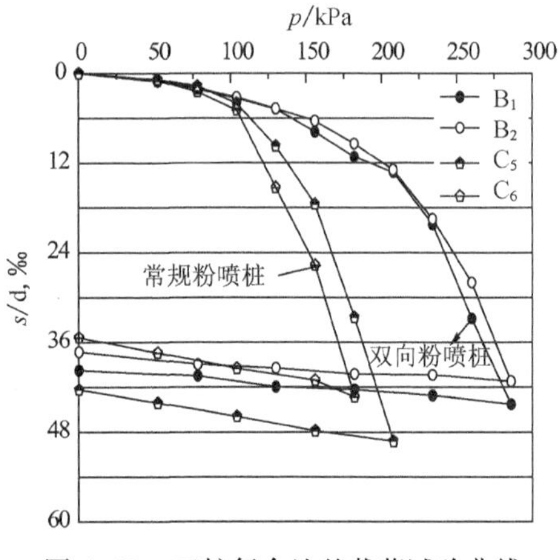

图 4-39 三桩复合地基载荷试验曲线

在复合地基荷载试验过程中，还对桩顶和桩间土应力进行了测试，复合地基桩土应力比随荷载的变化曲线见图 4-40，可以看出随荷载的增大，桩土应力比均呈现出先增大，后减小，并有趋于稳定的态势。加载过程中双向搅拌粉喷桩复合地基的最大桩土应力比分别为 4.1 及 3.9，而常规粉喷桩复合地基的最大桩土应力比为 3.4 和 3.5，双向搅拌粉喷桩大于常规粉喷桩，说明由于双向搅拌粉喷桩桩身强度高，整体桩身质量优于常规粉喷桩，所以桩体承担了更大的荷载，这对于减小桩间土附加应力，减小复合地基沉降是很有意义的。

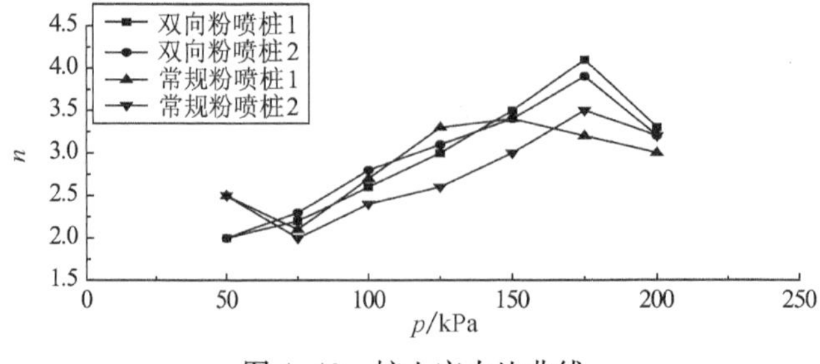

图 4-40 桩土应力比曲线

4.5.4　双向粉喷桩加固软土地基应用效果评价

1. 沉降变形

为了检验双向搅拌粉喷桩加固软土地基的效果，在试验段（K50＋076～ K50＋767）进行了路堤填筑及预压期路基沉降、土体侧向变形的观测。沉降监测结果见图 4-41、图 4-42。

常规粉喷桩路段填土高度超载预压至 4.36 m，预压期为 6 个月，最后卸载至 2.39 m，累计沉降量达到 110 mm，位于路堤中心，路堤的左右两侧沉降分别为 103 mm 和 105 mm。

双向粉喷桩路段填土高度超载预压至 5.42 m，预压期为 6 个月，最后卸载至 4.27 m，累计沉降量仅为 70 mm，同样最大沉降量位于路堤中间位置，路堤左右两侧沉降分别为 66 mm 和 68 mm。

可见在相同的地质条件下，双向搅拌粉喷桩的加固效果要明显好于常规粉喷桩，有效地控制了地基沉降。

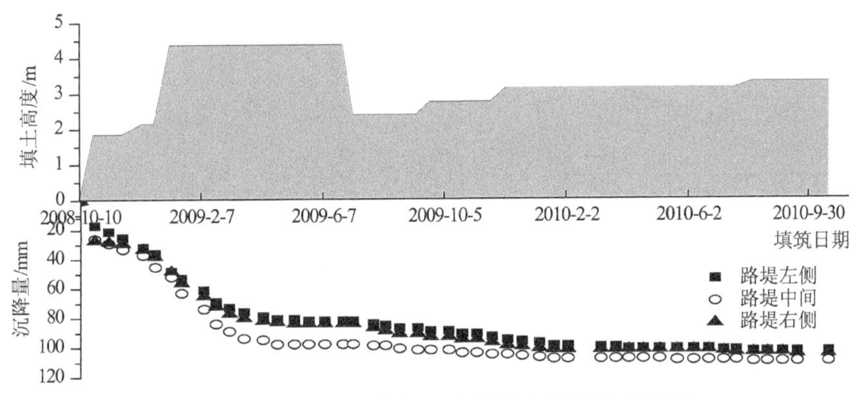

图 4-41　沉降-填土高度历时曲线图（常规粉喷桩段）

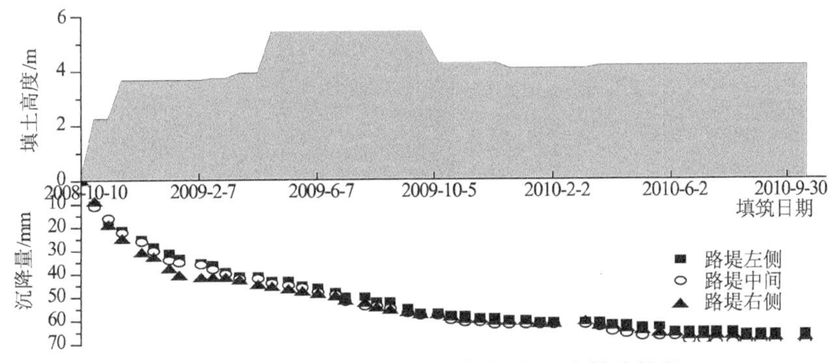

图 4-42　沉降-填土高度历时曲线图（双向粉喷桩段）

图 4-43、图 4-44 为土体侧向变形监测结果。表明土体侧向位移量随荷载的增加而增大,同时也逐渐向深度方向发展,侧向位移的最大值在深度 4～6 m 处,双向搅拌粉喷桩较常规粉喷桩侧向位移小,但均未达到 30 mm。

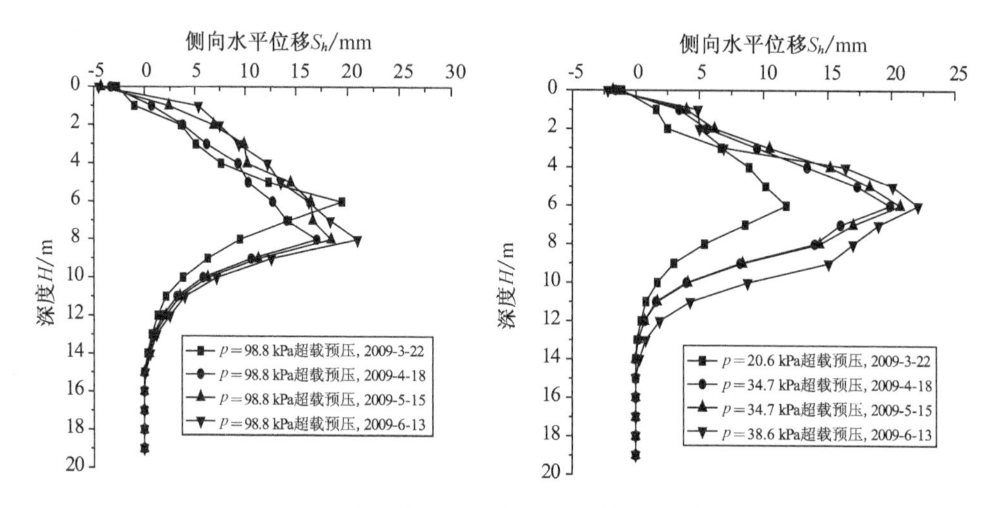

图 4-43　双向粉喷桩深层水平位移曲线

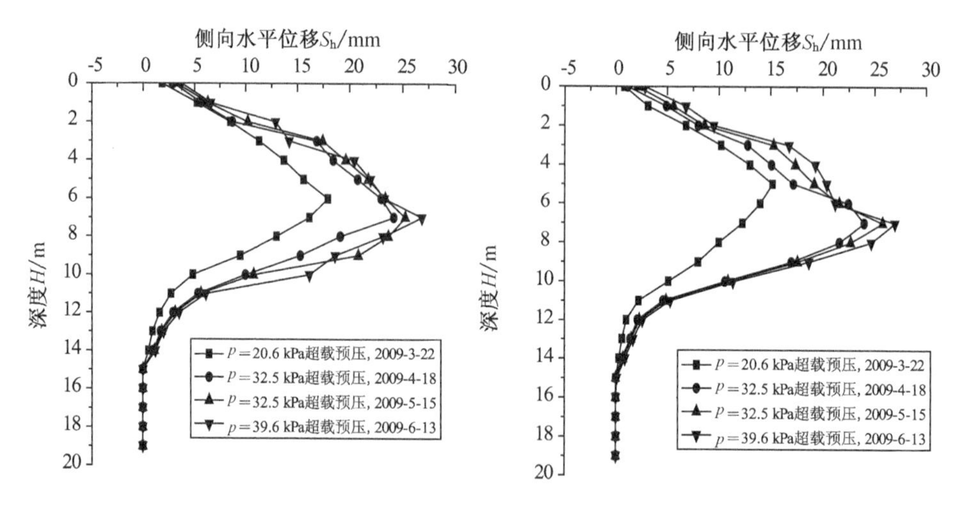

图 4-44　常规粉喷桩深层水平位移曲线

2. 经济分析

双向粉喷桩的材料费和人工费与常规粉喷桩相比基本相同,但双向粉喷桩的机械费用和用电量与现行粉喷桩相比,分别增加了 10%～15%和 50%;然而双向粉喷桩的成桩质量有保证,在设计时可适当加大桩间距或减少水泥掺入量,以提高经济效益。

连云港—临沂高速公路 K50＋036～K50＋767 段设计总量为 266 300 延米。经设计优化采用本双向粉喷桩适当加大了桩间距后，总量为 207 100 延米，节约工作量为 59 200 延米，节省了 22.2%，同时由于常规粉喷桩采用的是 80 kg /m 32.5＃ 水泥，总水泥用量为 21 304 000 kg，双向粉喷桩采用 50 kg /m 42.5＃水泥，约节约水泥用量 1 100 万 kg，可见经济效果明显(表 4-13)。

表 4-13　常规粉喷桩和双向粉喷桩经济对比表

处理方法	双向粉喷桩	常规粉喷桩
延米数/m	207 100	266 300
节约延米数/m	59 200	
水泥用量 /kg	50 kg/m 42.5＃水泥 9 893 600	80 kg /m 32.5＃水泥 21 304 000
节约水泥用量/kg	11 410 400	

第 5 章　钉形搅拌桩原理与施工技术

5.1　钉形搅拌桩技术原理

由于基础刚度的差异,路堤基础下搅拌桩复合地基的性状与刚性基础下有较大差异。在路堤荷载作用下,由于桩体模量显著大于土体,地表桩间土的沉降往往大于桩体的沉降(桩土差异沉降),地表的差异沉降会通过路堤填土向上反射,当地表差异沉降大到一定程度时会对路面结构层和路堤稳定产生不利影响。刘吉福(2003)[69]报道了广东西部沿海高速公路阳江路段和广佛高速公路扩建工程试验段复合地基实测桩顶沉降比桩间土沉降分别小 40%和 27%。周龙翔(2005)[70]实测到在 4.6 m 路堤荷载下,地表处的桩土差异沉降为 6～7 mm,差异沉降占总沉降的14%～20%。Bergado 等 (2005)[71]也报道了泰国某高速公路实测水泥搅拌桩处理地基的桩土差异沉降为 25～60 mm,占总沉降的 8%～20%。所以,路堤下的搅拌桩复合地基常采用较小的桩间距(如国内大多为 1.0～1.5 m),同时在桩顶设置垫层或土工织物加筋层,形成一个荷载传递平台,以通过土拱效应将更多的路堤荷载转移到桩顶。

刚性桩复合地基也存在相似的问题,刚性桩复合地基在房建工程中通常采用桩筏(板)的基础形式,通过筏(板)将上部荷载充分传递给桩,如果直接将这种形式应用到路堤上,则造价过于昂贵,所以路堤荷载下刚性桩复合地基常在桩顶设置一个面积较大的桩帽,并在上面设置土工织物加筋层[72],见图 5-1 所示。但是,由于水泥土和混凝土材料性质的差异以及经济因素,在搅拌桩桩顶设置钢筋混凝土桩帽是不合适的。

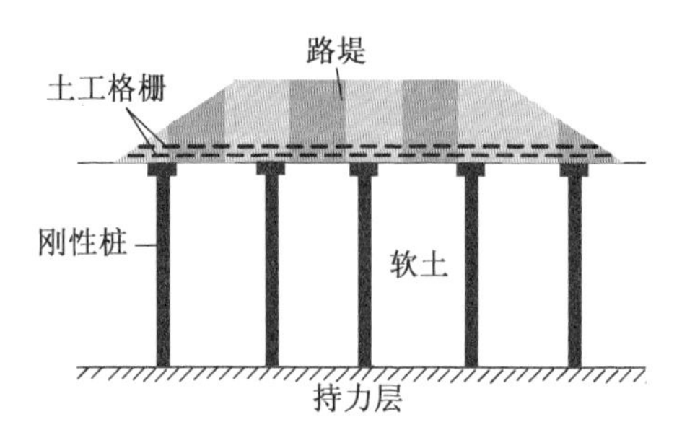

图 5-1　路堤下桩承式路堤结构示意图[72]

在日本则提出了一种水泥土桩一筏结构(Column-slab System)[73]来解决上述问题,水泥土桩一筏结构由水泥土搅拌桩(未打穿软土)和上部厚约 1 m 的水泥土筏板组成(图 5-2),其中水泥土搅拌桩为常用的深层搅拌法,水泥土筏板则通过浅层搅拌法施工。水泥土筏板的强度较低(相对搅拌桩),其主要作用是减小地表桩土差异沉降,但由于筏板的施工需单独进行,降低了桩和筏板的整体工作性能,增加了地基处理的施工时间和费用,且筏板的低渗透性也减缓了桩间土的固结速率。

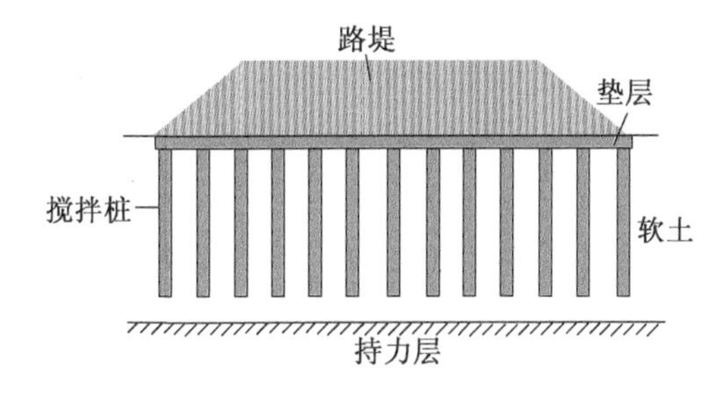

图 5-2　路堤下水泥土桩一筏结构[73]

针对上述问题,根据地基竖向附加应力传递规律和复合地基承载工作机理,笔者提出了变置换率复合地基原理,即在竖向对复合地基进行刚度优化,实现复合地基应力传递与承载最优化,重点加固上部附加应力大的层位,形成顶部置换率大、下部置换率小,类似锚钉形状的钉形搅拌桩[74-75],见图 5-3 所示。在路堤荷载作用下,钉形搅拌桩上部的扩大头能更好发挥路堤填土的土拱效应,提高桩体荷载分担比例,减小地表桩土差异沉降,提高路堤稳定性,不需在顶部设置加筋以及垫层,同时大幅增大桩间距,节省工程造价[76-79]。

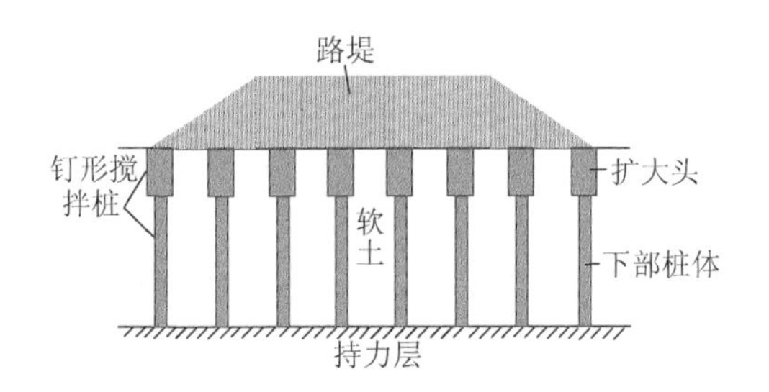

图 5-3　路堤下钉形搅拌桩复合地基

地基往往具有成层性,如滨海相沉积的软黏土当其表面暴露到空气中时,由于蒸发失水,经过雨水的淋滤及不断的物理化学变化,形成不同于下部软土层的硬壳层,硬壳层一般结构性强,强度较高,呈中等或低压缩性,具有很好的承载能力,故对于具有一定厚度、性质较好、连续分布的硬壳层，工程中一般尽量加以利用。而一些池塘、湖滨或新近填土则是上部为软土，下部为中等压缩性土。另外，由于历史沉积原因，在一些地方如江苏徐州地区，存在软土层处于中间的成层软弱地基，这种成层软弱地基的上部和下部为中等压缩性土层，中间为高压缩性的软土层。对于这类成层软弱地基，采用传统的等截面搅拌桩意味着土体性质不同的土层选用相同的桩体置换率，从复合地基的加固机理来说是不合适的。

为了解决该问题，笔者还提出了基于竖向刚度优化的变截面搅拌桩处理成层软弱地基方法[80]，因地制宜，在性质差的软土层中采用大直径桩体，即高置换率，在性质相对较好的土层采用小直径桩体，即低置换率，有针对性地对成层软弱地基进行经济、有效的处理，见图 5-4 所示。

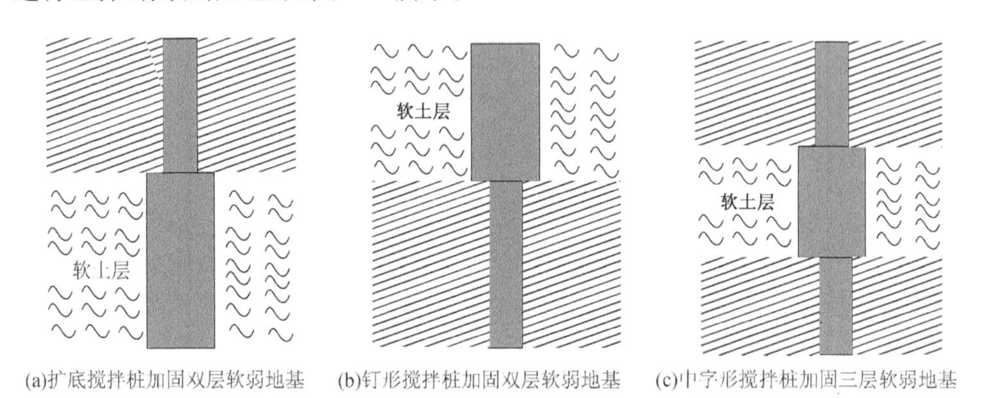

(a)扩底搅拌桩加固双层软弱地基　(b)钉形搅拌桩加固双层软弱地基　(c)中字形搅拌桩加固三层软弱地基

图 5-4　变截面搅拌桩加固成层软弱地基示意图

5.2　钉形搅拌桩施工技术

5.2.1　钉形搅拌桩施工设备

钉形搅拌桩技术是在双向搅拌桩技术基础上开发研制成功的，即钉形搅拌桩采用双向搅拌工艺，通过搅拌叶片的自动伸缩[75]，改变搅拌桩的桩径，形成钉形搅拌桩。

钉形搅拌桩机设备主要有底盘、支架、箱体、同心双轴钻杆、自动伸缩钻头等，见图 5-5 所示。搅桩机叶片宽度 80～100 mm，叶片厚度 25～40 mm，叶片倾角 10～15 度。

搅拌叶片的自动伸缩，是利用土压力原理，在施工过程中通过改变搅拌轴旋转方向，使搅拌叶片在土压力的作用下自动伸缩(图 5-6)，该搅拌叶片可在地面以下

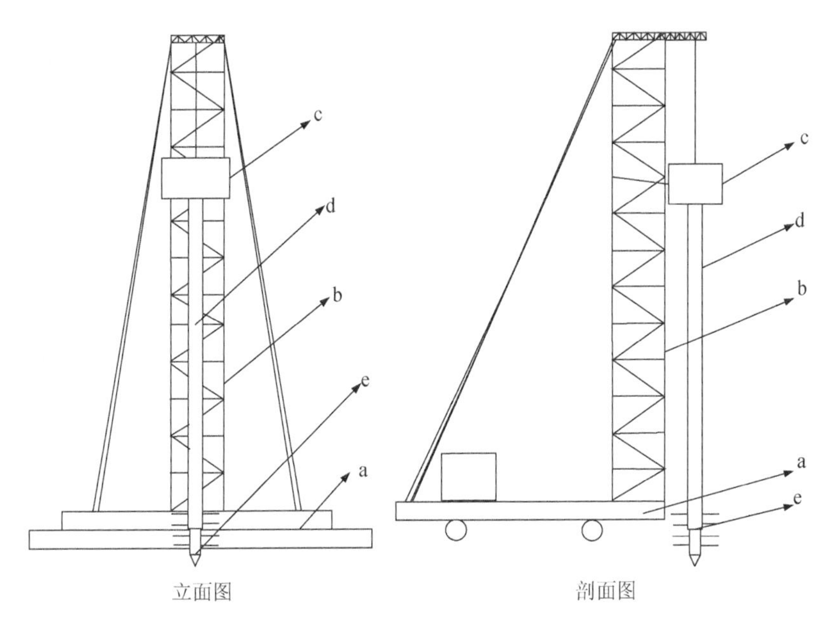

图 5-5　钉形(双向)搅拌桩机设备图

a—底盘;b—支架;c—箱体;d—同心双轴钻杆;e—自动伸缩钻头

任意深度处伸缩为两种不同的半径,从而可以施工形成单桩具有两种桩径的变直径搅拌桩,这种搅拌桩施工工艺连续、工效高,确保桩体为一个连续整体。搅拌桩上部施工时搅拌叶片伸展,下部施工时搅拌叶片收缩,即可以形成上部大直径、下部小直径的钉形搅拌桩。需要说明的是,钉形搅拌桩的施工机械可以通过对常规搅拌桩机的动力传动系统、钻杆和叶片进行改装而成,施工设备主要参数参见表 5-1。钉形搅拌桩施工机械叶片和钻头照片见图 5-7 所示。

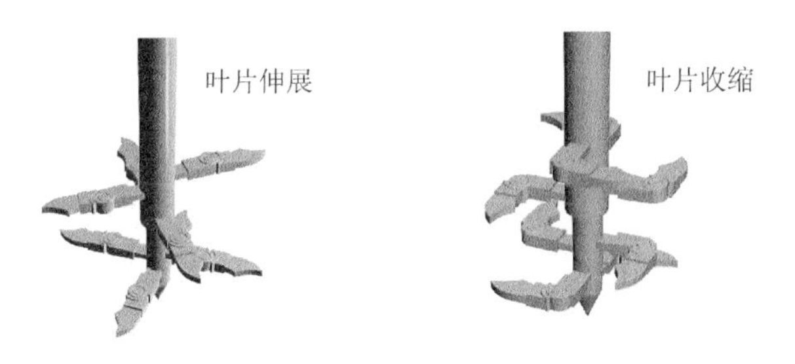

图 5-6　自扩式变径搅拌头示示意图

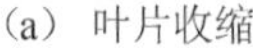

(a) 叶片收缩　　(b) 叶片展开

图 5-7　钉形搅拌桩施工机械叶片和钻头照片

表 5-1　钉形与双向搅拌桩机设备规格

机械型号	内钻杆直径 /mm	外钻杆直径 /mm	电动机功率 /kW	机架高度 /m	成桩深度 /m	成桩直径 /mm
DM-1	89	127	2×22	15	12	500～1 200
DM-2	89	127	2×22	20	17	500～1 200
DM-3	95	127	2×37	28	25	500～1 200
DM-4	95	127	2×45	32	30	500～1 200

5.2.2　钉形搅拌桩施工工艺

钉形搅拌桩的施工工艺和双向搅拌桩的施工工艺基本相似(图 5-8)。钉形搅拌桩下部桩体的施工工艺为“两搅一喷”,扩大头由于直径较大,施工工艺为“四搅三喷”,具体操作步骤如下:

(1) 钉形搅拌机定位:起重机悬吊搅拌机到指定桩位并对中。

(2) 切土喷浆、搅拌下沉:启动搅拌机,使搅拌机沿导向架向下切土,同时开启送浆泵向土体喷水泥浆,喷浆压力 0.25～0.40 MPa;搅拌叶片旋转搅拌水泥土,搅拌机持续下沉,直到设计深度;下沉速度 0.5～0.8 m/min。

(3) 搅拌提升:搅拌机提升,提升速度 0.7～1.0 m/min;同时继续搅拌水泥土,到地表或设计标高以上 50 cm。

(4) 扩大头部位的施工:待搅拌机提升到地表时,先关掉送浆泵,开启搅拌叶片伸缩开关,使得搅拌叶片伸长到设计深度,然后重复以上步骤(2)、(3),完成上部扩大头部分施工。

(5) 完成单桩施工。

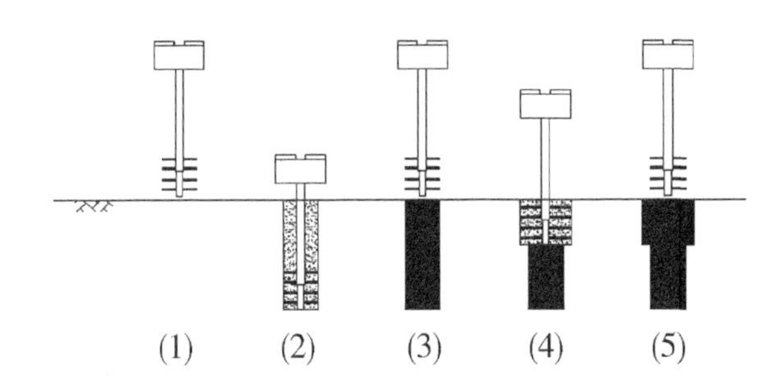

图 5-8　钉形搅拌桩施工工艺流程图

5.3　钉形搅拌桩技术特点

5.3.1　钉形搅拌桩技术特点

在路堤荷载作用下，钉形搅拌桩上部的扩大头能更好地发挥路堤填土的土拱效应，提高桩体荷载分担比例，减小地表沉降及桩土差异沉降，提高路堤稳定性，不需在顶部设置加筋及垫层，同时大幅增大桩间距，节省工程造价。已有工程实践表明，钉形搅拌桩具有下列主要特点[81-82]：

(1) 在上覆荷载的作用下，扩大头部分确保桩体和桩周土协调变形，达到更佳的复合地基效果。

(2) 充分利用土中应力传递规律，加强土体上部复合地基强度。

(3) 对于柔性荷载(路堤)，扩大头能更好地形成土拱，充分利用土拱效应作用，提高桩体荷载分担比例。

(4) 搅拌桩类似钉子形状，能有效协调复合地基变形，不需在顶部设置加筋及垫层。

(5) 扩大头作用可大大提高单桩承载力，成倍增大桩间距，节省工程造价。

(6) 钉形搅拌桩施工连续，一次成桩，施工方便，利于推广。

5.3.2　钉形搅拌桩技术经济比较分析

(1) 钉形搅拌桩单价分析

钉形搅拌桩与常规搅拌桩两种工艺单价组成的差异分析见表 5-2 所示。由表 5-2 可以看出，采用钉形搅拌桩施工，单位体积水泥土的费用较常规工艺提高 20%～30%，但由于钉形搅拌桩桩间距扩大，可大幅度降低软土地基处理费用。

表 5-2 钉形搅拌桩与常规搅拌桩单价经济对比分析

<table>
<tr><th colspan="3">内　　容</th><th>钉形搅拌桩与常规搅拌桩比较</th><th>备注</th></tr>
<tr><td rowspan="5">直接费</td><td colspan="2">人工</td><td>减少</td><td>10%～15%</td></tr>
<tr><td colspan="2">材料</td><td>相同</td><td></td></tr>
<tr><td rowspan="3">机械</td><td>动力费</td><td>增加</td><td>50%</td></tr>
<tr><td>机械磨损</td><td>增加</td><td>60%</td></tr>
<tr><td>台班费用</td><td>减少</td><td>10%～15%</td></tr>
<tr><td colspan="3">间接费</td><td>增加</td><td>近 1%</td></tr>
<tr><td colspan="3">单位造价</td><td>增加</td><td>增加 20%～30%</td></tr>
</table>

(2) 钉形搅拌桩与常规搅拌桩经济对比分析

现以软基处理深度 10～25 m，路堤高度 5 m，路基处理宽度 50 m，处理长度 1 000 m 为计算参数，分别采用钉形搅拌桩和常规搅拌桩进行处理，下面就不同处理深度和设计参数进行经济对比分析，对比分析中相对节约费用指标为：采用钉形搅拌桩处理相同面积软基较采用常规水泥土搅拌桩所节约费用的百分比标，即：

$$\text{相对节约费用}=\frac{\text{钉形搅拌桩地基处理费用}-\text{常规搅拌桩地基处理费用}}{\text{常规搅拌桩地基处理费用}}\times 100\%$$

① 改变扩大头高度对不同处理深度经济对比分析

钉形搅拌桩设计参数为：桩间距 2.2 m，桩径 1 000 mm/500 mm，处理深度不大于 15 m 的扩大头高度为 3 m，处理深度 20 m 时扩大头高度 5 m，处理深度 25 m 时扩大头高度 7 m；常规搅拌桩桩径 500 mm，处理深度 10 m 时桩间距 1.4 m，处理深度 15 m 时桩间距 1.3 m，处理深度 20 m 时桩间距 1.2 m，处理深度 25 m 时桩间距1.1 m。水泥掺入量为 500 mm 桩径 65 kg/m，1 000 mm 桩径 260 kg/m^3。按照实际施工造价参考值，常规搅拌桩 500 mm 直径单价为 32.3 元/m，双向搅拌桩 500 mm 直径单价为 37.5 元/m，1 000 mm 直径单价为 129 元/m。比较结果见表 5-3 和图5-9 所示。

由图 5-9 可以看出，随处理深度(软土厚度)的增加，采用钉形搅拌桩较常规搅拌桩处理相对节约费用也在不断增大。当处理深度达到 25 m 时，处理相同体积软土，钉形搅拌桩的处理费用约为常规搅拌桩处理费用的一半。

表5-3 改变扩大头高度钉形搅拌桩处理费用与常规搅拌桩处理费用对照表

处理方法	处理深度/m	面积置换率/%	体积置换率/%	总桩数/根	总价/元	节约费用/%
钉形搅拌桩	10	0.187	0.089	11 930	7 747 944	18.6
	15		0.075		9 984 635	39.7
	20		0.082		14 404 357	44.4
	25		0.086		19 915 990	47.1
常规搅拌桩	10	0.116		28 458	9 514 776	—
	15	0.134		34 164	16 552 332	—
	20	0.157		40 095	25 901 334	—
	25	0.187		47 717	38 530 911	—

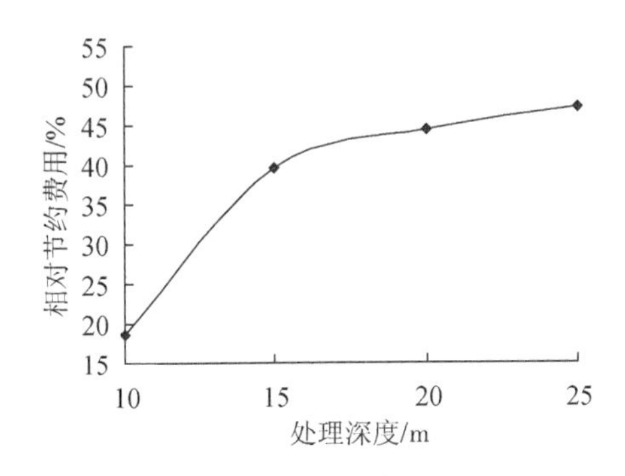

图5-9 钉形搅拌桩与常规搅拌桩经济分析对比(节约费用与处理深度关系图)

② 改变桩间距对不同处理深度经济对比分析

钉形搅拌桩设计参数为:扩大头高度为3 m,桩径1 000 mm/500 mm,处理深度为10 m的桩间距2.4 m,处理深度为15 m的桩间距2.2 m,处理深度为20 m的桩间距2.1 m,处理深度为25 m的桩间距2.0 m;常规搅拌桩桩径500 mm,处理深度10 m时桩间距1.4 m,处理深度15 m时桩间距1.3 m,处理深度20 m时桩间距1.2 m,处理深度25 m时桩间距1.1 m。水泥掺入量为500 mm桩径65 kg/m,1 000 mm桩径260 kg/m。单价同上,则比较结果见表5-4和图5-10所示。

表 5-4　改变桩间距钉形搅拌桩处理费用与常规搅拌桩处理费用对照表

处理方法	处理深度/m	面积置换率/%	体积置换率/%	总桩数/根	总价/元	节约费用/%
钉形搅拌桩	10	0.157	0.075	10 024	6 510 417	31.6
	15	0.187	0.094	11 930	9 984 635	39.7
	20	0.206	0.075	13 093	13 903 945	46.3
	25	0.226	0.077	14 435	17 494 226	54.6
常规搅拌桩	10	0.116		28 458	9 514 776	—
	15	0.134		34 164	16 552 332	—
	20	0.157		40 095	25 901 334	—
	25	0.187		47 717	38 530 911	—

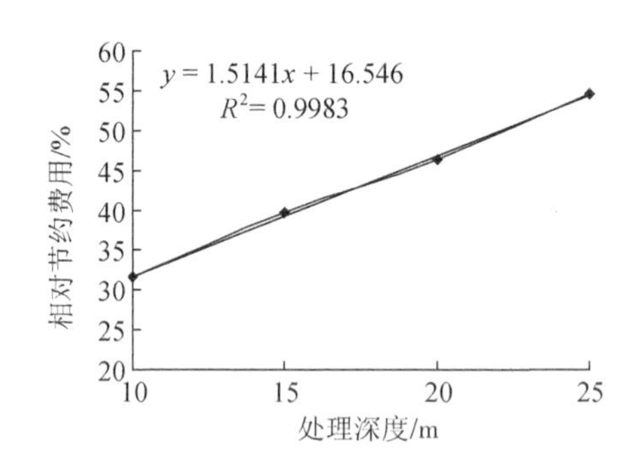

图 5-10　钉形搅拌桩与常规搅拌桩经济分析对比(节约费用与处理深度关系图)

由图 5-10 可以看出,随处理深度(软土厚度)的增加,采用钉形搅拌桩较常规搅拌桩处理相对节约费用也在不断增大。当处理深度接近 25 m 时,处理相同体积软土,钉形搅拌桩的处理费用仅为常规搅拌桩处理费用的一半。相对节约费用与软土地基处理深度的关系基本服从线形关系。

③ 改变桩径对不同处理深度经济对比分析

钉形搅拌桩设计参数为:桩间距 2.4 m,处理深度 10 m 的扩大头高度为 3 m,其余为 4 m;处理深度 15 m 以下的桩径为 1 000 mm/500 mm,处理深度 20 m 时桩径为 1 100 mm /500 mm,处理深度 25 m 时桩径为 1 200 mm /600 mm;常规桩桩径 500 mm,处理深度 10 m 时桩间距 1.4 m,处理深度 15 m 时桩间距 1.3 m,处理深度 20 m 时桩间距 1.2 m,处理深度 25 m 时桩间距 1.1 m。水泥掺入量为 500 mm 桩径 65 kg/m,1 000 mm 桩径 260 kg/m。常规搅拌桩 500 mm 直径单价为 32.3 元/m,

双向搅拌桩 500 mm 直径单价为 37.5 元/m，600 mm 直径单价为 54 元/m，1 000 mm 直径单价为 129 元/m，1 100 mm 直径单价为 156 元/m，1 200 mm 直径单价为 185 元/m。比较结果见表5-5 和图 5-11 所示。

表 5-5 改变桩径钉形搅拌桩处理费用与常规搅拌桩处理费用对照表

处理方法	处理深度/m	面积置换率/%	体积置换率/%	总桩数/根	总价/元	节约费用/%
钉形搅拌桩	10	0.157	0.075	10 024	6 510 417	31.6
	15	0.157	0.071		9 307 039	43.7
	20	0.190	0.070		13 471 901	47.9
	25	0.226	0.069		18 484 482	51.3
常规搅拌桩	10	0.116		28 458	9 514 776	—
	15	0.134		34 164	16 552 332	—
	20	0.157		40 095	25 901 334	—
	25	0.187		47 717	38 530 911	—

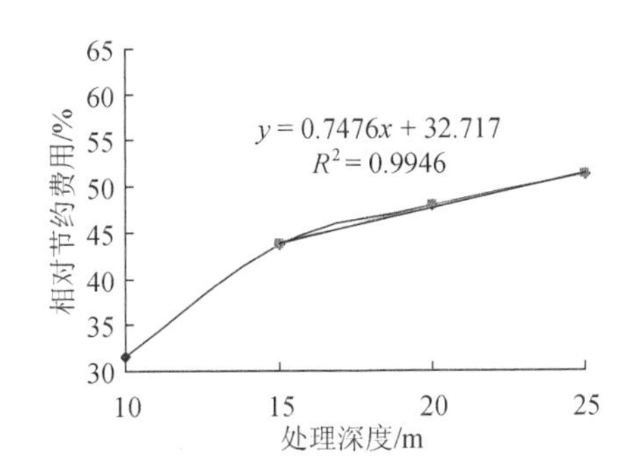

图 5-11 钉形搅拌桩与常规搅拌桩经济分析对比(节约费用与处理深度关系图)

由图 5-11 可以看出，随处理深度(软土厚度)的增加，采用钉形搅拌桩较常规搅拌桩处理相对节约费用也在不断增大。当处理深度接近 25 m 时，处理相同体积软土，钉形搅拌桩的处理费用仅为常规搅拌桩处理费用的一半。相对节约费用与软土地基处理深度的关系基本服从线形关系。

上述经济对比汇总于图 5-12。由图 5-12 可以看出，上述方案中调整桩间距和调整桩径最经济。在设计中，可在单桩设计参数不变前提下通过调整扩大兴高度、调整桩间距或桩间距不变通过调整桩径三种方案达到设计要求。

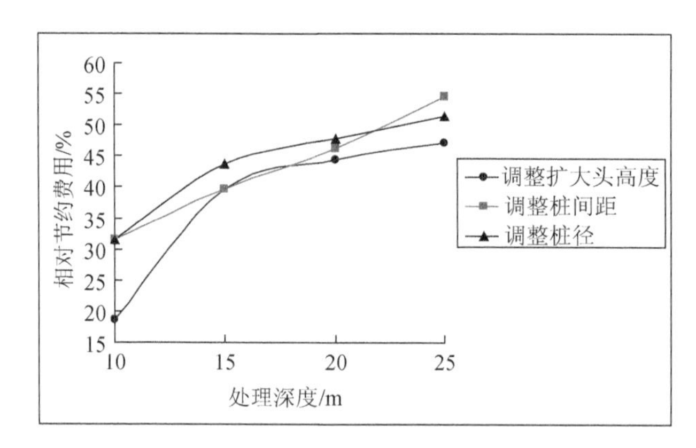

图 5-12　钉形搅拌桩与常规搅拌桩经济分析对比(节约费用与处理深度关系图)

另外,与常规搅拌桩相比,钉形搅拌桩的单桩施工时间减小约 30%,由于钉形搅拌桩桩间距较大,在处理相同的地基情况下,钉形搅拌桩的总桩数远远小于常规桩的总桩数,因此可大大缩短工期。

第 6 章　钉形搅拌桩复合地基承载特性研究

6.1　钉形搅拌桩复合地基承载特性室内模型试验

6.1.1　单桩荷载试验

(1) 试验方法

模型试验在东南大学岩土工程研究所模型实验室进行，模型比取 1∶10，常规搅拌桩桩径为 50 mm，桩长 600 mm，相当于工程现场直径为 0.5 m，桩长 6 m(因室内模型槽高度限制，选取较小的桩长)，钉形搅拌桩下部桩径为 50 mm，扩大头直径为 110 mm，扩大头高度为 100 mm，总桩长为 600 mm。模型槽外径 300 mm，壁厚 8 mm。搅拌桩打穿软土层，桩端支撑在 50 mm 厚的细砂层顶面，砂层的设置一方面用于模拟搅拌桩复合地基承载性能较好的持力层，另一方面是为了制样期间加快软土层的固结速率(制样时打开底部阀门，双面排水)。模型试验的布置图剖面见图 6-1 所示。

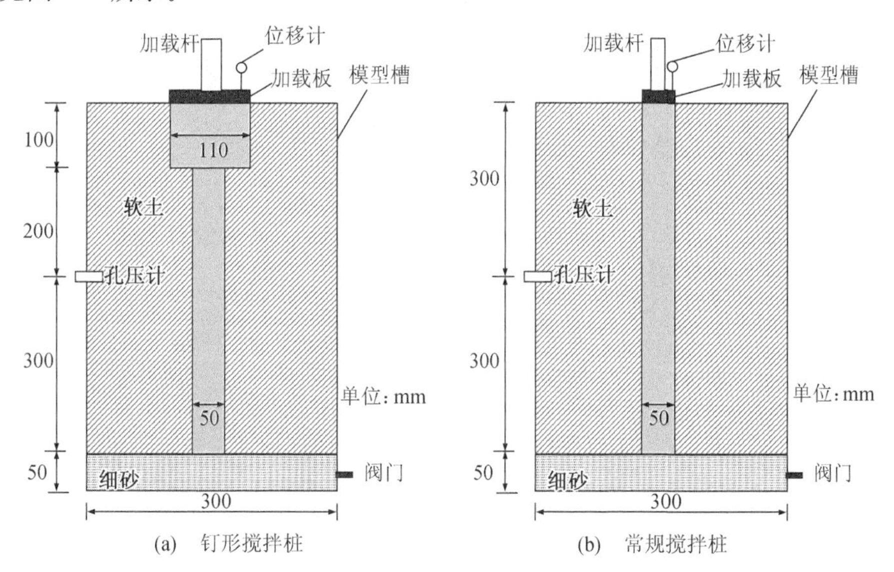

图 6-1　单桩荷载试验模型试验布置图

试验软土取自连云港某高速公路建设场地地表以下 2～3 m 深度处，软土的比重为 2.62，塑限为 33%，液限为 74%，软土的主要物理力学指标见表 6-1 所示，其中天然土样的孔隙比、压缩模量、压缩系数、固结系数等参数是利用薄壁取样器获得的现场原状土样通过室内试验得到。

表 6-1　模型试验软土基本物理力学指标

名称	密度 /g·cm^{-3}	含水率 w/%	孔隙比 e_0	压缩模量 E_{s1-2} /MPa	压缩系数 a_{1-2} /MPa^{-1}	固结系数 C_v /10^{-4} cm^2·s^{-1}	黏聚力 c' /kPa	内摩擦角 φ' /(°)
天然土样	1.60	78	1.94	1.61	1.82	1.85	—	—
模型试验制样	1.59	73	1.92	1.20	2.20	1.31	4.7	21.2

模型试验土样制备采用静压制样：将现场土样晒干后粉碎，加入 1.5 倍液限的水，将其搅拌成均匀的泥浆，倒入有机玻璃模型槽后通过加载杠杆施加 24 kPa 竖向固结压力使其固结度达到 80%左右(通过孔压监测判断)，由于该软土的渗透系数很低(制样后测试的土样渗透系数为 1.2×10^{-9} m/s)，该过程一般需要一个月以上。

搅拌桩固化剂采用粒化高炉矿渣微粉(GGBS)和活性氧化镁(MgO)，为了加快搅拌桩强度增长，缩短试验时间，GGBS∶MgO 的比例采用 4∶1，固化剂/干土＝0.3。搅拌桩的制样方法参照 Tsutsumi 等(2008)采用先成孔、后浇筑的方法[83]。将预先称量好的 GGBS 和 MgO 干粉在搅拌器内搅拌均匀，然后将干土、搅拌均匀的 GGBS-MgO 和水通过搅拌器搅拌均匀。其中，土体含水量为 110%，由于采用较高的含水量，刚搅拌好的固化土成泥浆状，具有较好的流动性。将接近液态的水泥土倒入孔中，并用振捣杆轻微振捣、搅拌，以排除其中的大气泡，减少搅拌桩中间的孔隙。搅拌桩成桩的具体过程见图 6-2 所示。

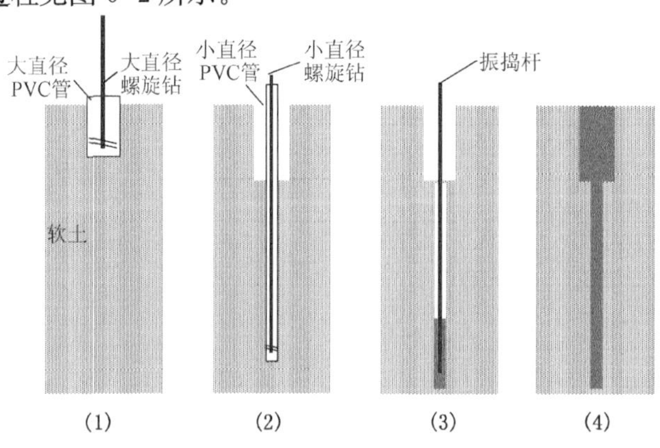

图 6-2　钉形搅拌桩成桩过程示意图

图 6-3　室内模型试验加载设备

加载设备采用杠杆式室内模型试验加载设备,该设备由东南大学岩土工程研究所和南京土壤仪器厂联合研发,见图 6-3 所示。该设备的主要技术指标有:①仪器长、宽、高分别为 1 650 mm、1 250 mm、2 800 mm;②加荷范围:0～40 kN;③加荷精度:±1% FS;④全部采用机械方式实现功能要求。其结构特点主要有:①在施加载荷前,采用平衡锤消除杠杆的自重对加荷的影响;②采用轴向轴承结构,可以防止试验在压缩过程中的偏向问题;③采用可拆卸的工作台,满足不同试样的高度差问题;④采用调平衡装置,及时调整杠杆平衡,保证加荷精度。

采用可自动采集的电阻式位移传感器监测加载过程中桩顶位移变化,同时在模型槽外壁设置了微型孔隙水压力计监测土样制备过程的孔隙水压力变化,以判断土样的固结度。数据采集采用澳大利亚的数据采集系统 Data Taker(DT80G),传感器与电脑连接,通过电脑设置传感器的采集类型、采集频率等,一旦采集内容设置完成后,采集仪可以无需电脑而独立进行采集工作,采集的传感器数据可以通过电脑下载或者直接拷贝。位移计、孔压计和采集仪的照片见图 6-4 所示。

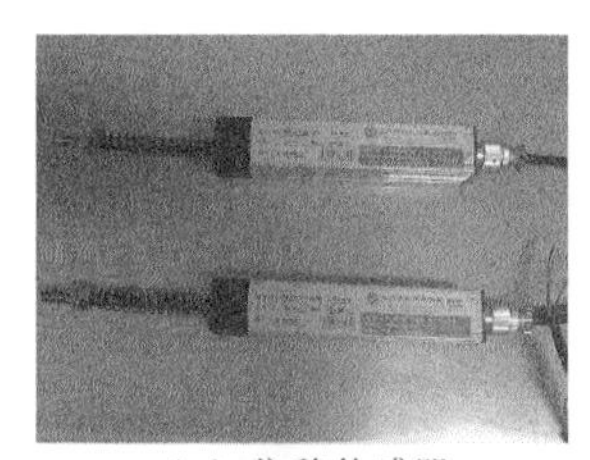

(a) 位移传感器

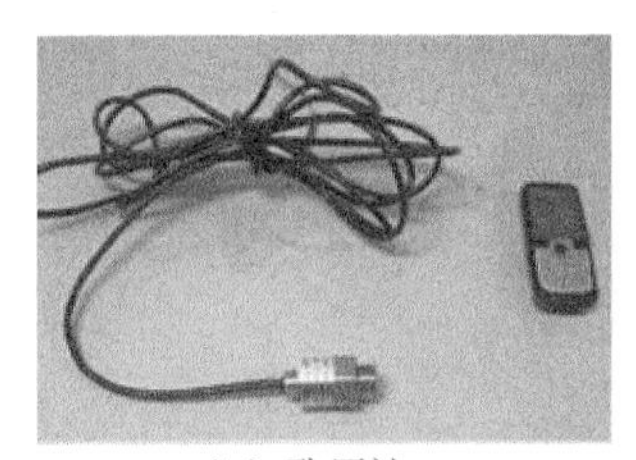

(b) 孔压计

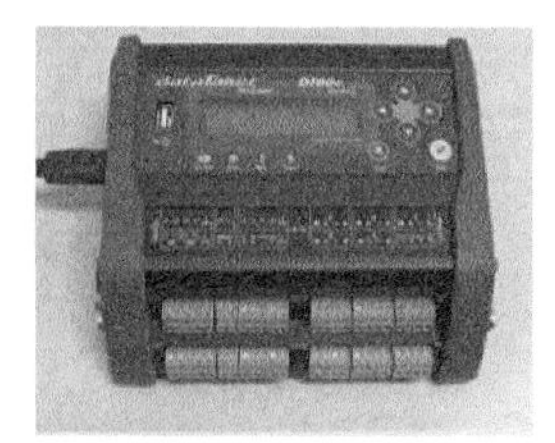

(c) Data Taker(DT80G)

图 6-4　传感器和采集仪照片

模型搅拌桩成桩后养护 28 d,参考《建筑基桩检测技术规范》(JGJ 106—2003)进行单桩载荷试验,试验过程中关闭模型槽底部的阀门。加载级别约为 0.125 kN,第一级按照两倍分级荷载加载。通过数据采集仪 Data Taker 自动监测桩顶沉降,采集频率为每分钟一次。每一级维持 2 h,当出现下列情况之一时终止加载:①某级荷载作用下，桩的沉降量为前一级荷载作用下沉降量的五倍；②某级荷载作用下，桩的沉降量大于前一级荷载作用下沉降量的两倍，且经 24 h 尚未达到相对稳定。

(2) 试验结果分析

单桩载荷试验的 p-s 曲线见图 6-5 所示，从中可以看出钉形搅拌桩和常规搅拌桩的 p-s 曲线均为陡降型，说明在最后一级荷载作用下桩身发生了破坏或者桩端向下刺入。单桩破坏前，二者的 p-s 曲线很接近。当加载到第 8 级 1.1 kN 时，常规搅拌桩发生破坏，桩顶突然下沉，土体表面出现裂缝，见图 6-6(a)所示。当加载到第 15 级 1.98 kN 时，钉形搅拌桩发生破坏，同样桩顶突然下沉，土体表面出现裂缝，见图 6-6(b)所示。

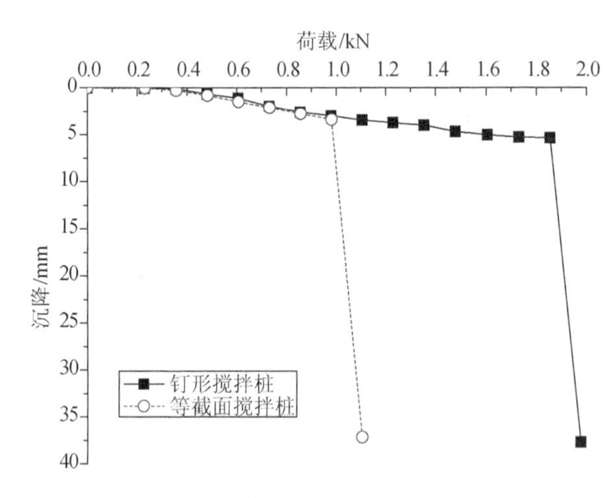

图 6-5　单桩载荷试验的 p-s 曲线

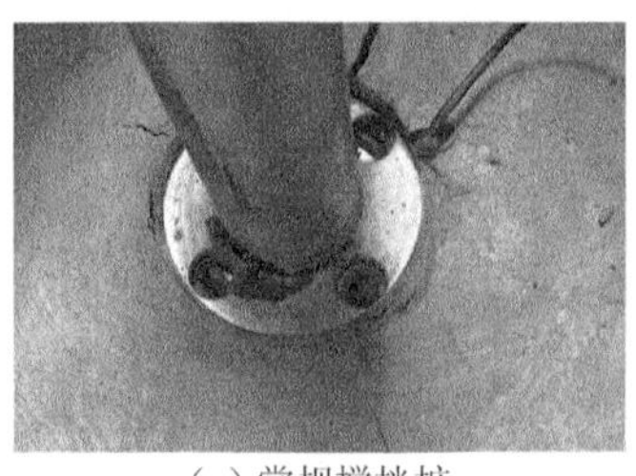
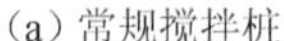

(a) 常规搅拌桩

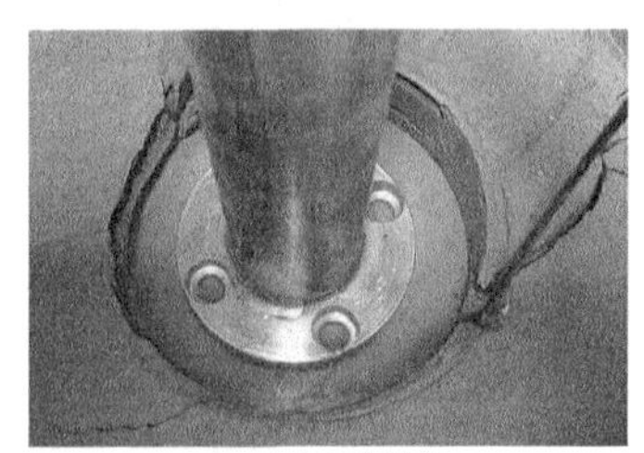

(b) 钉形搅拌桩

图 6-6　荷载作用下单桩破坏照片

根据载荷试验的结果，单桩极限承载力取破坏荷载的前一级，即常规搅拌桩为 0.98 kN，钉形搅拌桩取 1.86 kN，约为常规搅拌桩的两倍，这表明钉形搅拌桩能有效提高搅拌桩的单桩极限承载力。另外，从图 6-5 还可以看出，单桩极限荷载作用下常规搅拌桩和钉形搅拌桩的沉降值都很小，分别为 3.4 mm 和 5.3 mm，主要是因为固化土的破坏应变较小，而在单桩荷载作用下，桩身荷载也主要集中在上部分，即桩身变形也以上部为主。

单桩荷载试验结束后，立即开挖搅拌桩，以观测搅拌桩破坏位置和破坏形式，并测试搅拌桩桩身强度。开挖结果显示，常规搅拌桩在桩顶以下约 4 cm 处的桩身发生了剪切破坏，桩身出现了明显的剪切破坏面，且剪切面附近有部分桩体被压碎，钉形搅拌桩则是在扩大头下部 5 cm 处发生了剪切破坏，见图 6-7 所示。这表明这两个搅拌桩的极限承载力均是桩身强度控制，常规搅拌桩在桩顶下部，而钉形搅拌桩由于上部桩体直径较大，破坏位置转移到了扩大头下部。选取较完整的开挖桩体（钉形搅拌桩只选取下部桩体），切成长约 100 mm 的试样进行无侧限抗压测试，每根桩测试两个，常规搅拌桩结果分别为 474 kPa 和 551 kPa，钉形搅拌桩分别为 512 kPa 和 553 kPa，显示两个搅拌桩的桩身强度基本一致。这表明钉形搅拌桩下部小桩对单桩承载力的贡献和常规搅拌桩单桩承载力相同，但是钉形搅拌桩的单桩承载力还包含扩大头下部的土体反力和扩大头桩身侧摩阻力的贡献，所以钉形搅拌桩单桩极限承载力远大于常规搅拌桩。

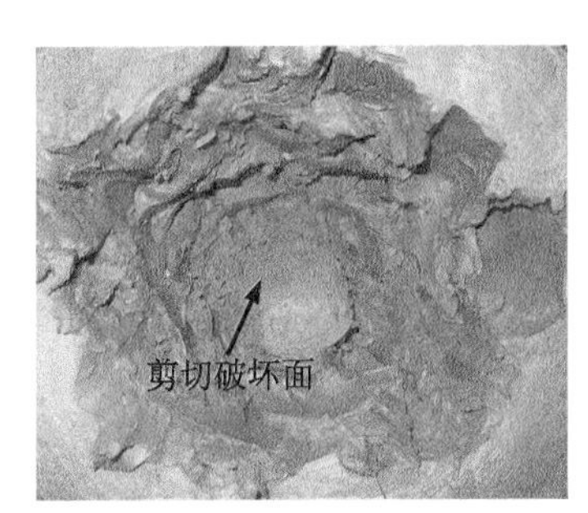

(a)　常规搅拌桩

(b)　钉形搅拌桩

图 6-7　单桩荷载作用下搅拌桩破坏位置及破坏形式

6.1.2　刚性基础下复合地基荷载试验

(1) 试验方法

以单桩复合地基载荷试验研究钉形搅拌桩复合地基的承载性能，为了分析基础刚度对复合地基性能的影响，加载板下部仅仅设置了 2 cm 厚度的密砂（外部用 PVC 管限制砂粒挤出），以使得复合地基均匀受力，并便于埋设土压力盒。进行了一组刚性基础下钉形搅拌桩和常规搅拌桩的单桩复合地基载荷试验。模型试验模型比取 1∶10，试验装置、土样和搅拌桩制备方法以及搅拌桩单桩设计参数与上一节相同，复合地基荷载板的直径为 160 mm，可以计算得常规搅拌桩复合地基和钉形搅拌桩复合地基下部的面积置换率为 0.10，而钉形搅拌桩复合地基上部的面积置换率则高达 0.47。复合地基载荷试验过程对荷载板沉降、桩顶压力和桩间土压力进行了监测，模型试验的剖面图见图 6-8 所示。

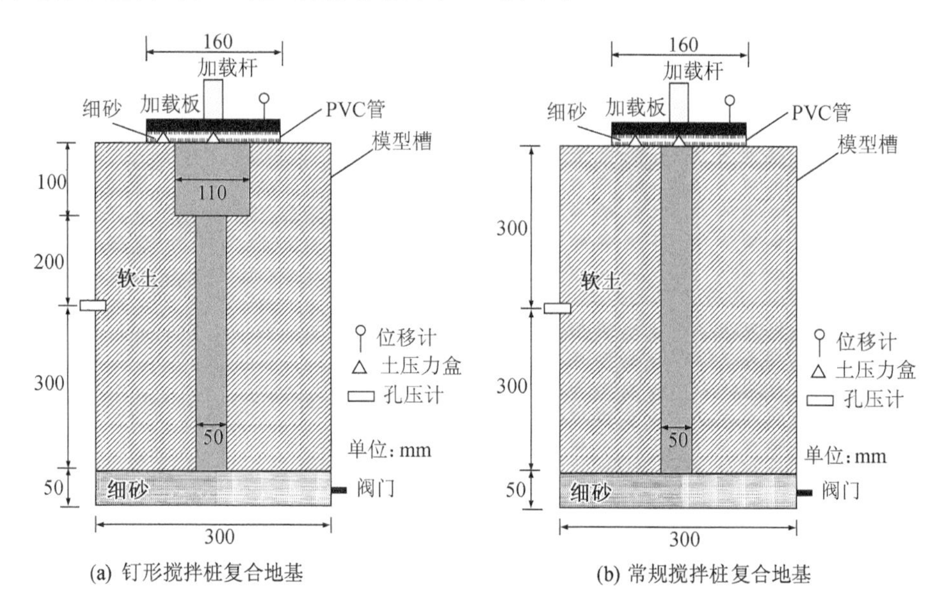

图 6-8 刚性基础下复合地基荷载试验模型试验布置图

在桩顶和桩间土埋设了应变式微型土压力盒(图 6-9)，以监测加载过程中桩顶应力和桩间土应力的变化。微型土压力盒，直径为 17 mm，厚度为 7 mm，桩顶土压力量程为 1 MPa，桩间土的土压力量程为 0.1 MPa。

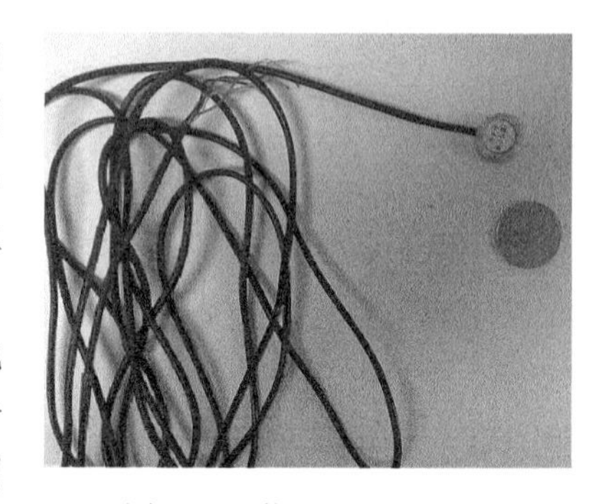

图 6-9 微型土压力盒

模型搅拌桩成桩后养护 28 d，参考《建筑地基处理技术规范》(JGJ 79—2002)进行单桩复合地基载荷试验，试验过程中关闭模型槽底部的阀门。加载级别约为 10.6 kPa，第一级按照两倍分级荷载加载。通过数据采集仪 Data Taker 自动监测桩顶沉降和土压力盒，采集频率为 1 次/min。每一级维持 2 h，当沉降急剧增大，或地表出现明显的开裂时终止加载。

(2) 试验结果分析

刚性基础下复合地基载荷试验的 p-s 曲线见图 6-10 所示。在破坏前，钉形搅拌桩和常规搅拌桩复合地基的 p-s 曲线比较接近，在相同荷载作用下常规搅拌桩的桩顶沉降大于钉形搅拌桩，当加载到第 11 级 127.3 kPa 时，二者均发生了破坏，加载板突然下沉，土体表面出现裂缝。与单桩荷载试验一样，刚性基础下钉形搅拌桩和常规搅拌桩复合地基荷载试验的 p-s 曲线也为陡降型。但是尽管钉形搅拌桩单桩极限承载力约为常规搅拌桩单桩极限承载力的两倍，但二者的复合地基极限承载力却相同，为 116.6 kPa，这可能与试验条件有关。

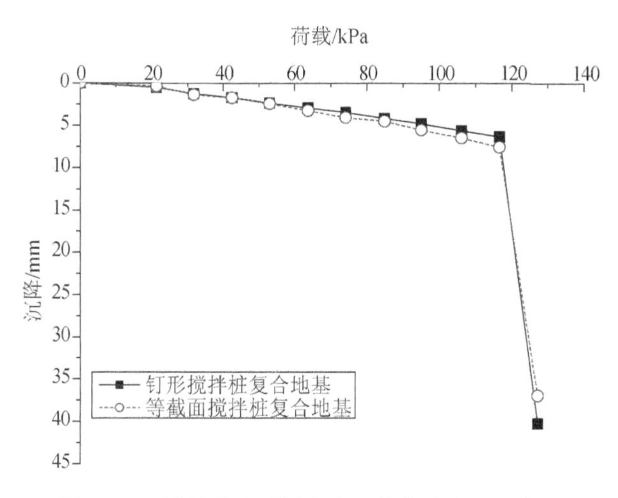

图 6-10　刚性基础下复合地基载荷试验 p-s 曲线

另外，从图 6-10 还可以看出，极限荷载作用下常规搅拌桩和钉形搅拌桩复合地基的沉降值也很小，分别为 6.4 mm 和 7.6 mm，该数值大于图 6-5 单桩荷载作用下的沉降值，一方面因为垫层的设置会造成桩顶上刺，另一方面由于荷载作用面积的增大，桩身应力传递的深度增大，导致桩身变形的范围也随之增大。但是，由于搅拌桩的刚度远大于软土，而破坏应变则小于软土，在刚性基础极限荷载作用下复合地基的沉降主要还是由搅拌桩控制，即破坏前复合地基的变形有限，此时地基土的承载力发挥不充分。

需要说明的是，本试验中钉形搅拌桩的扩大头高度较小，与其直径相当，现场钉形搅拌桩的扩大头一般为其直径的 2～6 倍，而当扩大头较高时，其破坏深度会大于常规搅拌桩复合地基，即深度效应会对其复合地基承载力有一定的提高作用。选取较完整的开挖桩体(钉形搅拌桩只选取下部桩体)，切成长约 100 mm 的试样，进行无侧限抗压测试，每根桩测试两个，常规搅拌桩结果分别为 459 kPa 和 549 kPa，钉形搅拌桩分别为 467 kPa 和 534 kPa，与单桩荷载试验的结果相近。

图 6-11 是加载过程中地表桩间土应力历时曲线，可以看出在每一级荷载的加

载瞬间,复合地基地表桩间土的应力突然增大,但是在荷载维持期间,桩间土应力逐渐变小,这是因为由于随着桩间土超静孔隙水压力的消散,土体固结的进行,桩间土的沉降逐渐增大,地表桩土差异沉降也随之增大,部分桩间土承担的荷载逐渐向桩顶转移。图 6-11 还表明,在相同荷载下钉形搅拌桩复合地基地表桩间土的应力比常规搅拌桩复合地基的小,由于在刚性基础下,两种复合地基的沉降差别较小,所以二者地表桩间土应力的差别不大,在 5 kPa 左右。在极限荷载(破坏荷载的前一级)作用下,两种复合地基地表桩间土的应力均小于未处理地基的极限承载力(51.4 kPa),这说明在刚性基础作用下,桩间土的承载力没有充分发挥。

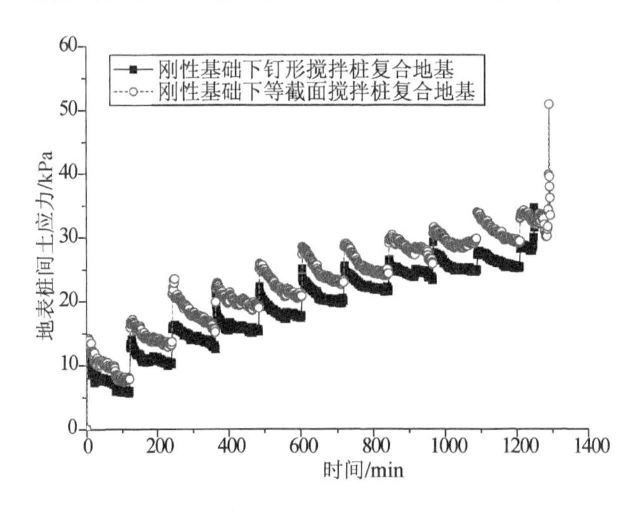

图 6-11　刚性基础下复合地基荷载试验的地表桩间土应力历时曲线

图 6-12 是加载过程中桩顶应力历时曲线,在第一级荷载作用下,钉形搅拌桩和常规搅拌桩的桩顶应力比较接近,但是随着荷载增大,二者的差别越来越大,在极限荷载下,常规搅拌桩桩顶应力约 570 kPa,达到桩身无侧限抗压强度,而钉形搅拌桩则只有约 220 kPa,远小于无侧限抗压强度。在荷载维持期间,由于桩间土的固结,桩间土沉降增大,桩间土承担的部分荷载向桩体转移,所以常规搅拌桩的桩顶应力随时间明显增大。但是,荷载维持期间,钉形搅拌桩桩顶应力增加则不明显,这是因为一方面钉形搅拌桩扩大头面积远大于常规搅拌桩桩顶面积(约 4.8 倍),而桩间土面积前者则小于后者,故桩间土荷载转移对桩顶应力影响相对较小,另一方面钉形搅拌桩扩大头下部还有面积较大的土体,该部分土体的固结会导致桩身也会在荷载维持期间发生沉降,故桩间土荷载转移的程度相对较低。

通过桩顶应力和施加的荷载可以计算地表的桩体荷载分担比,见图 6-13 所示。随着荷载的增大,桩体荷载分担比先逐渐增大,随后趋向于稳定。在荷载维持

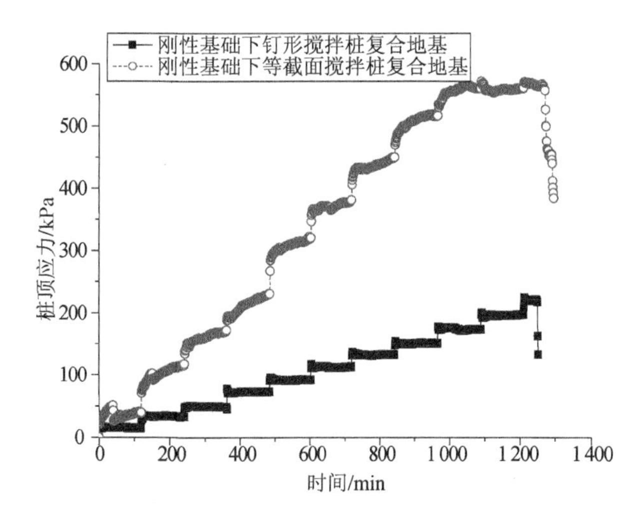

图 6-12　刚性基础下复合地基荷载试验的桩顶应力历时曲线

期间，由于桩间土固结期引起荷载向桩体转移，桩体荷载分担比在荷载维持期间随时间而增大，而在下一级荷载施加时瞬时下降。相对而言，钉形搅拌桩复合地基的桩体荷载分担比在荷载维持期间变化较小，这和上面桩顶应力变化的原因相同。在相同荷载作用下，钉形搅拌桩复合地基的桩体荷载分担比显著大于常规搅拌桩，前者最大值接近 0.9，而后者约为 0.7。

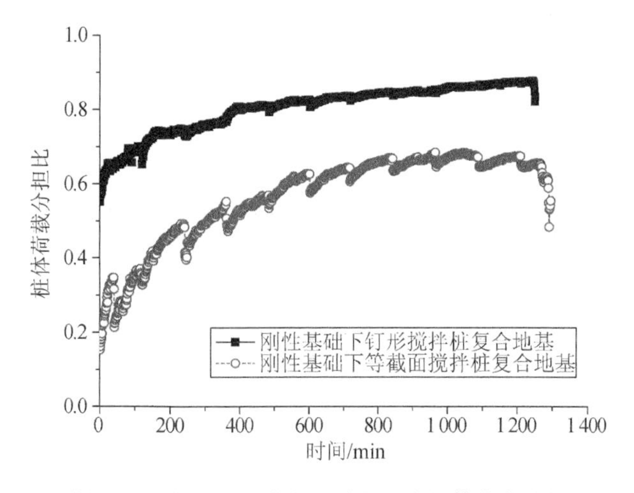

图 6-13　刚性基础下复合地基荷载试验的地表桩体荷载分担比历时曲线

6.1.3 柔性基础下复合地基荷载试验

(1) 试验方法

以砂垫层模拟路堤柔性基础对钉形搅拌桩复合地基承载性能的影响,用PVC管限制砂粒挤出。模型试验模型比取 1∶10,砂垫层的厚度为 200 mm(相当于足尺试验中 2 m 路堤高度),试验装置、土样和搅拌桩制备方法、搅拌桩设计参数及加载板直径与上一节相同。进行了一组柔性基础下钉形搅拌桩和常规搅拌桩的单桩复合地基载荷试验。由于在柔性基础下,桩顶和桩间土会产生较大的差异沉降,所以分别在桩顶、地表桩间土和荷载板上面设置了 3 个位移传感器以测试复合地基不同位置的沉降,其中桩顶的位移传感器通过中空的加载杆引出,与上一节相同,复合地基载荷试验过程对桩顶压力和桩间土压力进行了监测,模型试验的布置图见图 6-14 所示。复合地基荷载试验的加载方式与上一节相同,试验过程中关闭模型槽底部的阀门。

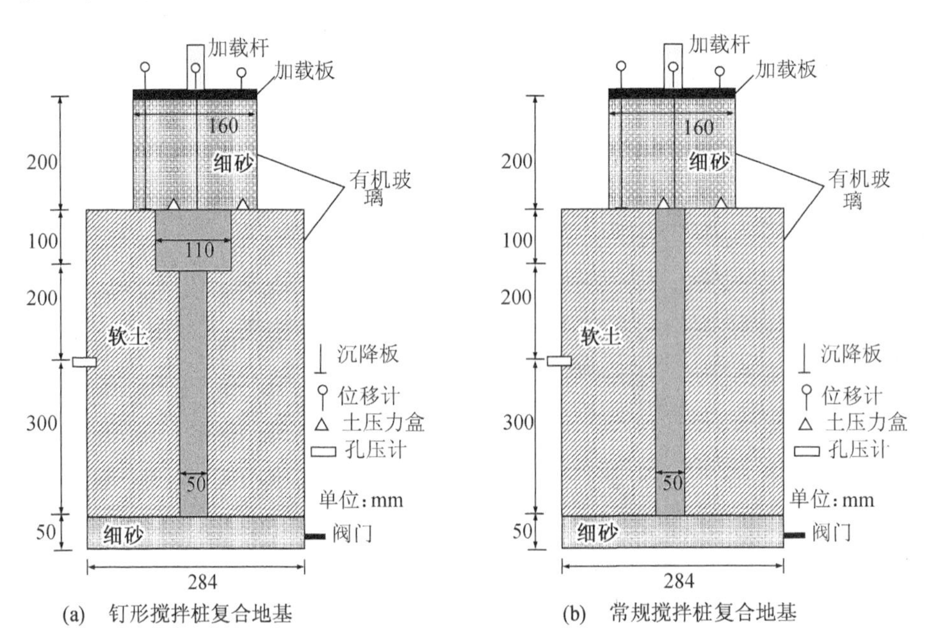

图 6-14 柔性基础下复合地基荷载试验模型试验布置图

(2) 试验结果分析

柔性基础下复合地基载荷试验的 p-s 曲线见图 6-15 所示。当加载到第 10 级 116.7 kPa,两种复合地基均发生了破坏,加载板突然下沉,土体表面出现裂缝,与刚性基础下复合地基破坏的特征相同。柔性基础下钉形搅拌桩和常规搅拌桩复合

地基荷载试验的 p-s 曲线也为陡降型，且钉形搅拌桩复合地基的极限承载力与常规搅拌桩复合地基相同，均为 105.8 kPa，仅比刚性基础下小一级，差别不大。与前面刚性基础下不同，柔性基础下桩顶和地表桩间土的沉降并不协调，而是存在显著的差异。由于桩体的刚度远大于土体，在柔性基础下，桩顶的沉降小于地表桩间土，而荷载板的沉降最大，这主要是由于垫层压缩造成的。桩顶的沉降与荷载的关系与前面图 6-10 刚性基础下比较接近，其中钉形搅拌桩桩顶的沉降小于常规搅拌桩，但差别不是很大。而钉形搅拌桩复合地基地表桩间土和荷载板的沉降则远小于常规搅拌桩复合地基，这预示着在路堤等柔性基础下，钉形搅拌桩复合地基可以显著减小复合地基地表沉降和路堤的整体沉降，这对于公路、铁路及河堤等工程是非常有利的。尽管柔性基础下，复合地基地表桩间土的沉降大于桩顶，但是在荷载小于破坏荷载以前，桩间土的沉降虽然很大，但都能很快收敛稳定，并没有先于桩身发生破坏。

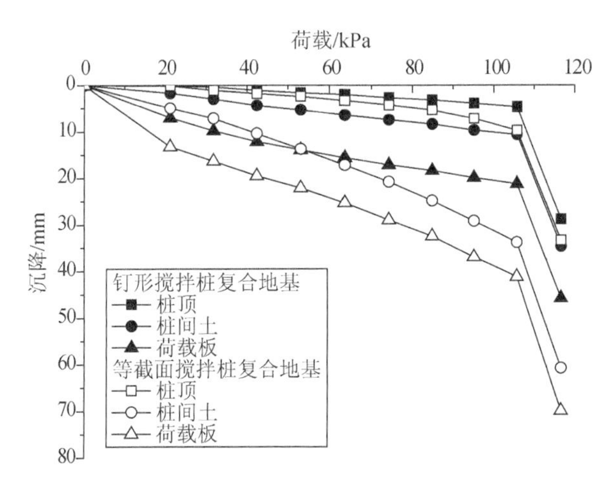

图 6-15　柔性基础下复合地基载荷试验 p-s 曲线

图 6-16 是地表差异沉降随荷载的变化关系，可以明显看出在柔性基础下，钉形搅拌桩复合地基的桩土差异沉降远小于常规搅拌桩复合地基。随着荷载增大，钉形搅拌桩复合地基地表的桩土差异沉降缓慢增长，大致从 2 mm 增大到 6 mm，并趋向于稳定，而常规搅拌桩复合地基地表的桩土差异沉降则几乎呈线性迅速增大，从约 5 mm 增大到 27 mm。这预示着，在路堤等柔性基础作用下，钉形搅拌桩复合地基的位移协调性能远优于常规搅拌桩复合地基，这对于路堤的稳定性有重要的意义。

图 6-17 是加载过程中地表桩间土应力历时曲线，可以看出该结果与图 6-11 刚性基础下桩间土压力的变化规律大体相同。在柔性基础下，钉形搅拌桩复合地

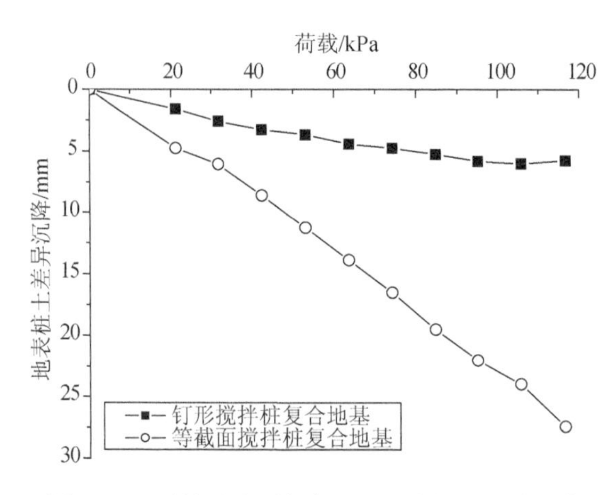

图 6-16 柔性基础下复合地基地表桩土差异沉降

基桩间土的应力变化范围大体与刚性基础下的情况相同，但是常规搅拌桩复合地基桩间土的应力值却明显大于刚性基础下的情况，约大 10 kPa，这表明在柔性基础下常规搅拌桩桩间土承担的荷载要高于刚性基础下的，而钉形搅拌桩由于扩大头作用，这种影响相对较小，这也是造成二者地表桩间土沉降差异的主要原因。在极限荷载附近，常规搅拌桩复合地基桩间土的应力已经接近未处理地基的极限承载力(51.4 kPa)，而钉形搅拌桩复合地基则明显小于该值。

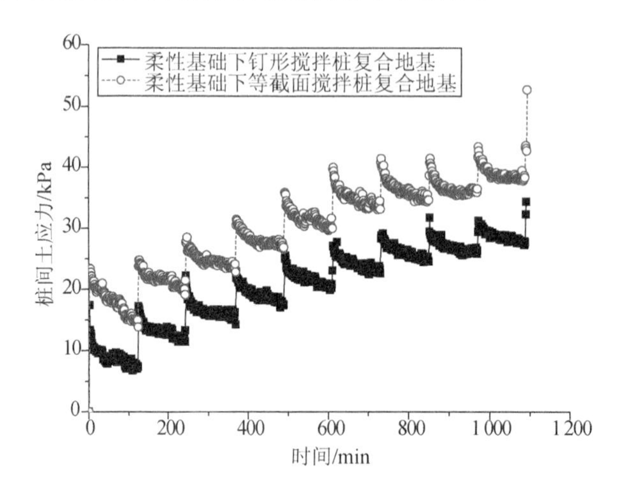

图 6-17 柔性基础下复合地基荷载试验的地表桩间土应力历时曲线

图 6-18 是加载过程中桩顶应力历时曲线，可以看出该曲线与刚性基础下的变化规律相似。但是，在柔性基础下，常规搅拌桩桩顶应力在前面五级增加的幅度相

对要明显缓慢，因为在柔性基础下，桩顶应力集中需要通过垫层的土拱作用来实现，而土拱作用依托于地表的桩土差异沉降来发挥，图 6-16 显示常规搅拌桩复合地基的地表差异沉降是随着荷载增大而增大的，故当荷载较小时，土拱作用发挥不充分。而钉形搅拌桩复合地基由于扩大头的存在，地表桩土差异沉降变化相对较小，且逐渐趋于稳定，所以其桩顶应力的增加幅度也相对较小。与刚性基础下相同，除了第一荷载外，钉形搅拌桩桩顶应力明显小于常规搅拌桩，在极限荷载下，常规搅拌桩桩顶应力约 520 kPa，达到桩身无侧限抗压强度，而钉形搅拌桩则只有约 200 kPa，远小于无侧限抗压强度。同样，在荷载维持期间，常规搅拌桩的桩顶应力随时间明显增大，而钉形搅拌桩桩顶应力增加则不明显。

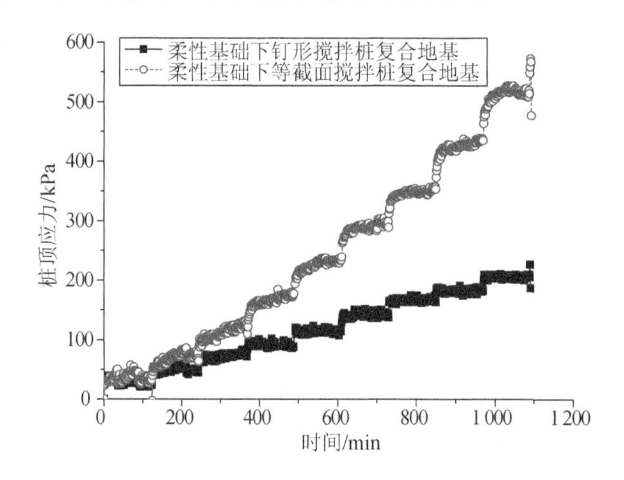

图 6-18　柔性基础下复合地基荷载试验的桩顶应力历时曲线

图 6-19 是地表的桩体荷载分担比历时曲线。由于扩大头的存在，钉形搅拌桩复合地基与刚性基础下的情况变化不大。对于常规搅拌桩，在柔性基础下，地表桩体荷载分担比随荷载级别的增长速率明显比刚性基础下要小，而且刚性基础下常规搅拌桩复合地基的地表桩体荷载分担比很快增大到稳定值，约为 0.7，而柔性基础下桩体荷载分担比几乎一直呈线性增大，最大值约为 0.6。由于复合地基工作荷载一般小于极限荷载的 1/2，这意味着在工作荷载作用下，柔性基础下的常规搅拌桩复合地基桩体荷载分担比要明显小于刚性基础的情况，从而导致桩间土附加应力较大，产生较大沉降。即基础刚度对常规搅拌桩复合地基的性能影响很大，而钉形搅拌桩上部扩大头的存在，起到了刚性基础的作用，从而可以较好地协调桩土变形，故在柔性基础下的复合地基性能与刚性基础下差别不大。

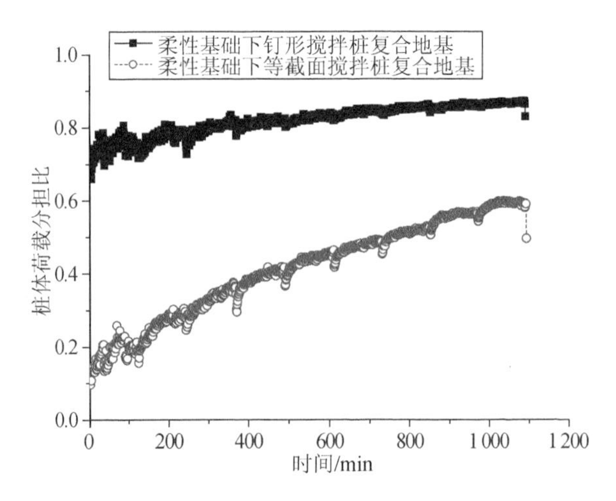

图 6-19　柔性基础下复合地基荷载试验的地表桩体荷载分担比历时曲线

6.2　钉形搅拌桩复合地基承载特性现场试验

6.2.1　单桩荷载试验

在沪苏浙高速公路试验段的钉形搅拌桩 1 区、2 区(参见图 8-1,图 8-4)分别选取了三根桩进行单桩荷载试验,单桩荷载试验的搅拌桩龄期在 28～47 d 之间。单桩荷载试验按照《建筑基桩检测技术规范》(JGJ 106—2003)进行。采用油压千斤顶加载,加载反力装置采用堆载平台,平台压重反力大于预估试桩破坏荷载的 1.2 倍,压重在试验开始前一次加上。采用慢速维持荷载法,直到试桩破坏,每级加载为预估极限荷载的$\frac{1}{15}$～$\frac{1}{10}$,第一级按两倍分级荷载加荷。

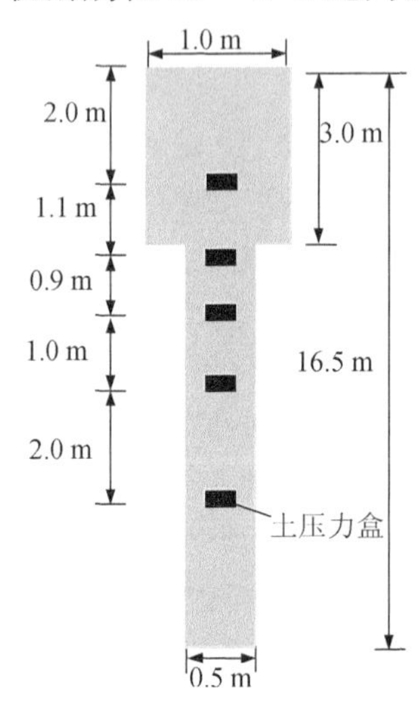

图 6-20　钉形搅拌桩桩身土压力盒埋设位置示意图

为了分析单桩荷载作用下钉形搅拌桩的桩身荷载传递特性,在钉形搅拌桩 2 区进行单桩荷载试验。三根搅拌桩中选取了一根在桩身埋设了土压力盒,埋设位置为桩顶以下 2 m、3.1 m、4 m、5 m 和 7 m,见图 6-20 所示。土压力盒为振弦式,量程为2 MPa。在搅拌桩刚施工结束后,水泥土未凝固前,将土压力盒用钻机垂直压入设计位置。需要说明的是,土压力盒埋设过程对桩身质量有一定影响。在单桩荷载试验过程中，对土压力盒进行测试，以每一级荷载下稳定的读数进行结果整理。

沪苏浙高速公路试验段的单桩荷载试验 $p-s$ 曲线见图 6-21 所示。可以看出，在单桩荷载作用下，钉形搅拌桩的 $p-s$ 曲线均呈现陡降型，当桩顶荷载小于最大加载时，桩顶沉降随着荷载的增大而增大，且前半段大致呈线性关系，当加载至最大加载量时，桩顶沉降急剧增大，桩身迅速下沉。所以，从 $p-s$ 曲线很容易判断单桩的破坏荷载和极限承载力，汇总于表 6-2。

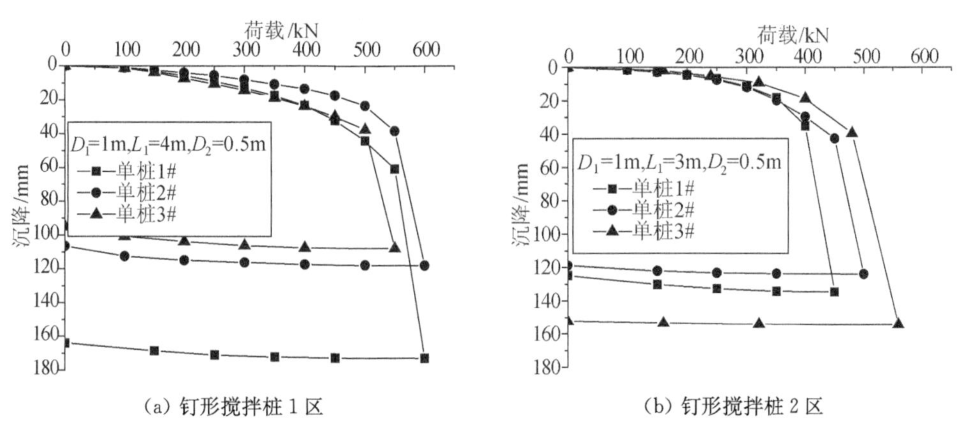

(a) 钉形搅拌桩 1 区　　(b) 钉形搅拌桩 2 区

图 6-21　沪苏浙高速公路试验段的单桩荷载试验 $p-s$ 曲线

表 6-2　沪苏浙高速公路试验段钉形搅拌桩单桩极限承载力汇总

试验区	扩大头直径 D_1/m	扩大头高度 L_1/m	下部桩体直径 D_2/m	单桩极限承载力/kN	相应的沉降/mm	极限承载力平均值/kN
钉形搅拌桩 1 区	1.0	4	0.5	500	44.2	533
				550	38.4	
				550	37.5	
钉形搅拌桩 2 区	1.0	3	0.5	400	35.1	443
				450	42.6	
				480	39.5	

从表 6-2 可以看出同一试验区的钉形搅拌桩单桩承载力表现出一定的离散性，从模型试验的结果可知搅拌桩的桩身强度是影响其单桩承载力的主要因素，而桩身质量检测结果表明现场搅拌桩的桩身强度还是存在一定的离散性，但总的来说，同一组的单桩极限承载力差别并不显著。其中，钉形搅拌桩 1 区的三根单桩极

限承载力分别为500 kN、550 kN和550 kN,平均值为533 kN。钉形搅拌桩2区的三根单桩极限承载力分别为400 kN、450 kN和480 kN,平均值为443 kN,钉形搅拌桩2区的单桩极限承载力也小于钉形搅拌桩1区,1区为4 m,2区的扩大头高度为3 m,其他参数相同,这说明增加扩大头高度可以增加单桩极限承载力。

该试验段没有进行常规搅拌桩的单桩荷载试验,但是根据《建筑地基处理技术规范》(JGJ 79—2002),常规搅拌桩的单桩极限承载力应不大于其桩身强度和面积的乘积。根据现场桩身质量检测结果,取上部桩身强度的平均值1.3 MPa,通过计算可得常规搅拌桩的单桩极限承载力不超过255 kN,远小于表6-2的三种设计参数的钉形搅拌桩,这与室内模型试验的结论一致。另外,从表6-2还可以发现,在单桩荷载作用下桩顶的沉降大多在30～40 mm之间,相对较小,这主要是因为在单桩荷载作用下,桩身荷载传递的深度有限,桩身变形的深度范围有限。这与室内模型试验单桩荷载试验的桩顶沉降结果也相符合。

单桩荷载试验过程中,对钉形搅拌桩2区的1#、2#单桩进行了桩身应力监测,图6-22是各级荷载作用下桩身应力(不包括自重)沿深度的分布曲线,其中桩顶的应力是通过千斤顶施加的荷载(kN)反算得到。从中可以看出,桩身应力随着荷载级别的增大而相应地增大。对于同一荷载级别,桩身应力在扩大头深度内沿深度而减小,到变截面位置时(3.1 m),桩身应力突然增大,随后在下部桩体又随深度而迅速减小。这是因为钉形搅拌桩是一种变直径搅拌桩,钉形2区的搅拌桩在3 m以上桩径为1 m,而3 m以下为0.5 m,即在3 m处桩身截面积发生了突变,其下部面积仅为上部的1/4,所以在变截面位置发生了应力集中,成为桩身应力最大的地方。如果单桩破坏模式是桩身破坏,而不是刺入破坏的话,发生应力集中的变截面下部小桩则是桩身破坏的位置,这与室内模型试验单桩破坏后开挖得出的结论一致。

从图6-22还可以得出,在极限荷载(400 kN)作用下,钉形搅拌桩2区的1#单桩3.1 m处的桩身应力为680 kPa,远小于桩身质量检测结果。这一方面可能是土压力盒由于埋设不垂直造成测试结果偏小,另一个重要的原因应该是土压力盒埋设时造成桩身内残余了孔洞,使得桩身强度降低,这也应该是这个单桩的极限承载力低于另外两根单桩的原因。

通过桩身应力可以计算出桩身轴力,见图6-23所示。与桩身应力沿深度的分布特性不同,在单桩荷载作用下,桩身承担的荷载随着深度的增加而减小。特别是在变截面位置,当荷载级别大于150 kN后,2 m到3.1 m的桩身轴力变化斜率最大,这说明该深度内桩身荷载向桩间土转移最快。这同样是因为3 m处桩身截面积发生了突变,桩身承担的荷载通过扩大头的翼缘下部直接向土体转移,从而减小了桩身轴力。

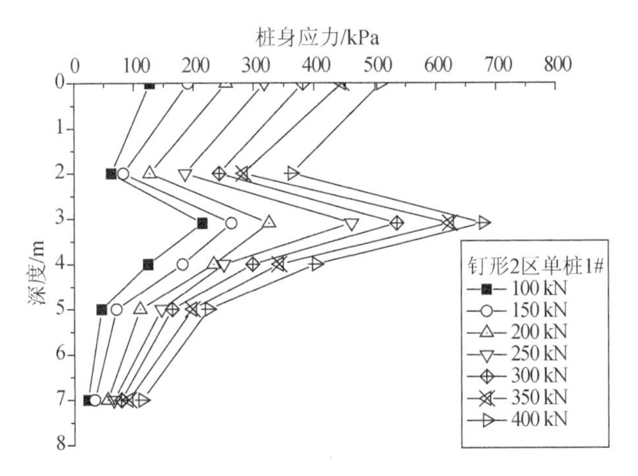

图 6-22　单桩荷载作用下钉形搅拌桩 2 区的桩身应力

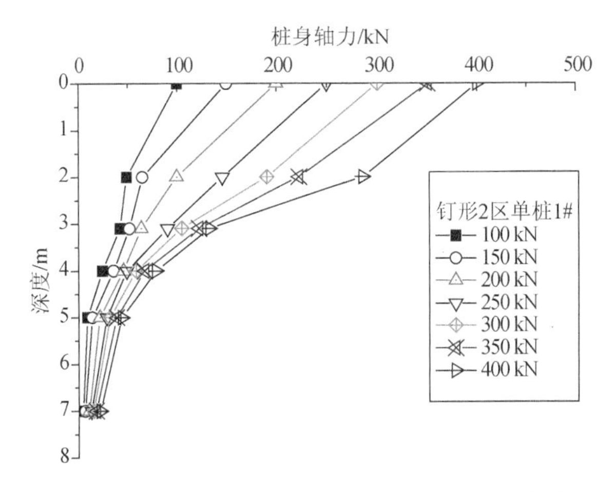

图 6-23　单桩荷载作用下钉形搅拌桩 2 区的桩身轴力

通过桩身轴力可以计算出相邻深度内的桩身平均侧摩阻力，见图 6-24 所示。桩身侧摩阻力随着荷载级别的增大而增大，因为桩顶施加的荷载越大，桩体的沉降越大，桩侧的桩土相对位移也越大，桩周土对桩体的侧摩阻力发挥越充分。在 0～2 m 深度内，当荷载级别大于 200 kN 后，桩身侧摩阻力随荷载级别的增幅减慢，最大桩侧摩阻力约为 20 kPa，与该深度内的不排水抗剪强度接近，不过比表面耕植土的不排水抗剪强度明显减小，因为表层土的搅拌桩施工及其荷载试验准备过程中遭到了严重扰动，强度降低。2～3.1 m 由于部分荷载通过扩大头翼缘直接传入土中，由于该部分荷载没有测量，故无法计算该深度内的平均桩身侧摩阻力。

3.1～4 m深度内，桩身侧摩阻力随着荷载级别增大而增长，直到350 kN达到最大值约39 kPa，该数值也是所测深度内的最大值，超过了该深度内的不排水抗剪强度。这主要是因为在变截面下部，桩身应力向桩中心集中，所测试的桩身应力偏大，不能代表桩身的平均应力，所以计算的桩身侧摩阻力偏大。在4 m以下，桩身侧摩阻力随着深度增加而减小，因为随着深度增加桩身荷载逐渐向土体转移，桩土相对位移也逐渐减小。总体来说，在单桩荷载作用下，桩身应力、轴力和侧摩阻力的传递深度有限，在7 m处桩身轴力已经不足桩顶荷载的1/10，这预示着对于单桩承载力而言，钉形搅拌桩存在较短的有效桩长。

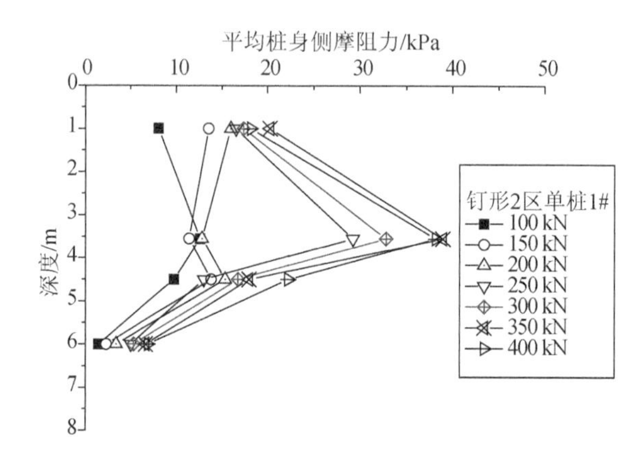

图6-24　单桩荷载作用下钉形搅拌桩2区的桩身侧摩阻力

6.2.2　复合地基荷载试验

为了分析钉形搅拌桩的复合地基承载特性，在沪苏浙高速公路试验段的钉形搅拌桩1区、2区分别选取了三根搅拌桩进行了单桩复合地基荷载试验，复合地基荷载试验的荷载板采用厚30 mm的圆形钢板，荷载板面积约等于其单桩等效处理面积，钉形搅拌桩1区、2区的荷载板直径分别为2.1 m、1.9 m。同时，在等截面区进行了三桩复合地基荷载试验（主要考虑荷载板的面积与钉形搅拌桩相当，提高可比性），荷载板同样采用厚30 mm的圆形钢板，直径为2.55 m，面积约等于其三桩等效处理面积。复合地基荷载试验的搅拌桩龄期在32～51 d之间。荷载试验之前，先对搅拌桩的桩头进行找平处理，并开挖20 cm深的试坑，在里面铺设15 cm厚的砂垫层，然后再铺设荷载板。

搅拌桩复合地基荷载试验按照《建筑地基处理技术规范》(JGJ 79—2002)进行。采用油压千斤顶加载，反力装置采用堆载平台，压重在试验开始前一次加上。

采用慢速维持荷载法，直到试桩破坏，每级加载为预估极限荷载的$\frac{1}{12}\sim\frac{1}{8}$，第一级按两倍分级荷载加荷。常溧高速公路试桩段的单桩荷载试验方法与上面基本相同，但是为了更准确地确定极限承载力，在加载达到预估极限承载力一半以后，荷载级别调整为原来的 1/2。

复合地基荷载试验 p-s 曲线见图 6-25 所示。相对图 6-21 的单桩荷载试验 p-s 曲线，在复合地基荷载作用下，搅拌桩的 p-s 曲线大体呈现缓变型，但是大部分 p-s 曲线都在最后一级荷载下均产生明显下降，且沉降值均超过了荷载板直径的 6%，该级荷载即可定为复合地基的破坏荷载。其他部分 p-s 曲线之所以未出现陡降，是因为现场试验时最后一级荷载作用下，沉降迅速增加，千斤顶荷载难以维持，复合地基的最大沉降均超过了荷载板直径的 6%，该级荷载也可以判定为复合地基的破坏荷载。根据各组试验的 p-s 曲线和相应的沉降判定复合地基的极限承载力，汇总于表 6-3。

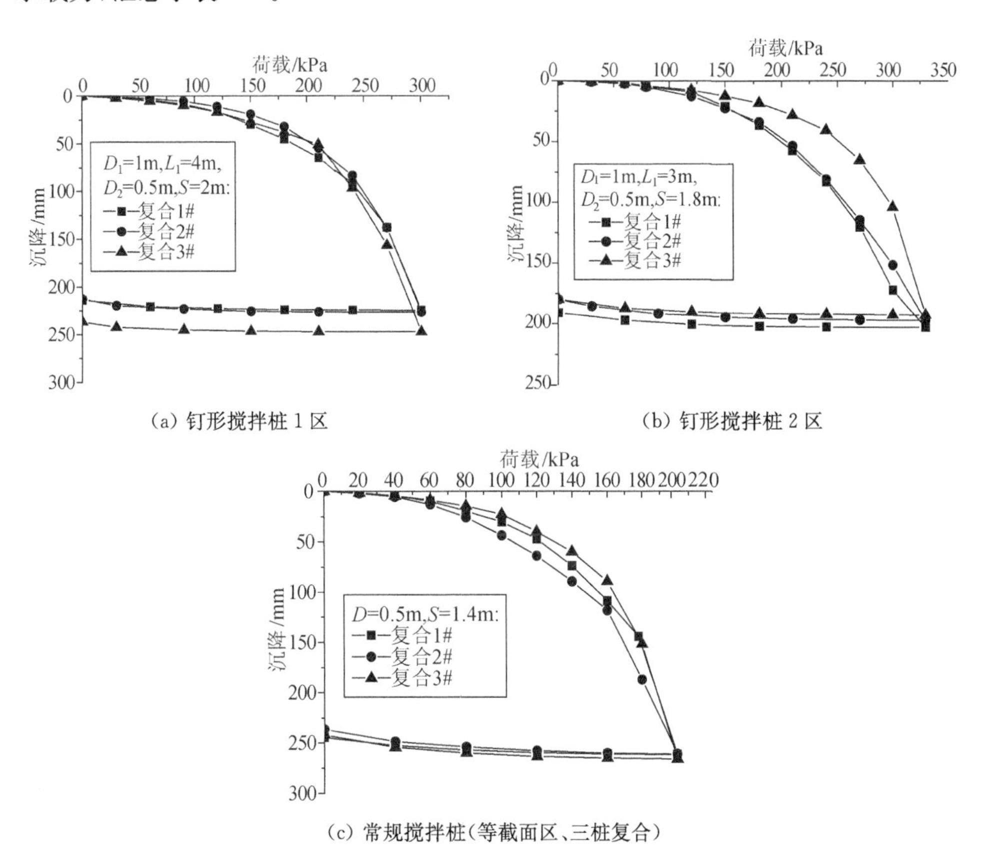

(a) 钉形搅拌桩 1 区

(b) 钉形搅拌桩 2 区

(c) 常规搅拌桩(等截面区、三桩复合)

图 6-25　沪苏浙高速公路试验段的搅拌桩复合地基荷载试验 p-s 曲线

表 6-3　沪苏浙高速公路试验段搅拌桩复合地基极限承载力汇总

试验区	扩大头直径 D_1/m	扩大头高度 L_1/m	下部桩体直径 D_2/m	桩间距 S/m	复合地基极限承载力/kPa	相应的沉降/mm	复合地基极限承载力平均值/kPa
钉形搅拌桩 1 区	1.0	4	0.5	2.0	270	138.1	270
					270	138.0	
					270	156.5	
钉形搅拌桩 2 区	1.0	3	0.5	1.8	300	172.0	300
					300	151.3	
					300	103.8	
常规搅拌桩(等截面)区			0.5	1.4	180	144.4	180
					180	187.1	
					180	151.8	

从表 6-3 和图 6-25 可以看出同一试验区的钉形搅拌桩复合地基承载力离散性相对其单桩承载力较小，因为复合地基承载力由搅拌桩单桩承载力和地基土的承载力两部分组成，而后者在小范围场地内离散性较小，从而减小了复合地基的承载力的离散性。钉形搅拌桩 1 区的三组单桩复合地基极限承载力均为 270 kPa，钉形 2 区的三组单桩复合地基极限承载力均为 300 kPa，高于钉形搅拌桩 1 区，尽管 2 区的钉形搅拌桩的扩大头高度为 3 m，小于 1 区(4 m)，而且单桩极限承载力小于后者，但是 2 区的桩间距 1.8 m 小于 1 区的 2.0 m。从上面的分析可以得出，钉形搅拌桩复合地基的极限承载力与其设计参数密切相关，当其他条件相同时，单桩复合地基荷载试验得到的极限承载力随着扩大头的高度增加而增大，随着桩间距的增大而减小。等截面区的三桩复合地基极限承载力为 180 kPa，明显小于钉形搅拌桩复合地基。

另外，从表 6-3 还可以发现，在单桩复合地基极限荷载作用下，复合地基承载力的沉降大多在 100～150 mm，明显高于单桩极限荷载作用下沉降(20～40 mm)，这一方面是因为荷载板下面设置了垫层，桩顶会发生刺入垫层，另一方面是因为荷载板的面积较大，荷载传递较深，桩身变形的深度范围增大。

6.3　钉形搅拌桩复合地基承载特性数值模拟

6.3.1　模拟方法与方案

三维数值模拟采用商业软件 FLAC-3D 进行。

首先对沪苏浙高速公路试验段钉形搅拌桩 1 区和 2 区的钉形搅拌桩单桩荷载试验和复合地基荷载试验进行了模拟，以进行模型校验。由于荷载试验一般历时较短，而软土的渗透系数较低，故模拟时假定荷载试验的加载过程地基不排水，只进行力学计算，而不考虑流固耦合。土体采用 Mohr-Coulomb 模型，材料参数包括体积模量 K、剪切模量 G、黏聚力 c、内摩擦角 φ、密度 ρ 等，其中 K、G 可以由杨氏模量 E 和泊松比 ν 通过下面的理论公式计算：

$$K=\frac{E}{3(1-2\nu)},\quad G=\frac{E}{2(1+\nu)} \tag{6-1}$$

模拟时假定地基土为正常固结土，在不排水条件下，内摩擦角 φ 为 0，不排水黏聚力 c 取土样不排水抗剪强度或无侧限抗压强度的一半，不排水情况下泊松比为 0.50，这里取 0.49。为了反映荷载试验过程中水泥土屈服、破坏，桩体采用 Mohr-Coulomb 模型以模拟水泥土屈服、破坏。土层分布、桩、土材料参数均参照试验段勘查、检测结果。其中，土体的杨氏模量取一维固结试验的压缩模量，搅拌桩的无侧限抗压强度取检测结果的平均值 1.3 MPa，抗拉强度取抗压强度的 1/10，桩体的杨氏模量参考现场水泥土芯样的室内无侧限抗压强度试验的应力应变曲线结果。数值模拟的材料参数见表 6-4 所示。在桩顶设置了 0.2 m 厚的荷载板，荷载板采用线弹性模型，由于材料模量相差太大容易造成计算慢和不收敛，荷载板没有采用现场钢板的材料参数，而取桩体的 10 倍，泊松比取 0.2，因荷载板很薄，变形很小，这样处理对结果影响很小。在桩土界面设置接触面，法向刚度 k_n、切向刚度 k_s采用 FLAC 手册建议的公式：

$$k_n,k_s=10\times\max\left[\frac{\left(K+\frac{4G}{3}\right)}{\Delta z_{\min}}\right] \tag{6-2}$$

式中：K 和 G——接触面两侧材料的体积模量和剪切模量；

$\Delta z_{\min}$——接触面法向厚度最小的网格宽度。

当接触面两侧材料刚度相差较大时，取刚度较小的材料参数进行计算。

表 6-4　单桩荷载试验模型校验的材料参数

材料名称	厚度/m	杨氏模量 E/MPa	泊松比	密度 ρ/kg · m^{-3}	黏聚力 c/kPa	内摩擦角 φ/(°)
①耕植土	2	4.8	0.49	1 800	23	0
②—1 层淤泥质亚黏土	12	1.5	0.49	1 700	18	0
②—2 层亚黏土	2	6.8	0.49	1 800	39.8	0
②—3 层亚黏土	8	20	0.49	2 000	100	0
桩体	16	150	0.49	2 100	650	0
荷载板	0.2	1 500	0.20	2 200	—	—

单桩设计参数与沪苏浙高速公路钉形搅拌桩 1 区、2 区相同，数值模拟时只设置 1 根桩，几何模型平面边界取 10 m，深度边界 24 m，地下水位线为地面，桩身单元划分较密，距桩中心越远单元划分越粗，根据对称性，仅取 1/4 模型进行计算，在平面边界 x、y=10 m 处限制 x、y 向位移，在模型底部边界(z=－24 m) x、y、z 向位移均予以限制，即为固定边界。钉形搅拌桩 1 区的几何模型网格划分见图 6-26 所示。

计算过程分为三步：

(1)将桩体赋予同层土体的材料参数，进行自重平衡计算直到设定精度。

(2)将桩体赋予其真实的材料参数，计算到设定精度，并将位移场置零，以上两步目的是为了生成初始应力场。

(3)以 50 kN 作为荷载级别在桩顶施加竖向荷载，每一级计算到设定精度后再加载下一级，直到破坏。

图 6-27 是模拟的单桩荷载试验 p-s 曲线与沪苏浙钉形搅拌桩 1 区和钉形搅拌桩 2 区的现场试验 p-s 曲线对比，可以看出数值模拟的 p-s 曲线变化规律与现场试验基本一致。但是，相同荷载下现场试验的沉降和数值模拟的结果有一定差异，在达到极限荷载前模拟的沉降均大于现场试验，这是因为数值模拟的材料参数和过程与现场试验的情况有一定差异。

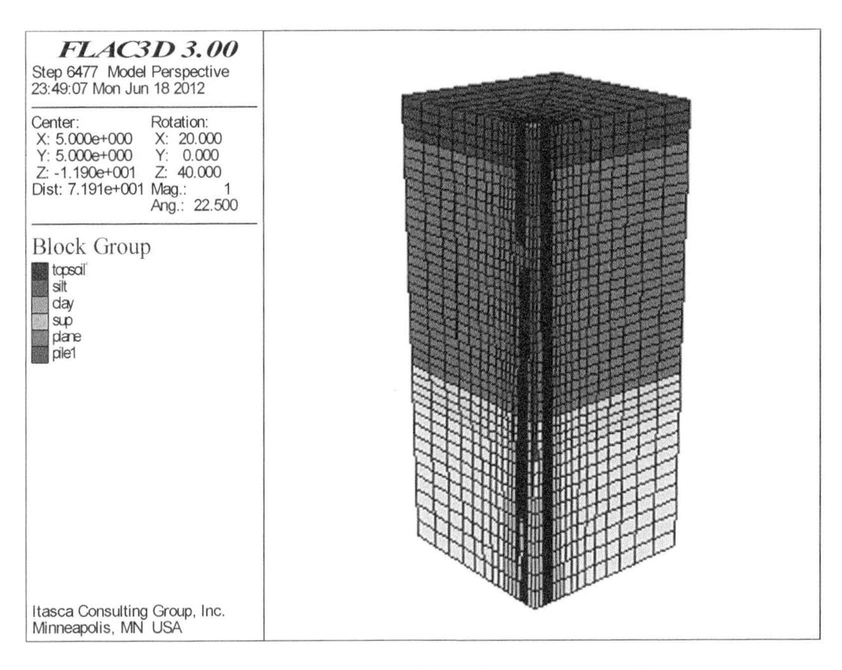

图 6-26　单桩荷载试验模型校验的网格划分图(钉形搅拌桩 1 区)

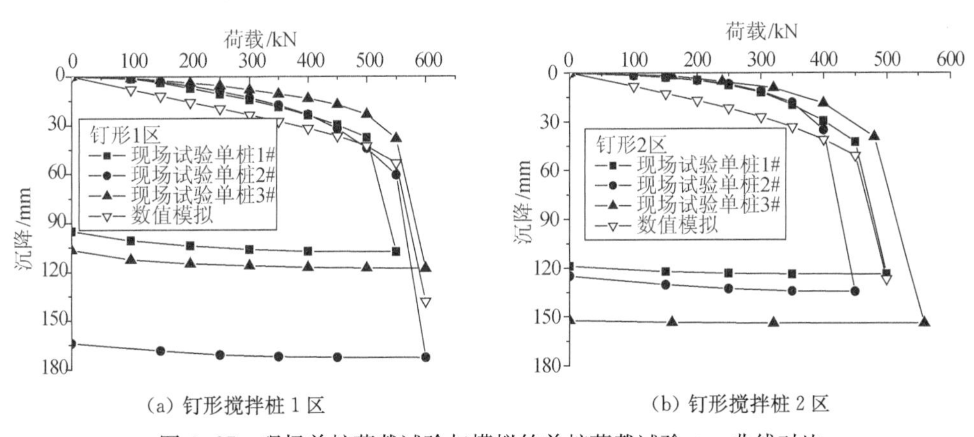

(a) 钉形搅拌桩 1 区　　(b) 钉形搅拌桩 2 区

图 6-27　现场单桩荷载试验与模拟的单桩荷载试验 p-s 曲线对比

与常规搅拌桩相比,钉形搅拌桩的区别是扩大头,而扩大头的主要设计参数为扩大头直径(D_1)和高度(L_1),故通过三维数值模拟来研究扩大头直径和高度对钉形搅拌桩单桩承载力特性的影响。模拟的参数主要参考上面沪苏浙试验段模型校验的数值模型,但是进行了部分简化:地基土只设置软土层和持力层,土层参数与表 6-4 中的②—1 层、②—3 层相同,软土层厚 12 m,持力层厚 12 m;参考江苏省搅拌桩工程的设计和检测要求，桩身强度取 1 MPa。模拟时，保持下部桩体直径(D_2=0.5 m)和总桩长(L=12 m)不变，分析三种不同扩大头直径(0.75 m、1.00 m 和 1.25 m)、三种不同扩大头高度(2 m、4 m 和 6 m)的影响，并与常规搅拌桩进行对比。此外，保持扩大头直径(D_1=1.00 m)和高度不变(L_1=2 m)，分析五种桩长的影响，并与常规搅拌桩进行对比。数值模拟的方法与模型校验相同，加载级别为 20 kN。钉形搅拌桩单桩荷载试验数值模拟方案见表 6-5 所示。

表 6-5 钉形搅拌桩单桩荷载试验数值模拟方案

<table>
<tr><th>模拟方案</th><th colspan="2">变化参数</th><th>备注</th></tr>
<tr><td rowspan="3">不同扩大头直径/m 和高度 L/m</td><td>D_1=0.75</td><td>L_1=2,4,6</td><td rowspan="3">保持下部桩体直径(D_2=0.5 m)和总桩长(L=12 m)不变，分析三种不同扩大头直径、三种不同扩大头高度的影响，并与常规搅拌桩进行对比</td></tr>
<tr><td>D_1=1.00</td><td>L_1=2,4,6</td></tr>
<tr><td>D_1=1.25</td><td>L_1=2,4,6</td></tr>
<tr><td rowspan="2">不同桩长 L/m</td><td>L_1=0</td><td>L=4,6,8,10,12</td><td rowspan="2">保持扩大头直径(D_1=1.00 m)和高度不变(L_1=2 m)，分析五种桩长的影响，并与常规搅拌桩进行对比</td></tr>
<tr><td>L_1=2</td><td>L=4,6,8,10,12</td></tr>
</table>

6.3.2 单桩极限承载力

图 6-28 是不同扩大头直径和高度的钉形搅拌桩和常规搅拌桩单桩荷载试验的 p-s 曲线，其中，常规搅拌桩和所有钉形搅拌桩的下部桩体的桩径均为 0.5 m。可以看出，数值模拟的 p-s 曲线和现场试验一样属于陡降型，所以很方便确定单桩极限承载力：常规搅拌桩的单桩极限承载力为 220 kN；扩大头直径 D_1 为 0.75 m，扩大头高度 L_1 为 2 m、4 m、6 m 的钉形搅拌桩单桩极限承载力分别为 320 kN、420 kN、480 kN；扩大头直径 D_1 为 1.00 m，扩大头高度 L_1 为 2 m、4 m、6 m 的钉形搅拌桩单桩极限承载力分别为 380 kN、500 kN、620 kN；扩大头直径 D_1 为 1.25 m，扩大头高度 L_1 为 2 m、4 m、6 m 的钉形搅拌桩单桩极限承载力分别为 420 kN、580 kN、740 kN。钉形搅拌桩的单桩极限承载力远高于常规搅拌桩，这与室内模型试验的结果一致。而且扩大头直径越大，扩大头高度越大，其单桩极限承载力也越大。

将不同扩大头直径、高度的单桩极限承载力绘制于图 6-29，以对比分析扩大头直径和高度的影响。当扩大头直径 D_1 等于 0.75 m 时，扩大头高度 L_1 从 2 m 增大到 4 m，单桩极限承载力增加了 100 kN，而扩大头高度从 4 m 增大到 6 m，单桩极限承载力仅增加了 60 kN，即增加幅度减小。为了进一步分析扩大头高度的影响，进行了扩大头高度 L_1 为 8 m 的模拟，并绘制在图 6-29。结果表明：对于扩大头直径 D_1 等于 0.75 m 的钉形搅拌桩，单桩极限承载力开始随着扩大头高度增大几

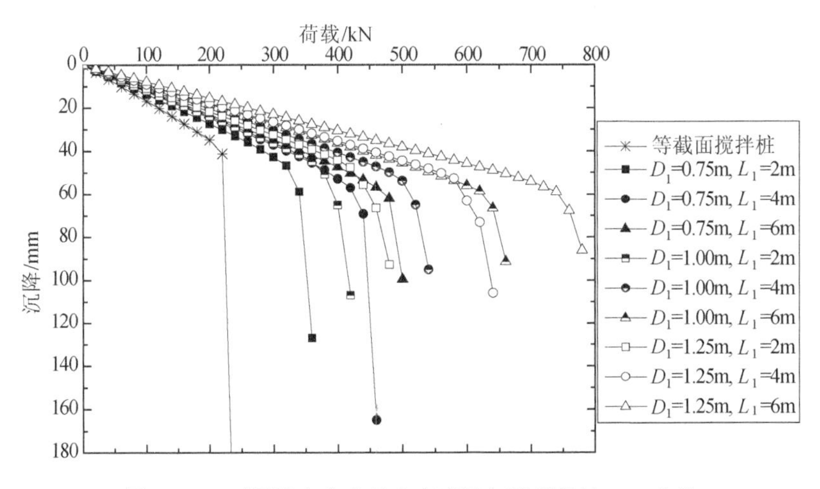

图 6-28　不同扩大头直径和高度的钉形搅拌桩 p-s 曲线

乎呈线性增加，随后增幅减小，并趋于稳定，而扩大头直径 D_1 等于 1.00 m、1.25 m 的钉形搅拌桩，当扩大头高度 L_1 从 2 m 增加到 8 m，单桩极限承载一直随之呈线性增大，但是可以推测，如继续增大扩大头高度，也会趋于稳定。

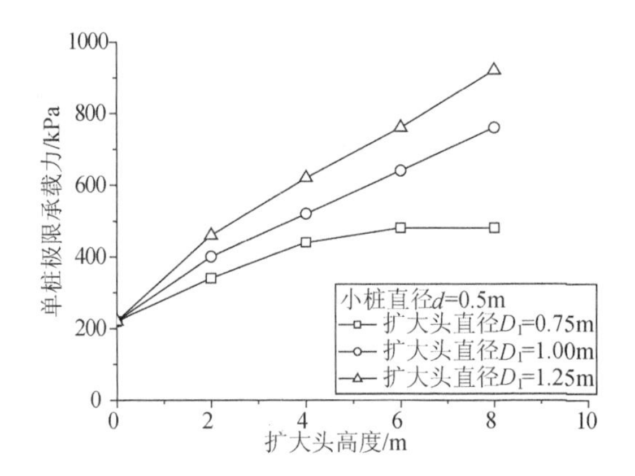

图 6-29　扩大头直径和高度对钉形搅拌桩单桩承载力的影响

图 6-30 是不同桩长的常规搅拌桩和钉形搅拌桩单桩荷载试验的 p-s 曲线，其中，钉形搅拌桩的扩大头直径 D_1 为 1.00 m，扩大头高度 L_1 为 2 m，钉形搅拌桩的下部桩体的桩径和常规搅拌桩的桩径为 0.5 m。4 m 桩长的常规搅拌桩单桩极限承载力为 160 kN，而 6 m、8 m、10 m、12 m 桩长的单桩极限承载力均为 220 kN，即对于单桩极限承载力而言，常规搅拌桩的临界桩长为 6 m。4 m 桩长的钉形搅拌桩单桩极限承载力为 260 kN，6 m 桩长的钉形搅拌桩单桩极限承载力为 340 kN，而

8 m、10 m、12 m 桩长的单桩极限承载力均为 360 kN，即对于单桩极限承载力而言，钉形搅拌桩同样存在着临界桩长，对于本文的工况，临界桩长为 8 m。钉形搅拌桩的临界桩长大于常规搅拌桩，且相应的单桩极限承载力也高于常规搅拌桩。这是因为在单桩荷载作用下，钉形搅拌桩的扩大头能将更多桩顶荷载传递到深部地基。

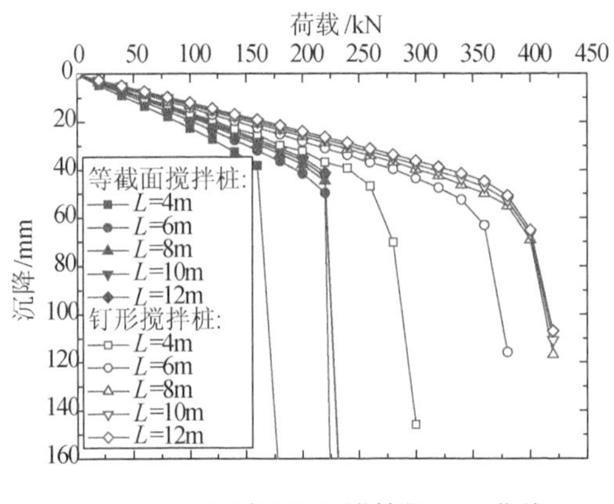

图 6-30　不同桩长的搅拌桩 p-s 曲线

6.3.3 单桩荷载传递规律

对单桩极限荷载作用下桩身的应力进行整理、绘制于图 6-31，其中的桩身应力扣除了桩身自重应力，由于在桩身平面不同位置(距离桩中心不同距离)的桩身单元的应力存在一定差异，故根据不同桩身单元及其面积对桩身应力进行了加权平均处理，即为同一深度的桩身平均应力。在单桩极限荷载作用下，常规搅拌桩的桩身应力随着深度而衰减，在浅部衰减速率较大，而深度较小，而桩顶处的应力约为 1 070 kPa，超过了桩身的无侧限抗压强度(1 000 kPa)，表明桩顶发生了屈服，该处为桩身破坏位置，由于桩顶荷载板的限制，其应力稍大于无侧限抗压强度。钉形搅拌桩的桩身应力在扩大头上下分为差别较大的两部分，扩大头部分的桩身应力较小，且随着深度迅速减小，下部桩体的桩身应力较大，也大致随着深度而衰减。数值模拟的桩身应力随深度的分布特性与沪苏浙高速公路试验段 1 区的土压力盒的测试结果相符合。扩大头直径 D_1 为 1.00 m 和 1.25 m 的钉形搅拌桩在变截面翼缘下部 0.5 m 深度内有轻微的应力增大，这应该是扩大头直径较大时，极限荷载下较大的荷载通过翼缘下部直接转移到扩大头下部土体，导致其屈服、沉降较大，对桩身产生了负摩擦力，类似于承台对其下桩体的作用。

对于扩大头直径 D_1 为 0.75 m 的钉形搅拌桩，当扩大头高度 L_1 为 2 m、4 m 时，其桩身最大应力出现在变截面下部，且数值超过了桩体的无侧限抗压强度，说明该处发生了屈服破坏，但是，当扩大头高度 L_1 为 6 m 时，桩身最大应力出现在了桩顶，约为 1 050 kPa，而变截面下部的最大桩身应力则不到 900 kPa，这表明桩身的破坏位置转移到了桩顶。对于扩大头直径 D_1 为 1.00 m 和 1.25 m 的钉形搅拌桩，当扩大头高度 L_1 为 2 m、4 m、6 m 时，其桩身最大位置均在变截面 0.5 m 左右。该结果解释了上一节单桩极限承载力的变化特性。

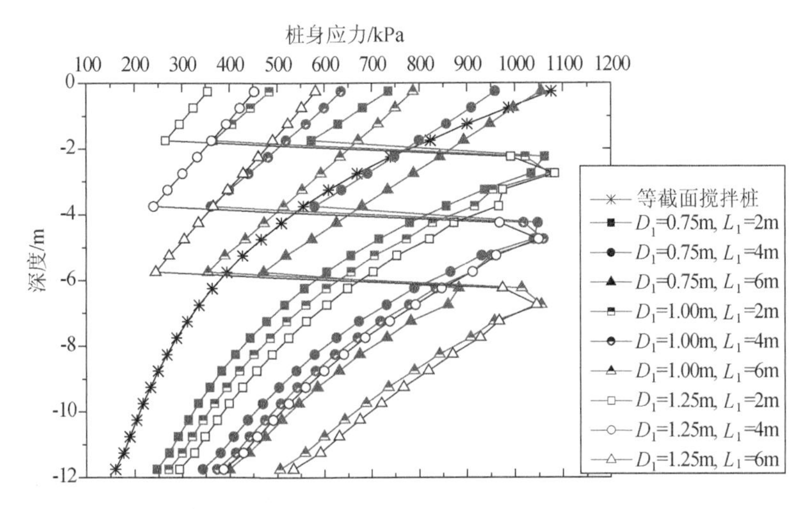

图 6-31　单桩极限荷载下不同扩大头直径和高度的钉形搅拌桩桩身应力

图 6-32 是极限荷载作用下，不同桩长的常规搅拌桩和钉形搅拌桩桩身应力随深度变化曲线。常规搅拌桩的最大桩身应力均出现在桩顶，但是 4 m 桩长的桩顶应力不到 800 kPa，即小于桩体无侧限抗压强度，表明该单桩没有发生桩身破坏，其单桩破坏模式应为桩端刺入破坏。而 6 m、8 m、10 m、12 m 桩长的单桩桩顶应力均超过了桩体无侧限抗压强度，即单桩破坏模式为桩顶屈服。钉形搅拌桩的桩身最大应力均出现在变截面下部，但是 4 m、6 m 桩长的最大桩身应力均小于桩体无侧限抗压强度，即单桩破坏模式为桩端刺入破坏，而 8 m、10 m、12 m 桩长的单桩破坏模式则为变截面处桩身破坏。对比单桩极限承载力的结果可得，当搅拌桩桩长较小，单桩破坏模式为桩端刺入破坏，搅拌桩的极限承载力随着桩长增加而增大，而当桩长达到一定数值，单桩破坏转为桩身破坏时，再增加桩长则不能提高单桩极限承载力，刺入破坏和桩身破坏同时出现的桩长即为单桩临界桩长。

将桩身应力乘以其桩身截面积即得到桩身轴力，见图 6-33 所示。与桩身应力变化规律相同，常规搅拌桩的桩身轴力沿深度比较连续地衰减，而钉形搅拌桩的轴力在变截面位置发生了明显的衰减，对于相同的扩大头高度，扩大头直径越大，轴力衰减越大。这主要反映了从变截面翼缘下部直接转移扩大头下部土体的荷载，

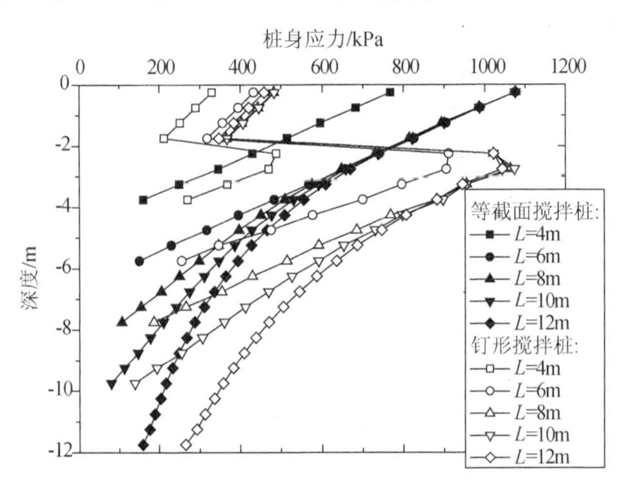

图 6-32　单桩极限荷载下不同桩长的桩身应力

故扩大头直径越大，翼缘的面积越大，衰减的荷载越多。对于扩大头直径 D_1 为 1.00 m 和 1.25 m，不同扩大头高度的钉形搅拌桩在变截面位置衰减的轴力幅度大致相同，而对于扩大头直径 D_1 为 0.75 m，6 m 扩大头高度的钉形搅拌桩在变截面位置衰减的荷载明显小于 2 m、4 m 扩大头高度的情况。结合桩身应力的结果，可知扩大头直径 D_1 为 0.75 m，扩大头高度 L_1 为 6 m 钉形搅拌桩的破坏模式为桩顶破坏，在极限荷载下变截面下部的桩体未发生屈服，所以从翼缘传递到变截面下部土体的应力较小。而其他情况均为变截面下部桩体破坏模式，从翼缘传递到变截面下部土体的应力基本相同，衰减的荷载只与翼缘面积有关（扩大头直径），而与扩大头高度关系不大。

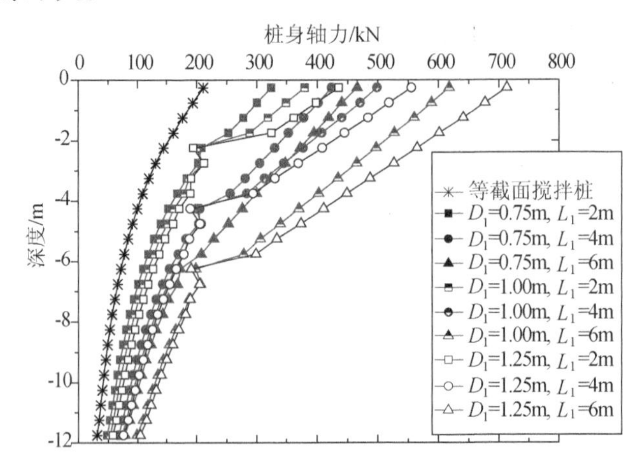

图 6-33　单桩极限荷载下不同扩大头直径和高度的钉形搅拌桩桩身轴力

单桩极限荷载作用下，不同桩长的桩身轴力见图 6-34 所示。常规搅拌桩的桩身轴力桩身应力的规律相似，但桩身轴力在变截面处有较大的衰减，而且不同桩长的钉形搅拌桩的轴力衰减值基本相同。因为不管是桩端刺入破坏（4 m、6 m 桩长），还是变截面下部桩身破坏（8 m、10 m、12 m 桩长），扩大头下部均会发生较大的沉降，变截面翼缘下部的土体反力都发挥比较充分。

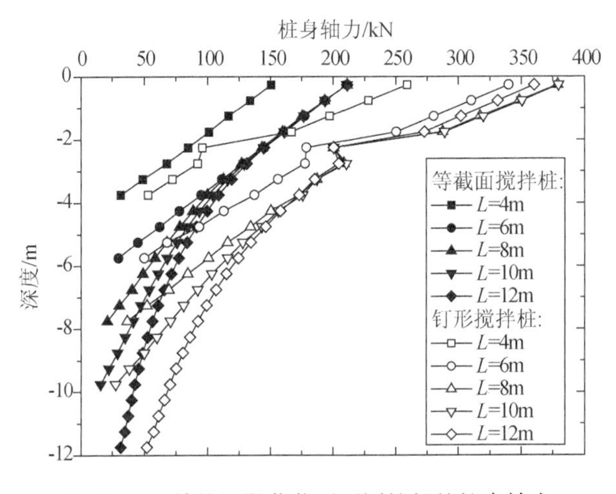

图 6-34　单桩极限荷载下不同桩长的桩身轴力

将图 6-34 上下相邻两点的桩身轴力相减除以相应的桩身侧壁面积可以得到桩身平均侧摩阻力，见图 6-35 所示，由于变截面上下的轴力衰减值包括了从翼缘直接传递给土体的荷载，而该部分荷载难以估计，故该深度内的侧摩阻力无法计算。常规搅拌桩的桩身侧摩阻力大致沿深度而减小，因为单桩荷载作用下，上部的桩土相对位移随着深度而逐渐减小，当接近桩端时，在桩端会发生下刺，桩土相对位移增大，另外桩端下部持力层的土体性质较好，单位相对位移产生的侧摩阻力较大。钉形搅拌桩的桩侧摩阻力与常规搅拌桩不同，在变截面翼缘下部存在明显突变点，变截面下部（0.5 m 左右）的侧摩阻力突然变小，但随后又迅速增大，这是扩大头作用引起的，类似于承台对侧摩阻力上部“削弱”和下部“增强”作用[84-85]，即承台使桩侧摩阻力受到削弱，摩阻力传递函数出现软化现象，但下部摩阻力发挥得到增强。该效应主要与扩大头的直径有关，扩大头越大，越显著，并随着扩大头高度增加而略微减小。

从图 6-35 可以明显看出，钉形搅拌桩变截面上部的桩身侧摩阻力发挥程度比较一致，而其数值与土体的不排水抗剪强度指标（c_u＝18 kPa）比较接近，由于地基应力的影响，不同深度的不排水抗剪强度略有差别，且一般大于强度指标。这说明当钉形搅拌桩的破坏位置发生在变截面时(如前所述,仅 $D_1=0.75$ m,$L_1=6$ m 为桩顶破坏),钉形搅拌桩扩大头深度内的桩身侧摩阻力发挥比较充分,与其不排水抗剪强度相当,该结论对于后面推导钉形搅拌桩的单桩极限承载力计算方法很有意义。

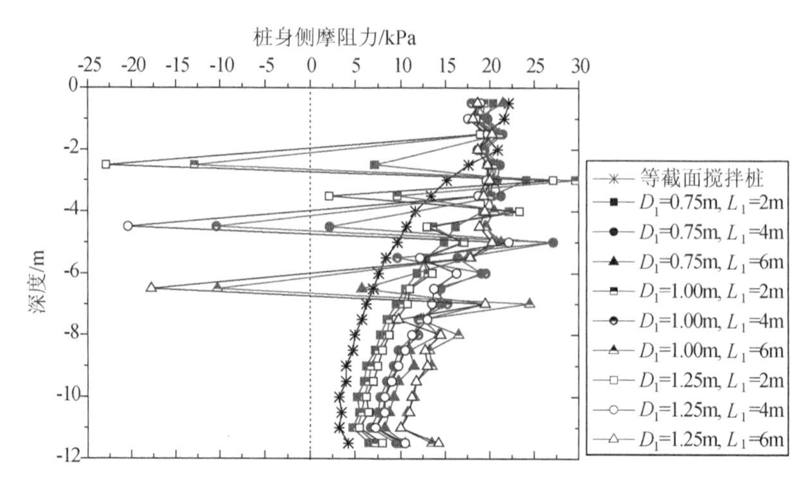

图 6-35　单桩极限荷载下不同扩大头直径和高度的钉形搅拌桩桩身侧摩阻力

极限荷载作用下,不同桩长的桩身侧摩阻力见图 6-36 所示。其中,常规搅拌桩在桩长≤6 m(临界桩长)时,桩身侧摩阻力沿深度分布比较均匀,其数值略大于土体的不排水抗剪强度指标,当桩长大于临界桩长后,下部桩身侧摩阻力随深度而衰减,桩身侧摩阻力发挥不充分,因为此时极限承载力由桩顶面积和强度控制。不同桩长的钉形搅拌桩扩大头深度内的桩侧摩阻力基本相同,且与土体的不排水抗剪强度指标接近,因为不管是桩端刺入破坏(4 m、6 m 桩长),还是变截面下部桩身破坏(8 m、10 m、12 m 桩长),扩大头下部均会发生较大的沉降,即扩大头深度内产生较大的桩土相对位移。当钉形搅拌桩桩长≤8 m(临界桩长)时,其下部桩身侧摩阻力沿深度有一定的衰减,但数值等于或大于土体的不排水抗剪强度指标,这表明桩身侧摩阻力发挥比较充分。在变截面下部较小的深度内,桩侧摩阻力较大,这是因为从翼缘之间传递到土体的荷载增加了土体的应力水平,提高了其不排水抗剪强度。当钉形搅拌桩桩长大于临界桩长后,其深度桩身侧摩阻力沿深度而迅速衰减,且小于土体的不排水抗剪强度,说明其下部的桩身侧摩阻力发挥不充分。

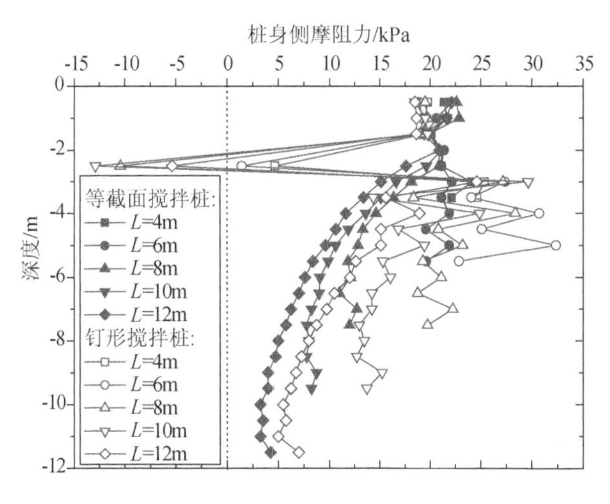

图 6-36　单桩极限荷载下不同桩长的桩身侧摩阻力

6.3.4　单桩破坏模式

上一节讨论了单桩极限荷载下的荷载传递规律，其中桩身应力变化表明所模拟的大部分钉形搅拌桩的破坏模式都是变截面下部桩身发生屈服破坏，该结果与室内模型试验相符。扩大头直径 D_1＝0.75 m，高度 L_1＝6 m 的钉形搅拌桩为桩顶破坏，扩大头直径 D_1＝1.00 m，高度 L_1＝2 m 的钉形搅拌桩当桩长小于 8 m 时为桩端刺入破坏。本节将通过数值模拟的桩体、土体的塑性区发展对此单桩荷载作用下钉形搅拌桩的破坏模式进行分析和验证。

图 6-37 是单桩破坏荷载（极限荷载后一级）作用下扩大头直径 D_1＝1.00 m、扩大头高度 L_1＝4 m、桩长 L 为 16.5 m 的钉形搅拌桩的桩间土、桩身的塑性区分布图。其中，Block State 是指单元的塑性区状态，None 表示单元未发生塑性屈服，shear-p 和 tension-p 表示单元过去发生过剪切和拉伸屈服，但是已经退出，即现在不处于屈服状态（未破坏），shear-n 和 tension-n 表示单元正在发生剪切和拉伸屈服（处于破坏状态）。图 6-37 显示钉形搅拌桩扩大头侧壁的桩间土发生了剪切和拉伸破坏，而变截面下部桩体发生了剪切破坏。对于桩长 L 为 12 m 的钉形搅拌桩，扩大头直径 D_1＝1.00 m、1.25 m，以及扩大头直径 D_1＝0.75 m、扩大头高度 L_1＝2 m、4 m 的钉形搅拌桩，其单桩破坏模式都和图 6-37 的情况相同。对于扩大头直径 D_1＝1.00 m、扩大头高度 L_1＝2 m 的钉形搅拌桩，当桩长 L 大于 8 m 以后，单桩破坏模式也与图 6-37 相同。

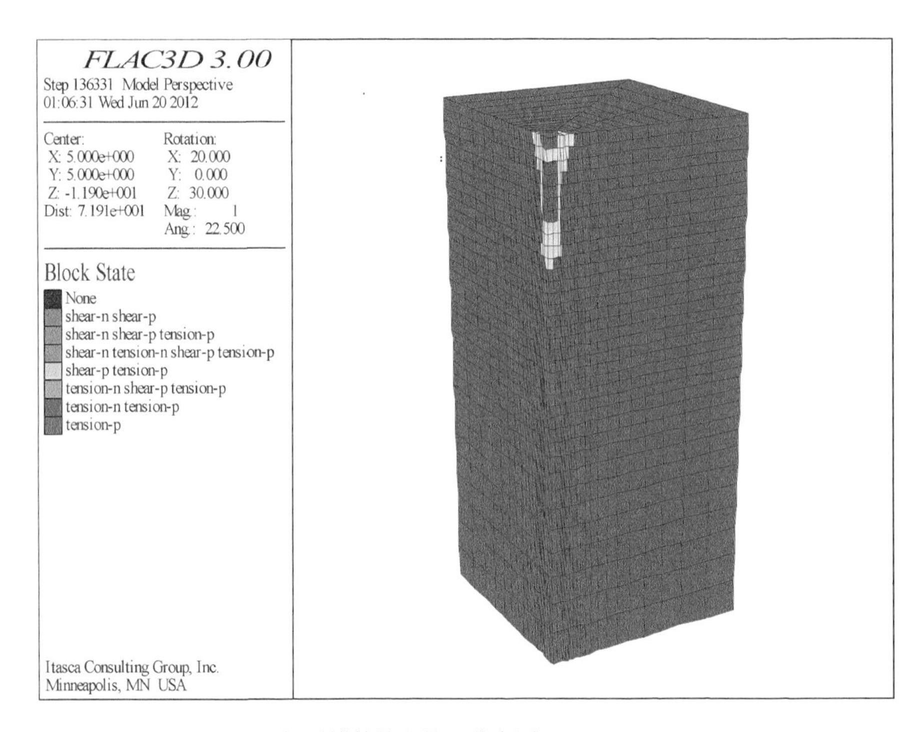

图 6-37　单桩破坏荷载下钉形搅拌桩塑性区分布图($D_1=1.00$ m、$L_1=4$ m、$L=16.5$ m)

图 6-38 是单桩破坏荷载作用下扩大头直径 $D_1=0.75$ m、扩大头高度 $L_1=6$ m、桩长 L 为 16.5 m 的钉形搅拌桩的桩间土、桩身的塑性区分布图。图 6-38 显示钉形搅拌桩上部桩体发生了剪切屈服破坏,而变截面位置却没有发生屈服,靠近桩顶的扩大头桩侧的桩间土出现了拉伸和剪切破坏,但是破裂面发展深度有限。相同扩大头直径、高度 $L_1=8$ m 的钉形搅拌桩塑性区与此相同。桩长 L 大于6 m 的常规搅拌桩,其单桩破坏模式也与图 6-38 的情况相同。

图 6-39 是单桩破坏荷载作用下扩大头直径 $D_1=1.00$ m、扩大头高度 $L_1=2$ m、桩长 L 为 6 m 的钉形搅拌桩的桩间土、桩身的塑性区分布图,可见桩体未发生屈服,而桩端的桩间土发生了剪切破坏,上部和下部的桩侧桩间土均发生了剪切和拉伸破坏。相同设计参数,桩长 L 为 4 m 的钉形搅拌桩塑性图与此相同。桩长 L 为 4 m 的常规搅拌桩塑性图也与此相同。

以上数值模型的塑性区分布所揭示的单桩荷载作用下的钉形搅拌桩单桩破坏模式主要有三类:①桩顶破坏;②变截面下部桩体破坏;③刺入破坏。

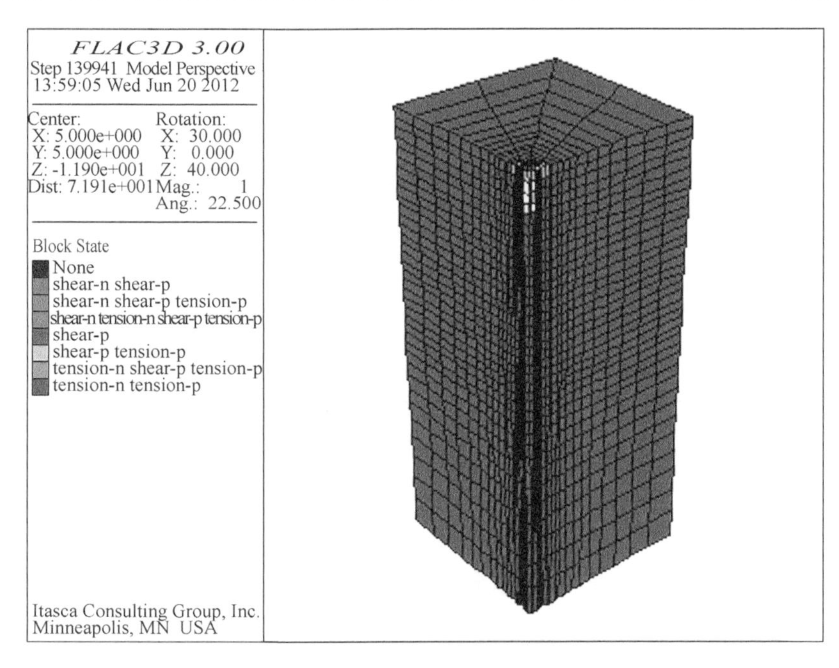

图 6-38　单桩破坏荷载下钉形搅拌桩塑性区分布图(D_1=0.75 m、L_1=6 m、L=16.5 m)

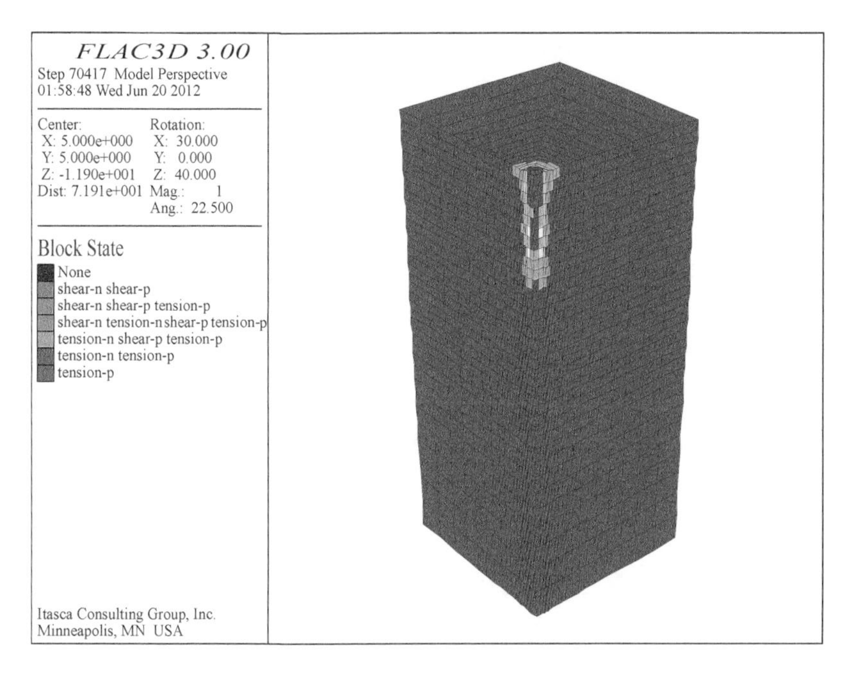

图 6-39　单桩破坏荷载下钉形搅拌桩塑性区分布图(D_1=1.00 m、L_1=2 m、L=6 m)

6.3.5 复合地基极限承载力

图 6-40 是不同扩大头直径和高度的钉形搅拌桩和等截面搅拌桩单桩荷载试验的 p-s 曲线。尽管复合地基荷载试验的 p-s 曲线不如单桩荷载试验的 p-s 曲线那样明显，但是也显示出陡降趋势，表明复合地基均已经加载到破坏。可以看出，钉形搅拌桩复合地基的 p-s 曲线都在等截面搅拌桩复合地基的上部，即在相同荷载作用下，前者的沉降小于后者，而且对于相同扩大头直径，扩大头高度越大沉降越小，对于相同扩大头高度，扩大头直径越大沉降越小。但是，图 6-40 复合地基 p-s 曲线的差别明显小于单桩 p-s 曲线，特别是 p-s 曲线拐点的差异较小，表明搅拌桩复合地基极限承载力差异明显小于单桩承载力的差异。对于钉形搅拌桩复合地基，尽管相同荷载下的沉降有一定差异，但是可以看出扩大头高度对 p-s 曲线的拐点影响较大，而扩大头直径的影响较小。

根据图 6-40 的 p-s 曲线，并结合数值模型的塑性区分布，可以确定复合地基极限承载力：等截面搅拌桩的为 120 kPa；不同扩大头直径 D_1（0.75 m、1.00 m 和 1.25 m），扩大头高度 L_1 为 2 m、4 m、6 m 的钉形搅拌桩单桩极限承载力分别为 120 kPa、140 kPa、160 kPa。钉形搅拌桩复合地基的极限承载力只是略高于等截面搅拌桩复合地基，这与现场试验的结果不同，如前所述，这主要是由于现场等截面搅拌桩三桩复合地基荷载试验的地基土和桩身强度较低引起的。另一方面，现场搅拌桩荷载试验的荷载板尺寸较小（直径小于 3 m），复合地基荷载影响深度较小，主要在地基浅部，而钉形搅拌桩浅部的置换率较高，所以根据单桩复合地基荷载试验得到的承载力较高。数值模拟采用的 25 桩复合地基荷载试验，荷载板面积大，影响深度大，深部的地基承载力起控制作用，所以钉形搅拌桩复合地基的极限承载力与等截面搅拌桩差异不大，且不同设计参数的钉形搅拌桩扩大头以下的桩体置换率相同，其复合地基承载力的差异主要是深度效应造成的，所以差异相对较小。

图 6-41 是不同桩长的等截面搅拌桩和钉形搅拌桩复合地基荷载试验的 p-s 曲线。相同桩长的等截面搅拌桩和钉形搅拌桩复合地基 p-s 曲线相差较小，且当桩长从 6 m 增加到 10 m，复合地基承载力有一定增长，而桩长为 12 m、14 m 的复合地基 p-s 曲线则几乎重合。对比图 6-30 不同桩长的单桩 p-s 曲线，可以得出复合地基荷载作用下的临界桩长大于单桩荷载，在搅拌桩未打穿软土层之前，复合地基极限承载力随桩长增加而增大。

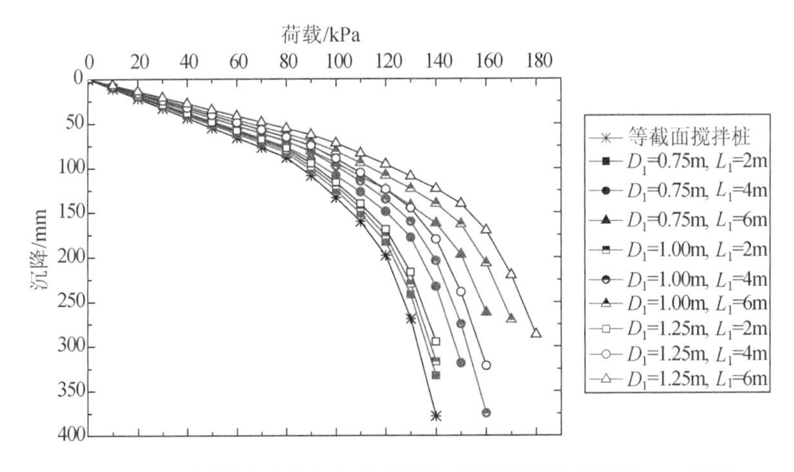

图 6-40　不同扩大头直径和高度的钉形搅拌桩复合地基 p-s 曲线

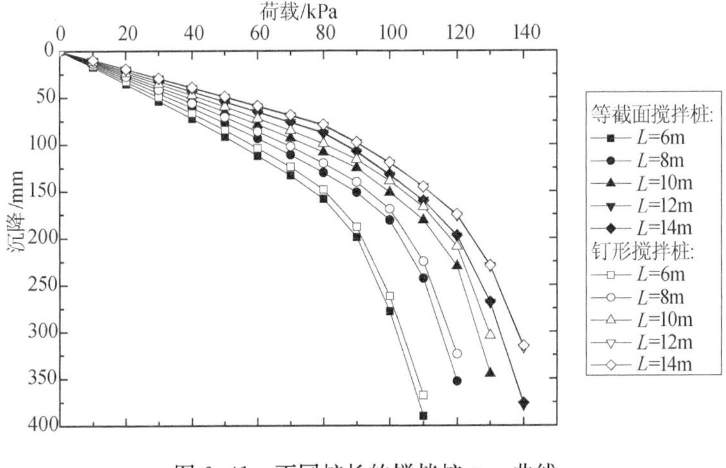

图 6-41　不同桩长的搅拌桩 p-s 曲线

6.3.6　复合地基破坏模式

图 6-42 是复合地基破坏荷载(极限荷载后一级)作用下扩大头直径 $D_1=1.00$ m、扩大头高度 $L_1=4$ m、桩间距 $S=1.8$ m、桩长 L 为 12 m 的钉形搅拌桩复合地基的塑性区分布图。可以看出,扩大头深度以内的复合地基桩、土均未发生屈服,而变截面下部的桩身发生了剪切破坏,部分桩间土也发生了破坏,另外荷载板边缘到 4 m 深度内的竖向桩间土均发生了剪切和拉伸破坏。这表明复合地基的破坏是由变截面下部的桩身引起的,导致复合地基整体下沉。对于搅拌桩打穿软土($L\geqslant$

12 m)的钉形搅拌桩,其破坏模式均与图 6-42 相同。

图 6-43 是等截面搅拌桩复合地基的塑性区分布图。与图 6-42 的钉形搅拌桩复合地基不同,等截面搅拌桩复合地基的破坏位置较浅,特别是边桩(荷载板外围),当然由于荷载板的作用,中心桩的桩、土屈服位置相对较深,但明显比钉形搅拌桩复合地基浅,这说明等截面搅拌桩复合地基的破坏位置大体位于地基浅部。而浅部地基只有部分桩间土发生屈服,这主要是因为搅拌桩的刚度较大、破坏应变较小,桩体屈服时,桩间土还未屈服,即复合地基桩土强度发挥不同步,二者不能同时达到破坏,极限荷载下桩间土的承载力没有发挥充分。图 6-44 是破坏荷载作用下扩大头直径 D_1=1.00 m、扩大头高度 L_1=2 m、桩长 L 为 6 m 的钉形搅拌桩复合地基塑性区分布图,图中的搅拌桩桩身未发生屈服,而桩端下部的软土地基整体发生了屈服破坏,搅拌桩下部的桩间土也发生了剪切屈服。这表明复合地基加固区还未破坏,破坏位置出现在未打穿的下部软土层,此时复合地基的承载力由持力层控制。桩长 L 为 8 m、10 m 的钉形搅拌桩和等截面搅拌桩复合地基的破坏模式都与此相同。

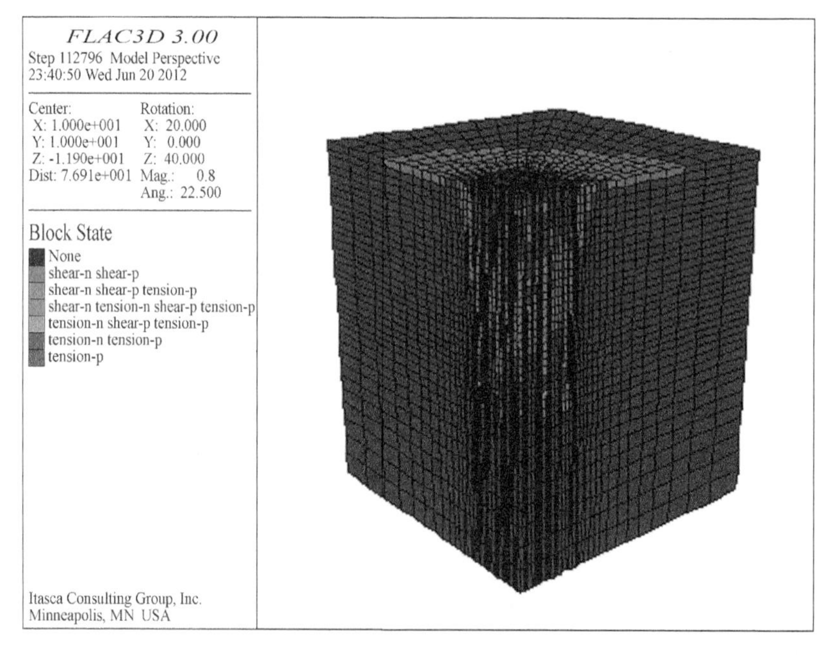

图 6-42 破坏荷载下钉形搅拌桩复合地基塑性区分布图(D_1=1.00 m、L_1=4 m、L=16.5 m)

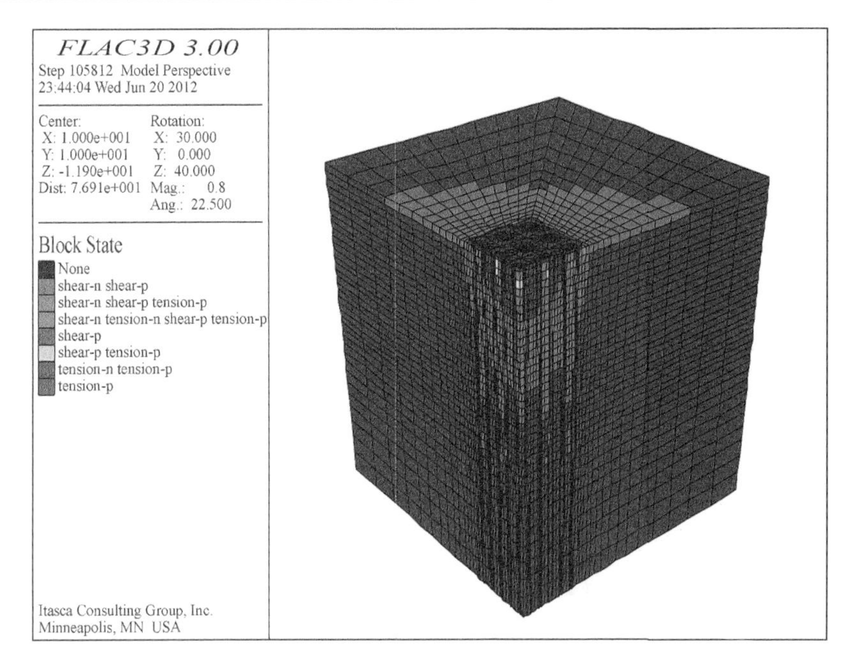

图 6-43　破坏荷载下等截面搅拌桩复合地基塑性区分布图(L=16.5 m)

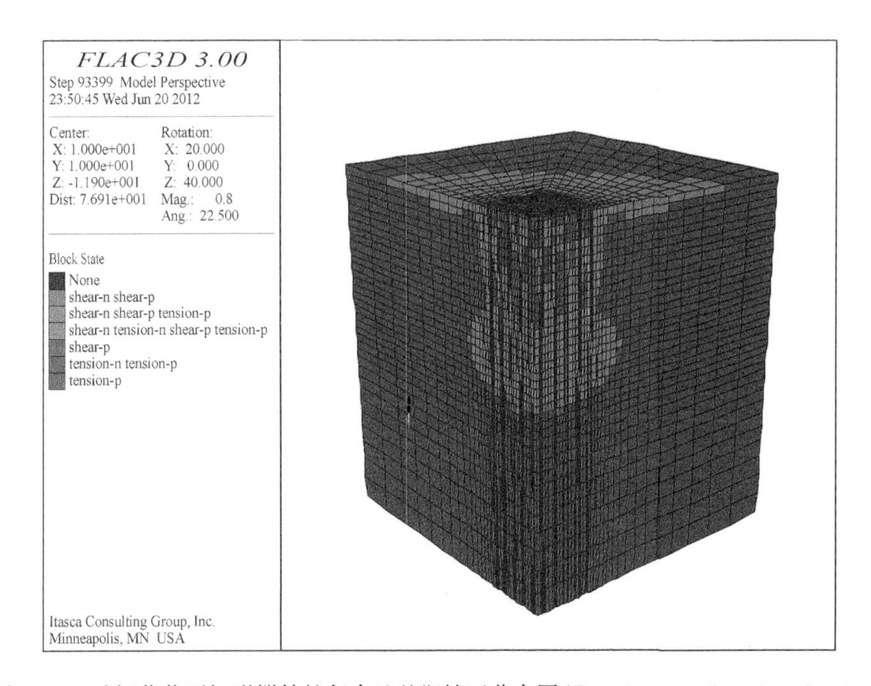

图 6-44　破坏荷载下钉形搅拌桩复合地基塑性区分布图(D_1=1.00 m、L_1=2 m、L=6 m)

以上数值模型的塑性区分布图表明，搅拌桩复合地基的破坏模式主要有三种：①浅部复合地基破坏；②变截面处复合地基破坏；③下卧层破坏。

6.4　钉形搅拌桩承载力计算

在单桩荷载作用下，搅拌桩依靠桩侧摩阻力和桩端阻力将荷载传递给地基土(图 6-45)，桩侧摩阻力先于桩端阻力而发挥，当桩长增大至一定长度后，桩身下部桩土接触面已不能发生相对滑移，桩顶荷载难以传递至桩身下部，此时单桩承载力主要由桩身强度控制。对于常规搅拌桩，《建筑地基处理规范》(JGJ 79—2002)规定单桩承载力应通过现场荷载试验确定，初步设计时可取桩侧摩阻力和桩端阻力提供的承载力之和，但不应小于由桩身材料强度确定的单桩承载力，否则取桩身材料强度确定的单桩承载力。这两种计算方法即对应了两种破坏模式：桩体向下刺入破坏和桩身破坏。

与传统的搅拌桩相比，钉形搅拌桩的特点主要有：①采用了双向搅拌技术，桩身质量比较均匀；②由于扩大头作用，可能引起单桩破坏模式发生改变。从图6-45可以看出钉形搅拌桩单桩承载力由四部分组成：桩周土对扩大头侧壁提供的摩阻力、扩大头翼缘下部土体支撑力、桩周土对下部桩体侧壁提供的摩阻力、桩端土体支撑力。

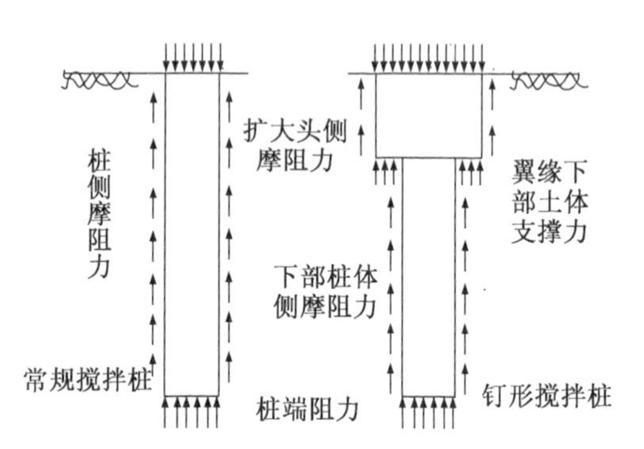

图 6-45　搅拌桩单桩受力示意图

前面室内模型试验和现场试验的结果表明单桩钉形搅拌桩的破坏模式为变截面下部的桩身剪切破坏，数值模拟的结果表明除了变截面处桩体破坏外，其单桩破坏模式还可能是桩顶破坏或桩端向下刺入破坏等两种模式，所以单桩极限承载力计算方法也可以根据这三种单桩破坏模式分为以下三种情况：

(1) 当桩身强度较高、桩长较短、持力层性质较差时，钉形搅拌桩可能发生向下刺入破坏，此时单桩极限荷载为扩大头侧摩阻力、翼缘下部土体支撑力、下部桩体侧摩阻力和桩端阻力之和：

$$R_1 = u_{p1}\sum_{i=1}^{n_1} q_{si}h_i + u_{p2}\sum_{j=1}^{n_2} q_{sj}h_j + \alpha_1(A_{p1} - A_{p2})q_{pa} + \alpha_2 A_{p2} q_{pb} \tag{6-3}$$

式中：R_1（R_2、R_3）——单桩竖向极限承载力/kN；

q_{pa}——变截面处地基土的极限承载力/kPa；

q_{pb}——桩端地基土的极限承载力/kPa；

q_{si}——扩大头深度范围内第 i 层桩周土的极限侧摩阻力/kPa；

q_{sj}——下部桩体范围内第 j 层桩周土的极限侧摩阻力/kPa；

u_{p1}——扩大头部分桩体周长/m；

u_{p2}——下部桩体周长/m；

A_{p1}——扩大头部分桩体横截面积/m^2；

A_{p2}——下部桩体横截面积/m^2；

h_i——扩大头深度范围内第 i 层桩周土厚度/m；

h_j——下部桩体范围内第 j 层桩周土厚度/m；

n_1、n_2——分别为扩大头和下部桩体深度范围内，桩周土体的分层数；

α_1——变截面处天然地基土承载力折减系数，由于扩大头高度一般较小，极限荷载下扩大头下部的土体承载力发挥程度较高，可取 0.6～0.9；

α_2——桩端天然地基土承载力折减系数，根据《建筑地基处理规范》(JGJ 79—2002)，可取 0.4～0.6。

(2) 当扩大头直径较大、高度较小时，钉形搅拌桩可能发生变截面处桩身破坏，此时单桩极限荷载由扩大头侧摩阻力、翼缘下部土体支撑力、下部桩体所能承受的极限荷载组成：

$$R_2 = u_{p1}\sum_{i=1}^{n_1} q_{si}h_i + \eta f_{cu} A_{p2} + \alpha_1(A_{p1} - A_{p2})q_{pa} \tag{6-4}$$

式中：f_{cu}——与搅拌桩桩身加固土配比相同的室内加固土试块的 90 d 龄期的无侧限抗压强度平均值/kPa；

η——桩身强度折减系数，根据《建筑地基处理规范》(JGJ 79—2002)，干法可取 0.2～0.3，湿法可取 0.25～0.33，钉形搅拌桩由于采用了双向搅拌桩技术，搅拌比较均匀，强度相对传统工艺较高，依据现有工程统计数据分析，可取 0.3～0.5。

其余参数含义如式(6-3)。

(3) 当扩大头直径较小、桩身强度较低、桩长较长时，钉形搅拌桩可能发生桩体屈服破坏，此时单桩极限荷载由桩身强度和扩大头面积决定：

$$R_3 = \eta f_{cu} A_{p1} \tag{6-5}$$

参数含义如式(6-3)、式(6-4)。

综合以上三种破坏模式，钉形搅拌桩单桩极限承载力取以上公式的最小值：

$$R = \min\{R_1, R_2, R_3\} \tag{6-6}$$

搅拌桩的单桩承载力与工程的场地条件和施工工艺密切相关，且具有一定的离散性，故应该尽量通过现场荷载试验来确定其单桩承载力。由于搅拌桩的强度属于中等强度的柔性桩体，桩身强度往往是搅拌桩单桩承载力的控制因素。现场的桩身强度与所加固的土体性质、固化剂掺量以及施工条件密切相关。钉形搅拌桩主要应用在硬壳层较薄、软土层均匀的公路工程地基处理中，现行的设计在钉形搅拌桩和下部桩体的固化剂掺量相同，故可以认为钉形搅拌桩桩身深度内土体性质、固化剂掺量基本相同。另外，钉形搅拌桩由于采用了双向搅拌技术，搅拌均匀性显著优于传统的单向搅拌技术，当加固土的性质和固化剂掺量相同的情况下，可以假定桩身强度沿竖向分布比较均匀。进行单桩承载力计算时应尽量采用现场试桩的取芯结果，或者参考邻近场地的工程资料，当没有这些资料时，可采用室内配合比试验的结果进行折减。

地基土层的承载力和侧摩阻力取值应该考虑具体工程的施工条件，以区分排水和不排水情况，确定地基土承载力和侧摩阻力参数。现场荷载试验过程较短，可以认为属于不排水情况，此时极限侧摩阻力可以取土体的不排水抗剪强度，而未加固土的极限承载力可以通过现场未加固土的荷载试验，或者根据不排水抗剪强度通过理论公式进行计算。也可以通过 CPT、CPTU 等原位测试方法以确定桩侧摩阻力和地基土极限承载力。计算时土性参数应采用现场勘察资料，进行初步设计时，可以根据《建筑地基处理规范》(JGJ 79—2002)，极限侧摩阻力对于淤泥可取 8～14 kPa，淤泥质土可取 12～24 kPa，对可塑状态的黏性土可取 24～36 kPa。

6.5 钉形搅拌桩复合地基承载力计算

室内模型试验和现场试桩段的复合地基荷载试验破坏后的开挖结果表明钉形搅拌桩变截面处的小直径桩体发生了剪切破坏。数值模拟的结果表明，钉形搅拌桩复合地基的破坏位置可能出现在变截面处桩、土破坏，或者桩体未发生破坏而下卧层发生破坏。此外，等截面搅拌桩复合地基的破坏位置出现在荷载板以下的浅层地基，尽管本文所模拟的钉形搅拌桩未出现浅层地基破坏，但是在钉形搅拌桩扩大头直径较小的情况下也可能出现这种破坏模式。综上所述，当搅拌桩和软土层性质比较均匀时，钉形搅拌桩复合地基的破坏模式有三种：①变截面处复合地基破坏；②浅部复合地基破坏；③下卧层破坏。

数值模拟破坏荷载下搅拌桩复合地基的塑性区分布的结果表明，当复合地基的破坏位置出现在变截面处时，变截面下部的小直径桩体发生剪切屈服，同一深度未加固的地基土也发生破坏。同时，地基土沿荷载板边缘从地表到变截面位置出现了破裂面，发生了剪切或拉伸破坏。钉形搅拌桩复合地基变截面破坏模式的示意图见图 6-46 所示。

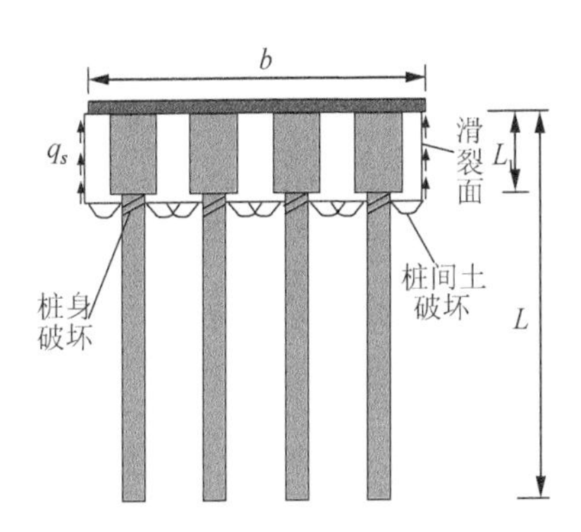

图 6-46　钉形搅拌桩复合地基变截面破坏模式

根据上述破坏模式，复合地基的极限承载力由小直径桩体的极限承载力（由桩身强度和下部桩径决定）、变截面处的桩间土地基承载力和荷载板边缘竖向滑裂面的侧摩阻力（q_s）等三部分组成。由于固化土和未加固土体的材料性质差异，搅拌桩发生屈服时地基土的极限承载力一般难以充分发挥，用折减系数 β 来反映该影响。所以，可以参考《建筑地基处理规范》（JGJ 79—2002），根据面积置换率，将桩体和地基土的承载力进行叠加而得出复合地基的极限承载力。对于长度为 l、宽度为 b 的矩形基础，当钉形搅拌桩复合地基的破坏发生在变截面处时，复合地基的极限承载力 f_{sp} 可以通过以下公式计算：

$$f_{sp} = m_2 \eta f_{cu} + \beta(1 - m_2) q_{pa} + \frac{2(b + l) L_1 q_s}{bl} \tag{6-7}$$

式中：m_2——钉形搅拌桩下部桩体面积置换率，$m_2 = D_2{}^2 / d_e^2$，D_2 为下部桩体直径/m，d_e 为单桩等效处理面积圆直径/m；

β——为桩间土承载力折减系数，可取 0.5～0.9；

其余参数含义同前。

当复合地基的破坏位置出现在浅层地基处时，桩扩大头上部桩身发生剪切屈服，浅层未加固的地基土也发生破坏，钉形搅拌桩复合地基浅部破坏模式的示意图见图 6-47 所示。

根据上述破坏模式，复合地基的极限承载力 f_{sp} 由扩大头承担的极限承载力（桩身强度和扩大头桩径决定）和地表桩间土地基承载力组成，通过以下公式计算：

$$f_{sp} = m_1 \eta f_{cu} + \beta(1 - m_1) q_p \tag{6-8}$$

式中：m_1——扩大头面积置换率，$m_1 = D_1^2/d_e^2$，D_1 为扩大头直径/m，d_e 为单桩等效处理面积圆直径/m；

q_p——地表桩间土的极限承载力/kPa；

β——为桩间土承载力折减系数，可取 0.5～0.9；

其余参数含义同前。

当复合地基破坏发生在下卧层时，桩身没有发生破坏，《建筑地基处理规范》（JGJ 79—2002）要求对复合地基软弱下卧层进行承载力验算，即是针对这种破坏模式建立的。图 6-48 是钉形搅拌桩复合地基下卧层破坏模式的示意图。

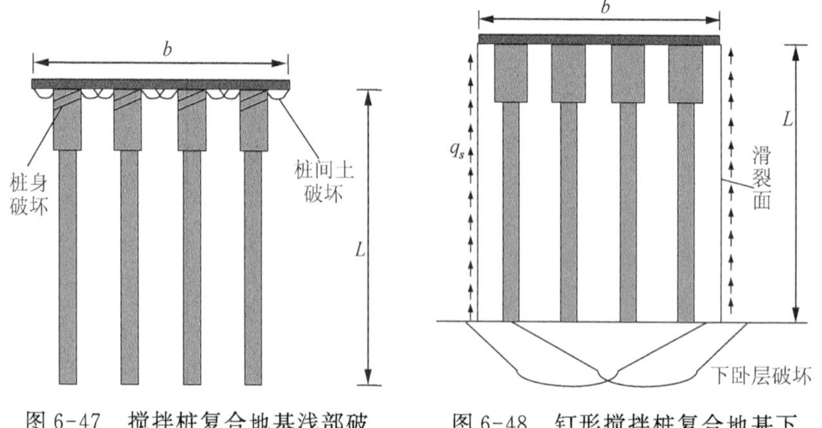

图 6-47　搅拌桩复合地基浅部破坏模式　　　图 6-48　钉形搅拌桩复合地基下卧层破坏模式

当复合地基破坏发生在下卧层时，复合地基的极限承载力 f_{sp} 由下卧层控制，通过以下公式计算：

$$f_{sp} = q_{pb} + \frac{2(b+l)Lq_s}{bl} \tag{6-9}$$

式中参数含义同前。

第7章　钉形搅拌桩复合地基沉降变形特性与设计方法

7.1　钉形搅拌桩复合地基沉降特性数值模拟

7.1.1　模拟方法与方案

路堤荷载下钉形搅拌桩复合地基变形过程是三维流固耦合过程，三维模型的单元数量巨大，以FLAC-3D进行路堤荷载下搅拌桩复合地基流固耦合计算的速度非常缓慢，单个模型的计算耗时长达数周。故这里对路堤下的钉形搅拌桩复合地基三维模型只进行力学计算，不考虑流固耦合，这样得出的结果是最终的稳定状态，不能反映固结过程，但计算速度快、耗时少，可以建立较大的三维模型，采用较密的网格划分。

以双向六车道的路堤尺寸建立模型，路堤顶面宽度为17 m，路堤高度为3 m，坡度为1.5∶1，地基土层分布与前述相同，只考虑单层软土，厚度为12 m，其下为12 m厚的持力层。土体的变形参数与前一章相同，路堤荷载下复合地基变形为排水过程，对于正常固结土，其排水黏聚力为0，内摩擦角不为0，泊松比也不为0.5。由于路堤荷载下复合地基的真实工况历时很长(六个月以上)，考虑龄期较长，模拟时采用了较高的桩身强度(1.5 MPa)和变形模量(225 MPa)，水泥土的内摩擦角 φ 一般为25°～45°，这里取35°，黏聚力 c 通过公式(7-1)计算，数值模拟的材料参数见表7-1所示。

$$c=\frac{q_u}{2\tan\left(45+\frac{\varphi}{2}\right)} \tag{7-1}$$

表7-1　路堤荷载下钉形搅拌桩复合地基数值模拟的材料参数

材料名称	厚度/m	杨氏模量 E/MPa	泊松比	密度 ρ/kg·m^{-3}	黏聚力 c/kPa	内摩擦角 φ/(°)
软土	12	1.5	0.35	1 700	0	25
持力层	12	20	0.28	2 000	0	35
桩体	12	225	0.20	2 100	391	35
路堤填土	3	20	0.28	2 200	0	35

利用对称性进行简化，沿路堤横向（x 轴）取两倍平均路堤宽度，即 80 m，为了建模简单、减小模型单元数量采取正方形布桩，沿路堤纵向（y 轴）利用对称性取半排桩，竖向（z 轴）底部边界取两倍桩长左右，即 24 m，地下水位线位于地表。加固区桩、土单元划分较密，加固区以外单元划分较粗，见图 7-1 所示。在对称的边界限制相应的位移，即为滚动支座，横向边界（$x=80$ m）限制 x 向位移，在竖向底部边界（$z=-24$ m）x、y、z 向位移均予以限制，即为固定边界，相当于基岩。计算过程分为三步：①将桩体赋予同层土体的材料参数，进行自重平衡计算；②不模拟成桩过程，将桩体赋予其真实的材料参数，计算到预定精度，将位移场置零，生成初始应力场；③激活填土单元，相当于一次性加上填土荷载，计算到预定精度。

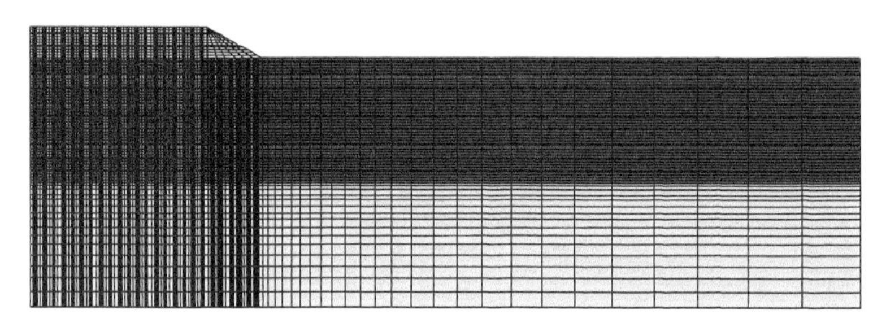

图 7-1　路堤荷载下钉形搅拌桩复合地基几何模型的网格划分图

数值模拟主要研究扩大头直径和高度的影响。模拟时，保持下部桩体直径（$D_2=0.5$ m）、桩长（$L=12$ m）和桩间距（正方形布桩，$S=1.8$ m）不变，分析三种不同扩大头直径 D_1（0.75 m、1.00 m、1.25 m）、三种不同扩大头高度 L_1（2 m、4 m、6 m）的影响，并与等截面搅拌桩进行对比。

7.1.2　复合地基变形

路堤荷载作用下，钉形搅拌桩复合地基地表的最大沉降出现在路中心，且桩间土的沉降大于桩顶，故路中心地表的桩间土沉降是表征复合地基性能的重要指标。图 7-2 是搅拌桩复合地基路中心桩间土沉降沿深度的分布曲线，其中，所有搅拌桩复合地基加固区下部的搅拌桩置换率相同。可以明显看出，在 8 m 以下，桩间土的沉降几乎相同，这表明搅拌桩复合地基下卧层及加固区下部的变形性能基本相同，其差异主要在加固区的中上部。常规（等截面）搅拌桩复合地基的沉降曲线斜率（沉降与深度的比例）在上部最大，且随着深度而逐渐减小，这是因为路堤基础刚度较小，难以像钢筋混凝土等刚性基础一样迅速对复合地基的桩、土荷载进行分配，所以路堤基础下复合地基上部桩间土附加应力较大，沉降大于桩间土，桩身的侧摩阻力为负，随着深度的增加，桩间土的荷载逐渐向桩身转移，其沉降斜率也逐渐减小。钉形搅拌桩复合地基上部桩间土的沉降曲线斜率明显小于等截面搅拌桩复合地基，故其地表的桩间土总沉降显著小于后者，而且扩大头直径越大，扩大头高度越大，地表桩间土沉降越小。这说明由于钉形搅拌桩具有面积较大的扩大头，能起到荷载传递平台作用，更加有效地对路堤荷载进行分配，从而减小了复合地基中、上部桩间土的附加应力和沉降。

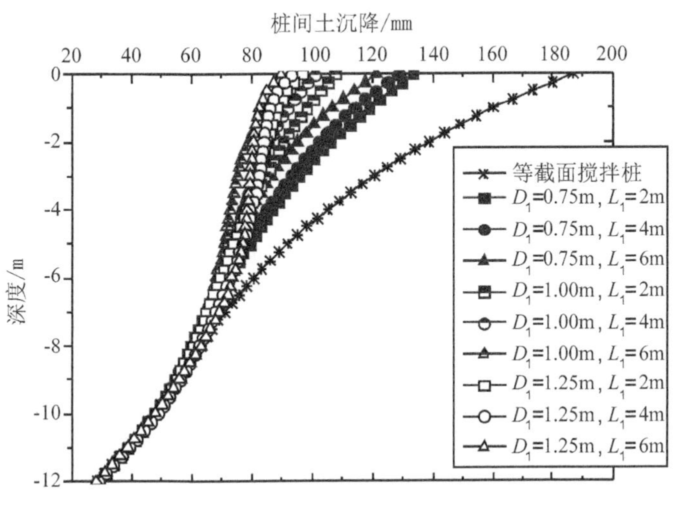

图 7-2　路中心加固区桩间土沉降沿深度分布

将不同扩大头直径和高度的钉形搅拌桩复合地基路中心地表桩间土沉降汇总，见图 7-3 所示。常规（等截面）搅拌桩复合地基的路中心地表桩间土沉降为 187 mm；扩大头直径 D_1 为 0.75 m，高度 L_1 为 2 m、4 m、6 m 的钉形搅拌桩复合地基分别为 134 mm、129 mm、122 mm；扩大头直径 D_1 为 1.00 m，高度 L_1 为 2 m、4 m、6 m 的钉形搅拌桩复合地基分别为 108 mm、101 mm、94 mm；扩大头直径 D_1 为 1.25 m，高度 L_1 为 2 m、4 m、6 m 的钉形搅拌桩复合地基分别为 97 mm、94 mm、90 mm。地表桩间土沉降随着扩大头高度的增大而大幅度减小，并逐渐趋向于稳定，对于相同的扩大头直径，扩大头高度越大，沉降越小，但是扩大头直径的影响远大于扩大头高度，这与沪苏浙高速公路现场试验段钉形 1 区、2 区的沉降监测结果相符。这说明，路堤荷载下钉形搅拌桩的设计应采用较大的扩大头直径，但无需采用较长的扩大头高度。因为钉形搅拌桩的主要作用机理是扩大头的荷载平台分配作用，如路堤荷载下刚性桩复合地基一样，桩帽的面积为主要因素，桩帽高度影响较小。

图 7-4 是路中心桩身沉降沿深度的分布曲线，桩身沉降的差异基本上在钉形搅拌桩扩大头深度内，且各种不同设计的钉形搅拌桩及其常规搅拌桩的差别也很小，最大值不超过 10 mm。与上面桩间土的沉降分布不同，相同深度部分钉形搅拌

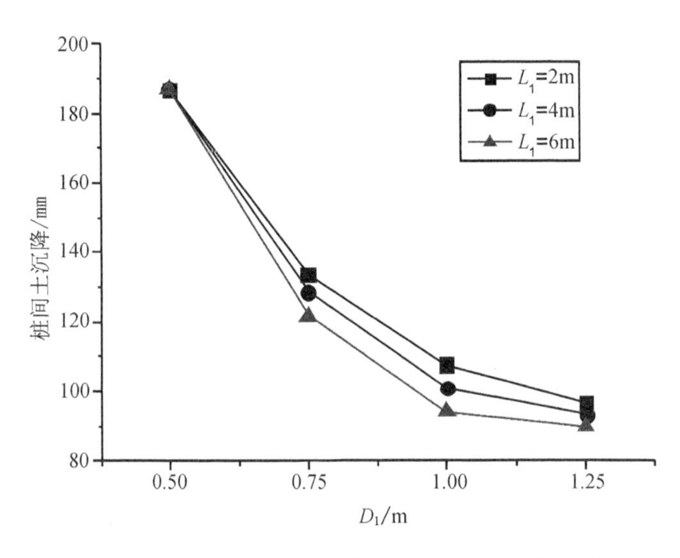

图 7-3　路中心地表桩间土沉降与扩大头直径和高度的关系

桩的沉降大于常规搅拌桩，部分小于常规搅拌桩。这是因为钉形搅拌桩扩大头的存在一方面提高了路堤填土荷载向桩身转移的效率，增大了桩身承担的荷载，同时也增大了上部深度内小直径桩体的桩身应力，增大了桩身沉降；另一方面，扩大头部分由于桩体直径较大，桩身应力较小，变形较小，这两种作用同时存在，共同作用，导致桩身沉降特性复杂，与扩大头直径和高度密切相关。

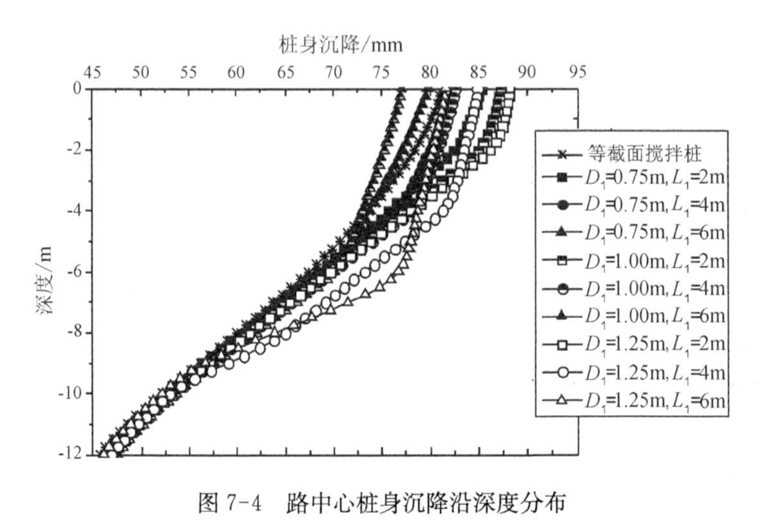

图 7-4　路中心桩身沉降沿深度分布

图 7-5 是钉形搅拌桩复合地基路中心桩顶的沉降与钉形搅拌桩扩大头直径和

高度的关系，当扩大头高度较小时(2 m)，桩顶沉降随着扩大头直径的增大而略有增大，说明对于较小的扩大头高度，随着扩大头直径增大，转移到桩身的荷载越大，桩顶沉降越大。当扩大头高度为 4 m 时，桩顶沉降随着扩大头直径的增大而增加的幅度较小。当扩大头高度为 6 m 时，桩顶沉降随着扩大头直径的增大先有所减小，而后又增大。但是，总体来说，钉形搅拌桩的桩顶沉降变化范围很小，远不如桩间土沉降。

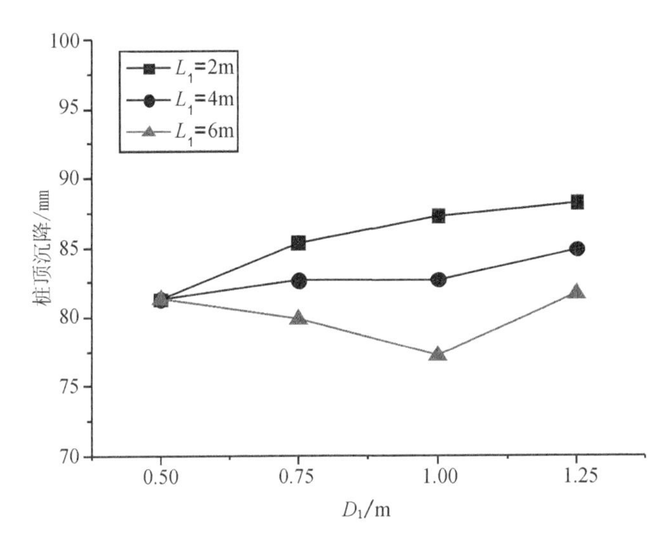

图 7-5　路中心桩顶沉降与扩大头直径和高度的关系

用相同深度的桩身沉降减去桩间土沉降可以得到路中心桩土差异，见图 7-6 所示，其中负值表示桩身沉降小于桩间土。可见，在路堤荷载作用下，钉形搅拌桩复合地基的上部桩土差异沉降为负，最大值出现在地表，然后随着深度而减小，在钉形搅拌桩复合地基下部 9 m 以下，桩土差异沉降转为正值，即桩身沉降大于桩间土，且随着深度而增大，这是由于桩端下刺持力层引起的。对比可知，常规搅拌桩复合地基中桩土差异沉降为负的范围很深，最大值超过 10 m，而钉形搅拌桩复合地基的最大桩土差异沉降远小于常规搅拌桩复合地基，且随着扩大头直径增大而减小。最重要的是，钉形搅拌桩中部的桩土差异沉降很小，接近于 0，说明由于扩大头作用，钉形搅拌桩复合地基中部的桩土变形比较协调，而且扩大头越大，最大桩土差异沉降越小、位移协调变形的深度越长。

图 7-7 是路中心地表的桩土差异沉降与钉形搅拌桩扩大头直径和高度的关系，与图 7-3 的桩间土沉降相似，地表桩土差异沉降随着扩大头直径的增大而迅速减小，并趋向于稳定。但是与地表桩间土沉降变化不同，扩大头高度对差异沉降的

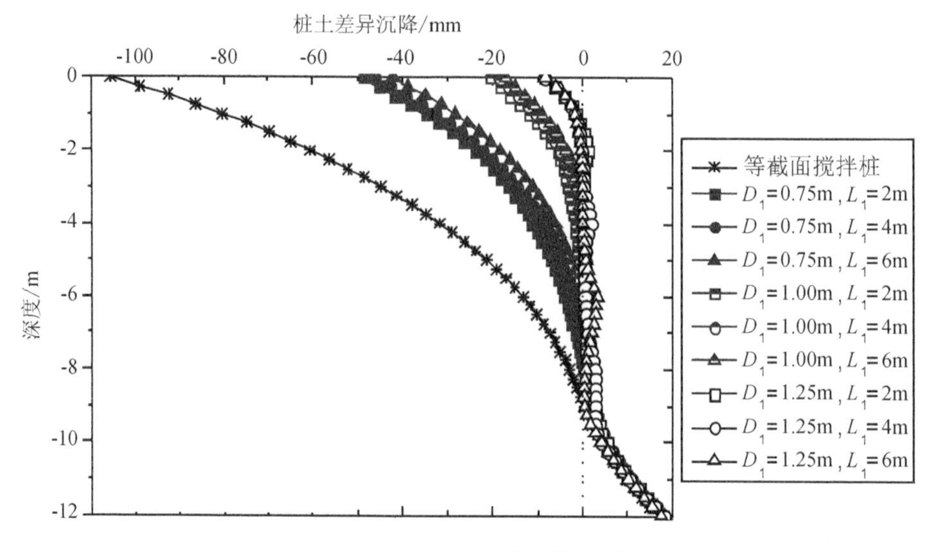

图 7-6　路中心桩土差异沉降沿深度分布

影响很小。这说明扩大头高度对路堤荷载下钉形搅拌桩复合地基的桩土协调变形的性能影响很小，其控制因素为扩大头直径。

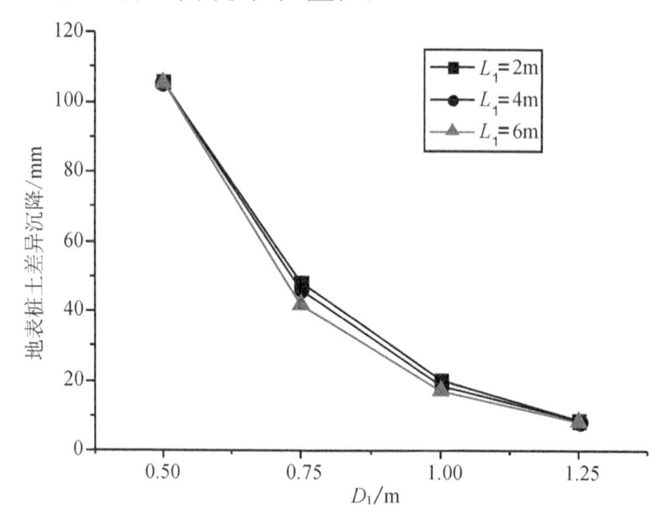

图 7-7　路中心地表差异沉降与扩大头直径和高度的关系

图 7-8 是路堤坡脚深层水平位移。可以看出不同搅拌桩复合地基的水平位移在下卧层的分布几乎相同，且随着深度先增大后减小，但最大值仅 7 mm。加固区的水平位移也是随深度先增大后减小，最大值出现在复合地基中上部。常规搅拌

桩复合地基的最大水平位移出现在地表以下 2 m 深度处，为 53 mm。当扩大头直径 D_1 较小时（0.75 m），钉形搅拌桩复合地基的最大水平位移出现的深度与常规搅拌桩复合地基比较接近，在地表以下 2～3 m 之间，但最大值远远小于常规搅拌桩复合地基，仅 32～35 mm，随着扩大头高度的增大，最大水平位移也略有减小，出现位置略有加深。随着扩大头直径的增大，扩大头高度对最大水平位移的影响更加显著，扩大头直径为 1.25 m 的钉形搅拌桩复合地基，其最大水平位移均出现在变截面下部，因为该处复合地基刚度发生了突变，最大水平位移仅 16～22 mm。而扩大头直径为 1.00 m 的钉形搅拌桩复合地基，其性能则介于二者之间。综上所述，路堤荷载下常规搅拌桩复合地基的最大水平位移出现在地表以下的浅部地基，由于钉形搅拌桩复合地基的桩体置换率得到了显著提高，故大大减小了坡脚处的最大水平位移，提高了路堤的稳定性。数值模拟的结果与沪苏浙高速公路现场试验段的监测结果一致。

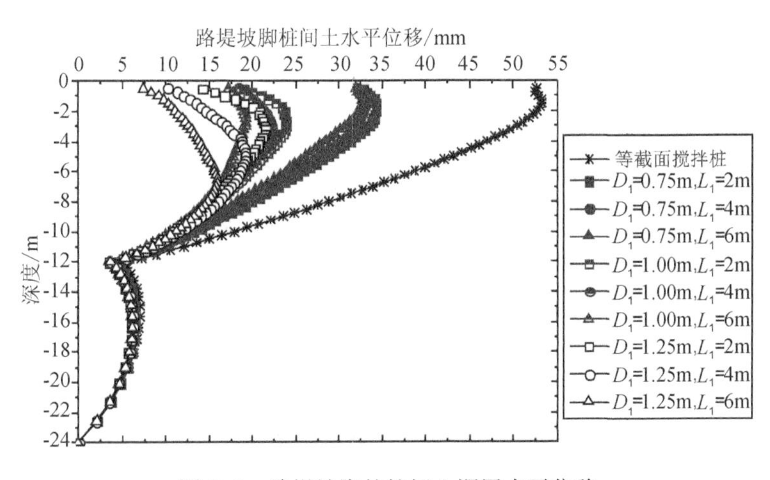

图 7-8　路堤坡脚的桩间土深层水平位移

7.1.3　应力分布规律

图 7-9 是路中心桩间土的附加应力沿深度的分布曲线，图中桩间土是相邻四桩所围范围内中心土单元，即离桩体最远的桩间土单元。对于常规搅拌桩复合地基来说，离桩体最远的桩间土单元在路堤荷载下的附加应力接近于未加固地基，这说明桩间距较大时（1.8 m），在路堤荷载作用下桩土共同作用效果较差，桩间土荷载转移的程度较低，随着深度增加，附加应力逐渐减小，到 9 m 时作用达到最小值，而后随着深度而逐渐增大。钉形搅拌桩复合地基的桩间土附加应力变化规律与常规搅拌桩相似，也是先减小后增大，但是其上部地基的桩间土附加应力远小于后

者，扩大头直径越大，高度越大，附加应力越小。这是前面钉形搅拌桩复合地基桩间土沉降显著小于常规搅拌桩复合地基的原因。

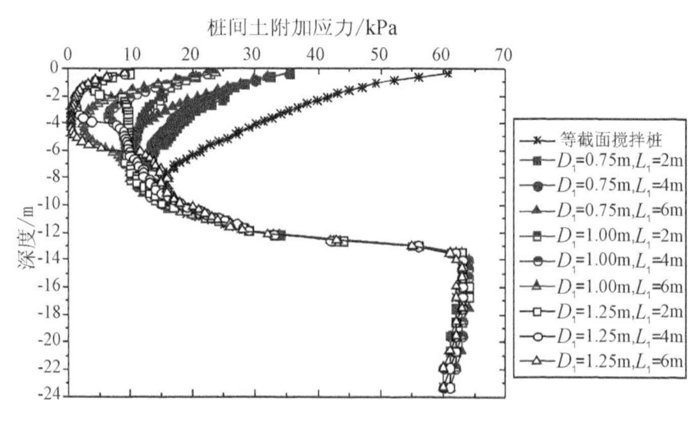

图 7-9　路中心桩间土附加应力沿深度的分布曲线

此外，图 7-9 还清楚地表明不同设计参数的搅拌桩复合地基下卧层的附加应力分布基本相同，其数值在桩端下面达到最大值，然后随深度而衰减(应力扩散)。路中心桩间土附加应力最大值约为 60 kPa，接近上部的路堤荷载数值。这说明在大面积路堤荷载作用下，路堤荷载在搅拌桩复合地基内扩散程度较小。与天然地基相比，相同深度复合地基路中心加固区的附加应力较小，而下卧层的附加应力较大，即复合地基下卧层发生了应力集中效应，下卧层的沉降计算模型应该考虑此效应。

图 7-10 是路中心的桩身应力沿深度的分布曲线。与上图桩间土附加应力规律相反，常规搅拌桩的桩身应力随着深度先增大，到 9 m 左右时达到最大值，然后随着深度而减小。钉形搅拌桩在扩大头直径较小时(0.75 m)，扩大头深度的桩身应力随深度而增加，与常规搅拌桩相同，因为扩大头直径较小时，其荷载平台的分配能力较低，桩身存在一定的负摩擦力。当扩大头直径较大时(1.00 m、1.25 m)，扩大头的桩身应力随深度先增大，后减小，但是变化幅度相对较小，说明桩土变形较为协调。在变截面上、下桩身应力存在明显的差异，在变截面位置，桩身应力发生了突变，出现了明显的应力集中现象，下部小直径桩体的应力远大于扩大头的桩身应力。这表明在路堤荷载作用下，钉形搅拌桩下部桩体的强度发挥比较充分，而扩大头发挥程度较低，从该角度出发，钉形搅拌桩设计应该采用较大的扩大头直径、较小的扩大头高度，该结论与减小桩间土沉降角度得出的结论相同。

图 7-11 表明钉形搅拌桩复合地基中、上部的轴力远高于常规搅拌桩，这和桩间土附加应力的结果相符。桩身轴力在变截面上、下有一定的衰减，在路堤荷载下，该衰减值不仅随着扩大头直径的增大而增大，而且随扩大头高度的增加而增

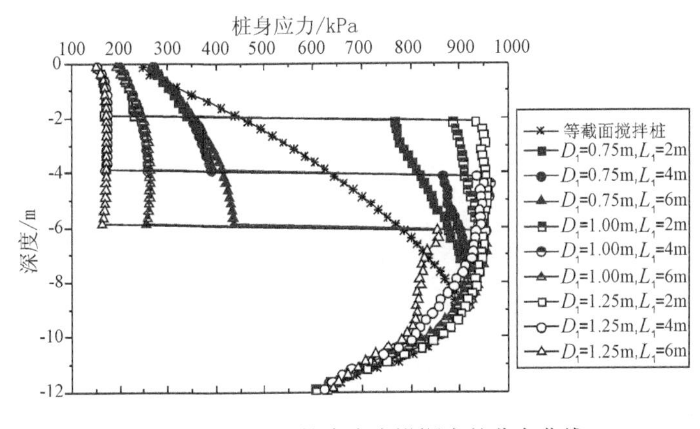

图 7-10　路中心桩身应力沿深度的分布曲线

大,该结果与单桩及复合地基荷载作用下的结果有所差异,这主要是因为路堤柔性基础的荷载分配能力较弱引起的。

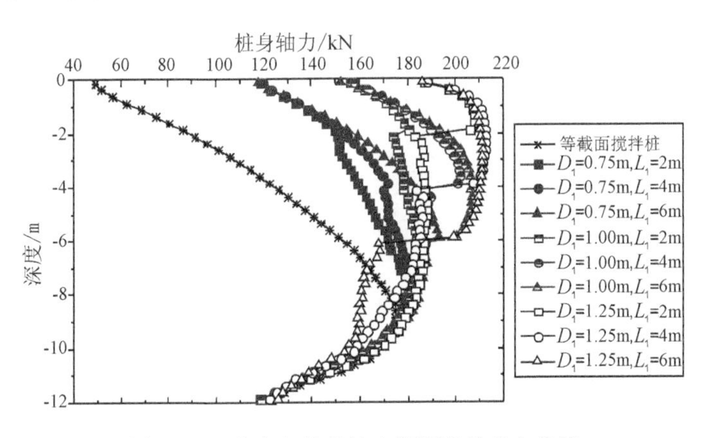

图 7-11　路中心桩身轴力沿深度的分布曲线

图 7-12 是路中心桩身侧摩阻力沿深度的分布曲线。对比单桩极限荷载作用下的桩身侧摩阻力,可以得出:在路堤荷载作用下,常规搅拌桩复合地基上部的侧摩阻力为负,而且大体上随着深度增加,负摩擦力逐渐减小,到复合地基下部,桩身侧摩阻力转为正值,到接近桩端的深度达到最大值。相比较而言,钉形搅拌桩复合地基中、上部的负摩擦力数值明显小于常规搅拌桩复合地基,且负摩擦力出现的深度范围较小,在复合地基中部较长深度内的桩身侧摩阻力接近于零,说明该深度内桩土位移协调,差异沉降小。扩大头直径越大,上部负摩擦力越小,深度越小,即桩土协调变形的性能越好,但扩大头高度对此的影响较小。该结果与图 7-5 桩土差

异沉降的结果相符。

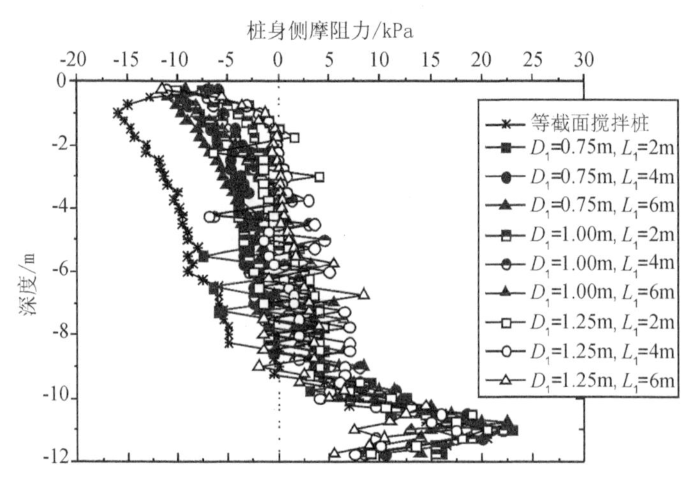

图 7-12 路中心桩身侧摩阻力沿深度的分布曲线

7.2 复合地基沉降计算方法

常用的计算方法通常把搅拌桩复合地基沉降量分为加固区和下卧层两部分分别计算，由于复合地基早期多用于刚度较大的条形基础或筏板基础下地基加固，这些计算方法和相应的计算参数都是基于对刚性基础下复合地基性状的研究得出的，将其用于路堤填土下的沉降计算，得到的计算值与实测值相差较大，而且是偏不安全的[86]。路堤填土的刚度相对较小，为柔性或半柔性基础，在相同的条件下，柔性基础下搅拌桩复合地基的沉降比刚性基础下复合地基沉降大[86]，这是因为路堤柔性基础荷载分配能力有限，上部桩间土的附加应力较大。

7.2.1 加固区计算模式

(1) 广义桩体法

公路为线性构筑物，纵向可认为无限长，路堤荷载下地基中附加应力沿纵向不发生扩散，且高速公路路基宽度一般较大，路中心的附加应力扩散沿横向扩散也比较缓慢，在复合地基中由于竖向增强体(桩体)的存在，一方面很大一部分路堤荷载通过桩体直接传到下卧层，另一方面桩体的存在也减缓了桩间土中附加应力的扩散。故以路中心的单桩等效处理面积的圆柱进行沉降计算(图 7-13)，假设等效处理圆柱外壁侧摩阻力为零，等效处理圆柱上的路堤荷载由其下的桩、土共同承担，

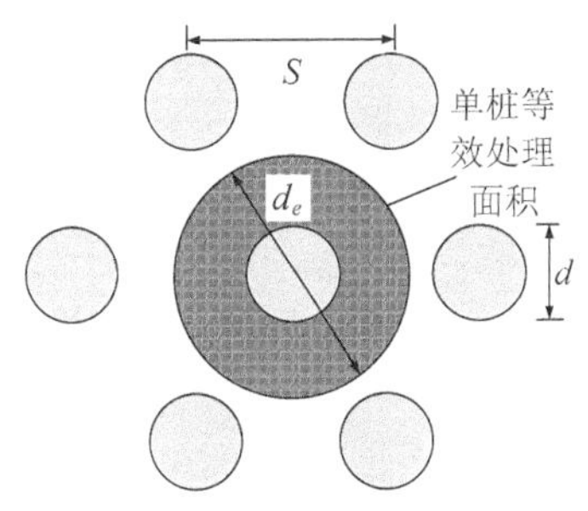

图 7-13 复合地基单桩等效处理面积示意图

加固区内附加应力不发生扩散。由前面的分析可知等效单桩处理面积的圆柱与路中心的复合地基性状较为接近，在路堤荷载下路中心的沉降最大。对于梅花形布桩，桩间距为 S，则单桩等效处理圆的半径 $d_e=1.05S$。

在路堤荷载作用下，由于桩体模量远大于桩间土，在地基表面桩间土的沉降大于桩体沉降，桩顶向上刺入路堤填土（或垫层），而桩端则向下刺入下卧层，故在填土和下卧层中均出现一个等沉面，同时由于桩顶上刺和桩端下刺，在桩身上部土对桩体的摩擦力向下，为负摩擦力，而下部则为正摩擦力，在中部也出现桩土等沉面，即加固区等沉面。图 7-14 为路堤荷载下常规（等截面）搅拌桩复合地基沉降示意图。由于位移连续，填土底部的差异沉降与桩顶上刺量相等，下卧层顶面的差异沉降与桩端下刺量相等，从而可以将路堤填土、加固区和下卧层作为一个统一的整体。

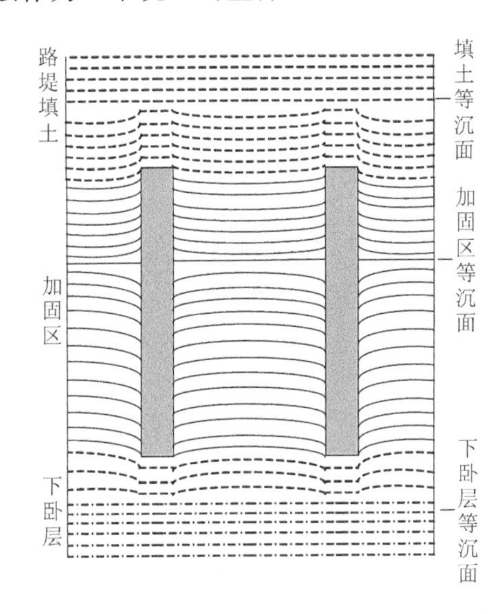

图 7-14 路堤荷载下常规（等截面）搅拌桩复合地基沉降示意图

基本计算假定如下：

① 在工作荷载下，桩体和土体为各向同性弹性体，应力－应变关系服从虎克定律。

② 路堤填土分为桩顶上部和桩间土上部内、外两个土柱，相同水平面的内土柱土体沉降、应力相等，相同水平面的为土柱土体沉降、应力相等，内、外土柱之间

的摩擦力采用 Bjerrum 摩擦力公式。

③ 相同水平面的桩体沉降、应力相等，相同水平面的桩间土体沉降、应力相等。

④ 下卧层分为桩端下部和桩间土下部内、外两个土柱，相同水平面的内土柱土体沉降、应力相等，相同水平面的为土柱土体沉降、应力相等，内、外土柱之间的摩擦力采用 Bjerrum 摩擦力公式。

在路堤荷载下，复合地基地表差异沉降（ΔS_1）造成路堤填土中的应力分布发生改变，桩间土上部填土荷载部分向桩体上部土体转移，即土拱效应。桩间土上部土体的压缩量小于桩顶土体的压缩量，路堤填土的差异压缩量的地基表面与复合地基的桩土差异沉降协调相等。填土中的差异变形量随着距离桩顶高度的增加而减小，当增加到距离桩顶高度 h_{c1} 时，桩顶和桩间土上部填土的差异变形量为零，即为路堤填土等沉面，h_{c1} 为填土等沉面高度，见图 7-15 所示。

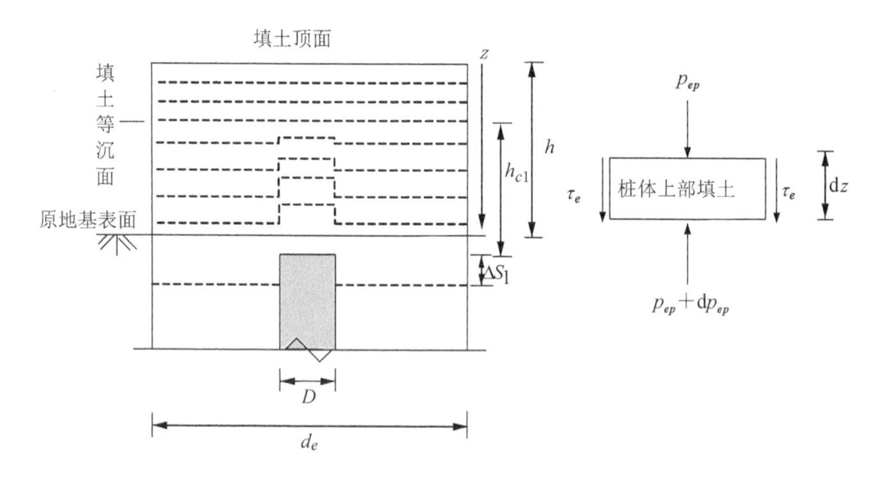

图 7-15　路堤填土变形示意图

以填土顶面为坐标原点，向下为正，从桩顶上部填土（内土柱）中取出 dz 厚度的薄层单元进行受力分析，如图 7-15 所示，单元受力有顶面、底面的竖向力、单元自重应力、侧面摩擦力，由竖向受力平衡条件得：

$$A_p p_{ep} + A_p \mathrm{d}p_{ep} = A_p p_{ep} + \gamma_e A_p \mathrm{d}z + \pi D \tau_e \mathrm{d}z \tag{7-2a}$$

式中：$A_p = \pi D^2/4$，D 为桩体直径；

γ_e—— 填土容重；

τ_e—— 内、外土柱之间的摩擦力，采用 Bjerrum 摩擦力公式：$\tau_e = \beta_1 f_e K_e p_{ep}$，$f_e = \tan\varphi_e$，为填土土柱间的摩擦系数，$\varphi_e$ 为填土的内摩擦角，$K_e = 1 - \sin\varphi_e$，为填

土的侧向土压力系数，β_1 为摩擦力发挥程度系数，与内、外土柱之间的相对位移有关，桩顶附近为 1，等沉面以上为 0，简单起见，本计算取 $\beta_1 = 1$。

由式(7-2a)可得：

$$A_p \mathrm{d}p_{ep} = (\gamma_e A_p + \pi D f_e K_e p_{ep})\mathrm{d}z \tag{7-2b}$$

① 当填土高度 $h < h_{c1}$ 时，即填土中不出现等沉面，地基差异沉降发展到填土顶部，这种情况很少出现，由式(7-2)可得：

$$\int_0^{p_{ep}} \frac{\mathrm{d}p_{ep}}{\gamma_e + 4f_e K_e p_{ep}/D} = \int_0^z \mathrm{d}z \tag{7-3}$$

于是，任意高度桩顶上部填土竖向应力：

$$p_{ep} = \frac{\gamma D(\mathrm{e}^{4f_e K_e z/D} - 1)}{4f_e K_e} \tag{7-4}$$

由相同深度内、外土柱受力平衡条件：

$$\gamma z = m p_{ep} + (1 - m) p_{es} \tag{7-5}$$

式中：$m = A_p/A_e$，为桩体面积置换率，$A_e = \pi d_e^2/4$，d_e 为单桩等效处理半径；

p_{es}—— 填土外土柱竖向应力。

于是，任意高度桩间土上部填土竖向应力：

$$p_{es} = \frac{\gamma z - m p_{ep}}{1 - m} \tag{7-6}$$

② 当填土高度 $h \geqslant h_{c1}$ 时，即填土中出现等沉面，根据已有的研究成果，等沉面高度在对角桩的距离范围之内，一般路堤填土均为满足此条件，故本计算时假定 $h \geqslant h_{c1}$，由式(7-6)可得：

$$\int_{\gamma(h-h_{c1})}^{p_{ep}} \frac{\mathrm{d}p_{ep}}{\gamma_e + 4f_e K_e p_{ep}/D} = \int_{h-h_{c1}}^z \mathrm{d}z \tag{7-7}$$

$$p_{ep} = \frac{\gamma D(\mathrm{e}^{4f_e K_e (z-h+h_{c1})/D} - 1)}{4f_e K_e + \gamma(h - h_{c1})\mathrm{e}^{4f_e K_e (z-h+h_{c1})/D}} \tag{7-8}$$

桩间土上部填土竖向应力同样可以通过式(7-5)得到。

特别的，在地基表面，即 $z=h$ 时，桩顶、桩间土上部填土单元竖向应力为：

$$p_{eph} = \frac{\gamma D(\mathrm{e}^{4f_e K_e h_{c1}/D} - 1)}{4f_e K_e + \gamma(h - h_{c1})\mathrm{e}^{4f_e K_e h_{c1}/D}} \tag{7-9}$$

$$p_{esh} = \frac{\gamma h - m p_{eph}}{1 - m} \tag{7-10}$$

地基表面路堤填土内、外土柱之间的差异变形量即为内、外土柱的差异压缩量 Δs_1：

$$\begin{aligned}\Delta s_1 &= \int_{h-h_{c1}}^{h} \frac{p_{ep}}{E_e}\mathrm{d}z - \int_{h-h_{c1}}^{h} \frac{p_{es}}{E_e}\mathrm{d}z = \int_{h-h_{c1}}^{h} \frac{p_{ep} - p_{es}}{E_e}\mathrm{d}z \\ &= \frac{\gamma D}{4f_e K_e E_e(1-m)}(\mathrm{e}^{4f_e K_e h_{c1}/D} - 1)\left(\frac{D}{4f_e K_e} + h - h_{c1}\right) - \\ &\quad \frac{\gamma h_{c1}}{2E_e(1-m)}\left(\frac{D}{2f_e K_e} + 2h - h_{c1}\right)\end{aligned} \tag{7-11}$$

式中：E_e——填土的压缩模量。

当已知等沉面高度 h_{c1} 时，地基表面差异沉降 Δs_1 和桩顶、桩间土上填竖向应力就可以计算出来。

计算加固区桩土相互作用时，常假设桩侧摩阻力的分布形式，联立方程组进行求解，但是由于数量多，求解过程非常复杂，无法得到简单的解析解，求解需要用到数值解法编程(如迭代法)。不如直接以有限差分法进行求解，无需侧摩阻力分布形式，还可以选择不同的荷载传递形式，考虑加固区不同土层分布。

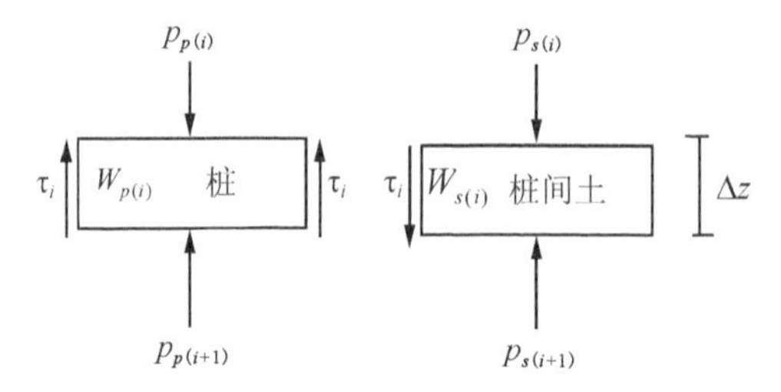

图 7-16　加固区桩、土微单元受力示意图

将加固区深度内桩、土沿深度方向平均划分为 n 个单元，单元厚度 $\Delta z = L/n$，当 n 足够大时，单元厚度足够小，在微单元上以差分代替微分，对于第 i 个桩、土微单元(图 7-16)，由竖向受力平衡可得：

$$p_{p(i+1)} = p_{p(i)} - \frac{4\tau_{(i)}\Delta z}{D} \tag{7-12}$$

$$p_{s(i+1)} = p_{s(i)} + \frac{4D\tau_{(i)}\Delta z}{d_e^2 - D^2} \tag{7-13}$$

式中：$p_{p(i)}$、$p_{p(i+1)}$—— 分别为第 i 个桩单元上表面、下表面的竖向应力；

$p_{s(i)}$、$p_{s(i+1)}$——分别为第 i 个土单元上表面、下表面的竖向应力；

$\tau_{(i)}$ 为第 i 个桩、土单元之间摩擦力，它与桩、土单元之间的差异沉降 $W_{(i)}$ 有关，$W_{(i)}$ 等于 $W_{(i-1)}$ 加上第 i 个桩、土单元的差异变形量：

$$W_{(i)} = W_{(i-1)} + \left(\frac{p_{p(i)}}{E_p}\Delta z - \frac{p_{s(i)}}{E_s}\Delta z\right) \tag{7-14}$$

第 $i+1$ 个桩、土单元之间摩擦力 $\tau_{(i+1)}$ 可以由 $W_{(i+1)}$ 根据相应的荷载传递函数求出，如采用理想弹塑性传递函数(图 7-17)，则如下式：

$$\begin{cases} \tau_{(i)} = kW_{(i)} & (|W_{(i)}| < \delta_u) \\ \tau_{(i)} = k\delta_u \dfrac{W_{(i)}}{|W_{(i)}|} & (|W_{(i)}| \geqslant \delta_u) \end{cases} \tag{7-15}$$

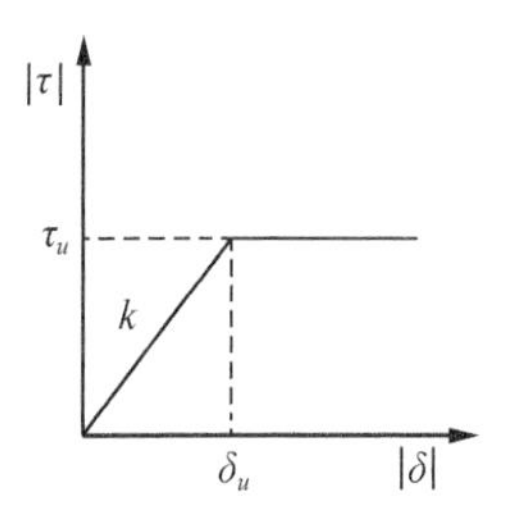

图 7-17　理想弹塑性荷载传递函数

由于桩、土模量差异，由桩端传入下卧层的竖向应力大于由桩间土传入下卧层的竖向应力，桩端刺入下卧层，见图 7-18(左图)所示。

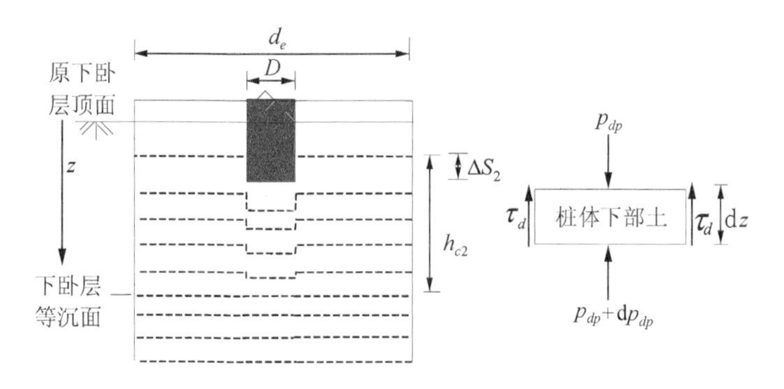

图 7-18　下卧层变形、受力示意图

以下卧层表面为坐标原点，向下为正，从桩端下部土层(内土柱)中取出 dz 厚度的薄层单元进行受力分析，如图 7-18(右图)所示，只考虑附加应力，由竖向受力平衡条件，得：

$$A_p p_{dp} + A_p \mathrm{d}p_{dp} = A_p p_{dp} - \pi D \tau_d \mathrm{d}z \tag{7-16}$$

式中：τ_d——下卧层内、外土柱之间的摩擦力，$\tau_d = \beta_2 f_d K_d p_{dp}$，$f_d = \tan\varphi_d$，为下卧层内、外土柱间的摩擦系数，$\varphi_d$ 为下卧层土体的内摩擦角，$K_d = 1 - \sin\varphi_d$，为土体的侧向土压力系数，β_2 为摩擦力发挥程度系数，与内、外土柱之间的相对位移有关，桩端附近为 1，等沉面以下为 0，简单起见，本计算取 $\beta_2 = 1$。

由式(7-16)可得：

$$A_p \mathrm{d}p_{dp} = -\pi D f_d K_d p_{dp} \mathrm{d}z \tag{7-17}$$

在下卧层等沉面，内、外土中竖向应力相等，为 $p_0 = \gamma h$。对式(7-17)积分：

$$\int_{p_{dp0}}^{p_{dp}} \frac{D\mathrm{d}p_{dp}}{4 f_d K_d p_{dp}} = -\int_0^z \mathrm{d}z \tag{7-18}$$

式中：p_{dp0} 为 $z=0$ 时，桩下部土体（内土柱）单元竖向应力：

$$p_{dp} = p_{dp0} \mathrm{e}^{-4 f_d K_d z/D} \tag{7-19}$$

由受力平衡，外土柱单元竖向应力为：

$$p_{ds} = \frac{\gamma h - m p_{dp}}{1 - m} \tag{7-20}$$

特别的，当 $z = h_{c2}$，即在下卧层等沉面处，内、外土柱竖向应力相等，均为填土压力 γh：

$$p_{dp0} \mathrm{e}^{-4 f_d K_d h_{c1}/D} = \gamma h \tag{7-21}$$

则下卧层等沉面深度 h_{c2} 为：

$$h_{c2} = \frac{(\ln p_{dp0} - \ln \gamma h) D}{4 f_d K_d} \tag{7-22}$$

下卧层顶面内、外土柱之间的差异变形量即为内、外土柱的差异压缩量 Δs_2：

$$\begin{aligned} \Delta s_2 &= \int_0^{h_{c2}} \frac{p_{dp}}{E_d} \mathrm{d}z - \int_0^{h_{c2}} \frac{p_{ds}}{E_d} \mathrm{d}z \\ &= \frac{1}{E_d (1-m)} \left[\frac{p_{dp0} D (1 - \mathrm{e}^{-4 f_d K_d h_{c2}/D})}{4 f_d K_d} - \gamma h h_{c2} \right] \end{aligned} \tag{7-23}$$

式中：E_d——下卧层土体的模量。

与等截面搅拌桩相比，钉形搅拌桩区别是桩身为变截面，扩大头部分桩体直径较大，下部桩体直径较小，所以变截面以下加固区在水平面至少需要离散为三部分:下部桩体、翼缘下部土体(内土柱)、桩间土体(外土柱),同样下卧层的土体也必须划分为三部分,如图 7-19(右图)所示,这样在同一水平面需要考虑三部分之间的相互作用,计算非常复杂,难以用前面提到的有限差分或联立方程组解答,必须进行相应的简化。由于扩大头的承台效应,扩大头翼缘下部的桩、土变形比较协调,相对位移较小,只有接近桩端时,桩、土相对位移才较大,数值模拟的结果也表明除了桩端部分,下部桩体的侧摩阻力很小。所以,可以对钉形搅拌桩的计算模式进行简化,假定扩大头翼缘以下的桩、土位移协调,将上、下直径不等的钉形桩等效为上、下直径相等而模量不等的常规截面桩,下部桩体的模量按面积置换率取桩、土复合模量 E_{c2},见图 7-19 所示。这相当于把翼缘以下的土体也作为桩体的一部分,即为广义桩体,然后按照路堤荷载下等截面搅拌桩的有限差分计算原理来计算,唯一不同的是,加固区按照桩体模量不同分两部分进行离散,二者在交界面上应力、位移保持连续,称为广义桩体法。从广义桩体法的假设可以看出它高估了扩大头对翼缘下部的桩、土协调作用,弱化了下部桩体向下卧层的刺入。

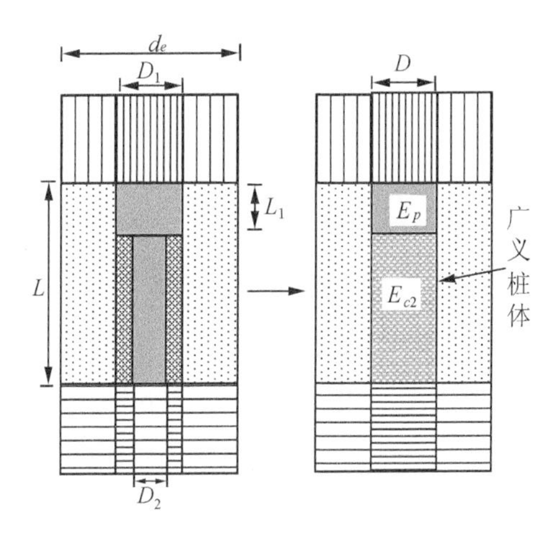

图 7-19　广义桩体法示意图

(2) 排水路径法

竖向承载的钉形搅拌桩复合地基沉降包括扩大头深度范围内复合土层压缩变形量 s_1、下部桩体深度范围内复合土层压缩变形量 s_2 和桩端下部未加固土层压缩变形量 s_3 组成。按照一维固结理论计算其填土结束后某一时刻的沉降。钉形搅拌桩复合地基沉降示意见图 7-20 所示。

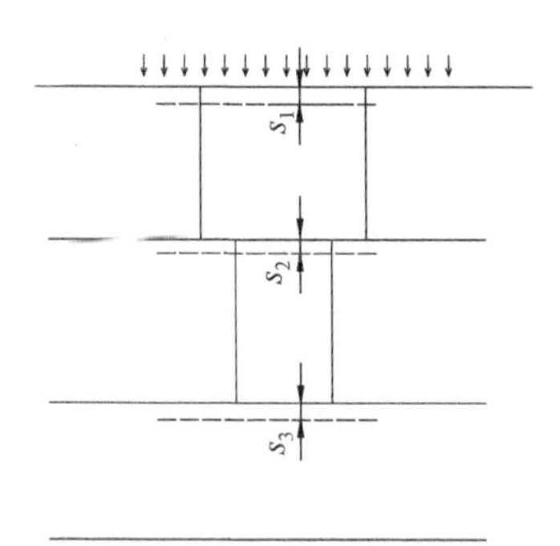

图 7-20　钉形搅拌桩复合地基沉降示意图

① 扩大头范围内复合地基的固结沉降

按照土体一维固结理论，扩大头深度范围内复合土体的压缩量 s_1 可由下式表达：

$$s_1(t)=\int_{h_1}^{0}\mathrm{d}S(z,t)\mathrm{d}z=m_{v1}p\int_{h_1}^{0}\left[1-\frac{4}{\pi}\sum_{m=1}^{\infty}\frac{1}{m}\sin\frac{m\pi\cdot z}{2H'_1}\mathrm{e}^{-\frac{m^2\pi^2}{4}T_{v1}}\right]\mathrm{d}z$$
$$=m_{v1}p\left[-h_1+\frac{8H'_1}{\pi^2}\sum_{m=1}^{\infty}\frac{1}{m^2}\left(1-\cos\frac{m\pi\cdot h_1}{2H'_1}\right)\mathrm{e}^{-\frac{m^2\pi^2}{4}T_{v1}}\right] \tag{7-24}$$

式中：H'_1—— 扩大头深度范围内复合土体的最大排水路径，由于钉形搅拌桩水泥土的渗透系数相对桩周土体的渗透系数较小，可近似假设钉形搅拌桩不透水（对计算结果不会产生太大影响），按照排水路径体积进行加权平均，可得 $H'_1=\dfrac{h_1}{1-m_1}$，h_1 为扩大头高度，m_1 为扩大头部分桩体的面积置换率；

m_{v1}—— 扩大头深度范围内复合土体的压缩系数，可按照桩、土弹性模量比，结合复合地基面积置换率进行换算，即：$m_{v1}=m_v\left(1+N\dfrac{m_1}{1-m_1}\right)$，$N$ 为桩土弹性模量比，m_v 为桩周土体的压缩系数；

T_{v1}—— 时间因子：$T_{v1}=C_{v1}\cdot t/H'^2_1$，$C_{v1}$ 为固结系数：$C_{v1}=C_v\left(1+N\dfrac{m_1}{1-m_1}\right)$，$C_v$ 为桩周土体的固结系数。

② 下部桩体范围内复合地基的固结沉降

按照土体一维固结理论，下部桩体范围内复合土体的压缩量 s_2 可由下式表达：

$$s_2(t)=\int_H^z \mathrm{d}S(z,t)\mathrm{d}z=m_{v2}p\int_H^z\left[1-\frac{4}{\pi}\sum_{m=1}^{\infty}\frac{1}{m}\sin\frac{m\pi\cdot z}{2H'_2}\mathrm{e}^{-\frac{m^2\pi^2}{4}T_{v2}}\right]\mathrm{d}z$$

$$=m_{v2}p\left[z-H+\frac{8H'_2}{\pi^2}\sum_{m=1}^{\infty}\frac{1}{m^2}\left(\cos\frac{m\pi\cdot z}{2H'_2}-\cos\frac{m\pi\cdot H}{2H'_2}\right)\cdot\mathrm{e}^{-\frac{m^2\pi^2}{4}T_{v2}}\right]$$

(7-25)

式中：$H'_2=\dfrac{H^2}{(1-m_1)h_1+(1-m_2)(H-h_1)}$，$m_2$ 为下部桩体的面积置换率，H 为桩长；

m_{v2}——复合土体压缩系数，$m_{v2}=m_v\left(1+N\dfrac{m_2}{1-m_2}\right)$；

T_{v2}——时间因子，$T_{v2}=C_{v2}\cdot t/H'^2_2$，固结系数 $C_{v2}=C_v\left(1+N\dfrac{m_2}{1-m_2}\right)$。

(3) 复合模量法

借用天然地基的规范法，将钉形搅拌桩加固区内复合土体的压缩模量按照面积置换率进行加权平均，代替改土层的压缩模量进行沉降计算。即加固层的压缩模量：

$$E_{spi}=m_iE_p+(1-m_i)E_{si} \tag{7-26}$$

7.2.2 下卧层计算模式

下卧层沉降通常用分层总和法计算，因此就需知道下卧土层中附加应力随深度的分布问题，因此确定下卧土层表面的应力分布尤为关键。已有的计算方法有应力扩散法、等效实体法和改进 Geddes 法等，以上各种方法都有着各自的优缺点，为计算的简便性，采用等效实体法计算沉降。作用在下卧层表面的附加应力为：

$$p_{\mathrm{down}}=\frac{BDp-(B+D)Lf}{BD} \tag{7-27}$$

对无限长条形基础可进一步改写为：

$$p_{\mathrm{down}}=p-\frac{Lf}{B} \tag{7-28}$$

式中：p——地表应力；

B——基础宽度；

D——基础长度；

L——桩身长度；

f——实体基础侧壁摩阻力。

利用 Boussinesq 解得下卧层深度范围内的附加应力分布即可求下卧层沉降量。

数值模拟表明[87-90]路堤荷载下复合地基下卧层顶面的附加应力分布类似天然地基表面的反力分布，见图 7-21 所示，故可以将其简化为梯形荷载来计算。设路堤顶面宽度为 $2a$，底面宽度为 $2b$，填土高度为 h，填土容重为 γ，则天然基地上填土荷载(半幅)可以简化为如图 7-22 所示，$p_0=\gamma h$。由于加固效果的差异，加固区附加应力扩散的程度不同，αp_0 为加固区下卧层顶面的平均附加应力，α($\alpha_0<\alpha<1$)为复合地基下卧层顶面的附加应力系数，α_0 为相同条件天然地基下卧层顶面的附加应力系数。设下卧层顶面最大荷载强度的宽度为路堤顶面宽度 a，则荷载的分布宽度 b_1 可以通过荷载守恒计算出来：$b_1=[a(1-\alpha)+b]/\alpha$，$\alpha$ 的取值与复合地基置换率、桩长、桩土模量比等因素有关，一般可在 $\alpha_0\sim1$ 之间取值。前面三维数值模拟结果表明，路堤荷载下路中心复合地基下卧层桩间土的附加应力扩散程度相当有限，且与钉形搅拌桩的设计参数关系不大，根据保守设计原则，建议 α_0 取 1，相当于加固区附加应力没有发生扩散。当下卧层顶面的附加应力分布确定以后，下卧层任意深度的附加应力可由 Mindlin 解积分得到。

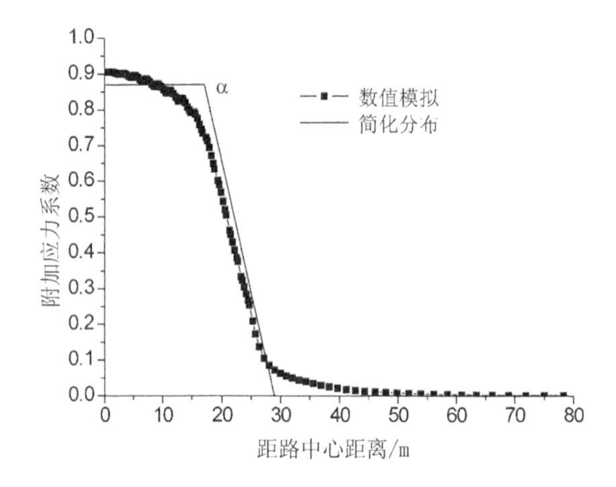

图 7-21　下卧层顶面的附加应力简化分布

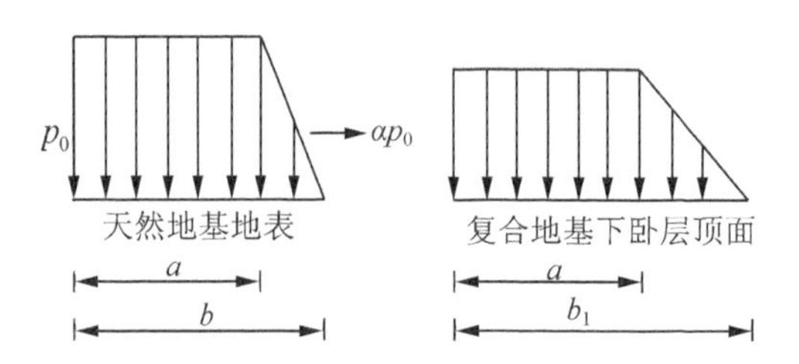

图 7-22　复合地基下卧层顶面附加应力分布计算简图

7.3　成层复合地基固结计算方法

7.3.1　成层复合地基固结计算的数值解法

1. 计算模式与推导

在路堤荷载作用下，地基中超静孔隙水渗流属于三维渗流，并不是严格的一维向上渗流。不过，当路堤宽度较大时，路中心的地基渗流还是可以近似用一维固结理论进行计算，所得的超静孔隙水压和固结度会小于真实的三维渗流结果，结果是偏保守、偏安全的。所以简单、实用的复合地基固结计算方法对于钉形搅拌桩复合地基的设计具有现实意义。下面将在一定理论简化的基础上，推导成层复合地基的一维固结计算方法，以计算钉形搅拌桩复合地基这种变截面搅拌桩复合地基。计算假定如下：

① 大面积荷载作用，复合地基中只发生一维竖向变形和渗流。

② 搅拌桩为不透水材料，不考虑桩体的渗流和固结。

③ 其他假定同太沙基一维固结理论。

根据假定①，由于大面积荷载作用，可以选其中典型的桩土单元体进行分析，成层复合地基根据土层分布及其桩体面积置换率（同一土层面积置换率相等）的变化分为 m 层，其中第 j 层用上标 j 标识，该层的桩体面积置换率、桩体压缩模量、桩体渗透系数、土体压缩模量和土体渗透系数分别为 a_s^j、E_p^j、k_p^j、E_s^j 和 k_s^j。

根据假定②，认为 $k_p^j=0$，即不考虑桩体的固结，只考虑桩间土的固结。不透水的桩体存在减小了加固区桩间土的截面积，降低了加固区土层的过水能力，同时导致桩端下部土体中超静孔隙水先经过水平渗流后才能通过竖向渗流排出，这是轴对称二维渗流问题。为了简化计算，根据假定①，认为桩间土只发生一维渗流，从而可将成层复合地基固结问题简化为成层天然地基的固结问题（不同土层的附加应力不同）。

由于天然成层地基的固结计算都无法得到简单的解析解，需要利用数值方法编程进行求解，故这里直接推导差分方程，利用有限差分法进行求解。将计算深度 H 内的土体平均离散为 n 段，每一段长 $\Delta z=H/n$，当单元厚度足够小时，在单元上以差分代替微分，单元的截面积为 A^j，第 i 段单元的上节点的坐标为 $(i-1)\Delta z$，下节点的坐标为 $i\Delta z$（以地表为零点，向下为正），其对应 t 时刻的超静孔压分别为 $u_{i-1(t)}^j$ 和 $u_{i(t)}^j$，其中上标 j 为该单元的土层编号。由于单元节点的连续性，第 j 层最后一个单元的下节点为第 $j+1$ 层第一个单元的上节点，即孔压的连续性条件。单元离散示意图见图 7-23 所示。

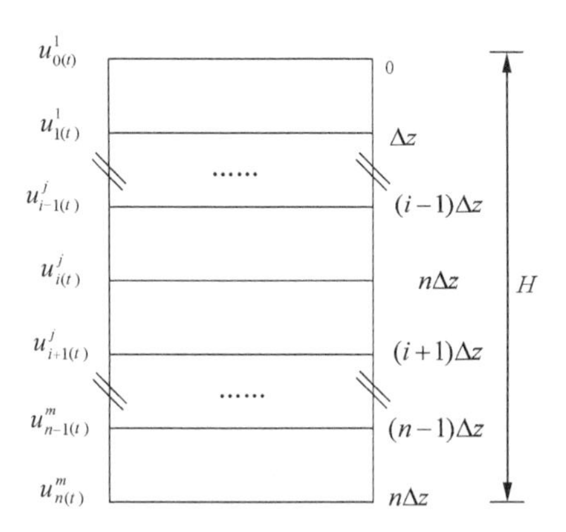

图 7-23　成层复合地基一维固结计算网格离散图

在 t 时刻，经过时间 Δt 后，第 i 个单元由于上、下之间的水头差[超静孔隙水压力差 $(u_{i(t)}^{j}-u_{i-1(t)}^{j})$] 发生渗流。在 Δt 内，由于单元渗流以及外荷载的增加(加载及桩土相互作用)会导致单元上下节点的孔压发生变化，即单元水头差发生变化，但是当 Δt 足够小时，可以认为单元的水头变化值相对很小，在计算渗流量时可以忽略，根据达西定律，在 Δt 内从第 i 个单元流出的水量为 $Q_{i(t)}^{j}$：

$$Q_{i(t)}^{j}=A^{j}k_{es}^{j}\frac{(u_{i(t)}^{j}-u_{i-1(t)}^{j})}{\gamma_{w}\Delta z}\Delta t \tag{7-29}$$

式中：k_{es}^{j}——第 j 层土体的等效竖向渗透系数。

根据单元的连续性，第 i 个单元流出的水量即为流入第 $(i-1)$ 个单元的水量，故流入第 i 个单元的水量为 $Q_{i+1(t)}^{j}$：

$$Q_{i+1(t)}^{j}=A^{j}k_{es}^{j}\frac{(u_{i+1(t)}^{j}-u_{i(t)}^{j})}{\gamma_{w}\Delta z}\Delta t \tag{7-30}$$

则第 i 个单元在这 Δt 内发生的渗水量变化 $\Delta Q_{i(t)}^{j}$ 为(设水量减少为正)：

$$\Delta Q_{i(t)}^{j}=(Q_{i(t)}^{j}-Q_{i+1(t)}^{j}) \tag{7-31}$$

由于渗流，单元节点的超静孔隙水压力发生变化，设经过 Δt，第 i 个单元节点的超静孔隙水压力增加值为 $\Delta u_{i(t)}^{j}$。

根据有效应力原理，土中超静孔隙水压力的减少等于土体有效应力的增加，由于微单元格厚度很小，可以认为第 i 个单元有效应力的增加值 $\Delta\sigma_{si(t)}^{j'}$ 等于第 i 个节点的超静孔隙水压力减少值：

$$\Delta\sigma_{si(t)}^{j'}=-\Delta u_{i(t)}^{j} \tag{7-32}$$

而土体有效应力的增加引起土体单元发生竖向变形：

$$\Delta s_{i(t)}^{j} = \frac{\Delta \sigma_{si(t)}^{j'}}{E_s^j}\Delta z = \frac{-\Delta u_{i(t)}^{j}}{E_s^j}\Delta z \tag{7-33}$$

式中：E_s^j——第 j 层土体的压缩模量。

假设土颗粒和水不可压缩，单元格渗水量的变化即为土体体积的变化：

$$\Delta Q_{i(t)}^{j} = A^j\,\frac{\Delta \sigma_{si(t)}^{j'}}{E_s^j}\Delta z = A^j\,\frac{-\Delta u_{i(t)}^{j}}{E_s^j}\Delta z \tag{7-34}$$

得：

$$\Delta u_{i(t)}^{j} = -\frac{E_s^j\,\Delta Q_{i(t)}^{j}}{A^j\,\Delta z} \tag{7-35}$$

同时，经过 Δt 时间后，外荷载的增加(加载及桩土相互作用) 会引起新的超静孔压增长，设荷载增加函数为 $q_{(t)}$，而第 i 个节点桩间土应力折减系数为 $\alpha_{i(t)}^{j}$，假设桩间土应力增加瞬间都由孔隙水压力承担，则在 $t+1$ 时刻第 i 个单元节点的超静孔压 $u_{i(t+1)}^{j}$ 为：

$$u_{i(t+1)}^{j} = u_{i(t)}^{j} + \Delta u_{i(t)}^{j} + \alpha_{i(t)}^{j}\,\Delta q_{(t)} \tag{7-36}$$

关于单元格的截面积 A^j，假设加固前(天然地基) 的单元格截面积为 1，则第 j 层土层中单元格的截面积为$(1-a_s^j)$。

所以，已知 t 时刻的每个单元节点的超静孔压，可以推得 $t+1$ 时刻每个单元节点的超静孔压，从而可以推得以后任意时刻的超静孔压。

需要说明的是，上面推导时进行了小变形假设，即单元厚度 Δz 为常数。当变形较大时，可以用大变形理论进行计算，经过 Δt 时间后对单元厚度进行修正，设 $\Delta z_{i(t)}^{j}$ 为第 i 个单元 t 时刻的单元厚度(位于第 j 土层)，经过 Δt 时间后其厚度变为 $\Delta z_{i(t+1)}^{j} = \Delta z_{i(t)}^{j} - \Delta s_{i(t)}^{j}$，在 $t+1$ 时刻进行渗流和变形计算时用 $\Delta z_{i(t)}^{j}$ 代替 Δz。

根据有效应力原理，土中超静孔隙水压力的减少等于土体有效应力的增加，t 时刻后第 i 个单元的有效应力为：

$$\sigma_{si(t)}^{j'} = \alpha_{i(t)}^{j}\,q_{(t)} - u_{i(t)}^{j} \tag{7-37}$$

从而土体单元发生竖向变形为：

$$s_{i(t)}^{j} = \frac{\sigma_{si(t)}^{j'}}{E_s^j}\Delta z = \frac{\alpha_{i(t)}^{j}\,q_{(t)} - u_{i(t)}^{j}}{E_s^j}\Delta z \tag{7-38}$$

从而可以得出 t 时刻桩间土的总沉降：

$$s_{(t)}=\sum_{i=1}^{n}s_{i(t)}^{j} \tag{7-39}$$

而最终沉降为：

$$s=\sum_{i=1}^{n}\frac{\alpha_{i(t)}^{j}q_{(t)}}{E_{s}^{j}}\Delta z \tag{7-40}$$

从而，根据沉降定义的整个地基平均固结度为：

$$U_{(t)}=\frac{s_{(t)}}{s}=\frac{\sum_{i=1}^{n}\frac{\alpha_{i(t)}^{j}q_{(t)}-u_{i(t)}^{j}}{E_{s}^{j}}\Delta z}{\sum_{i=1}^{n}\frac{\alpha_{i(t)}^{j}q_{(t)}}{E_{s}^{j}}\Delta z}=\frac{\sum_{i=1}^{n}\frac{\alpha_{i(t)}^{j}q_{(t)}-u_{i(t)}^{j}}{E_{s}^{j}}}{\sum_{i=1}^{n}\frac{\alpha_{i(t)}^{j}q_{(t)}}{E_{s}^{j}}} \tag{7-41}$$

根据孔压定义的整个地基平均固结度为：

$$U_{(t)}=1-\frac{\sum_{i=1}^{n}u_{i(t)}^{j}\Delta z}{\sum_{i=1}^{n}\alpha_{i(t)}^{j}q_{(t)}\Delta z}=\frac{\sum_{i=1}^{n}(\alpha_{i(t)}^{j}q_{(t)}-u_{i(t)}^{j})}{\sum_{i=1}^{n}\alpha_{i(t)}^{j}q_{(t)}} \tag{7-42}$$

谢康和(1994,1995)[91-92]指出对于成层地基，按照孔压和沉降定义的地基平均固结度不同，由上面两式可以看出这是由于成层地基的压缩模量不同造成的，由于工程中主要是通过固结理论计算工后沉降，按照沉降定义的地基平均固结度更具有工程意义，利用成层复合地基一维固结方法计算工后沉降时应该取根据沉降定义的平均固结度。

(1) 荷载增加函数 $q_{(t)}$ 和桩间土应力折减系数 $\alpha_{i(t)}^{j}$

荷载增加函数 $q_{(t)}$ 为时间 t 的函数，由工程施工计划决定，如高速公路的路堤荷载函数即为路堤填筑、预压及其使用过程，典型的路堤填筑荷载函数如图 7-24 所示，可以用简单的线性分段函数来描述：

其中：

$$q_{(t)}=K_{1}t,0\leqslant t<t_{1}$$

$$q_{(t)}=K_{1}t_{1}+K_{2}(t_{2}-t_{1}),t_{1}\leqslant t<t_{2}$$

…………

$$q_{(t)}=K_{1}t_{1}+K_{2}(t_{2}-t_{1})+\cdots+K_{i}(t-t_{i-1}),t_{i-1}\leqslant t<t_{i}$$

$$q_{(t)}=K_{1}t_{1}+K_{2}(t_{2}-t_{1})+\cdots+K_{i+1}(t-t_{i}),t\geqslant t_{i} \tag{7-43}$$

式中：K_{i}—— 第 i 段的加载函数的斜率。

则 $\Delta q_{(t)}=(q_{(t)})'\Delta t$，也可以用分段函数来表示：

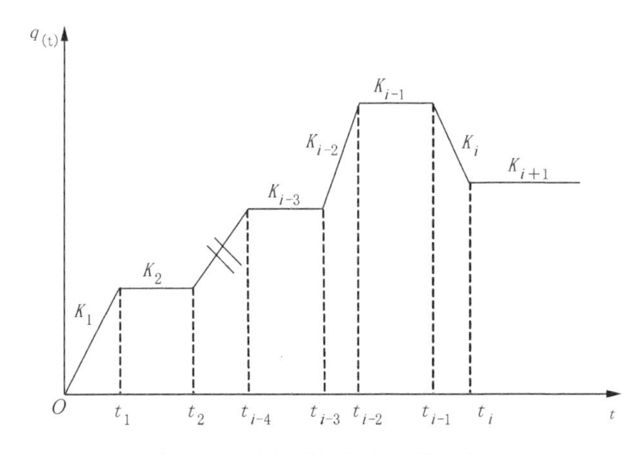

图 7-24　路堤填筑荷载函数示意图

$$\Delta q_{(t)} = K_1 \Delta t, 0 \leqslant t < t_1$$
$$\Delta q_{(t)} = K_2 \Delta t, t_1 \leqslant t < t_2$$
…………
$$\Delta q_{(t)} = K_i \Delta t, t_{i-1} \leqslant t < t_i$$
$$\Delta q_{(t)} = K_{i+1} \Delta t, t \geqslant t_i \tag{7-44}$$

桩间土应力折减系数 $\alpha^j_{i(t)}$ 和桩土模量比、桩体面积置换率、深度等一系列影响桩土相互作用的因素以及时间有关，非常复杂。严格来说，可以通过桩土相互作用理论、流固耦合理论进行求解，但这必须通过大型有限单元或有限差分软件才能实现。出于简单设计考虑，这里假设桩土之间的荷载分配在每一次加载瞬间即完成，且不随时间变化，即土体的固结不影响桩土荷载分配。而桩土荷载分配的方法可以参照已有的桩土相互作用理论。其中，最简单、实用的是桩土等应变理论，即同一深度桩土竖向变形相等，桩土荷载分配只和桩土模量比、面积置换率有关，桩间土应力折减系数为：

$$\alpha^j_{i(t)} = \alpha^j = \frac{1}{1 + a^j_s\left(\frac{E^j_p}{E^j_s} - 1\right)} \tag{7-45}$$

上面公式是理想的荷载分配方式，可以根据具体情况使用更合理的公式。需要说明的，只要提供相应的桩间土应力折减系数 $\alpha^j_{i(t)}$ 的函数形式，上面的方法可以进行更加复杂的固结计算，比如考虑基础刚度、深度以及桩土相互作用等。在刚性基础下，桩土变形比较协调，公式(7-45)比较合理。在路堤荷载下，等截面搅拌桩容易发生桩顶上刺，复合地基上部桩、土存在较大的差异沉降，而钉形搅拌桩复合地基的桩、土变形比较协调，故也可以采用公式(7-42)。

(2) 单元厚度 z 和时步 Δt 的确定

理论上来说，单元厚度 z 越小结果越准确，但是单元厚度越小，所划分的单元越多，而且所要求的时步 Δt 越短(将在下面进行说明)，计算时间越长。所以，对于一般工程，单元 z 不宜太小，当然太大时不仅计算精确度降低，而且可能导致土层划分问题，即不同土层划分到同一单元，由于一般工程勘察土层划分精确到0.1 m，故可以据此取最小单元格 z 为 0.1 m，当然还可以根据具体工程进行划分。

在进行单元渗流计算时，假设在一个时步 Δt 内单元的水头变化值相对很小，计算渗流量时可以忽略，即下式的绝对值相对较小：

$$\frac{\Delta u_{i(t)}^{j}}{u_{i(t)}^{j}}=\frac{-\dfrac{E_{s}^{j}k_{es}^{j}\left(2u_{i(t)}^{j}-u_{i+1(t)}^{j}-u_{i-1(t)}^{j}\right)\Delta t}{\gamma_{w}\left(\Delta z\right)^{2}}}{u_{i(t)}^{j}} \tag{7-46}$$

考虑一般工程中地基不在加载、卸载过程中产生负的超静孔隙水压力，则上式绝对值的最大值为：

$$\left|\frac{\Delta u_{i(t)}^{j}}{u_{i(t)}^{j}}\right|_{\max}=\frac{\left(E_{s}^{j}k_{es}^{j}\right)_{\max}\dfrac{2u_{i(t)}^{j}}{\gamma_{w}\left(\Delta z\right)^{2}}\Delta t}{u_{i(t)}^{j}}=\frac{2\left(E_{s}^{j}k_{es}^{j}\right)_{\max}\Delta t}{\gamma_{w}\left(\Delta z\right)^{2}} \tag{7-47}$$

类似于小应变假设，对于差分计算，认为当上式小于等于一定数值时，如10%，计算结果可以满足要求，则可以得出最大时步：

$$\left|\frac{\Delta u_{i(t)}^{j}}{u_{i(t)}^{j}}\right|_{\max}=\frac{2\left(E_{s}^{j}k_{es}^{j}\right)_{\max}\Delta t}{\gamma_{w}\left(\Delta z\right)^{2}}\leqslant 0.1\Rightarrow\Delta t\leqslant\frac{0.05\gamma_{w}\left(\Delta z\right)^{2}}{\left(E_{s}^{j}k_{es}^{j}\right)_{\max}} \tag{7-48}$$

式中：$\gamma_w=10\ \mathrm{kN/m^3}$；$\Delta z$ 的单位取 m；E_s^j的单位取 Pa；k_{es}^j的单位取 m/s；此时 Δt 的单位取 s。

从上式可以看出时步 Δt 和单元格厚度 z 的平方呈反比，同时总的单元格数量与单元格厚度 z 呈反比，即在其他条件相等的情况下总的计算时间与单元格厚度 z 的立方呈反比。

边界条件：

单面排水时，$0\leqslant t<\infty$，$u_{0(t)}=0$，$Q_{n+1(t)}=0$(流入底部，即第 n 个单元格的水量为 0)；

双面排水时，$0\leqslant t<\infty$，$u_{0(t)}=0$，$u_{n(t)}=0$。

计算步骤：

利用上述方法编制有限差分程序进行固结计算的方法很简单，只需要输入相应的计算参数即可，过程见图 7-25 所示，并详细说明如下：

① 根据具体工程条件,输入所需进行固结计算的土层数量(包括下卧层),并依次输入每一土层的深度、桩体面积置换率(下卧层为0)、土体压缩模量、桩体压缩模量(如果置换率不为0)、土体的渗透系数。输入加载函数和桩间土附加应力折减系数函数。对于路堤填土的加载函数,只需输入加载函数的段数,以及每一段的斜率和时间。默认的桩间土应力折减系数函数表达式为公式(7-45)。

② 根据工程情况输入单元厚度 z,如前所述,不宜过大或过小,一般工程可取0.1 m,重点工程可取0.01 m,必须保证单元离散时同一单元不包括两层或两层以上的土体。计算最小时步(程序自动计算)并输入时步 Δt(缺省时采用最小时步为计算时步)。输入需要固结计算的时间 t。

③ 进行计算,如计算时间过长,可以通过增大单元厚度和时步(满足最小时步要求)。完成计算,输出平均固结度,同时也可以根据需要输出沉降和超静孔隙水压力。

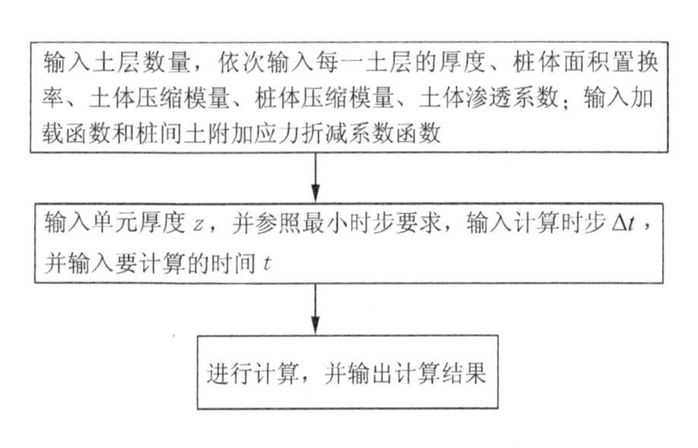

图7-25　成层复合地基一维固结计算流程图

2. 计算方法校核

上面的成层复合地基固结计算利用的是一维固结理论,当地基土层只有一层、桩体置换率为零且荷载一次性加载时,即和太沙基一维固结理论的假设相同,可以通过太沙基一维固结理论验算本方法的正确性。对比计算时,土体模量取5 MPa,渗透系数为 10^{-5} cm/s,一次性在地表施加瞬时荷载100 kPa,计算时间为1 d,考虑单面排水和双面排水两种情况。计算结果见图7-26,可见本方法与太沙基一维固结理论计算的结果完全一致,说明了本文提出的固结计算方法的基本理论是正确的。

太沙基一维固结计算理论不能对成层天然地基进行计算,谢康和、潘秋元(1995)[92]提出了变荷载下任意层天然地基的一维固结理论,该解形式上为解析解,但同样需要编程进行求解。为了进一步验证本课题方法的正确性,这里引用文

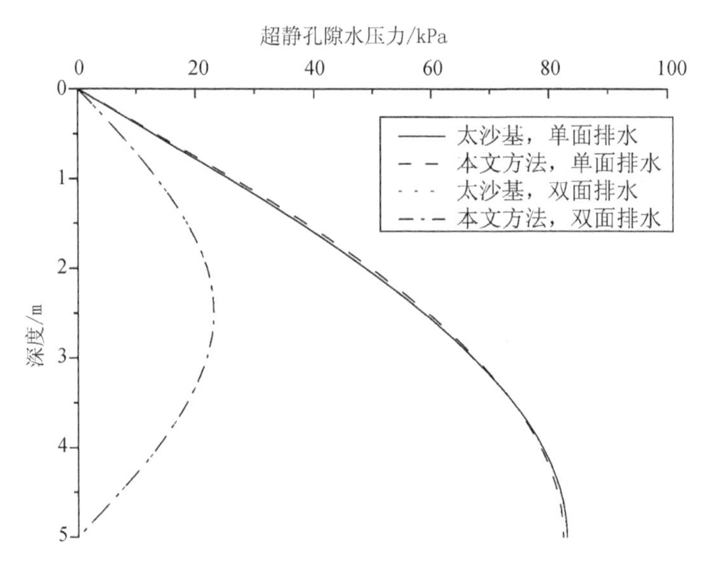

图 7-26　单层天然地基一维固结计算结果对比

献[92]中的算例进行计算验证，该算例计算的是双面排水的四层天然地基在恒载下的一维固结过程，计算参数见文献[92]，计算结果见图 7-27，可见本文提出的方法与他人研究的结果完全一致，算例说明了本文提出的固结计算方法的基本理论是正确的。

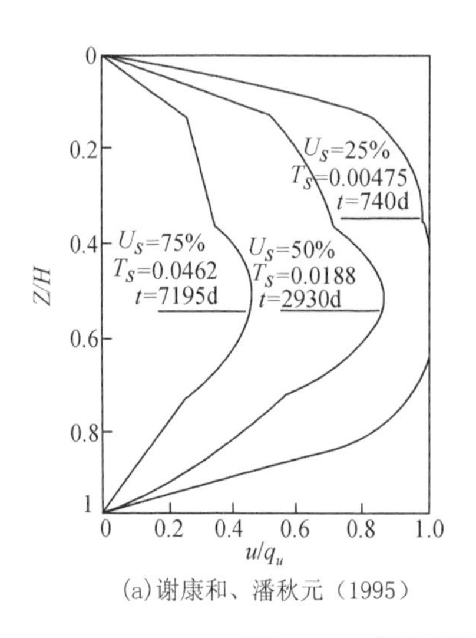

(a)谢康和、潘秋元（1995）

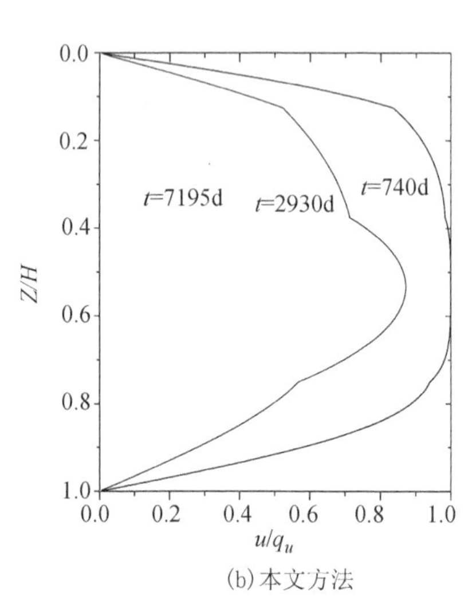

(b)本文方法

图 7-27　成层天然地基一维固结计算结果对比

7.3.2　钉形搅拌桩复合地基的固结模型及求解

钉形搅拌桩复合地基与常规的水泥土桩复合地基相比，主要区别是在桩长方向设置了两个不同的截面，靠近地基浅部桩直径较大，而到了地基下部一定深度改为小直径桩体，从而改变了桩体的应力传递规律以及桩土的相互作用规律，同时也在空间上改变了土中孔隙水的渗流路径，因此在加载条件下地基中超静孔隙水压力的产生与消散规律也会与常规水泥土桩有所不同。基于以上现状，本章结合现有的水泥土桩固结理论研究成果，提出了适合于钉形桩复合地基的固结研究模型。

1. 计算模型和基本假定

钉形搅拌桩复合地基具有以下基本特点：

① 钉形搅拌桩桩体具有较大刚度，扩大头和下部桩体截面面积的不同，使钉形水泥土双向搅拌桩加固区土体的应力传递规律更为复杂。

② 钉形搅拌桩扩大头置换面积较高，而一般桩间距设置也较大。

③ 钉形搅拌桩扩大头的存在，减小了其下部桩体间软土的向上排水通道；而下部桩体的存在，也同样减小了下卧土层向上排水的通道。

基于上述特点建立如图 7-28 所示的计算模型。

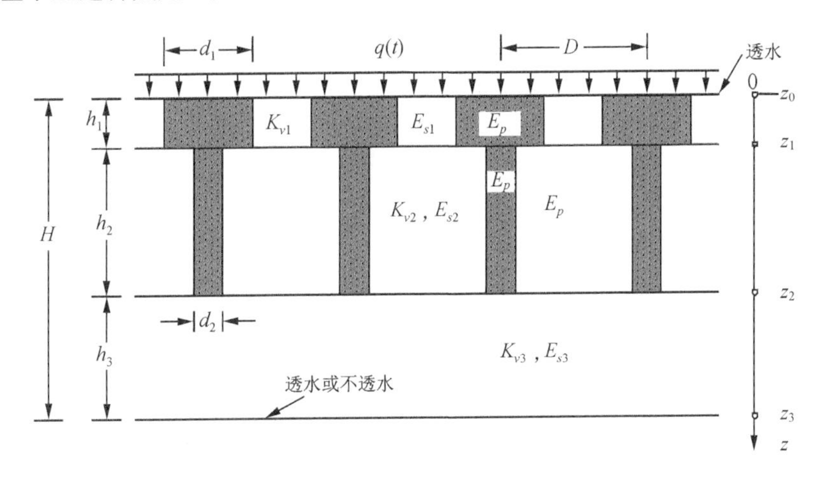

图 7-28　钉形搅拌桩复合地基固结计算简图

基本假定条件：

① 桩体完全打穿软土层，根据土层沿深度排水通道面积的变化将钉形桩复合地基视为三层地基考虑（钉形桩扩大头所在土层、下部桩体所在土层以及下卧土层）。

② 地基只发生一维竖向渗流和竖向压缩变形，且同一深度处桩体与土体竖向

变形相等。

③ 钉形搅拌桩桩体不透水(实际情况为原状土的 $10^{-3}\sim10^{-4}$ 倍),内部孔压为零。

④ 不考虑钉形搅拌桩施工对周围土体强度和透水性的扰动影响。

⑤ 钉形搅拌桩扩大头所在土层、下部桩体所在土层的桩土应力分担比相同且不随时间变化,荷载施加瞬间土体所受荷载全部由孔隙水来承担。

⑥ 与下卧土层相比,桩间土体由于桩土应力分担作用附加应力减小,考虑复合地基加固区的应力扩散作用,假定初始孔压沿深度不变。

⑦ 其他假定同 Terzaghi 一维固结理论。

2. 分离变量法求解

(1) 基本方程与求解条件

取地表为坐标 z 原点(如图 7-28),并记该点至土层 i 顶面和底面之垂直距离分别为 z_{i-1} 和 z_i,则有:$z_0=0$;$z_i=\sum_{j=1}^{i}h_j$,$i=1,2,3$;$z_3=H$。

① 渗流连续条件

根据一维 Terzaghi 固结理论,第 i 层土体单元有:

$$-\frac{k_{vi}}{\gamma_w}\frac{\partial^2 u_{si}}{\partial z^2}=\frac{\partial \varepsilon_{vi}}{\partial t} \tag{7-49}$$

式中:γ_w—— 水容重;

k_{vi}—— 第 i 层中天然土层的竖向渗透系数;

ε_{vi}—— 地基中任一点土体的体积应变;

u_{si}—— 第 i 层土体超静孔压。

② 应力平衡条件

考虑桩体刚度,分别建立某一时刻钉形搅拌桩复合地基各层平衡条件:

$$M_i\sigma_{pi}+(1-M_i)\sigma_{si}=q(t)\quad i=1,2,3 \tag{7-50}$$

由假定②:

$$\partial\varepsilon_{vi}=m_{vsi}\partial\sigma'_{si}=m_{vpi}\partial\sigma_{pi},\quad \frac{\partial\varepsilon_{vi}}{\partial t}=m_{vsi}\frac{\partial\sigma'_{si}}{\partial t} \tag{7-51}$$

式中:σ_{pi}、σ_{si}、σ'_{si}—— 分别为第 i 层地基中任一深度钉形搅拌桩桩体应力、土体总应力和有效应力;

$q(t)$—— 某一时刻的均布填土荷载密度;

m_{vpi}、m_{vsi}—— 钉形搅拌桩($i=1$ 时扩大头,$i=2$ 时下部桩体)和天然土体的体积压缩系数；

M_i—— 不同深度的钉形搅拌桩桩体面积置换率(其中 $i=3$ 时，$M_3=0$)。

由式(7-50)、式(7-51)得：

$$\sigma'_{si}=\frac{\sigma_{pi}}{N_i}=\frac{q(t)-(1-M_i)(\sigma'_{si}+u_{si})}{M_iN_i} \tag{7-52}$$

式中：$N_i=m_{vsi}/m_{vpi}$。

由方程(7-52)得：

$$M_iN_i\frac{\partial\sigma'_{si}}{\partial t}=\frac{\partial q(t)}{\partial t}-(1-M_i)\left(\frac{\partial\sigma'_{si}}{\partial t}+\frac{\partial u_{si}}{\partial t}\right) \tag{7-53a}$$

即

$$\frac{\partial\sigma'_{si}}{\partial t}=\frac{1}{1+M_i(N_i-1)}\left[\frac{\partial q(t)}{\partial t}-(1-M_i)\frac{\partial u_{si}}{\partial t}\right] \tag{7-53b}$$

将式(7-53)代入式(7-51)、式(7-49)可以得到：

$$-\frac{k_{vi}}{\gamma_w}\frac{\partial^2 u_{si}}{\partial z^2}=\frac{m_{vsi}}{1+M_i(N_i-1)}\cdot\left(\frac{\partial q(t)}{\partial t}-(1-M_i)\frac{\partial u_{si}}{\partial t}\right)\quad i=1,2,3 \tag{7-54}$$

整理后得到变荷载下钉形搅拌桩复合地基任一土层 i 的一维固结微分方程如下：

$$(1-M_i)\frac{\partial u_{si}}{\partial t}=C_{vi}\cdot\frac{\partial^2 u_{si}}{\partial z^2}+\frac{\mathrm{d}q}{\mathrm{d}t}\quad i=1,2,3 \tag{7-55}$$

式中：C_{vi}——钉形搅拌桩复合地基第 i 层地基的竖向固结系数。

$$C_{vi}=[1+M_i(N_i-1)]C_{vsi} \tag{7-56}$$

式中：$C_{vsi}=k_{vi}/m_{vsi}\gamma_w$。

式(7-55)即为变荷载下钉形搅拌桩复合地基用有效应力描述的任一地基层 i 的一维固结微分方程。

③ 求解条件(即边界及初始条件)

a. $z=0$：$u_{s1}=0$。

b. $z=z_i$：$u_{si}=u_{si+1}$　$i=1,2$。

c. $z=z_i$：$(1-M_i)Q_i=(1-M_{i+1})Q_{i+1}$，即

$(1-M_i)k_{vi}\dfrac{\partial u_{si}}{\partial z}=(1-M_{i+1})k_{vi+1}\dfrac{\partial u_{si+1}}{\partial z}$　$i=1,2$；式中：Q_i 为第 i 层的竖向通水量。

d. $z=H$：$\frac{\partial u_{s3}}{\partial z}=0$（底面不透水），$u_{s3}=0$（底面透水）。

e. $t=0$：$u_{si}=q_{s0}$；q_{s0}是土体承担的初始荷载值，根据假定②可知：$q_{s0}=\mu_s q_0$，μ_s为应力减小系数或称应力修正系数，$\mu_s=1/[1+M(n-1)]$，n为桩土应力比。

(2) 分离变量法解答

参考谢康和(1995)变荷载下任意层地基的一维固结理论[92]，定义无量纲参数：

$$a_i=\frac{k_{vi}}{k_{v1}},\quad b_i=\frac{m_{vi}}{m_{v1}}=\frac{E_{c1}}{E_{ci}},\quad \rho_i=\frac{h_i}{H},$$

$$\mu_i=\sqrt{\frac{(1-M_i)C_{v1}}{C_{vi}}}=\sqrt{\frac{(1-M_i)b_i}{a_i}}\quad i=1,2,3 \tag{7-57}$$

方程(7-55)满足一切求解条件的解如下：

$$u_{si}=\sum_{m=1}^{\infty}C_m g_{mi}(z)T_m(t)\quad i=1,2,3 \tag{7-58}$$

式中：$$T_m(t)=\mathrm{e}^{-\beta_m t}\left(q_{s0}+\int_0^t\frac{\mathrm{d}q}{\mathrm{d}t}\mathrm{e}^{\beta_m t}\,\mathrm{d}t\right) \tag{7-59}$$

$$\beta_m=\frac{\lambda_m^2 C_{v1}}{H^2} \tag{7-60}$$

$$g_{mi}(z)=A_{mi}\sin\left(\mu_i\lambda_m\frac{z}{H}\right)+B_{mi}\cos\left(\mu_i\lambda_m\frac{z}{H}\right)$$

由边界条件 a 得：

$$A_{m1}\cdot 0+B_{m1}\cdot 1=0\text{，即 }B_{m1}=0 \tag{7-61}$$

由边界条件 b 得：

$$A_{m1}\cdot A_1+B_{m1}\cdot B_1=A_{m2}\cdot C_1+B_{m2}\cdot D_1 \tag{7-62}$$

由边界条件 c 得：

$$\frac{(1-M_1)k_{v1}}{(1-M_2)k_{v2}}\cdot\frac{\mu_1}{\mu_2}\cdot(A_{m1}\cdot B_1-B_{m1}\cdot A_1)=A_{m2}\cdot D_1-B_{m2}\cdot C_1 \tag{7-63}$$

式中：$A_1=\sin\left(\mu_1\lambda_m\frac{z_1}{H}\right)$；$B_1=\cos\left(\mu_1\lambda_m\frac{z_1}{H}\right)$；$C_1=\sin\left(\mu_2\lambda_m\frac{z_1}{H}\right)$；$D_1=\cos\left(\mu_2\lambda_m\frac{z_1}{H}\right)$

令 $$d_1=\frac{(1-M_1)k_{v1}}{(1-M_2)k_{v2}}\cdot\frac{\mu_1}{\mu_2}=\frac{(1-M_1)^{\frac{3}{2}}\sqrt{a_1b_1}}{(1-M_2)^{\frac{3}{2}}\sqrt{a_2b_2}}$$

由式(7-61)、式(7-62)得：

$$[A_{m2}\quad B_{m2}]^{\mathrm{T}}=\begin{bmatrix}C_1 & D_1\\ D_1 & -C_1\end{bmatrix}^{-1}\begin{bmatrix}A_1 & B_1\\ d_1B_1 & -d_1A_1\end{bmatrix}[A_{m1}\quad B_{m1}]^{\mathrm{T}}\tag{7-64}$$

令 $S_2=\begin{bmatrix}C_1 & D_1\\ D_1 & -C_1\end{bmatrix}^{-1}\begin{bmatrix}A_1 & B_1\\ d_1B_1 & -d_1A_1\end{bmatrix}$,　(7-65a)

则有：

$$[A_{m2}\quad B_{m2}]^{\mathrm{T}}=S_2\cdot[A_{m1}\quad B_{m1}]^{\mathrm{T}}\tag{7-65b}$$

解得：

$$S_2=\begin{bmatrix}A_1C_1+d_1B_1D_1 & B_1C_1-d_1A_1D_1\\ A_1D_1-d_1B_1C_1 & B_1D_1+d_1A_1C_1\end{bmatrix}\tag{7-65c}$$

同理，由边界条件 b、c 得：

$$[A_{m3}\quad B_{m3}]^{\mathrm{T}}=S_3\cdot[A_{m2}\quad B_{m2}]^{\mathrm{T}}\tag{7-66}$$

其中

$$S_3=\begin{bmatrix}A_2C_2+d_2B_2D_2 & B_2C_2-d_2A_2D_2\\ A_2D_2-d_2B_2C_2 & B_2D_2+d_2A_2C_2\end{bmatrix}\tag{7-67}$$

式中：$A_2=\sin\left(\mu_2\lambda_m\dfrac{z_2}{H}\right)$；$B_2=\cos\left(\mu_2\lambda_m\dfrac{z_2}{H}\right)$；$C_2=\sin\left(\mu_3\lambda_m\dfrac{z_2}{H}\right)$；$D_2=\cos\left(\mu_3\lambda_m\dfrac{z_2}{H}\right)$；

$$d_2=\frac{(1-M_2)k_{v2}}{k_{v3}}\cdot\frac{\mu_2}{\mu_3}=\frac{(1-M_2)^{\frac{3}{2}}\sqrt{a_2b_2}}{\sqrt{a_3b_3}}$$

由边界条件 d 得：

$$\begin{cases}A_{m3}\cos(\mu_3\lambda_m)-B_{m3}\sin(\mu_3\lambda_m)=0 & (\text{底面不透水})\\ A_{m3}\sin(\mu_3\lambda_m)+B_{m3}\cos(\mu_3\lambda_m)=0 & (\text{底面透水})\end{cases}\tag{7-68}$$

由边界条件 d 推导结果可令

$$S_4=\begin{cases}[\cos(\mu_3\lambda_m)\quad -\sin(\mu_3\lambda_m)] & (\text{底面不透水})\\ [\sin(\mu_3\lambda_m)\quad \cos(\mu_3\lambda_m)] & (\text{底面透水})\end{cases}\tag{7-69}$$

λ_m 为以下超越方程的正根：

$$S_4\cdot S_3\cdot S_2\cdot S_1=0\tag{7-70}$$

式中：$S_1=[1\quad 0]^{\mathrm{T}}$。

将孔压的表达式(7-58)代回固结方程式(7-53)，可以得到：

$$f(z) = \sum_{m=1}^{\infty}(1-M_i)C_m g_{mi}(z) = 1 \tag{7-71}$$

参考 Schiffman(1950)的文献,根据特征函数系的性质构造正交特征函数:

$$G_{mi}(z) = (1-M_i)m_{vi}g_{mi}(z) \tag{7-72}$$

则 C_m 的值可以由下式确定:

$$C_m = \frac{\sum_{i=1}^{3}(1-M_i)m_{vi}\int_{h_{i-1}}^{h_i} g_{mi}(z)\mathrm{d}z}{\sum_{i=1}^{3}(1-M_i)m_{vi}\int_{h_{i-1}}^{h_i} g_{mi}^2(z)\mathrm{d}z} = \frac{\sum_{i=1}^{3}(1-M_i)b_i\int_{h_{i-1}}^{h_i} g_{mi}(z)\mathrm{d}z}{\sum_{i=1}^{3}(1-M_i)b_i\int_{h_{i-1}}^{h_i} g_{mi}^2(z)\mathrm{d}z} \tag{7-73a}$$

将 $g_{mi}(z)$表达式代入上式,可得:

$$C_m = \frac{\sum_{i=1}^{n}2\sqrt{(1-M_i)a_ib_i}[-A_{mi}(B_i-D_{i-1})+B_{mi}(A_i+C_{i-1})]}{\sum_{i=1}^{n}\sqrt{(1-M_i)a_ib_i}[\rho_i\mu_i\lambda_m(A_{mi}^2+B_{mi}^2)+(B_{mi}^2-A_{mi}^2)(A_iB_i-C_{i-1}D_{i-1})+2A_{mi}B_{mi}(A_i^2-C_{i-1}^2)]} \tag{7-73b}$$

其中:$C_0 = \sin\mu_1\lambda_m\dfrac{0}{H} = 0$;$D_0 = \cos\mu_1\lambda_m\dfrac{0}{H} = 1$;

$A_3 = \sin\mu_3\lambda_m\dfrac{H}{H} = \sin\mu_3\lambda_m$;$B_3 = \cos\mu_3\lambda_m\dfrac{H}{H} = \cos\mu_3\lambda_m$

从式(7-58)可见:对一般荷载,解由两项组成,只要知道土体在某一时刻对应的荷载 $q_s(t)$的数学表达式,即可通过积分得到解的显式。

对于瞬时加载,$q_s(t) = q_{s0} = \mu_s q_c$,$\dfrac{\mathrm{d}q_s}{\mathrm{d}t} = 0$,

即

$$T_m(t) = \mathrm{e}^{-\beta_m t}q_{s0} \tag{7-74}$$

对于等速加载情况(图 7-29)有:$q_{s0} = 0$,$\dfrac{\mathrm{d}q_s}{\mathrm{d}t} = \dfrac{\mu_s\mathrm{d}q}{\mathrm{d}t} = \dfrac{\mu_s q_c}{t_c}$,则有:

$$T_m(t) = \mathrm{e}^{-\beta_m t}\int_0^t \frac{\mu_s q_c}{t_c}\mathrm{e}^{\beta_m t}\mathrm{d}t = \begin{cases}\mu_s q_c(1-\mathrm{e}^{-\beta_m t})/(t_c\beta_m) & 0 < t \leqslant t_c \\ \mu_s q_c\mathrm{e}^{-\beta_m t}(\mathrm{e}^{\beta_m t_c}-1)/(t_c\beta_m) & t > t_c\end{cases} \tag{7-75a}$$

若用固结时间因子来表示,则可表示为:

$$T_m(t) = \begin{cases}\mu_s q_c(1-\mathrm{e}^{-\lambda_m^2 T_v})/(\lambda_m^2 T_{vc}) & 0 \leqslant t \leqslant t_c \\ \mu_s q_c\mathrm{e}^{-\lambda_m^2 T_v}(\mathrm{e}^{-\lambda_m^2 T_{vc}}-1)/(\lambda_m^2 T_{vc}) & t \geqslant t_c\end{cases} \tag{7-75b}$$

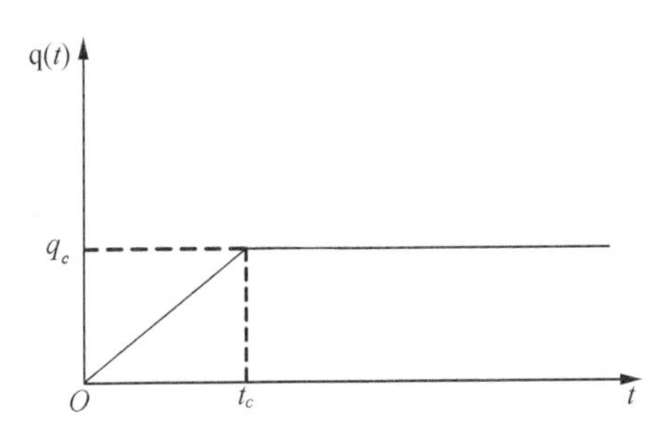

图7-29　等速加载示意图

将式(7-75b)代入式(7-58)即得到孔压的表达式：

$$u_{si}=\begin{cases}\mu_s q_c\sum_{m=1}^{\infty}C_m g_{mi}(z)(1-\mathrm{e}^{-\lambda_m^2 T_v})/(\lambda_m^2 T_{vc}) & 0<t\leqslant t_c\\ \mu_s q_c\sum_{m=1}^{\infty}C_m g_{mi}(z)\mathrm{e}^{-\lambda_m^2 T_v}(\mathrm{e}^{-\lambda_m^2 T_{vc}}-1)/(\lambda_m^2 T_{vc}) & t>t_c\end{cases}\tag{7-76}$$

式中：$T_v=\dfrac{c_{v1}t}{H^2}$；$T_{vc}=\dfrac{c_{v1}t_c}{H^2}$。

由以上解可进一步推导得任一地基土层 i 的平均固结度：

$$U_{si}=\frac{1}{\mu_s q_c h_i}\int_{z_{i-1}}^{z_i}[q_s(t)-u_{si}]\mathrm{d}z\tag{7-77a}$$

$$U_{si}=\begin{cases}\dfrac{q(t)}{q_c}-\sum_{m=1}^{\infty}\dfrac{C_m(1-\mathrm{e}^{-\lambda_m^2 T_v})}{\mu_i\rho_i\lambda_m^3 T_{vc}}[-A_{mi}(B_i-D_{i-1})+B_{mi}(A_i-C_{i-1})] & 0<t\leqslant t_c\\ \dfrac{q(t)}{q_c}-\sum_{m=1}^{\infty}\dfrac{C_m\mathrm{e}^{-\lambda_m^2 T_v}(\mathrm{e}^{-\lambda_m^2 T_{vc}}-1)}{\mu_i\rho_i\lambda_m^3 T_{vc}}[-A_{mi}(B_i-D_{i-1})+B_{mi}(A_i-C_{i-1})] & t>t_c\end{cases}\tag{7-77b}$$

按平均孔压定义的地基土体平均固结度：

$$U_{sp}=\frac{q_s(t)-u_{s-avi}}{\mu_s q_c}=\frac{1}{\mu_s q_c}\left[q_s(t)-\frac{1}{H}\sum_{i=1}^{3}\int_{z_{i-1}}^{z_i}u_{si}\,\mathrm{d}z\right]=\sum_{i=1}^{3}\rho_i U_{si}\tag{7-78}$$

按土体沉降定义的地基土体平均固结度：

$$U_s=\frac{S_{st}}{S_{s\infty}}=\frac{\sum_{i=1}^{3}m_{svi}\int_{z_{i-1}}^{z_i}(q_s(t)-u_{si})\mathrm{d}z}{\mu_s q_c\sum_{i=1}^{3}m_{svi}h_i}=\frac{\sum_{i=1}^{3}b_{si}\rho_i U_{si}}{\sum_{i=1}^{3}b_{si}\rho_i}\tag{7-79a}$$

式中：$b_{si}=\dfrac{m_{svi}}{m_{sv1}}$，$m_{svi}$ 为第 i 层土体的压缩系数。

事实上对于实际工程来说，按整个复合地基的沉降定义的固结度，对于指导施工和预估工后沉降更有意义，因此按整个复合地基沉降定义的地基总平均固结度可表示为：

$$U_s=\frac{S_t}{S_\infty}=\frac{\sum_{i=1}^{3}m_{vi}\int_{z_{i-1}}^{z_i}[q(t)-(1-M_i)u_{si}]\mathrm{d}z}{q_c\sum_{i=1}^{3}m_{vi}h_i}=\frac{\sum_{i=1}^{3}b_i\rho_i[(1-\xi_i)q(t)/q_c+\xi_iU_i]}{\sum_{i=1}^{3}b_i\rho_i}\tag{7-79b}$$

式中：$\xi_i=(1-M_i)\mu_s$。

t 时刻的总沉降为：

$$S_t=\sum_{i=1}^{3}m_{vi}\int_{z_{i-1}}^{z_i}[q(t)-(1-M_i)u_{si}]\mathrm{d}z\tag{7-80a}$$

$$S_t=\begin{cases}\sum_{i=1}^{3}m_{vi}\left\{q(t)h_i-\sum_{m=1}^{\infty}\dfrac{\xi_iq_cC_m(1-\mathrm{e}^{-\lambda_m^2T_v})H}{\mu_i\lambda_m^3T_{vc}}[-A_{mi}(B_i-D_{i-1})+B_{mi}(A_i-C_{i-1})]\right\} & 0<t\leqslant t_c\\ \sum_{i=1}^{3}m_{vi}\left\{q(t)h_i-\sum_{m=1}^{\infty}\dfrac{\xi_iq_cC_m\mathrm{e}^{-\lambda_m^2T_v}(\mathrm{e}^{-\lambda_m^2T_{vc}}-1)H}{\mu_i\lambda_m^3T_{vc}}[-A_{mi}(B_i-D_{i-1})+B_{mi}(A_i-C_{i-1})]\right\} & t>t_c\end{cases}\tag{7-80b}$$

当公式(7-53)中沿深度方向的桩体置换率 $M_i(i=1,2)$ 都设为 0，则与天然成层地基的固结微分方程及固结解答相同，因此可以认为天然成层地基的固结问题是本章钉形水泥土双向搅拌桩固结解析解答的特例，因而也验证了本节推导结论的正确性。

本节的推导仅考虑了钉形搅拌桩桩身截面的变化，将地基沿深度方向分成扩大头所在土层、正常桩身所在土层和下卧土层这三层来考虑。根据类似的建模思路，前文推导时也可以同时考虑深度方向钉形搅拌桩桩身截面的变化以及桩间土土层性质的变化，将钉形搅拌桩复合地基分成 n 层地基考虑，其中在桩身变截面部位注意考虑排水通道大小变化时排水量的连续性，具体推导方法同前，不赘述。

(3) 程序验证

根据上一小节推导得出的钉形搅拌桩复合地基固结理论分离变量法解答，编制了相应程序。因此为了进一步验证本节分离变量法解答以及相应程序的正确性和可应用性，这里采用文献[92]中的算例进行了计算验证。原算例计算的是双面排水的天然地基在恒载情况下的一维固结过程，因此采用本钉形桩程序计算时，将沿深度方向的桩体置换率 $M_i(i=1,2)$ 都设为 0，即可模拟天然地基的条件。文献中的数据为四层天然地基，本程序为三层地基固结程序，故仅取其中的 1,2,4 层参数，具体参数如表 7-2 所示。

表 7-2　计算参数

本报告算例		谢康和(1995)算例		土层参数		
土层号 i	h_i/m	土层号 i	h_i/m	k_{vi}/cm · s^{-1}	m_{vi}/kPa^{-1}	c_{vi}/cm^2 · s^{-1}
1	3.05	1	3.05	2.78×10^{-9}	6.41×10^{-5}	4.42×10^{-4}
2	6.10	2	6.10	8.25×10^{-9}	4.08×10^{-5}	2.06×10^{-3}
—	—	3	9.14	1.17×10^{-9}	2.04×10^{-5}	5.85×10^{-4}
3	15.24	4	6.10	2.94×10^{-9}	4.08×10^{-5}	7.35×10^{-4}

本节算得的前 12 个特征根如表 7-3 所示：

表 7-3　部分特征根

m	1	2	3	4	5	6
λ_m	4.401 402	8.140 840	12.996 152	15.866 583	21.563 923	30.359 546
m	7	8	9	10	11	12
λ_m	34.155 940	38.985 824	43.863 262	51.858 929	69.848 631	53.459 264

计算结果比较如下：

图 7-30 的计算对比结果表明，本报告的钉形搅拌桩复合地基分离变量法固结解答在取其特殊情况(天然地基)进行计算时，能与他人的研究成果较为吻合，验证了本节分离变量法解答以及相应程序的正确性和可应用性。

3. Laplace 求解

(1) 基本方程与求解条件

取地表为坐标 z 原点，并记该点至土层 i 顶面和底面之垂直距离分别为 z_{i-1} 和

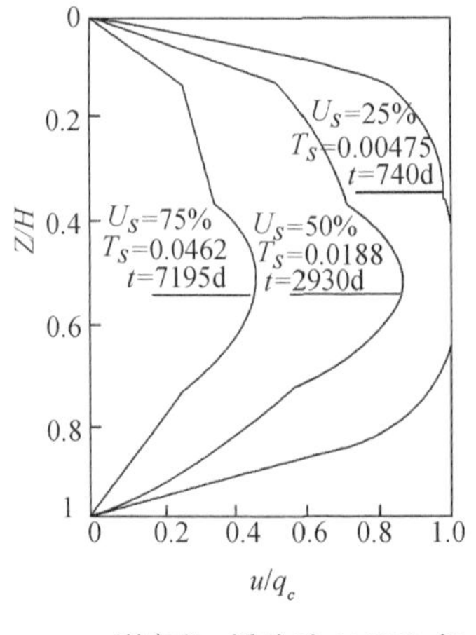

a. 谢康和、潘秋元（1995）解

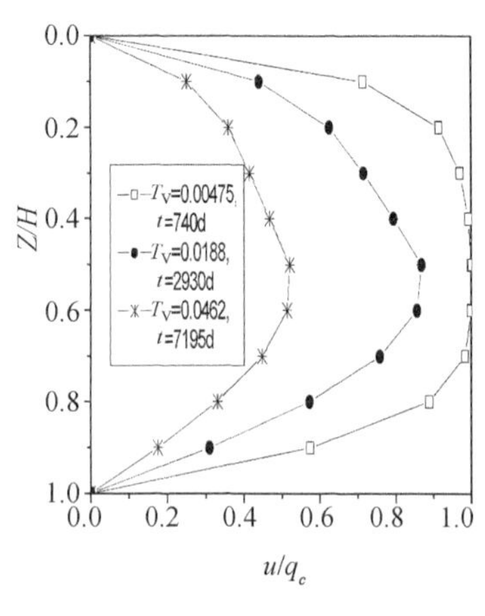

b. 本节解

图 7-30　孔压沿深度分布曲线

z_i，则有：$z_0 = 0$；$z_i = \sum_{j=1}^{i} h_j$，$i = 1,2,3$；$z_3 = H$。

① 渗流连续条件

与公式(7-54)类似，有：

$$\frac{k_{vi}}{\gamma_w}\frac{\partial^2 \sigma'_{si}}{\partial z^2} = \frac{\partial \varepsilon_{vi}}{\partial t} \tag{7-81}$$

② 应力平衡条件

由公式(7-55)得：

$$\varepsilon_{vi} = \frac{(1-M_i)\sigma'_{si} + M_i \sigma'_p}{E_{ci}} \tag{7-82}$$

又 $\sigma'_p = \sigma_p$ 且不随时间变化，所以得：

$$(1-M_i)\frac{\partial \sigma'_{si}(z,t)}{\partial t} = C_{vi}\frac{\partial^2 \sigma'_{si}(z,t)}{\partial z^2} \quad i = 1,2,3 \tag{7-83}$$

式中：$\sigma'_{si}(z,t)$——第 i 层桩间土中任一深度任一时刻相对于初始有效应力的有效应力增量。

式(7-83)即为变荷载下钉形桩复合地基用有效应力描述的任一土层 i 的一维固结微分方程。

③ 求解条件(即边界及初始条件)

a. $\sigma'_{si}(z,0)=0 \quad z\leqslant H$。

b. $\sigma'_{si}(0,t)=q_s(t) \quad t>0$。

c. $\sigma'_{si}\Big|_{z=z_i}=\sigma'_{s,i+1}\Big|_{z=z_i} \quad i=1,2$。

d. $(1-M_i)k_i\dfrac{\partial\sigma'_{si}}{\partial z}\Big|_{z=z_i}=(1-M_{i+1})k_{i+1}\dfrac{\partial\sigma'_{si+1}}{\partial z}\Big|_{z=z_{i+1}} \quad i=1,2$。

e. $\sigma'_{si}(H,t)=q_s(t)$(底面透水),$\dfrac{\partial\sigma'_i}{\partial z}\Big|z=H=0$(底面不透水)。

(2) Laplace 解答

对固结方程(7-83)进行拉氏变换,可得:

$$(1-M_i)(s\overline{\sigma'_i}(z,s)-\overline{\sigma'_i}(z,0))=C_{vi}\frac{\partial^2\overline{\sigma'_i}(z,s)}{\partial z^2} \tag{7-84}$$

$$\overline{\sigma'_i}(z,s)=\int_0^\infty\sigma'_i(z,t)e^{-st}dt \tag{7-85}$$

式中:s——拉氏变换参数。

由边界条件 a 解式(7-84)得:

$$\overline{\sigma'_{si}}(z,s)=A_{i1}\exp(r_iz)+A_{i2}\exp(-r_iz) \tag{7-86}$$

其中:

$$r_i^2=\frac{(1-M_i)s}{C_{vi}} \tag{7-87}$$

对边界条件 b、c、d、e 分别进行拉氏变换:

定义 $\bar{Q}(s)=\int_0^\infty q_s(t)e^{-st}dt$,即 $\bar{Q}(s)$ 是 $q_s(t)$ 的拉氏变换式。

由边界条件 b 得:

$$A_{11}+A_{12}=\bar{Q}(s) \tag{7-88}$$

由边界条件 c 得:

$$A_{i1}\exp(r_iz_i)+A_{i2}\exp(-r_iz_i)=A_{i+1,1}\exp(r_{i+1,}z_i)+A_{i+1,2}\exp(-r_{i+1,}z_i) \quad i=1,2 \tag{7-89}$$

由边界条件 d 得:

$$\begin{aligned}&(1-M_i)k_ir_i[A_{i1}\exp(r_iz_i)-A_{i2}\exp(-r_iz_i)]\\&=(1-M_{i+1})k_{i+1}r_{i+1}[A_{i+1,1}\exp(r_{i+1}z_i)-A_{i+1,2}\exp(-r_{i+1}z_i)]\end{aligned} \tag{7-90}$$

由边界条件 e 得:

$$\begin{cases} A_{31}\exp(r_3 H)+A_{32}\exp(-r_3 H)=\bar{Q}(s) & \text{（底面透水）} \\ A_{31}\exp(r_3 H)-A_{32}\exp(-r_3 H)=0 & \text{（底面不透水）} \end{cases} \tag{7-91}$$

由式(7-88)、式(7-89)得：

$$[D_{i+1}]=[N_i][D_i] \tag{7-92}$$

式中：$[D_i]=[A_{i1}\quad A_{i2}]^{\mathrm{T}}$；

$$[N_i]=\begin{bmatrix} \frac{1}{2}(1+\alpha_i)\mathrm{e}^{(r_i-r_{i+1})z_i} & \frac{1}{2}(1-\alpha_i)\mathrm{e}^{-(r_i+r_{i+1})z_i} \\ \frac{1}{2}(1-\alpha_i)\mathrm{e}^{(r_i+r_{i+1})z_i} & \frac{1}{2}(1+\alpha_i)\mathrm{e}^{-(r_i-r_{i+1})z_i} \end{bmatrix} \quad i=1,2;$$

$\alpha_i=\dfrac{(1-M_i)k_i r_i}{(1-M_{i+1})k_{i+1}r_{i+1}}$。

由式(7-88)得：

$$[1\quad 1][D_1]=\bar{Q}(s) \tag{7-93}$$

由式(7-91)得：

$$\begin{cases} [\mathrm{e}^{r_3 H}\quad \mathrm{e}^{-r_3 H}][D_3]=\bar{Q}(s) & \text{（底面透水）} \\ [\mathrm{e}^{r_3 H}\quad -\mathrm{e}^{-r_3 H}][D_3]=0 & \text{（底面不透水）} \end{cases} \tag{7-94}$$

又由式(7-92)递推得：

$$[D_3]=[N_2][N_1][D_1] \tag{7-95}$$

定义$[N_2][N_1]=\begin{bmatrix} N_{11} & N_{12} \\ N_{21} & N_{22} \end{bmatrix}$，则由式(7-92)、式(7-93)、式(7-94)可以推得：

$$[D_1]=\begin{bmatrix} A_{11} \\ A_{12} \end{bmatrix}=\begin{bmatrix} \dfrac{1-\mathrm{e}^{r_3 H}N_{12}-\mathrm{e}^{-r_3 H}N_{22}}{\mathrm{e}^{r_3 H}(N_{11}-N_{12})+\mathrm{e}^{-r_3 H}(N_{21}-N_{22})}\bar{Q}(s) \\ \dfrac{-1+\mathrm{e}^{r_3 H}N_{11}+\mathrm{e}^{-r_3 H}N_{21}}{\mathrm{e}^{r_3 H}(N_{11}-N_{12})+\mathrm{e}^{-r_3 H}(N_{21}-N_{22})}\bar{Q}(s) \end{bmatrix}\text{（底面透水）} \tag{7-96a}$$

$$[D_1]=\begin{bmatrix} A_{11} \\ A_{12} \end{bmatrix}=\begin{bmatrix} \dfrac{-\mathrm{e}^{r_3 H}N_{12}+\mathrm{e}^{-r_3 H}N_{22}}{\mathrm{e}^{r_3 H}(N_{11}-N_{12})-\mathrm{e}^{-r_3 H}(N_{21}-N_{22})}\bar{Q}(s) \\ \dfrac{\mathrm{e}^{r_3 H}N_{11}-\mathrm{e}^{-r_3 H}N_{21}}{\mathrm{e}^{r_3 H}(N_{11}-N_{12})-\mathrm{e}^{-r_3 H}(N_{21}-N_{22})}\bar{Q}(s) \end{bmatrix}\text{（底面不透水）} \tag{7-96b}$$

由式(7-92)递推求出$[D_2]$，$[D_3]$。

则某深度土层的有效应力 Laplace 变换解为：

$$\overline{\sigma'_{si}}(z,s)=[\exp(r_i z)\quad \exp(-r_i z)][D_i] \tag{7-97}$$

第 i 层土体的平均有效应力 Laplace 变换解为：

$$\begin{aligned}\overline{\sigma'_{si-avi}}&=\frac{1}{h_i}\int_{z_{i-1}}^{z_i}\overline{\sigma'_{si}}(z,s)\mathrm{d}z\\&=\frac{A_{i1}(\mathrm{e}^{r_i z_i}-\mathrm{e}^{r_i z_{i-1}})-A_{i2}(\mathrm{e}^{-r_i z_i}-e^{-r_i z_{i-1}})}{r_i h_i}\end{aligned} \tag{7-98}$$

对式(7-97)作 Laplace 逆变换可以得到方程(7-84)在任意荷载下的时域积分形式解：

$$\sigma'_{si}(z,t)=\frac{1}{2\pi i}\int_{\alpha-i\infty}^{\alpha+i\infty}\overline{\sigma'_{si}}(z,s)\mathrm{e}^{st}\mathrm{d}t\quad i=\sqrt{-1} \tag{7-99}$$

同理得到第 i 层土体的平均有效应力：

$$\sigma'_{si-avi}(t)=\frac{1}{2\pi i}\int_{\alpha-i\infty}^{\alpha+i\infty}\overline{\sigma'_{si-avi}}(z,s)\mathrm{e}^{st}\mathrm{d}t\quad i=\sqrt{-1} \tag{7-100}$$

所以，任一时刻任一深度土层的孔隙水压力为：

$$u_s(z,t)=q_s(z,t)-\sigma'_{si}(z,t) \tag{7-101}$$

根据孔压定义的第 i 层土体的平均固结度：

$$U_{si}=\frac{\sigma'_{si-avi}}{\mu_s q_c} \tag{7-102}$$

根据孔压定义的土体的整体平均固结度：

$$U_{sp}=\frac{\sum_{i=1}^{3}h_i\sigma'_{si-avi}}{H\mu_s q_c}=\sum_{i=1}^{3}\rho_i U_{si} \tag{7-103}$$

根据沉降定义的钉形桩复合地基整体平均固结度：

$$\begin{aligned}U_s&=\frac{\sum_{i-1}^{3}m_{vi}\left[(1-M_i)\int_{z_{i-1}}^{z_i}\sigma'_{si}(z,t)\mathrm{d}z+(1-\xi_i)q(t)h_i\right]}{\sum_{i=1}^{3}h_i m_{vi}q_c}\\&=\frac{\sum_{i=1}^{3}\rho_i b_i[\xi_i U_{si}+(1-\xi_i)q(t)/q_c]}{\sum_{i=1}^{3}\rho_i b_i}\end{aligned} \tag{7-104}$$

(3) Laplace 逆变换

对于较为简单的 Laplace 逆变换,可以通过查表或者直接计算得出解析解。但是,如果函数形式很复杂就不能直接运用,必须借助数值解法来求解。这里选用 Stehfest 反演公式进行计算,Stehfest(1950)提出的 Laplace 变换的数值反演公式如下:

$$f(t)=\frac{\ln 2}{t}\sum_{j=1}^{N}V_j\bar{f}\left(\frac{\ln 2}{t}j\right) \tag{7-105}$$

式中:$\bar{f}(s)$是 $f(t)$的象函数。

$$\bar{f}(s)=\int_0^{\infty}f(t)\mathrm{e}^{-st}\mathrm{d}t \tag{7-106}$$

$$V_j=(-1)^{N/2+j}\sum_{k=\frac{j+1}{2}}^{\min(j,N/2)}\frac{k^{N/2}(2k)!}{(N/2-k)!k!(k-1)!(j-k)!(2k-j)!} \tag{7-107}$$

Stehfest 算法本身有着比较复杂的数学背景。它形式上有如一个经验公式,实质上是理论推导的结果。原则上说算法中反演公式项数 N 取值越大,计算越准确,但在应用中由于舍入误差的影响,N 的取值是有选择的,N 一般取 6～18 之间的偶整数。本文经过比选,最后认为在本节采用 Laplace 计算钉形桩复合地基固结问题时取 $N=6$ 比较合适。

对于常见的加载方式,进行 Laplace 变换后,得到如下形式:

瞬时加载情况,有:

$$\bar{Q}(s)=\frac{\mu_s q_c}{s} \tag{7-108}$$

如果是等速加载的情况,即:

$$q_s(t)=\begin{cases}\frac{\mu_s q_c}{t_c}t & 0<t\leqslant t_c\\ \mu_s q_c & t>t_c\end{cases} \tag{7-109}$$

对上式做 Laplace 变换得:

$$\bar{Q}(s)=(1-\mathrm{e}^{-st_c})\frac{p_c}{t_c s^2} \tag{7-110}$$

通过式(7-103)的 Laplace 逆变换方式,可以由 $\bar{Q}(s)$ 得到 $q(t)$。

(4) 程序验证

根据上文的钉形桩复合地基固结理论 Laplace 算法解答,编制了相应程序。为了验证该解答以及相应程序的正确性以及可应用性，本节仍旧采用上节中的分离变量法算例参数进行了计算验证。原算例计算的是双面排水的天然地基在恒载情况下的一维固结过程，故采用本节钉形水泥土双向搅拌桩 Laplace 固结程序计算时，同样只要将沿深度方向的桩体置换率 $M_i(i=1,2)$ 都设为 0，即可模拟天然地基的条件。具体计算参数同表 7-2，经过比较，最后取 $N=6$。计算结果比较如下(图 7-31)：

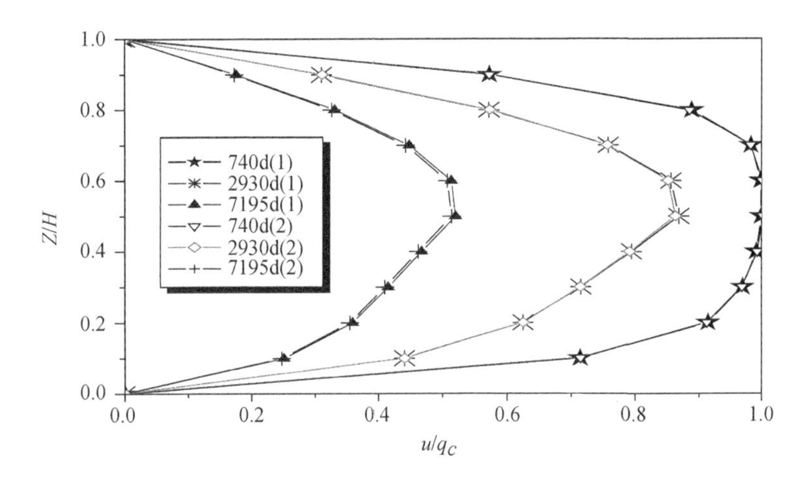

图 7-31　分离变量法与 Laplace 法孔压计算结果

图 7-31 是分别采用分离变量法与 Laplace 法计算得到的孔压随深度变化曲线的比较。其中(1)为分离变量法，(2)为 Laplace 法，两者计算结果非常吻合，验证了本节钉形水泥土双向搅拌桩固结问题 Laplace 算法的正确性以及相应程序的适用性。

7.4　钉形搅拌桩复合地基设计方法

常规(等截面)搅拌桩复合地基的设计内容主要包括固化剂设计和搅拌桩几何设计，前者包括固化剂的类型和掺量，通过室内配合比试验或现场试桩以确定搅拌桩的桩身强度和模量。搅拌桩的几何设计包括搅拌桩的桩径、桩间距和桩长。与常规(等截面)搅拌桩相比，钉形搅拌桩区别是上部具有直径较大的扩大头，类似于刚性桩的桩帽，所以除了常规搅拌桩的设计参数外，钉形搅拌桩还需要进行扩大头直径和高度设计。

7.4.1 扩大头高度设计

路堤荷载下钉形搅拌桩的作用机理是扩大头的荷载平台作用(类似刚性桩的桩帽和加筋垫层),可以更有效地将路堤荷载转移到搅拌桩,协调桩土变形,增强桩土共同作用,从而使得路堤柔性基础下搅拌桩复合地基的性状与刚性基础下的情况相接近,减小复合地基的沉降和工后沉降。由三维数值模拟的结果可知,钉形搅拌桩的扩大头作用主要由扩大头的直径控制,扩大头高度的影响相对较小,而且由于扩大头的截面积一般为下部桩体面积的 3～5 倍,较长的扩大头高度也不经济。所以,本文建议采用较小的扩大头高度。由于钉形搅拌桩在变截面处桩体直径突变,在荷载作用下可能发生冲切破坏,故最小扩大头高度需满足冲切破坏要求,见图 7-32。

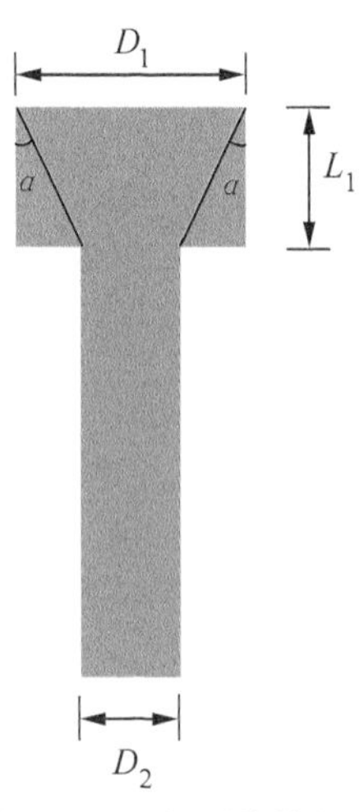

图 7-32 钉形搅拌桩冲切破坏示意图

参考《建筑地基基础设计规范》(GB 50007—2011)对无筋扩展基础的冲切破坏验算确定基础最小高度的方法,来确定钉形搅拌桩的最小扩大头高度 L_1:

$$L_1 = \frac{D_1 - D_2}{2\tan\alpha} \tag{7-111}$$

式中:α——冲切破裂角,$\tan\alpha$ 的允许值可以根据《建筑地基基础设计规范》(GB 50007—2011)确定,对于混凝土基础和毛石混凝土基础,允许值为 1∶1.00～1∶1.50,对于砖基础和毛石基础,允许值为 1∶1.25～1∶1.50,对于灰土基础和三合土基础,允许值为 1∶1.25～1∶2.00。

搅拌桩固化土的材料性质介于混凝土和灰土、三合土之间,保守起见可以取其中最小值 1∶2.00,从而得出最小的扩大头高度 L_1 为扩大头和下部桩体直径之差 $(D_1 - D_2)$。目前,公路工程的钉形搅拌桩下部桩体直径 D_2 多为 0.5～0.7 m,而扩大头直径 D_1 多为 0.8～1.2 m,由此可见最小扩大头高度不小于 1 m。

现行钉形搅拌桩的施工机械一般采用 3～4 组搅拌叶片,最上部的叶片与最下部的叶片之间有一定的距离,一般在 0.5～1.0 m 之间,根据钉形搅拌桩施工工艺,当最下部的搅拌叶片达到扩大头底面设计深度时,搅拌叶片进行收缩,这样容易造成扩大头下部的桩体搅拌不充分、强度降低。所以从施工角度来看,最小扩大头高度应大于两倍搅拌叶片间距,为 1～2 m。

综合冲切破坏和施工因素,建议钉形搅拌桩的合理扩大头高度应在 1.0～2.0 m

之间，当下部桩体和扩大头直径设计值与常用设计相差较大时，应满足公式(7-111)的要求。

7.4.2 扩大头直径设计

如前所述，扩大头的作用是有效地将路堤荷载转移到搅拌桩，协调桩土变形，增强桩土共同作用，从而使得路堤柔性基础下搅拌桩复合地基的性状与刚性基础下的情况相接近，减小复合地基的沉降和工后沉降。由于扩大头作用主要由路堤土拱效应决定，故可以通过土拱效应来确定钉形搅拌桩的扩大头直径。合理的扩大头直径应该使路堤填土荷载经过土拱分配后，桩体和桩间土荷载分担达到合理状态，从而使得桩土变形协调。

根据平面土拱理论，路堤荷载作用下，钉形搅拌桩的桩顶应力表达式为：

$$p_{eph} = \frac{\gamma D_1 (e^{4f_e K_e h_{c1}/D_1} - 1)}{4 f_e K_e} + \gamma(h - h_{c1}) e^{4f_e K_e h_{c1}/D_1} \tag{7-112}$$

式中所有参数的含义同前。

则地表处，单根扩大头桩顶承担的荷载为：

$$F_1 = p_{eph} \cdot \frac{\pi D_1^2}{4} \tag{7-113}$$

假设在合理的扩大头作用下，钉形搅拌桩复合地基下部桩体与土体的变形协调，接近于刚性基础下的复合地基，假设桩土均只发生一维竖向压缩，则单根下部桩体承担的荷载为：

$$F_2 = \frac{\gamma h \dfrac{E_p}{E_s}}{m_2 \dfrac{E_p}{E_s} + (1 - m_2)} \cdot \frac{\pi {D_2}^2}{4} \tag{7-114}$$

在复合地基工作荷载(非极限荷载)作用下，假设从扩大头传递到土体的荷载较小，桩土荷载分配主要由路堤填土的土拱效应决定，扩大头承担的荷载与下部桩体承担的荷载相同，即式(7-113)与式(7-114)相等，另外根据 Terzaghi(1936)[93]的建议，等沉面高度 h_c 可取 2.5$(S-D_1)$，从而可得：

$$\frac{\gamma D_1 (e^{10 f_e K_e (S-D_1) D_1} - 1)}{4 f_e K_e} + \gamma[h - 2.5(S - D_1)] e^{10 f_e K_e (S-D_1)/D_1} = \frac{\gamma h \dfrac{E_p}{E_s}}{m_2 \dfrac{E_p}{E_s} + (1 - m_2)} \cdot {D_2}^2 \tag{7-115}$$

式中只有 D_1 是未知数，且等式右边均为已知，可以通过试算得到 D_1，由于现行搅拌桩施工机械决定的最大理论桩径比为 3.0，故设计的扩大头直径不能超过下部桩体直径的 3 倍。需要说明的是，公式(7-115)是根据平面土拱推导的，根据其他土拱理论可以按照相同的方法推导出相应的公式，另外，关于等沉面高度不同学者之间也存在一定争议[94]。

7.4.3　设计流程

根据上面的钉形搅拌桩复合地基计算方法，可以确定路堤荷载下钉形搅拌桩复合地基设计流程见图 7-33 所示：

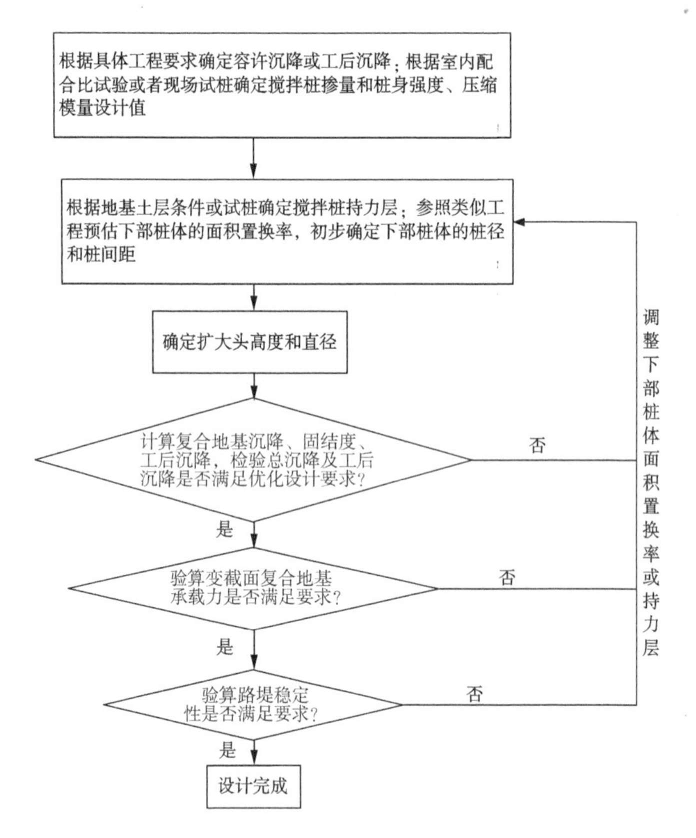

图 7-33　路堤荷载下钉形搅拌桩复合地基设计流程图

(1) 根据《公路路基设计规范》和《公路软土地基路堤设计与施工技术规范》规定，依据所需设计的道路等级、路段类型和工程位置等确定容许工后沉降要求。根据室内配合比试验或者现场试桩确定搅拌桩掺量和桩身强度、压缩模量设计值，其中桩体的压缩模量可以根据配合比试验的应力应变曲线得到，或者参考规范、文献或者类似工程由压缩模量与无侧限抗压强度的经验求得。

(2) 根据地基土层条件或者试桩确定搅拌桩持力层，一般持力层应选在强度高、压缩性低的土层。假设在扩大头作用下，钉形搅拌桩复合地基桩土变形协调，与刚性基础下的复合地基性能相近。参考类似工程预估复合地基置换率，确定下部桩体直径 D_2（公路工程常取 0.5 m），再确定桩间距 S。

(3) 确定钉形搅拌桩扩大头高度和直径。

(4) 计算钉形搅拌桩复合地基的总沉降和工后沉降，检验总沉降及工后沉降是否与设计要求相近。若计算值过小表明设计过于保守，有一定的工程浪费，不符合优化理念，应适当减小下部桩体的面积置换率，重新按照(2)、(3)、(4)进行设计。当计算值过大时，则该适当增大下部桩体的面积置换率，重新按照(2)、(3)、(4)进行设计。如满足，则进行下一步设计。

(5) 计算复合地基承载力，验算复合地基承载力是否满足要求，如不满足则适当提高下部桩体的面积置换率，重新按照(2)、(3)、(4)进行设计。如满足，则进行下一步设计。

(6) 根据《公路路基设计规范》(JTG D 30—2004)的圆弧滑动法验算路堤稳定性是否满足要求，如不满足则适当提高下部桩体的面积置换率，重新按照(2)、(3)、(4)、(5)进行设计。如满足，则完成设计。

需要说明的是，如果第(2)步选择的持力层性质较差，或者持力层下部还有高压缩性的软弱土层时，可能需要调整持力层才能满足沉降、承载力或稳定设计要求。

第 8 章　钉形搅拌桩加固软土地基工程应用

8.1　工程应用概况

钉形搅拌桩技术自 2004 年研制成功以来，已经显示出独特的优点和显著的经济效益，同等条件下钉形搅拌桩可比常规搅拌桩节省高达 30%左右的工程造价，具有广阔的应用前景。表 8-1 统计了部分工程应用情况。可以看出，钉形搅拌桩的桩长为 11～25 m，扩大头高度大多为 2～4 m，下部桩体直径在 0.5～0.7 m 之间，这是国内常用的搅拌桩直径。大部分扩大头直径为 0.9～1.2 m，大致为下部桩体直径的 1.3～2.4 倍，桩间距为 1.7～3.2 m，这显著大于常规搅拌桩，从而大大节省了水泥用量。

表 8-1　部分钉形搅拌桩应用实例[77]

工程名称	类型	开工时间	扩大头直径/m	小桩直径/m	扩大头高度/m	总桩长/m	桩间距/m	工程量/延米
南京滨江大道	湿法	2005.5	0.9	0.5	3.0	8～10	2.0	10 000
沪苏浙高速公路	湿法	2005.9	1～1.2	0.5～0.6	2～4	16.5～18.0	1.8～2.6	206 483
练杭高速公路	湿法	2007.5	0.9～1.1	0.5～0.7	7～10	22～25	2.6～3.2	139 460
南京纬七路东进工程	湿法	2008.3	1.1	0.6	3.0	14～16	2.2	129 480
上海 A15 公路	湿法	2008.2	1.0	0.7	6.0	18～20	2.2～2.8	700 000
武汉新区地基处理工程	湿法	2008.6	0.9～1.2	0.5～0.7	3～4	18.5	1.7～2.3	648 000
天津海滨大道	湿法	2009.3	1.0	0.5		11～14	2.2～2.4	129 0000
广州市黄榄快速干线工程	湿法	2009.3	1.0	0.6	3.0	11～23	1.7～2.2	122 800
临沂至连云港高速公路	干法	2008.7	0.7～0.9	0.5	4.0	12.0	2.0	10 000

下面将详细介绍沪苏浙高速公路试验段工程中钉形搅拌桩加固软土地基的工程应用。

8.2　现场地质条件

为了研究钉形搅拌桩在高速公路软土地基的加固效果，在沪苏浙高速公路(江苏段)建立了两种不同设计参数的钉形搅拌桩试验区(钉形搅拌桩 1 区和 2 区)，同时在相邻路段建立了一个常规搅拌桩对比试验区(等截面区)，以分析路堤荷载下钉形搅拌桩复合地基的性状。沪苏浙高速公路(江苏段)按照双向六车道标准设计，路基的顶面宽度为 35 m，试验段所在路段填土高度为 4 m 左右，坡度为 1.5∶1。试验段位于苏州吴江市，所在区域属于长江三角洲太湖湖积平原区，场地的地下水为潜水，上部耕植土层为隔水层，地下水位在 1 m 左右。两个钉形搅拌桩试验区(钉形搅拌桩 1 区和 2 区)以及常规搅拌桩对比试验区等三个沿道路纵向相邻布置，每个试验区长度为 100 m，宽度为 50 m。为了详细了解试验段的工程地质条件，对三个试验区进行了补充勘察，主要包括钻孔取样(采用薄壁取土器)、孔压静力触探(CPTU)和十字板剪切试验等。试验段及其补充勘察布置图见图 8-1 所示。

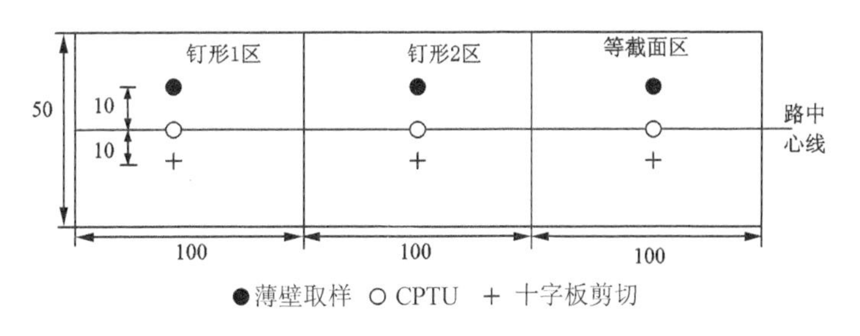

图 8-1　试验区及其补充勘察布置图

CPTU 测试仪采用美国 Hogentogler 公司原装进口多功能数字式车载 CPTU 系统，配备了最新的多功能数字式探头，探头规格为锥角 60°，锥底直径 35.7 mm，锥底截面积为 10 cm^2，侧壁摩擦筒表面积 150 cm^2，孔压测试元件厚度 5 mm，位于锥肩位置(u_2 位置)。图 8-2 是三个试验区的 CPTU 测试结果，图 8-3 是三个试验区的不排水抗剪强度和室内土工试验结果，可以看出三个试验区的工程地质条件基本一致，具有很好的对比基础。

根据 CPTU、十字板剪切以及室内土工试验结果，勘察范围内的地基土层可分为四层，其主要物理力学指标见图 8-3，并分述如下：①层耕植土：灰～灰褐色，夹植物根茎，埋深为 0～2.0 m；②—1 层淤泥质亚黏土：灰褐色，软流塑，颗粒较细，黏性较大，含贝壳碎片，埋深为 2.0～14.0 m；②－2 层亚黏土：灰绿色，可塑～硬塑，颗粒较细，黏性较大，下部略含粉性，含贝壳、钙质铁等结核，多呈中密状，埋深为 14.0～16.5 m；②－3 层亚黏土：绿黄～黄色，硬塑，颗粒较细，黏性较大，含铁锰等结核，埋深在 16.5 m 以下(未揭穿)。可以看出②－1 含水量高、孔隙比大、强度低、压缩性高，是地基处理的主要对象。

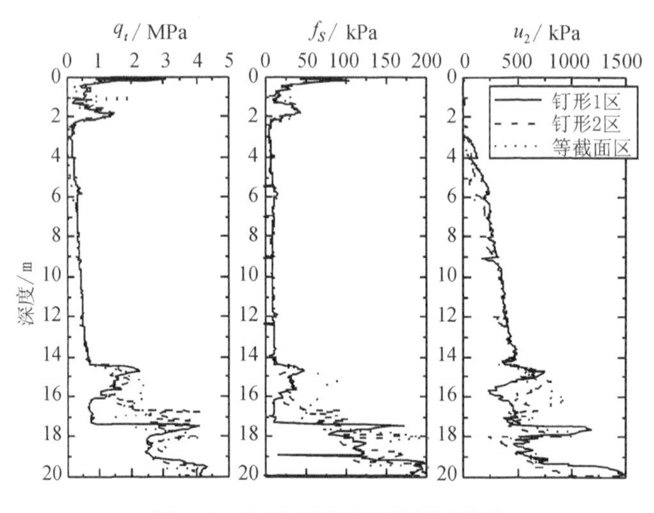

图 8-2 各试验区 CPTU 测试结果

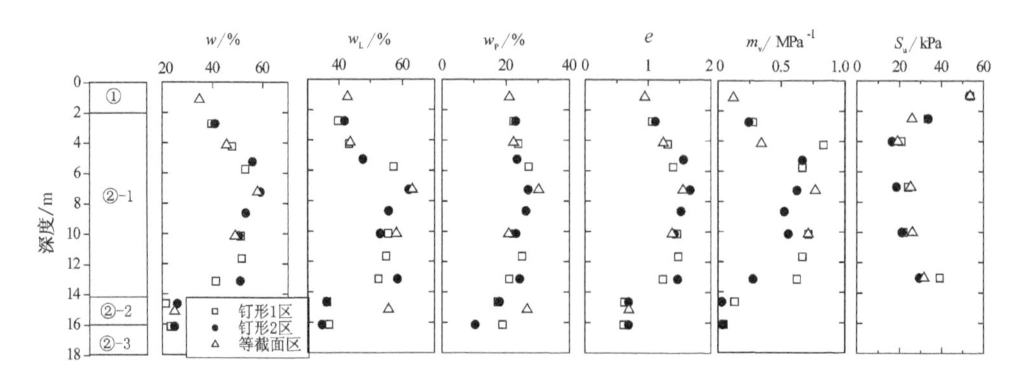

图 8-3 各试验区地基土层分布及其主要物理力学指标对比

8.3 软基加固方案设计

现场搅拌桩布置形式均采用等边三角形(梅花形)。钉形搅拌桩 1 区的扩大头直径 $D_1=1.0$ m，扩大头高度 $L_1=4$ m，下部桩体直径 $D_2=0.5$ m，总桩长 $L=$

16.5 m，桩间距 S=2.0 m，桩体几何参数含义见图 8-4。钉形搅拌桩 2 区的扩大头高度 L_1=3 m，桩间距 S=1.8 m，其他参数与钉形搅拌桩 1 区相同。常规搅拌桩区的桩径 D=0.5 m，桩间距 S=1.4 m，总桩长 L=16.5 m。搅拌桩复合地基的几何设计参数见图 8-4 和表 8-2 所示。

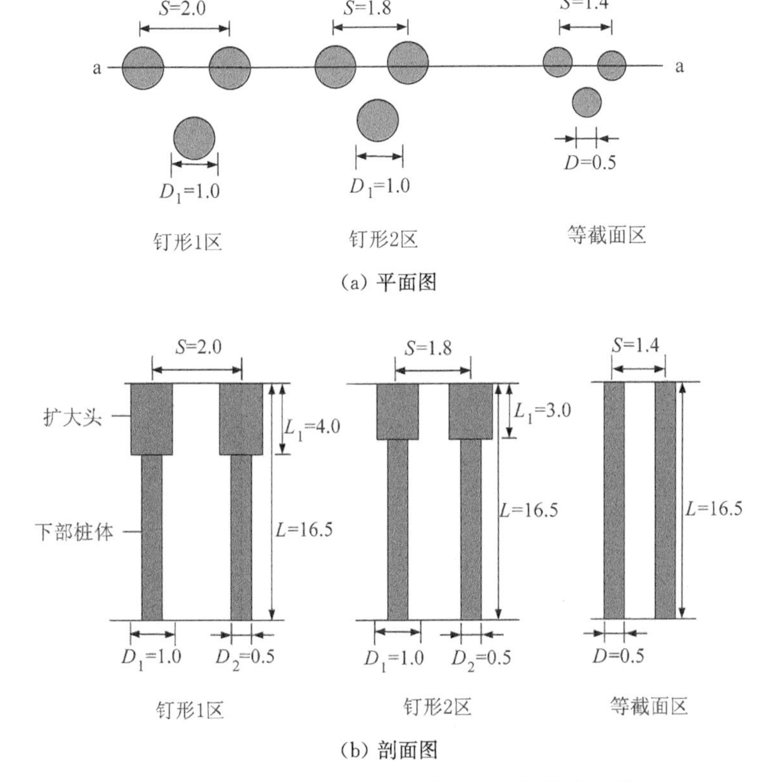

图 8-4　各试验区搅拌桩复合地基几何设计参数

表 8-2　试验段搅拌桩复合地基设计参数

试验区	桩型	布桩方式	扩大头直径 D_1/m	扩大头高度 L_1/m	下部桩体直径 D_2/m	总桩长 L/m	桩间距 S/m
钉形搅拌桩 1 区	钉形搅拌桩	梅花形	1.0	4	0.5	16.5	2.0
钉形搅拌桩 2 区	钉形搅拌桩	梅花形	1.0	3	0.5	16.5	1.8
等截面区	常规搅拌桩	梅花形	—	—	0.5 (D)	16.5	1.4

水泥土搅拌桩施工采用浆喷(湿法),水灰比为 0.55,喷浆压力不小于 0.25 MPa。水泥掺入量为:桩径 0.5 m 的桩体为 65 kg/m、桩径 1.0 m 的桩体为 260 kg/m,单位体积的被加固土体的水泥掺入量相同。对于复合地基,工程上常用面积置换率 a_s 来表征增强体占所处理地基的比率,对于相同水泥掺量的搅拌桩复合地基,面积置换率可以相对反映水泥用量的大小。对于梅花形布桩,面积置换率 a_s 可以通过以下公式计算:

$$a_s = \frac{\pi}{2\sqrt{3}}\left(\frac{D}{S}\right)^2 \tag{8-1}$$

由于钉形搅拌桩是一种变直径搅拌桩,其扩大头深度内和下部桩体深度内的桩体面积置换率是不同的,不能直接与等截面搅拌桩复合地基的面积置换率进行对比。故将钉形搅拌桩等效为体积相同的等截面搅拌桩,如图 8-5 所示,从而可以用等效桩径 D_e 代入公式(8-1),计算钉形搅拌桩复合地基的等效面积置换率,与常规搅拌桩复合地基进行对比。计算得到,钉形搅拌桩 1 区扩大头深度内的面积置换率为 0.227,下部桩体深度内的面积置换率为 0.056,等效面积置换率为0.098;钉形搅拌桩 2 区扩大头深度内的面积置换率为 0.280,下部桩体深度内的面积置换率为 0.070,等效面积置换率为 0.108;常规搅拌桩(等截面区)的面积置换率为 0.116。可以看出,钉形搅拌桩复合地基的扩大头深度内的面积置换率显著高于等截面区,而下部桩体深度内的面积置换率则小于常规搅拌桩区。但是,钉形搅拌桩 1 区和 2 区的等效面积置换率分别比等截面区小 15.4%和 6.5%,即钉形搅拌桩试验区比常规搅拌桩试验区节省了 15.4%和 6.5%的水泥用量。另外,钉形搅拌桩 1 区上部、下部和等效面积置换率均小于钉形搅拌桩 2 区。

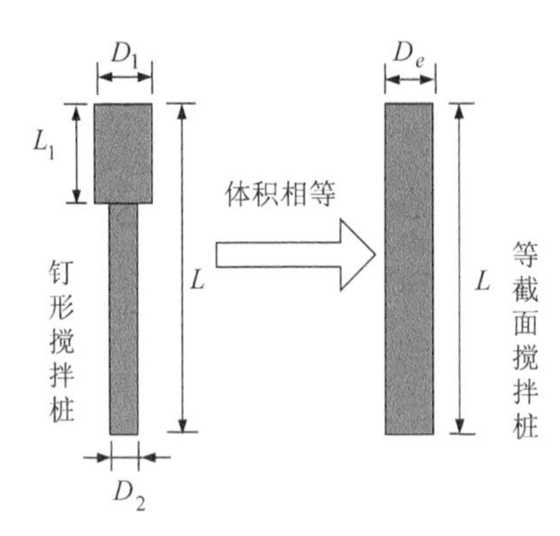

图 8-5　钉形搅拌桩等效为体积相同的等截面搅拌桩

常规搅拌桩和钉形搅拌桩下部桩体的施工工艺为“两搅一喷”,钻杆提升和下沉速率约为 0.8 m/min，钉形搅拌桩扩大头由于直径较大，施工工艺为“四搅三喷”，钻杆提升和下沉速率约为 0.6 m/min，叶片的转速约为 60 r/min。钉形搅拌桩的单桩施工工艺流程图见 5.2 节。尽管钉形搅拌桩单桩施工时间比常规搅拌桩长，但是由于钉形搅拌桩试验区的桩间距大，桩数显著少于常规搅拌桩区，在三个试验区处理面积、桩长和施工机械数量相同的情况下，钉形搅拌桩 1 区、2 区比常规搅拌桩区分别节省了约 30%和 20%的施工时间。

8.4　搅拌桩桩身质量检测

当搅拌桩施工结束后 28 d，在三个试验区各随机抽取 6 根搅拌桩进行钻芯取样，对于常规搅拌桩，取芯偏离桩中心 5 cm 左右，对于钉形搅拌桩，除了在中心位置上钻芯取样外，同时还在扩大头范围内另外增加一个钻孔，以检测扩大头的高度和质量，具体取芯位置如图 8-6 所示。

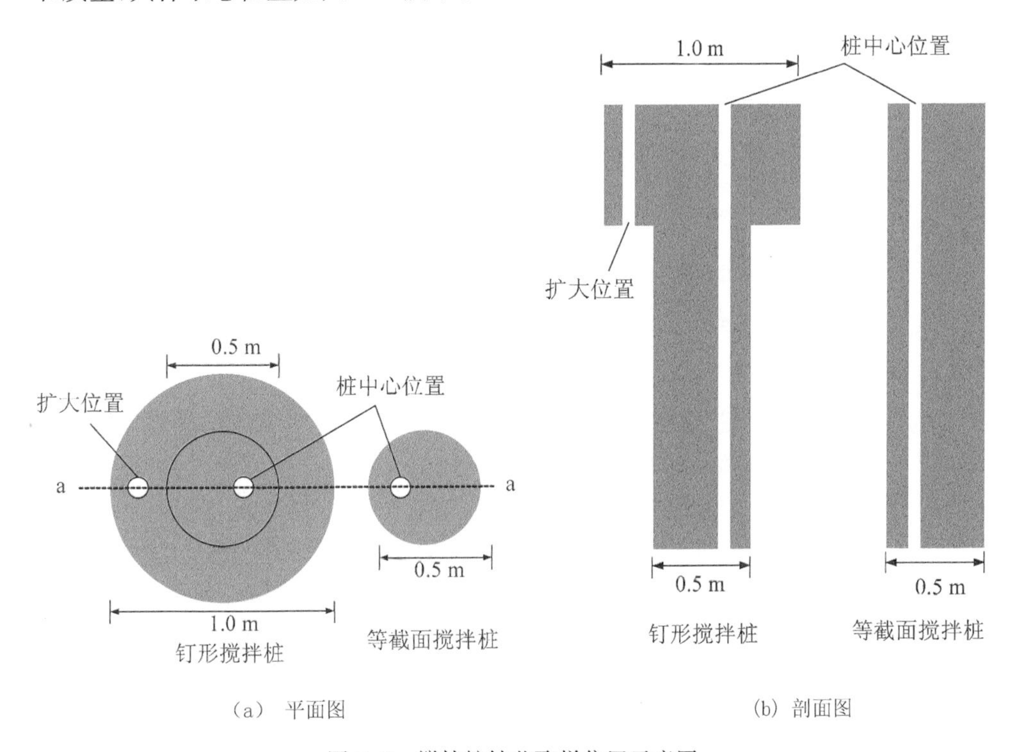

图 8-6　搅拌桩钻芯取样位置示意图

取芯结果表明扩大头的高度均达到设计要求，对芯样进行了无侧限抗压强度试验，试验结果见图 8-7 所示。从中可以看出，三个试验区的桩身强度基本一致，具有较好的对比基础。上部桩身强度大致在 1.0～2.0 MPa 之间，下部桩身强度大致在 0.8～1.6 MPa 之间，桩身强度沿深度仅略微有所减小，这表明双向搅拌技术不仅提高了施工工效，而且提高了搅拌效果，桩身强度沿深度分布大体比较均匀，桩身质量得到了保证。

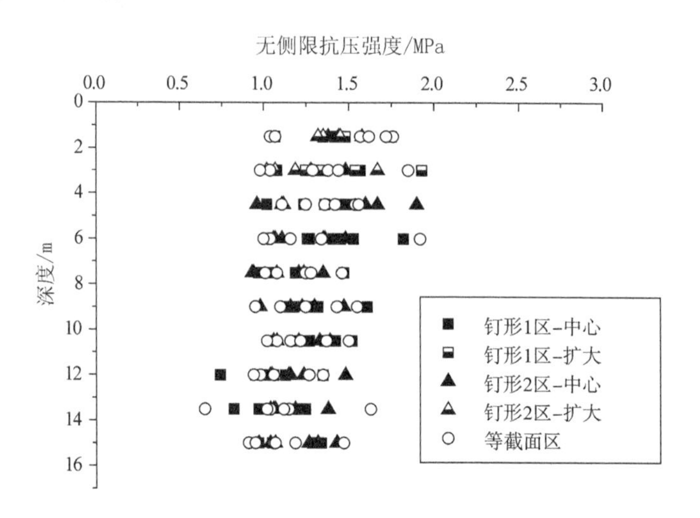

图 8-7　搅拌桩桩身芯样的无侧限抗压强度

8.5　加固效果分析

8.5.1　监测方案

为了分析路堤荷载下搅拌桩的加固效果，在路堤填筑期和预压期对各钉形搅拌桩 1 区、2 区和常规搅拌桩区的搅拌桩复合地基性状进行了监测，内容包括路中心地表的桩土应力、地基深部的桩间土超静孔隙水压力、地表桩间土沉降和路堤坡脚的地基土深层水平位移。现场搅拌桩施工结束后，在各试验区中部各布置一个监测断面，每个监测断面在路中心的地表埋设了一块沉降板，沉降板设置在三桩中间的桩间土表面，以监测复合地基沉降特性。在路中心的桩顶和三桩中间的桩间土各埋设了两组土压力盒，以监测复合地基地表桩土荷载分担特性。在路中心三桩中间，深度为 2 m(代表扩大头深度)和 10 m(代表下部桩体深度)的桩间土埋设了两个孔隙水压力计以监测复合地基的超静孔隙水压力消散特性。在路堤坡脚处埋设了两根测斜管(南侧和北侧)，以监测坡脚处地基深层水平位移的变化。钉形1 区的监测仪器的布置剖面图见图 8-8 所示，另外两个试验区的监测仪器布置与此相同。

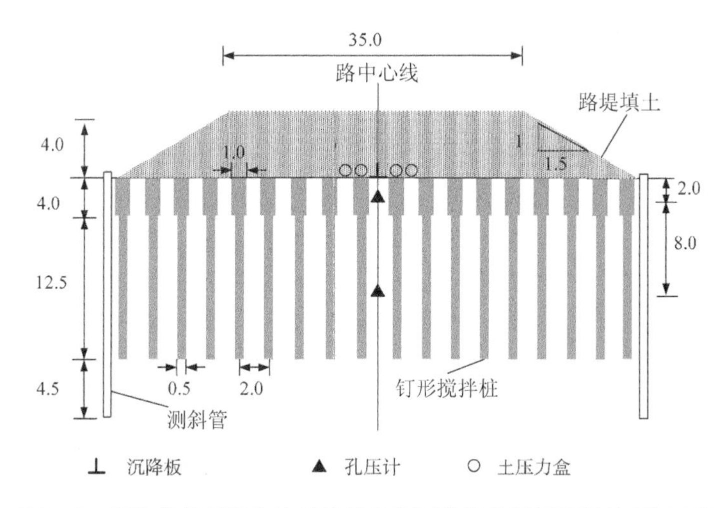

图 8-8　路堤荷载下复合地基性状的监测仪器布置剖面图(钉形 1 区)

各试验区在搅拌桩施工完成后约两个月开始进行路堤填筑,填筑方法采用分级填筑,4 m 左右的填土在五个半月填筑完成,即平均一个月填土高度小于 1 m。路堤高度达到 4 m 后,停止填筑,进行预压,以消散地基中的超静孔隙水压力,减小地基的工后沉降。图 8-9 是三个试验区的路堤填土高度历时曲线,可以看出三个试验区的填土总高度相近,填筑过程有一定差异,不过总体差别不大。

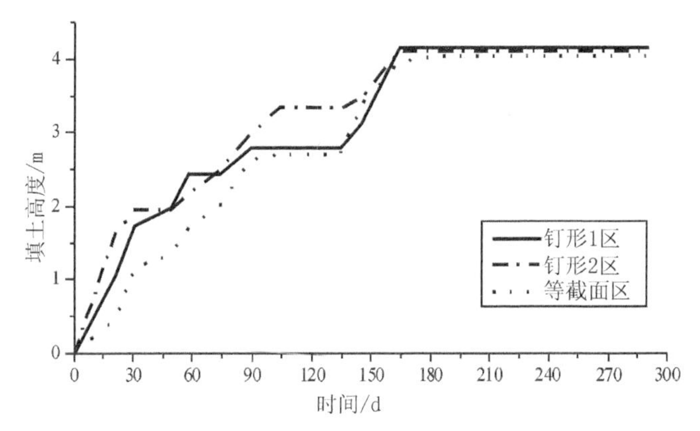

图 8-9　试验段路堤填土高度历时曲线

8.5.2　桩体荷载分担比

通过桩顶应力和桩间土应力可以计算出路堤荷载作用下地表桩体荷载分担比变化曲线,见图 8-10 所示。从中可以看出,两个钉形搅拌桩试验区的地表桩体荷载分担比随着时间变化较小，仅仅缓慢增长，而等截面区的地表桩体荷载分担比随时间(填土高度)增长明显，特别是填土初期，在后期逐渐稳定，从开始填土到接近结束，桩体荷载分担比约从 0.2 增大到 0.35。而钉形搅拌桩 1 区、2 区大体稳定在 0.45、0.50 左右，高于常规搅拌桩区。这说明钉形搅拌桩由于扩大头作用，路堤荷载更容易向桩体转移，从而减小桩间土的附加应力，减小桩间土沉降，而且钉形搅拌桩复合地基上部路堤中土拱更加稳定，随着填土高度变化较小，这些结果与室内模型试验的结论相符。另外，钉形搅拌桩 1 区的地表桩体应力比小于钉形搅拌桩 2 区，这主要是因为钉形 2 区的桩间距(1.8 m)比钉形 1 区(2.0 m)小，前者复合地基上部扩大头的面积置换率(0.28)高于后者(0.23)，故前者钉形搅拌桩扩大头的荷载传递效率相对较高。

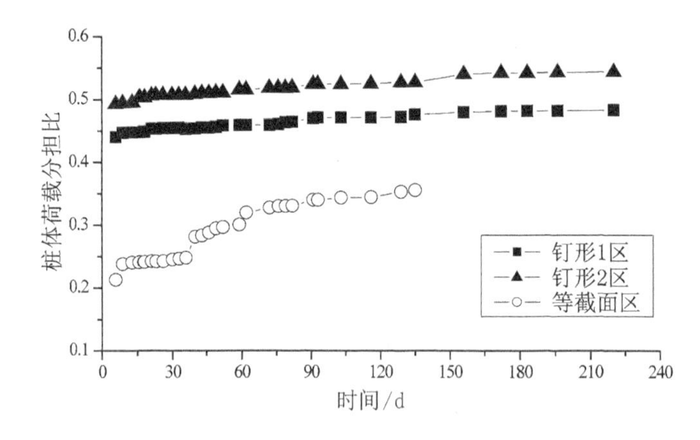

图 8-10　试验段路堤荷载作用下地表桩体荷载分担比历时曲线

结合现场试验和室内模型试验地表桩体荷载分担特性可以得出：钉形搅拌桩上部面积较大的扩大头起到了荷载传递平台的作用，在路堤柔性基础作用下可以有效地将上部的荷载向桩体转移，从而减小桩间土的附加应力和沉降，同时还减小了桩土差异沉降，这是路堤荷载下钉形搅拌桩复合地基的主要作用机理。该作用主要包括两部分：①扩大头的面积效应，扩大头的截面积远高于下部桩体(面积比为桩径比的平方)，由于桩间土的刚度远小于桩体，扩大头(面积较大)所承担的荷载将主要传递给下部桩体(面积较小)。②路堤填土的土拱效应，地表桩土差异沉降导致路堤填土内的位移和应力重分配，路堤荷载向桩顶转移，由于钉形搅拌桩复合地基扩大头的面积置换率远高于常规搅拌桩，对于相同的地表桩土差异沉降，前者的荷载转移效率显著高于后者，即前者仅需要较小的地表桩土差异沉降即实现较高程度的荷载转移，路堤土拱结构更加稳定，对路面使用性能的影响也较小。

8.5.3　超静孔隙水压力

图 8-11 是加载过程中路中心桩间土的超静孔隙水压力历时曲线。对照图 8-9 的路堤填土高度历时曲线可以看出，在路堤填筑的短期内，桩间土的超静孔隙水压力迅速上升，随后在荷载维持期间逐渐消散。对比不同深度的超静孔隙水压力，在路堤填筑初期，2 m 深度处的钉形搅拌桩复合地基桩间土超静孔隙水压力小于 10 m 深度处，一方面是因为该深度内钉形搅拌桩复合地基的桩体置换率高于下部深度，桩间土的附加应力较小，另一方面是因为该深度离地表较近，超静孔隙水压力消散较快。2 m 深度处常规搅拌桩的超静孔隙水压力也小于 10 m 深度处，主要是因为离地表近、消散快。在路堤填筑中后期和预压期，不同深度的超静孔隙水压力相差较小，主要是因为地基深部的超静孔隙水压力已经持续排到地表，渗流比较连续，孔压梯度减小，该结果与室内模型试验的结果一致。

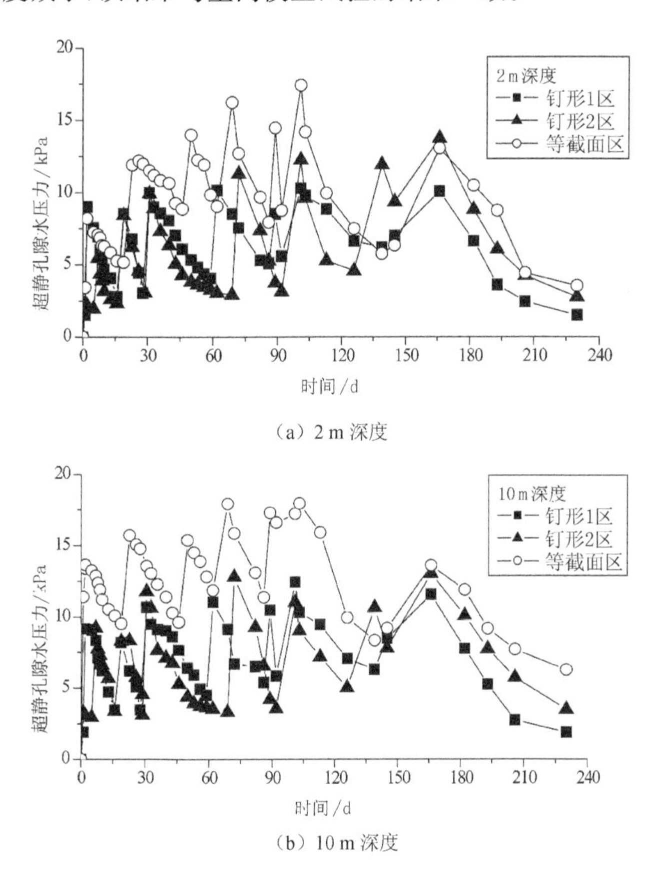

(a) 2 m 深度

(b) 10 m 深度

图 8-11　路堤荷载下路中心桩间土的超静孔隙水压力历时曲线

在整个路堤填筑和预压期间，常规搅拌桩区的最大超静孔隙水压力约为18 kPa，钉形搅拌桩试验区的最大超静孔隙水压力则为12 kPa。在从开始填土后230 d(最后观测时间)，钉形搅拌桩1区、2区和常规搅拌桩区10 m深度的超静孔隙水压力分别为2 kPa、3.5 kPa和6 kPa，常规搅拌桩区高于钉形搅拌桩区。当然，填土过程会对地基超静孔隙水压力产生一定的影响，填土速率越快，荷载稳定期越长，孔压消散越快。然而，综合图8-9的路堤填土高度历时曲线，至少可以得出在路堤填筑过程相近的情况下，钉形搅拌桩区的桩间土最大超静孔隙水压力不大于等截面区，且消散速度较快。尽管钉形搅拌桩扩大头会减小超静孔隙水压向上排出的通道，但是扩大头会使得路堤荷载更有效地向桩体转移，从而减小桩间土的附加应力，相应地减小其中产生的超静孔隙水压力。另外，扩大头变截面上、下的初始孔压差也会在一定程度上加速固结。所以综合起来，设计合理的钉形搅拌桩可以减小路堤荷载下桩间土的超静孔隙水压力。

8.5.4　地基沉降

地基沉降是评价公路工程地基加固效果的主要指标，图8-12是路堤荷载下三个试验区路中心地表(桩间土)的历时曲线。同样，地基沉降与路堤填筑过程相对应，在路堤填筑的短期内，地基沉降迅速增加，随后在填土间歇期随着桩间土超静孔隙水压力的消散，地基固结的进行，地表沉降也逐渐发展，并趋向于稳定。在路堤填筑初期(一个月内)，等截面区的地表沉降小于钉形区，主要是因为等截面区填筑较慢，初期的路堤高度较小。三个月后，相同时间常规搅拌桩区的地表沉降显著大于两个钉形搅拌桩区，沉降差别随着时间逐渐增大，而且在预压期间，常规搅拌桩区的沉降曲线斜率明显大于钉形区，说明沉降以较大的速率在继续发展。这预示着常规搅拌桩区的最终沉降和工后沉降都将大于钉形搅拌桩区。

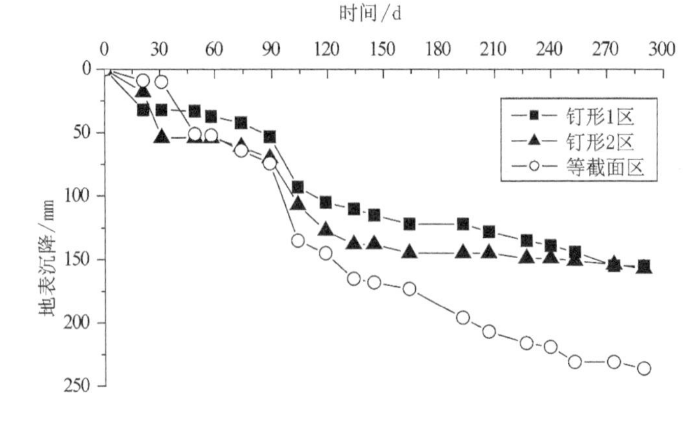

图8-12　路堤荷载下路中心地表(桩间土)沉降历时曲线

对比两个钉形搅拌桩区，可以发现在路堤填筑期和预压前期，钉形搅拌桩 1 区的地表沉降小于相同时间钉形搅拌桩 2 区，但是在预压后期二者逐渐接近，最后两次观测的沉降二者几乎相等。但是，从二者沉降曲线发展来看，钉形搅拌桩 1 区在路堤预压期间沉降增长速率明显高于钉形搅拌桩 2 区，这预示着前者的最终沉降和工后沉降都将大于后者。下面将通过双曲线对地基的最终沉降和工后沉降进行预测。

在公路工程中，工后沉降是地基处理效果的重要表征参数，双曲线法经常用来预测地基的最终沉降和工后沉降[94]，利用双曲线法对三个试验区路中心地表(桩间土)的最终沉降和工后沉降进行预测。由于路堤填筑属于多级加载，且各试验区的加载路径还有一定差异，故沉降预测时只取路堤高度不变的预压期数据。图 8-13 是各试验区地表桩间土沉降的双曲线拟合关系，可以看出各试验区的沉降拟合度较高，说明用双曲线法预测在这里是合适的。通过图 8-13 的拟合系数代入双曲线法拟合公式，可以计算得到钉形搅拌桩 1 区、2 区和常规搅拌桩区路中心地表桩间土的最终沉降分别为 278 mm、179 mm 和 384 mm，常规搅拌桩区显著大于两个钉形搅拌桩区，这表明钉形搅拌桩能大大减小复合地基桩间土的总沉降。

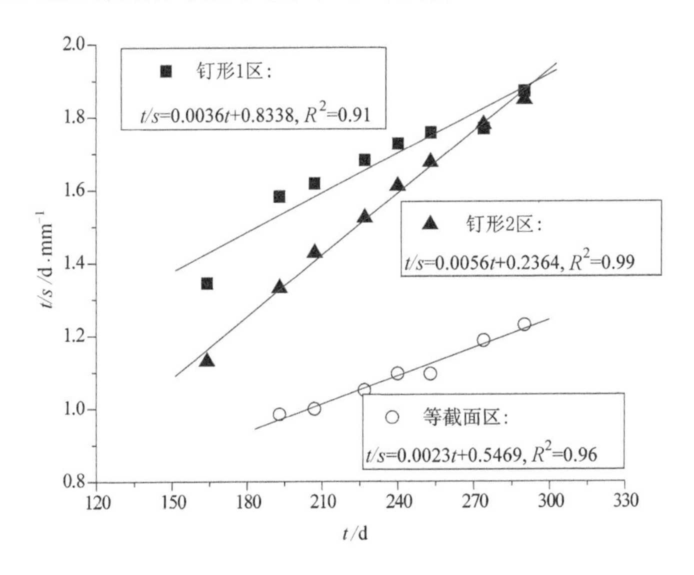

图 8-13　双曲线法沉降预测拟合曲线

根据《公路软土地基路堤设计与施工技术规范》(JTJ 017—96)，公路建成通车时的沉降称为施工期沉降，建成通车到路面设计使用年限(沥青路面 15 年、水泥混凝土路面 30 年)内的沉降称为工后沉降。由于路堤填土期间、预压期间与路面施工期沉降监测一般不连续，无法获得通车前准确的地表沉降，此外，由于路面设计使用年限较长，可以认为到大修前复合地基的固结已经完成，所以这里以预测的最终沉降与路堤预压期末的沉降之差作为工后沉降。在预压期末，钉形搅拌桩 1 区、2 区和常规搅拌桩区地表桩间土的沉降分别为 155 mm、157 mm 和 207 mm，从而可得 3 个试验区的工后沉降分别为 123 mm、22 mm 和 177 mm。钉形搅拌桩 1 区和 2 区的工后沉降仅为等截面区的 69.5％和 12.4％，这表明适合设计的钉形搅拌桩能有效加快复合地基的固结速率、减小工后沉降，这对于公路工程是非常有利的。

8.5.5 水平位移

路堤坡脚的水平位移是评价路堤稳定性能的重要指标，图 8-14 是三个试验区在路堤填筑期和预压前期的路堤坡脚深层水平位移监测结果。其中，路堤北侧由于在施工便道旁边，在施工期间遭到损坏，监测时间较短。可以看出，钉形搅拌桩 1 区的最大水平位移约为 21 mm，出现在地表以下 4 m 深度处，钉形搅拌桩 2 区的最大水平位移约为 12 mm，出现在地表以下 3 m 深度处，即钉形搅拌桩复合地基的坡脚最大水平位移出现的变截面位置，因为该处复合地基刚度发生了突变。由于钉形搅拌桩 2 区的桩间距(1.8 m)较钉形搅拌桩 1 区(2.0 m)小，在填土高度相近时，其坡脚最大水平位移小于钉形搅拌桩 1 区。常规搅拌桩区的最大水平位移约为 39 mm，出现在地表以下 2.5 m 深度处，这因为一方面地表以上的路堤填土对地基水平位移有一定的限制作用，另一方面地表 2 m 以内耕植土(硬壳层)的力学性质优于下部的软土，在该深度复合地基刚度也发生了变化。由对比可得，在相近高度的路堤填土作用下，钉形搅拌桩试验区的水平位移远小于等截面区，说明钉形搅拌桩复合地基的稳定性较高。这主要有两个原因：一方面，在路堤荷载作用下，坡脚水平位移的最大值一般出现在地表以下较浅的深度内，而钉形搅拌桩复合地基浅部的桩体置换率得到了显著提高，从而限制了浅部地基水平位移的发展；另一方面，钉形搅拌桩由于扩大头作用，桩体荷载分担比较高(图 8-10)，路堤荷载更多地分担在桩体，从而减小了桩间土的竖向附加应力，进而减小了桩间土的水平附加应力。

许多学者[95-97]以坡脚最大水平位移和地表竖向位移之比(水平竖向位移比)来定量衡量路堤荷载作用下的地基稳定性能。Indraratna 等学者 (1992)[95]通过归纳认为较小的水平竖向位移比对于维持路堤的稳定性是非常有必要的，Chai 等学者 (2002)[96]发现当路堤失稳破坏时，水平竖向位移比将大于 0.5，Liu 等学者(2007)[97]发现对于某土工织物－桩承式路堤，水平竖向位移比随着填土高度而缓慢增大，但小于 0.3。在本试验段，当达到 1/2 最大填土高度时，钉形搅拌桩 1 区、2 区和常规搅拌桩区的竖向水平位移比分别为 0.07、0.08 和 0.17，当填土结束时，钉形搅拌桩 1 区、2 区和常规搅拌桩区的竖向水平位移比分别升高到 0.12、0.09 和 0.22。这表明钉形搅拌桩 2 区的地基稳定性略优于钉形搅拌桩 1 区，而这两个钉形搅拌桩试验区显著优于常规搅拌桩区。

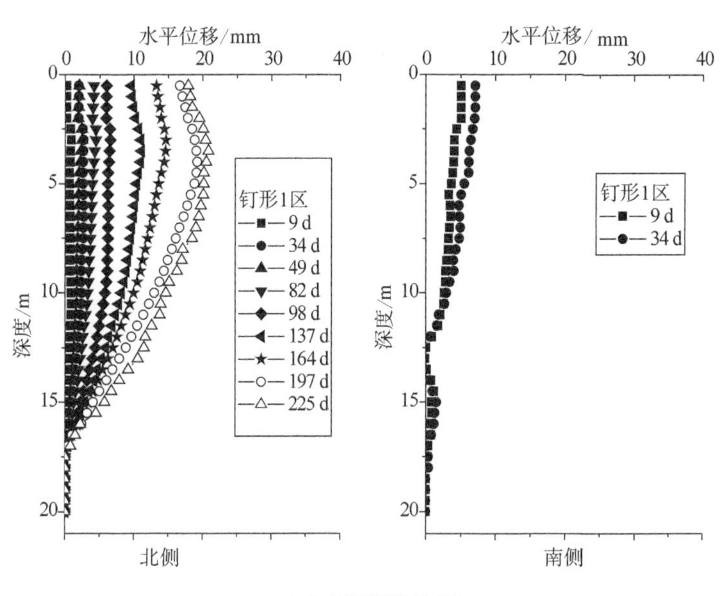

(a) 钉形搅拌桩1区

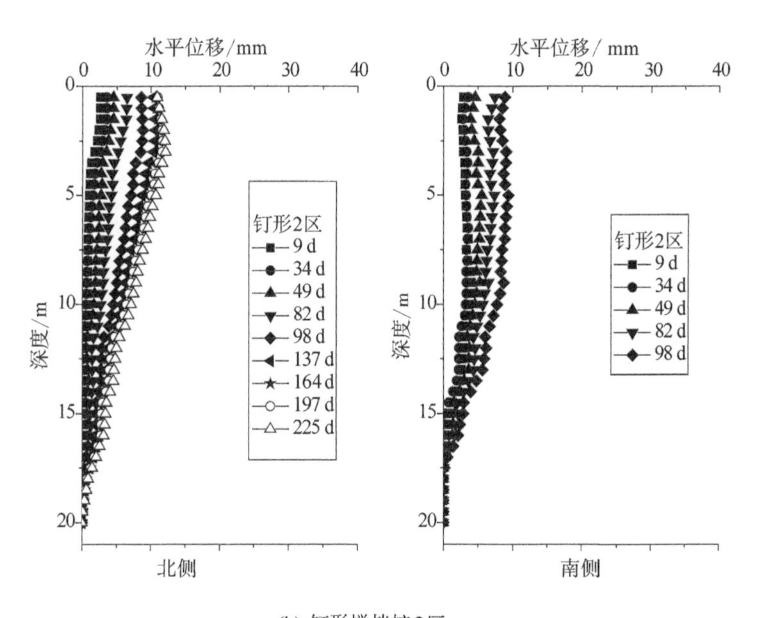

(b) 钉形搅拌桩 2 区

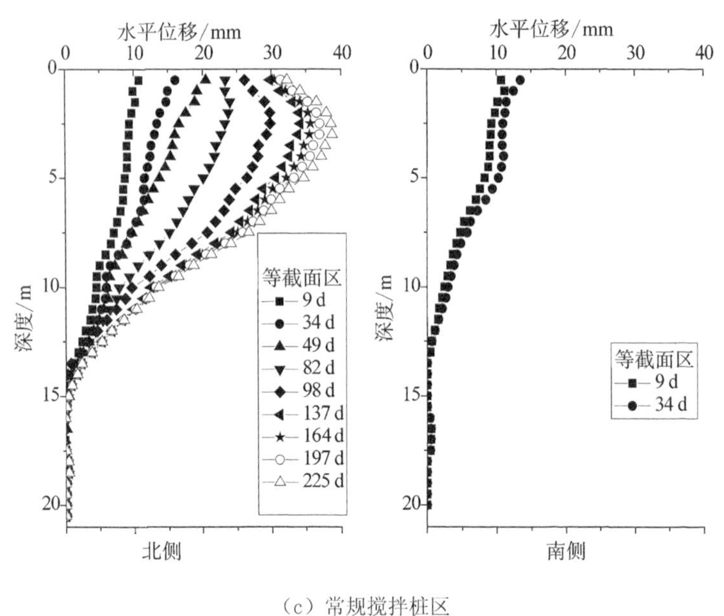

(c) 常规搅拌桩区

图 8-14 路堤坡脚处地基土深层水平位移

表 8-3 汇总了沪苏浙高速公路现场试验段三个试验区的主要监测指标对比。如前所述，这三个试验区的工程地质条件、填土高度及过程基本相同，从表 8-3 可以看出，钉形搅拌桩 1 区和 2 区的最终沉降为等截面区的 72.4%和 46.7%，坡脚处最大深层水平位移为常规搅拌桩区的 53.8%和 31.2%，填土结束时的水平竖向位移比为常规搅拌桩区的 54.5%和 40.9%。这表明钉形搅拌桩试验区在节省工程造价的前提下，比常规搅拌桩试验区取得了更好的加固效果。

表 8-3 各试验区经济技术指标对比

试验区	最终沉降 S_∞/mm	工后沉降 S_P/mm	最大水平位移 δ_{max}/mm	水平竖向位移比
钉形搅拌桩 1 区	278	123	20.8	0.12
钉形搅拌桩 2 区	179	22	12.1	0.09
常规搅拌桩区	384	177	38.7	0.22

第 9 章 排水粉喷桩复合地基原理与工程应用

9.1 排水粉喷桩复合地基原理

粉喷桩复合地基和竖向排水板联合堆载预压在处理软土地基方面有着各自的优势，但是它们同时都有一定的缺陷，如粉喷桩复合地基处理费用过高、竖向排水板处理工期过长都是被长期实践所证明的。怎样解决这些问题是岩土工程科技工作者需要思考的问题。

粉喷桩在处理软土地基中常出现一些问题：①由于粉喷桩桩间距较小(通常为 1.1～1.5 m)，因此软基的处理费用较高；②处理深度一般不能大于 15 m；③粉喷桩在处理地基时如存在临空面，粉喷桩施工会引起边坡失稳；④在已有构筑物附近施工，会引起地面开裂、构筑物受损等现象；⑤施工完后的粉喷桩会突然下沉等。出现这些问题不是偶然的，都与粉喷桩施工时产生的一种短时侧向压力有关，导致周围孔隙水压力增加，这种短时侧向压力主要来源于：①粉喷桩施工时的压缩空气对周围土体施加的侧向压力；②搅拌叶片搅拌时对周围土体施加的剪切力。

为解决粉喷桩施工中存在的以上问题，同时结合塑料排水板具有缩短土体排水路径、加快土体固结速度的特点，笔者提出了一种新型的软基处理方法——排水粉喷桩加固软土地基技术(简称 2D 工法)[98]。该工法可以充分利用和体现粉喷桩和塑料排水板的各自优点。粉喷桩施工时产生超静孔隙水压力，当超过某一临界值时，土体发生劈裂，土体中产生大量裂隙，裂隙与预先打设的塑料排水板组成有效的排水导气网络，大大加速了超静孔隙水压力的消散；同时，由于塑料排水板的排水导气作用，使得粉喷桩施工更加顺畅，搅拌更加均匀，特别是粉喷桩深部桩身质量会比常规粉喷桩质量好[99]。由于该工法对粉喷桩桩身质量和桩周土强度提高具有益处，因此可以加大粉喷桩桩间距，从而节省工程造价，有明显的社会效益和经济效益[100]。

9.1.1 气压劈裂增大土体的宏观渗透系数

岩土体对气压劈裂的响应及气压劈裂的作用与岩土体的性质相关[101]，对细粒土(Fine-grained Soils)而言，气压劈裂形成的裂纹提供了排水或排气通道，缩短了排水或排气距离，流体的运移模式从劈裂前的扩散模式转化为劈裂后的"扩散＋对流"模式，因此提高了土体的渗透性；对粗粒土而言(Coarse-grained Soils，如砂和砂砾)，其原有的渗透性较高，气压劈裂对其渗透性的提高幅度有限，但是气压劈裂能改善粗粒土层的通气条件，这对于采用生物法等修复污染场地是很有益的；对于岩体而言，气压劈裂可以进一步扩展原生裂隙或形成新的裂隙，并清理原生裂隙中的填充物，提供良好的排水排气通道，提高其渗透性。在软土地基加固工程中，主要是采用气压劈裂技术形成的裂隙提供排水或排气通道，缩短排水或排气距离，从而提高土体的渗透性(图 9-1)。建立气压劈裂裂隙对土体渗透性影响的数学模型是很困难的，为满足工程实用，本文主要采用宏观渗透系数描述土体劈裂生成的裂隙对土体渗透性的提高效应。宏观渗透系数是指将裂隙对土体渗透性效应平均到整个土体中，然后根据固结度相等利用 Terzaghi 固结理论或 Boit 固结理论反演得到的渗透系数。

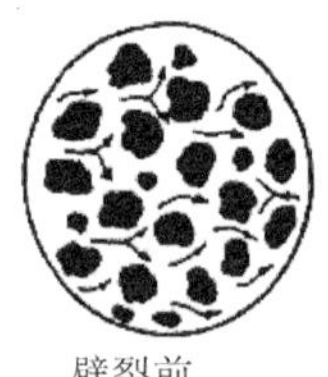

劈裂前
(扩散模式)

劈裂后
("扩散＋对流"模式)

图 9-1　细粒土中的气压劈裂[101]

图 9-2 为淮盐高速公路试验段排水粉喷桩施工引起的超静孔压消散曲线，孔压计埋设在距粉喷桩桩边 1.0 m、埋深 10.5 m 处。从图中可以很明显看出，施工结束时，超静孔压达到最大值。此后，超静孔压消散曲线可以分为两段，第一段孔压快速消散，这是因为粉喷桩施工引起的超静孔压在土体中形成了裂隙，裂隙为桩周土中孔压消散提供了排水通道，因此孔压消散速率明显增加。但是随着孔压的消散，裂隙闭合，孔压消散速率也就随之降低，此时孔压消散为受桩周土的渗透系数控制。第一阶段的超静孔压消散速率为第二阶段的消散速率的 10.8 倍。本文根据 Terzaghi 固结理论反演宏观渗透系数。研究表明，当固结度 U 小于 60%时，U 与时间因数 T_v 的关系可以表示为

$$T_v = \frac{\pi}{4}U^2 \tag{9-1}$$

根据固结度和时间因数的定义，可知渗透系数 k 与超静孔压消散速率的平方成比例。也就是说，考虑裂隙排水效应的宏观渗透系数为土体渗透系数的 116 倍。

这也就是排水粉喷桩中超静孔压快速消散、最大超静孔压较常规粉喷桩小的根本原因。由塑料排水板和土体裂隙组成的排水导气网络的排水效应可以从现场照片(图 9-3)得到证实。

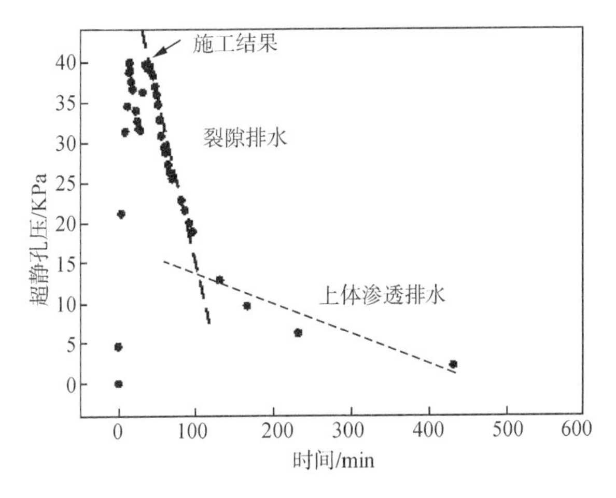

图 9-2　排水粉喷桩施工引起的超静孔压消散曲线

图 9-3　粉喷桩施工时孔隙水从排水板中排出

Massarsch(1978)[102]曾指出，桩打入过程中，桩周土体会产生超静孔隙水压及劈裂作用，由于劈裂作用，桩周土体的超静孔隙水压力得以迅速消散，从而使桩周土体固结；Miura 等(1998)[48]也指出，湿喷桩施工过程也会对桩周土体产生超静孔隙水压力以及劈裂作用，该作用对桩周土体的强度增长也起到一定的作用；Larsson(2005)[103]也报道了石灰一水泥搅拌桩施工引起的桩周土劈裂，施工中灰罐的压力为 350～500 kPa，在桩体周围存在 1～3 条辐射状的竖向裂隙，其宽度为 10 mm 左右，长约 0.5 m；沈水龙等(2006)[104]也指出深层搅拌桩施工可以在周围土体中产生很高的超静孔隙水压力，其量值可能超过土体的静水劈裂压力，理论分析结果表明，搅拌叶片的旋转对桩周围土体的劈裂起着很重要的作用；吴燕开(2005)[105]也通过室内模型试验证明了粉喷桩施工时桩周土体中的劈裂现象的存在。

上述测试结果和已有研究成果分析表明，在排水粉喷桩施工过程中，由塑料排水板和土体裂隙组成的排水网络提供了良好的排水导气通道，加快了桩周土中超静孔压的消散速率。常规的粉喷桩施工过程中，尽管也产生了土体的局部劈裂，但是没有连通的竖向排水通道，超静孔压消散速率慢，导致孔压积聚升高[106-107]。

9.1.2 排水导气作用对桩身质量的增强效应

由于排水板的排水导气作用，粉喷桩在深部搅拌时喷粉更为顺畅，深部桩体搅拌得更为均匀，排水粉喷桩的桩身质量理论上要比常规粉喷桩桩体质量好。检测结果也证明：在相近施工参数情况下，排水粉喷桩无论是桩芯状态、取芯率、无侧限抗压强度还是标贯击数，都明显优于常规粉喷桩，排水粉喷桩桩身强度得到了较大幅度提高，特别是深部粉喷桩强度得到了明显提高和保证，说明加打排水板非常有利于提高成桩质量[108-109]。图 9-4 为现场试验段实测的排水粉喷桩与常规粉喷桩桩身标准贯入试验对比图。

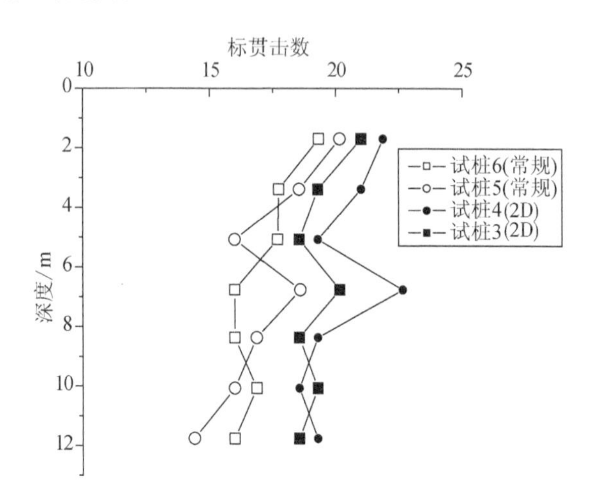

图 9-4 排水粉喷桩与常规粉喷桩桩身强度对比图

9.2 排水粉喷桩复合地基设计方法

9.2.1 设计原则与设计流程

1. 设计原则

对高速公路、高速铁路等,工程实践中对变形的要求不断提高,提出了以工后沉降为控制目标的设计新原则。排水粉喷桩复合地基主要应用于高速公路、高速铁路等的软基处理,因此,本节拟采用基于变形控制的原则进行排水粉喷桩复合地基设计。

对于软基上的高速公路、高速铁路等路堤而言,不仅需要保证路堤填筑过程中的稳定性,更重要的是控制路堤沉降在一定范围内,避免过大的工后沉降(如高速公路一般路段路基工后沉降不大于 300 mm)。以工后沉降为控制目标的设计原则已经隐含了稳定性的要求,因此,排水粉喷桩复合地基的设计以控制路堤工后沉降为首要目标,然后对路堤的稳定性仅进行验算。

排水粉喷桩复合地基工法是粉喷桩与塑料排水板相结合的一种新型工法,因此其适用条件与粉喷桩和塑料排水板加固地基的适用条件既有相同之处也有所差异。常规粉喷桩一般适用于正常固结的淤泥与淤泥质土、黏性土、粉土、素填土、饱和黄土以及粉砂等地基,地基土的含水量宜为 30%～70%。对含有高岭石、多水高岭石、蒙脱石等黏土矿物的软土加固效果较好;而对含有伊利石、氯化物和水铝石英矿物的黏性土以及有机质含量高、pH 较低的黏性土加固效果较差。国内粉喷桩施工时,受搅拌机械搅拌能力的限制,一般处理深度小于 15.0 m。排水粉喷桩由于排水板和气压劈裂裂隙形成了排水导气网络,使得粉喷桩施工更加容易、桩体搅拌更加均匀,因此桩体强度较常规粉喷桩提高,加固深度也加大,预计可达 20.0 m。塑料排水板适用于处理深度大于 4.0 m 的淤泥质土、淤泥和冲填土等饱和黏性土地基,但对处理泥炭土、有机质土和其他次固结变形占很大比例的土效果较差,只有当主固结变形与次固结变形相比所占的比例较大时才有明显效果。对泥炭土、有机质土和其他次固结变形占很大比例的土可以采用超载预压的方法提高塑料排水板的加固效果[110]。根据以上分析可以看出,排水粉喷桩复合地基主要适用于符合以下条件的地基处理中:淤泥、淤泥质土、冲填土、粉质黏土、粉土等软土地基,且含水量应大于 30%。

2. 设计参数

排水粉喷桩复合地基应用于高速公路、高速铁路等软基处理时,其设计不仅需要保证路堤填筑过程中的稳定性,更重要的是控制路堤工后沉降,因此排水粉喷桩复合地基的设计应该达到两方面的要求:工后沉降要求和稳定性要求。其中工后沉降可联合总沉降和固结度计算确定,通过调整桩体强度、桩长、桩间距以及预压时间和预压荷载,使其在适宜的范围内就可以满足工后沉降的要求;稳定性要求就是要确保在路堤施工过程及后续地基固结过程中桩承担的荷载不超过其承载力,这可以通过优化桩体强度和控制路堤施工速率来满足稳定性要求。综上所述,基于变形控制的排水粉喷桩复合地基设计参数见表 9-1 所示。

表 9-1　基于变形控制的排水粉喷桩复合地基设计参数

<table>
<tr><th colspan="2">计算内容</th><th>计算参数</th></tr>
<tr><td rowspan="6">沉降设计</td><td rowspan="4">总沉降量计算</td><td>桩体设计强度</td></tr>
<tr><td>桩长</td></tr>
<tr><td>桩体面积置换率</td></tr>
<tr><td>桩间土模量</td></tr>
<tr><td rowspan="2">固结计算</td><td>预压时间</td></tr>
<tr><td>预压荷载</td></tr>
<tr><td colspan="2" rowspan="3">稳定性验算</td><td>桩体设计强度</td></tr>
<tr><td>桩间土不排水抗剪强度</td></tr>
<tr><td>桩体面积置换率</td></tr>
</table>

3. 设计流程

排水粉喷桩复合地基的设计流程如图 9-5 所示。

收集资料包括两大部分:第一部分为荷载及工后沉降要求信息,主要内容包括路堤填土高度、汽车荷载和最大容许工后沉降等;第二部分为拟加固现场的工程地质条件,包括土层分布,土层物理力学性质指标,地下水位,路堤填土性质及施工时间等信息资料。

设计过程为一个循环试算的过程,首先确定沿路堤宽度范围的加固范围;根据工程经验,初步选取一较大的桩间距值,根据上一节的方法确定粉喷桩设计强度,并根据地区经验和室内水泥土配合比试验确保现场水泥土强度能够满足设计确定要求;为了控制路堤工后沉降,粉喷桩的设计加固深度通常采用打穿软土层,进入持力层 0.5 m;根据工程地质参数和粉喷桩设计参数计算复合地基总沉降量;根据容许施工工期计算固结度和工后沉降,如果工后沉降过大,则应该减少桩间距或(和)采用超载预压,确保工后沉降满足要求;在工后沉降满足要求的情况下,稳定性一般能满足要求,如果稳定性不能满足要求,适当调整粉喷桩桩间距及桩体强度，使稳定性满足要求即可。

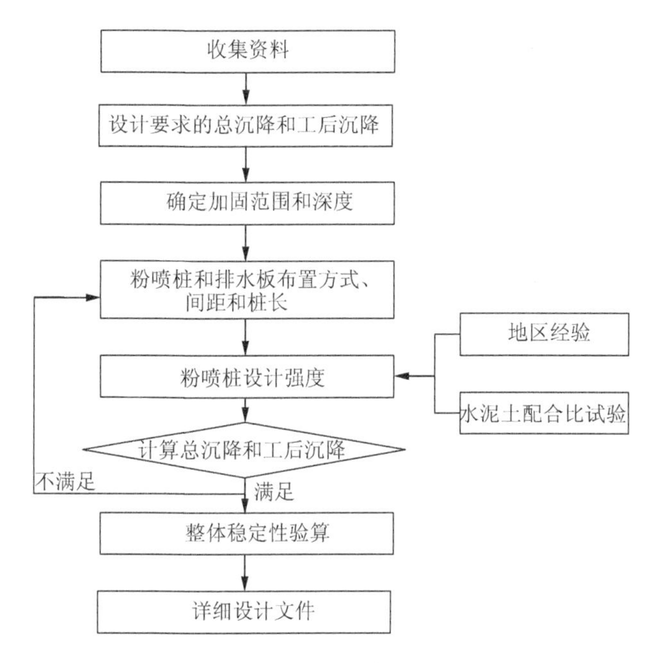

图 9-5　排水粉喷桩复合地基设计流程

9.2.2　排水粉喷桩复合地基固结计算方法

1. 加固区固结模型的建立

排水粉喷桩复合地基作为一种组合型的复合地基，对其进行固结研究的关键是如何在现有的排水板地基、粉喷桩复合地基固结分析模型的基础上，提出一种适合于排水粉喷桩复合地基计算的实用模型。

传统的排水板固结问题是将排水板等效为竖井地基，建立轴对称单井模型来分析。竖井固结理论中经典的有 Barron 单层理想井理论；Hansbo 发展了 Barron 的理论，得到了考虑涂抹区的压缩性和井阻作用的近似解；谢康和等学者进一步发展了竖井地基等应变固结理论，给出了柱坐标系下径竖向二维固结方程解[111]。需要说明的是，以上理论都假定地基上的外部荷载全部由地基土体承担，即不考虑竖井的刚度。

然而对于排水粉喷桩复合地基来说，它不光具有排水通道来加快固结，在受力机理上，粉喷桩的存在使其具有明显的复合地基特征，因此它本质上仍属于复合地基的固结问题。目前，国内外关于复合地基的固结研究较少，且多数都是对碎石桩、砂桩等强透水桩的研究，对于粉喷桩这类弱透水桩复合地基的固结研究较少。国内浙江大学首先对搅拌桩复合地基固结特性开展了研究，谢康和等在等应变假定下，得到了强、弱排水桩复合地基均可用的固结计算通式[112]，韩杰[113]的碎石桩和郑俊杰[114]的石灰桩复合地基固结理论都是该解的特例，而对于搅拌桩复合地基的解答实际上仅是对复合地基刚度进行等效的一维均质地基的固结。基于以上已有成果，结合现有的粉喷桩和排水板的固结理论研究成果，提出了排水粉喷桩复合地基的固结研究模型[115]。

（1）基本特点、计算简图和基本假定

① 基本特点

a. 相对于天然土体来说，粉喷桩桩体具有较大刚度，但属于弱透水性材料；排水板具有较好的透水性，但其竖向刚度效应可以忽略。

b. 粉喷桩和排水板间距均较大，面积置换率较小。

② 计算简图

固结方程的建立包括三个部分：平衡条件、应力应变关系以及渗流连续条件，本文将排水粉喷桩复合地基简化成图 9-6 所示模型。考虑平衡方程时，认为排水板的模量与天然土体相同，建立粉喷桩与天然土体的平衡方程，进而得到地基应力应变关系；考虑渗流连续条件时，认为粉喷桩是不透水体，且刚好位于单根排水板有效作用区域的边界上（如图 9-7 阴影部分所示），从而可以简化为单根砂井地基的固结方程；最后两者联立，得到整个复合地基的固结解答。

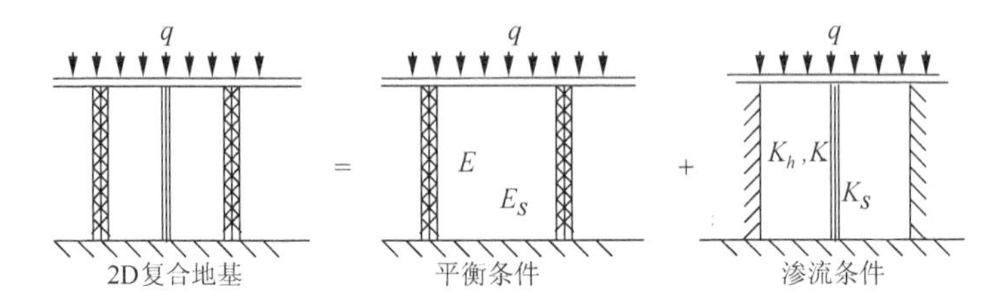

图 9-6　排水粉喷桩复合地基简化剖面图

③ 基本假定

a. 桩完全打穿软土层。

b. 地基中无侧向变形。

c. 不考虑粉喷桩桩体的固结问题，假定同一深度处桩体与土体竖向变形相等。

d. 不考虑粉喷桩施工对周围土体强度和透水特性的扰动影响。

e. 排水板及其涂抹区压缩模量与天然地基相同。

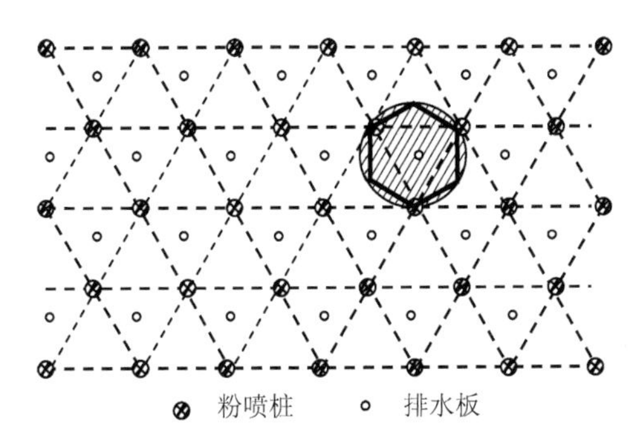

图 9-7　排水粉喷桩复合地基平面布置图

f. 加荷瞬时土体所受荷载全部由孔隙水承担。

g. 其他假定同 Terzaghi 一维固结理论。

(2) 基本方程与求解条件

① 平衡条件及应力-应变关系

考虑桩体刚度，建立复合地基平衡条件：

$$m\bar{\sigma}_p + m(s_p^2 - 1)\bar{\sigma}_{sp} + m'\bar{\sigma}_w + m'(s_w^2 - 1)\bar{\sigma}_{sw} + (1 - ms_p^2 - m's_w^2)\bar{\sigma}_s = q \tag{9-2}$$

由假定 c 得：

$$\frac{\bar{\sigma}_s - \bar{u}_s}{E_s} = \frac{\bar{\sigma}_w - \bar{u}_w}{E_w} = \frac{\bar{\sigma}_{sw} - \bar{u}_{sw}}{E_{sw}} = \frac{\bar{\sigma}_{sp} - \bar{u}_{sp}}{E_{sp}} = \frac{\bar{\sigma}_p}{E_p} = \varepsilon_z = \varepsilon_v \tag{9-3}$$

式中：$\bar{\sigma}_s$、$\bar{u}_s$、$\bar{\sigma}_w$、$\bar{u}_w$、$\bar{\sigma}_{sw}$、$\bar{u}_{sw}$、$\bar{\sigma}_{sp}$、$\bar{u}_{sp}$—— 分别为土体、排水板、排水板涂抹区、粉喷桩扰动区任一深度的平均总应力和平均孔压；

$\bar{\sigma}_p$—— 粉喷桩中任一深度的平均总应力；

q—— 均布填土荷载；

E_s、E_w、E_{sw}、E_p、E_{sp}—— 分别为天然土体、排水板、排水板涂抹区、粉喷桩、粉喷桩扰动区的压缩模量；

ε_z、ε_v—— 分别为地基中任意一点的竖应变和体积应变；

m、m'—— 分别为粉喷桩和排水板的面积置换率；

s_p、s_w—— 分别为粉喷桩和排水板的扰动区半径与其本身半径对应的比值，$s_p = r_{sp}/r_p$，$s_w = r_{sw}/r_w$，r_{sp}、r_p、r_{sw}、r_w 分别为粉喷桩扰动区、粉喷桩、排水板涂抹区、排水板的半径。

由于塑料排水板为条带状，需将其换算成相当直径的圆柱体，目前较为常用的是日本构尾新一郎的公式：$d_w = 2(b+\delta)\alpha/\pi$，其中：$d_w$ 为塑料排水板等效直径；α 为换算系数，通常取 0.6 ～ 0.9；δ、b 分别为塑料板的厚度和宽度。关于排水板涂抹区的大小，如果没有相关试验数据来确定，可以近似取 $d_s = 3\,d_w$（d_s 为涂抹区直径）。

根据式(9-2) 和式(9-3) 可以得到：

$$\varepsilon_v = \frac{q-\bar{u}}{E_c};\quad \frac{\partial \varepsilon_v}{\partial t} = -\frac{1}{E_c}\frac{\partial \bar{u}}{\partial t} \tag{9-4}$$

式中：E_c、$\bar{u}$—— 分别为地基的复合压缩模量和任一深度的平均孔压。

由假定 d、e 得：

$$E_{sp} = E_w = E_{sw} = E_s \tag{9-5}$$

$$E_c = mE_p + (1-m)E_s = [1+m(N-1)]E_s \tag{9-6}$$

式中：$N = E_p/E_s$。

令 $\alpha_E = 1+m(N-1)$，则有：

$$E_c = \alpha_E E_s \tag{9-7}$$

$$\bar{u}_{sp} = \bar{u}_s;\quad \bar{u}_w = 0 \tag{9-8}$$

$$\bar{u} = m'(s_w^2-1)\,\bar{u}_{sw} + (1-m-m's_w^2)\,\bar{u}_s \tag{9-9}$$

② 渗流连续条件

目前排水板地基的固结计算仍采用竖井地基固结理论，竖井（打穿软土层）地基在瞬时加荷及 Barron 等应变条件下，考虑井阻、涂抹作用以及径、竖向组合渗流的固结微分方程如下：

$$-\frac{k_v}{\gamma_w}\frac{\partial^2 \bar{u}}{\partial z^2} - \frac{k_s}{\gamma_w}\frac{1}{r}\frac{\partial}{\partial r}\left(r\frac{\partial u_{sw}}{\partial r}\right) = \frac{\partial \varepsilon_v}{\partial t}\quad (r_w \leqslant r < r_{sw}) \tag{9-10}$$

$$-\frac{k_v}{\gamma_w}\frac{\partial^2 \bar{u}}{\partial z^2} - \frac{k_h}{\gamma_w}\frac{1}{r}\frac{\partial}{\partial r}\left(r\frac{\partial u_s}{\partial r}\right) = \frac{\partial \varepsilon_v}{\partial t}\quad (r_{sw} \leqslant r \leqslant r_e) \tag{9-11}$$

式中：k_h、k_v——分别是天然土层的竖向、径向渗透系数；

k_s——排水板涂抹区土体的渗透系数；

r_e——代表单个排水板有效影响区半径。

③ 求解条件（即边界及初始条件）

a. $z = 0$：$u_s = u_{sw} = 0$。

b. $z = h_1$：$\dfrac{\partial u_s}{\partial z} = \dfrac{\partial u_{sw}}{\partial z} = 0$。

c. $r = r_w$：$\dfrac{\partial^2 u_{sw}}{\partial z^2} = -\dfrac{2k_s}{\gamma_w k_w}\dfrac{\partial u_{sw}}{\partial r}$。

d. $r = r_s$：$u_s = u_{sw}$；$k_s\dfrac{\partial u_{sw}}{\partial r} = k_h\dfrac{\partial u_s}{\partial r}$。

e. $r = r_e$：$\dfrac{\partial u_s}{\partial r} = 0$。

f. $t=0$：$\bar{u}=u_0=q_{s0}$；q_{s0}为土体承担的荷载值，根据假定 c 及公式(9-3)可知 $q_{s0}=q/\alpha_E$。

(3) 解答

将方程(9-4)、方程(9-10)、方程(9-11)联立，即可求得固结解答。与谢康和的竖井固结方程相比可发现，排水粉喷桩复合地基固结方程仅在求解应力应变关系时将排水粉喷桩复合模量 E_c 取代了原来的天然地基模量 E_s(或考虑涂抹区模量变化的E'_s)，其他条件并未改变，考虑到 E_c、E_s、E'_s都为常数，不影响求解的过程，所以具体求解时可以参考谢康和的解答，仅对部分参数进行修正，最后得到结果：

$$u_{sw} = u_0\sum_{m=1}^{\infty}\frac{1}{F_a+D}\left[\frac{k_h}{k_s}\left(\ln\frac{r}{r_w}-\frac{r^2-r_w^2}{2r_e^2}\right)+D\right]\frac{2}{M}\sin\frac{Mz}{H_1}e^{-\beta_m t} \tag{9-12}$$

$$u_s = u_0\sum_{m=1}^{\infty}\frac{1}{F_a+D}\left[\left(\ln\frac{r}{r_s}-\frac{r^2-r_s^2}{2r_e^2}\right)+\frac{k_h}{k_s}\left(\ln s-\frac{s^2-1}{2n^2}\right)+D\right]\frac{2}{M}\sin\frac{Mz}{H_1}e^{-\beta_m t} \tag{9-13}$$

由图 9-7 可近似认为粉喷桩刚好在单个排水板的有效作用范围边界上，所以 $\bar{u}$ 又可以近似表达为：

$$\bar{u} = \frac{1}{\pi(r_e^2-r_w^2)}\left[\int_{r_w}^{r_s}2\pi r\cdot u_{sw}\,\mathrm{d}r+\int_{r_s}^{r_e}2\pi r\cdot u_s\,\mathrm{d}r\right] \tag{9-14}$$

将式(9-12)、式(9-13)代入式(9-14)可得：

$$\bar{u} = u_0\sum_{m=1}^{\infty}\frac{2}{M}\sin\frac{Mz}{H_1}e^{-\beta_m t} \tag{9-15}$$

在假定初始孔压为均匀分布的前提下，根据平均孔压，得到任意时刻整个土层的平均固结度：

$$\overline{U}_{rz} = 1-\sum_{m=1}^{\infty}\frac{2}{M^2}e^{-\beta_m t} \tag{9-16}$$

式中：$\beta_m = \left[\dfrac{M^2 c_v}{H_1^2}+\dfrac{8c_h}{(F_a+D)d_e^2}\right]\alpha_E$；

F_a 为考虑排水板涂抹效应的因子：

$$F_a = \left(\ln\frac{n}{s_w}+\frac{k_h}{k_s}\ln s_w-\frac{3}{4}\right)\frac{n^2}{n^2-1}+\frac{s_w^2}{n^2-1}\left(1-\frac{k_h}{k_s}\right)\left(1-\frac{s_w^2}{4n^2}\right)+\frac{k_h}{k_s}\frac{1}{n^2-1}\left(1-\frac{1}{4n^2}\right);$$

$$D=\frac{8G(n^2-1)}{M^2n^2};$$

$$M=\frac{2m-1}{2}\pi \quad (m=1,2\cdots);$$

G 为考虑井阻效应的因子：$G=\frac{k_h}{k_w}\left(\frac{H_1}{d_w}\right)^2$；

n 为井径比：$n=r_e/r_w$；

c_v、c_h 为天然土体的竖向和径向固结系数：$c_h=E_sk_h/\gamma_w$，$c_v=E_sk_v/\gamma_w$；

H_1 为加固区厚度；

γ_w 为水的重度。

公式(9-16)与砂井(排水板)地基解答相比主要在于固结时间因子 β_m 的不同，该 β_m 值通过 α_E 来表征粉喷桩对固结的影响。α_E 是一个与粉喷桩的面积置换率 m 和桩土模量比 N 有关的参数，因粉喷桩的桩体模量要远大于天然土体的模量，由公式(9-6)可知 α_E 值往往大于 1($\alpha_E=1$ 时为排水板地基)，即排水粉喷桩复合地基的固结时间因子大于常规排水板地基的固结时间因子。这就说明排水粉喷桩复合地基与常规排水板地基相比，由于具有复合地基的特性，能更快地加速桩间土体的固结，且随着 α_E 的增大，固结速率也相应增大。当然，实际工程计算中，桩土模量比的取值有一定的范围，当桩体模量很大时，则演变为桩基问题，前面的假定 c 桩土等应变条件不再成立，本研究结论则不适用，故不能通过无限加大桩体模量的手段来提高地基的固结时间因子。

对于普通的粉喷桩复合地基，不考虑土体径向排水，则 $\beta_m=(M^2c_v/H_1^2)\alpha_E$。同排水粉喷桩复合地基类似，$\alpha_E$ 表征了粉喷桩对天然地基土固结的影响，$\alpha_E>1$，即粉喷桩复合地基的固结时间因子大于天然地基的固结时间因子。因而这里也同时验证了与天然地基相比，常规的粉喷桩复合地基同样能加快固结，这与实际工程中的观测结论是一致的。

2. 下卧层简化的整体固结模型

对于复合地基来说，下卧层的沉降往往不可忽略。因此固结计算时，不仅要考虑加固区，更要重视下卧地基的固结特性，这样才能更全面地分析整个复合地基的固结规律。为简化计算，在研究初期取下卧层顶面为排水面，采用传统的 Terzaghi 一维固结理论对下卧层进行固结计算，其中竖向排水距离的确定采用谢康和的改进方法。在求取整个复合地基的固结度时，采用 Hart 等人首先提出的按加固区以及下卧层厚度进行加权平均的方法[116]。

3. 双层地基法整体固结模型

上面所述下卧层的固结计算方法简便易行，但具体计算时取下卧层顶面(加固区底面)为透水面，即该水平面上孔隙水压力恒为零，这与加固区计算得到的该处的孔压不相连续，具有明显的间断性，与实际情况存在误差，影响计算精度。

因此本模型将排水粉喷桩加固区三维固结实行一维固结等效换算，与下卧层一起按双层地基一维固结理论进行编程计算，以克服上面简化方法的不足。

在进行加固区等效时，采用砂井处理区一维等效方法，根据固结度相等的假设，由公式(9-16)，以及一维 Terzaghi 固结度计算公式可以得到：

$$\left[\frac{M^2 c_v}{H_1^2}+\frac{8c_h}{(F_a+D)d_e^2}\right]\alpha_E=\frac{M^2 c'_v}{H_1^2} \tag{9-17}$$

转换后为：

$$c'_v=\left[c_v+\frac{8H_1^2 c_h}{(F_a+D)d_e^2 M^2}\right]\alpha_E\approx\left[c_v+\frac{32H_1^2 c_h}{(F_a+D)d_e^2 \pi^2}\right]\alpha_E \tag{9-18}$$

式中：c'_v——等效后的加固区竖向固结系数。

4. 计算实例

(1) 计算参数

为验证理论推导公式、简化整体算法和双层地基法在排水粉喷桩复合地基中的适用性，在某高速公路段进行了排水粉喷桩试验，取现场土性资料、施工资料计算，并与实测资料比较。表 9-2～表 9-4 为该地区主要的物理力学指标和粉喷桩、排水板的施工参数。

表 9-2　软土主要物理力学指标

分层	层厚/m	W/%	e_0	γ/KN·m^{-3}	E_s/MPa	渗透系数/10^{-7}cm·s^{-1}	
						k_h	k_v
加固区	0～13	62.1	1.62	15.8	1.92	4.4	2.2
下卧层	13～28	25.8	0.69	19.3	5.19	4.4	

表 9-3　粉喷桩参数指标

桩长/m	桩径/cm	桩间距/m	喷灰量/kg·m^{-1}	压缩模量 E_p/MPa
13	50	2.2	75	150

表 9-4 排水板参数指标

板长/m	板间距/m	芯板厚度/mm	芯板宽度/mm	渗透系数/cm·s^{-1}
13	2.2	4.0±0.2	100±2	≥5×10^{-3}

(2) 计算结果

上面加固区、下卧层的固结理论计算公式都假设荷载为一次瞬间施加。实际工程中,荷载总是分级逐渐施加的,因此这里采用改进的 Terzaghi 法对不同时期的固结度加以修正,假定每一级荷载增量所引起的固结过程是单独进行的,和上一级或下一级荷载增量所引起的固结无关,得到结果如下:

① 孔压

图 9-8 是 2.5 m 深度处公式(9-15)、双层地基法计算以及现场实测得到的超静孔压消散曲线,其中现场孔压计的埋设位置在两根排水板之间,而理论值则取该土层的平均孔压。结果表明,两种理论方法得到的孔压非常接近,并与实测孔压消散规律相似;理论计算的孔压值低于实测值,原因之一是本研究采用的初始孔压,高估了粉喷桩在地基中刚度的发挥程度,实际土体承担的荷载比 q_{s0} 大;加载完成后理论计算的固结速率更快,原因是本研究虽然考虑了井阻和涂抹,但是没有考虑排水板的通水量随时间的衰减,另外排水粉喷桩复合地基中,排水板的间距往往大于常规排水板地基的间距,也会高估排水板的排水效果;实际工程中排水板的排水速率要比理想中的排水板慢。

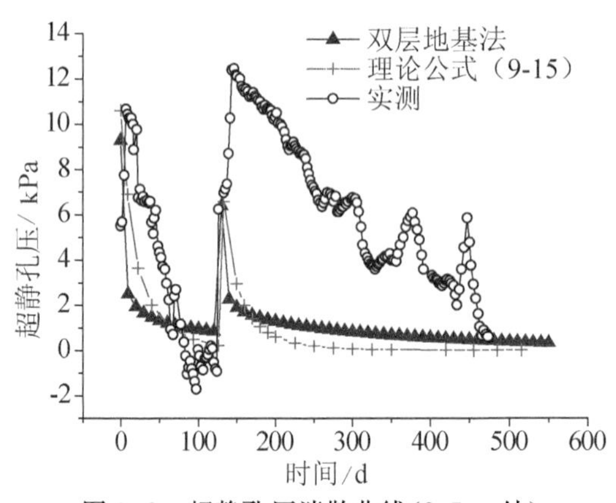

图 9-8 超静孔压消散曲线(2.5 m 处)

② 固结度

根据上面的方法,分别计算加固区、下卧层平均固结度随时间的增长规律曲线(图 9-9、图 9-10);另外本研究采用 Asaoka 法[117]由现场实测沉降预测得到整个复合地基的最终沉降量,通过实测沉降与该最终沉降的比值推算了地基的整体固结度发展规律,与两种理论方法得到的整体固结度进行了比较(图 9-11)。

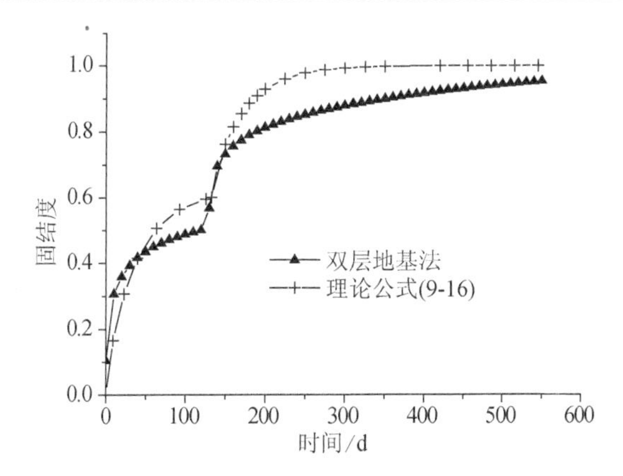

图 9-9　加固区固结度随时间的增长曲线

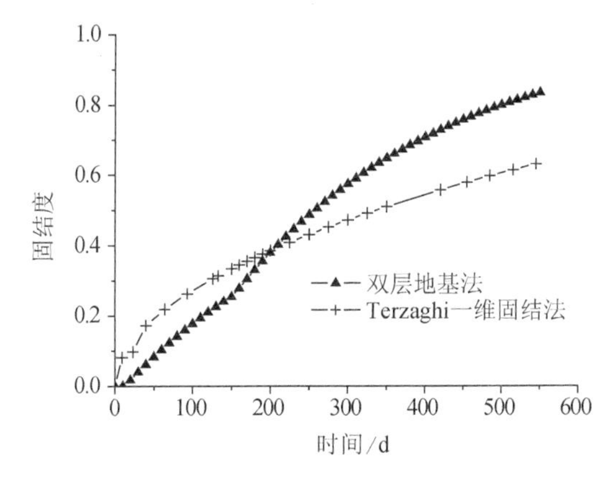

图 9-10　下卧层固结度随时间的增长曲线

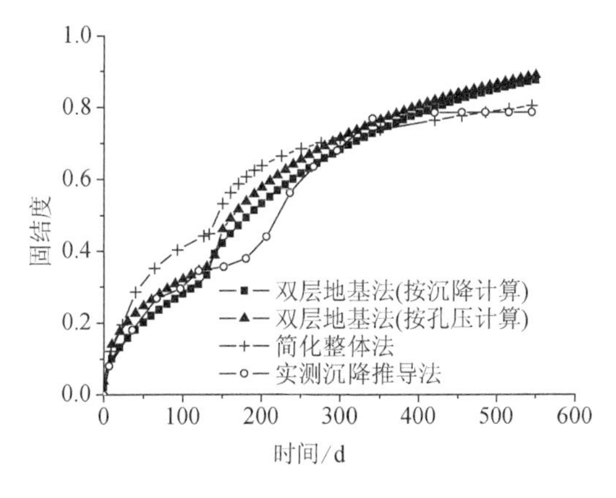

图 9-11　整体固结度随时间的增长曲线

图 9-9、图 9-10 显示，加固区的固结速率要明显快于下卧层，这与现有复合地基固结研究规律是一致的。同一时刻，双层地基法加固区计算结果稍低于公式(9-16)，而下卧层的固结度在后期则比 Terzaghi 一维固结计算结果提高更快。这是由于双层地基法考虑了加固区、下卧层孔压的连续性，上下土层之间形成的孔压差更利于孔压的消散，故下卧层固结度提高更快，而同时下卧土层中的孔隙水向加固区迁移，延缓了加固区孔压的消散，所以固结过程也相应放慢。

由于两种方法在加固区、下卧层固结度的大小关系正好相反，所以最后两种方法得到的整体固结度规律接近。现场试验段在各级加载完成后存在沉降滞后现象，表现为由实测沉降推算的固结度增长也滞后，但随之很快提高，与理论计算规律一致。总体而言，本研究提出的加固区固结计算模型，以及据此等效得到的双层地基模型均可基本模拟排水粉喷桩复合地基的固结增长规律；而从机理上来说，双层地基法考虑了上下土层固结度增长的连续性，因此更能反映实际工程中加固区、下卧层以及整个地基的固结特性。

9.2.3　排水粉喷桩复合地基设计方法

1. 粉喷桩的布置方式

排水粉喷桩复合地基的主要加固机理就是利用排水板的排水导气性能，及时排出粉喷桩施工过程中产生的超静孔压和残余气体，提高桩间土强度，从而增大粉喷桩间距，降低软基处理费用。因此，排水粉喷桩复合地基中的塑料排水板和粉喷桩应该采用梅花形布置嵌打，如图 9-7 所示，粉喷桩和塑料排水板采用相同的间距。

2. 加固范围

路堤荷载作用下，排水粉喷桩复合地基的加固范围确定方法可以采用英国标准 BS 8006[118]建议的方法，其基本原则是加固区范围以外发生的失稳与差异沉降不影响路堤顶部路面结构。英国标准 BS 8006 建议最外侧桩体到路堤坡角的最大距离 L_p 为：

$$L_p = H(n - \tan\theta_p) \tag{9-19}$$

式中：H——路堤填土高度；

n——路堤边坡坡比；

θ_p——最外侧桩体和路肩点连线与竖直线的夹角，如图 9-12 所示[118]，$\theta_p = 45° - \frac{\varphi_{emb}}{2}$，$\varphi_{emb}$ 为路堤填土有效内摩擦角。

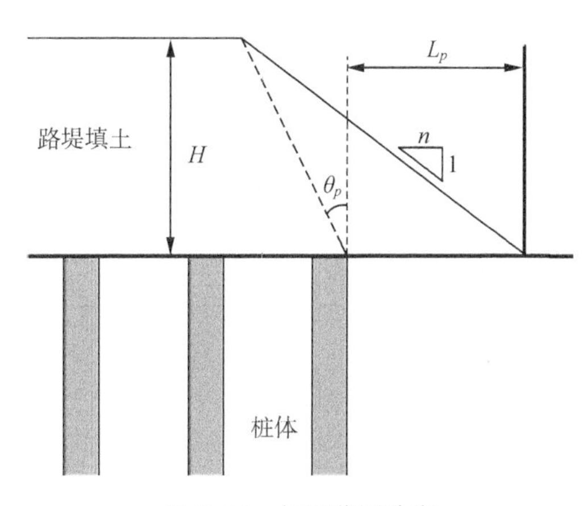

图 9-12　加固范围确定

3. 总沉降计算

根据工程经验，初步选取一较大的桩间距值(这里建议初始桩间距取值 1.8～2.0 m)。为了控制工后沉降，粉喷桩加固深度宜打穿软土层，进入持力层 0.5 m，据此可以确定粉喷桩桩长。

搅拌桩复合地基总沉降为加固区压缩量与下卧层压缩量之和。复合地基加固区总沉降计算通常采用复合模量法。应该指出的是，由于考虑排水板排水固结作用，排水粉喷桩复合地基中桩间土的压缩模量不同于未加固地基天然地基的压缩模量。根据现场试验，可取排水粉喷桩复合地基中桩间土的压缩模量为天然地基的压缩模量的 1.1～1.2 倍。下卧层沉降量可采用分层总和法计算。

4. 工后沉降计算

工后沉降可由总沉降量和固结度计算得到，固结度计算方法同上一节排水粉喷桩复合地基固结计算方法。

计算固结时间如图 9-13 所示，路堤线性填筑时，计算固结时间可从填筑期的中点起算，至卸载时为止。分级加载时，假定每一级荷载增量所引起的固结过程是单独进行的，和上一级或下一级荷载增量所引起的固结无关。

根据计算的总沉降和固结度，即可求得工后沉降。如果工后沉降小于容许工后沉降，则设计满足要求，如果工后沉降大于容许工后沉降，则应考虑超载预压或减少桩间距，然后重复上述步骤(图 9-14)，直到工后沉降满足要求为止。

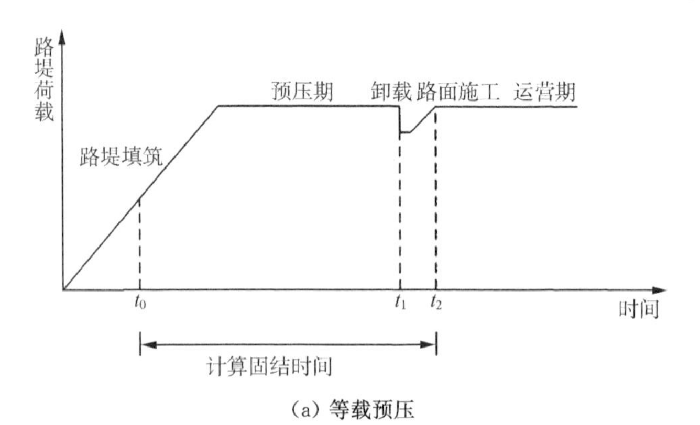

(a) 等载预压

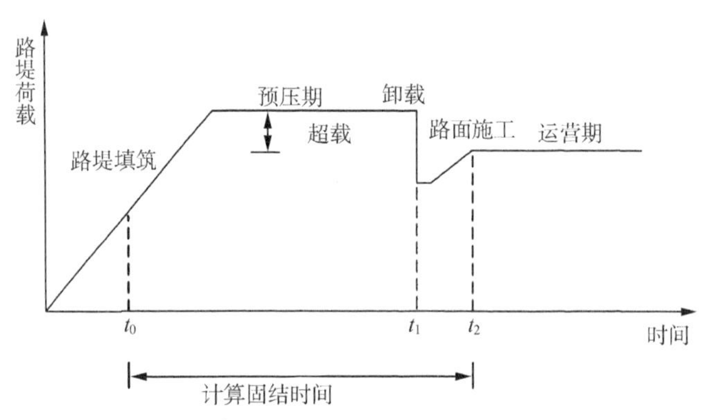

(b) 超载预压

图 9-13　计算固结时间的确定

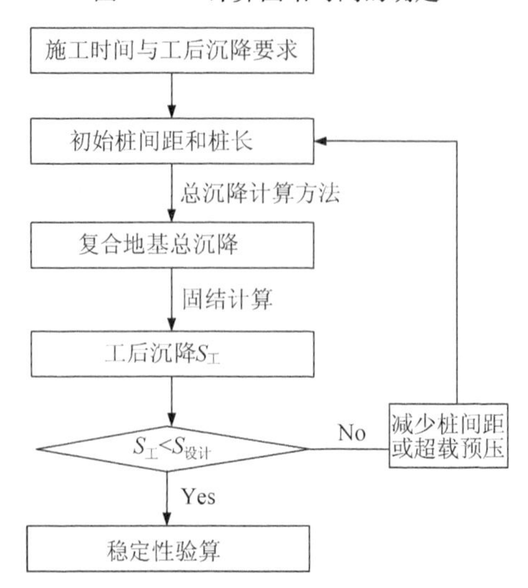

图 9-14　桩间距和桩长设计流程

5. 整体稳定性验算

对高速公路而言，工程实践对沉降控制的要求较稳定性控制的要求高，地基处理以控制工后沉降为目标是发展的必然。以工后沉降为控制目标的设计新思路已经隐含了稳定性的要求，因此，排水粉喷桩复合地基设计中仅进行稳定性验算。

我国《公路路基设计规范》(JTG D30-2004)、日本的水泥土桩设计指南 CDIT (2002)[10]及北欧国家的设计指南 Euro Soil Stab(2002)[119]均建议采用复合体不排水抗剪强度 τ_{com}和圆弧滑动法计算水泥土桩复合地基的稳定性。尽管上述稳定性分析方法存在如本书第一章中分析的局限性(如没有考虑排水粉喷桩复合地基桩间土强度的提高；没有考虑粉喷桩和桩间土桩土破坏应变的不相容性；没有考虑沿滑裂面的桩体和桩间土强度的各向异性；无法反映粉喷桩其他可能破坏模式)，但该方法简单实用，在工程实践中广泛应用，且以工后沉降为控制目标的设计新思路已经隐含了稳定性的要求，因此，仍然采用复合体不排水抗剪强度结合圆弧滑动法计算排水粉喷桩复合地基的稳定性。

6. 塑料排水板施工参数设计

排水粉喷桩复合地基的主要加固机理就是利用排水板的排水导气性能，及时排出粉喷桩施工过程中产生的超静孔压和残余气体，提高桩间土强度，从而增大粉喷桩间距，降低软基处理费用。因此，排水粉喷桩复合地基中的塑料排水板和粉喷桩应该采用梅花形布置嵌打，如图 9-7 所示。塑料排水板和粉喷桩采用相同的间距，其施工深度以打穿软土层为宜。

塑料排水板的选择要求与排水固结法相同，其要求可参考文献[120]。工程最常用的塑料排水板为 SPB-100B 型原生塑料排水板，纵向涌水量应大于 35 cm^3/s；复合体抗拉强度应大于 1.3 kN/10 cm，延伸率应大于 4%；涤纶无纺土工布滤膜；芯板指标：厚度 4.0 mm±0.2 mm，宽度 100 mm±2 mm。

9.3　排水粉喷桩施工工艺

2D 工法是由竖向排水体与粉喷桩相结合的一种新型软基处理工法，其施工顺序直接影响着复合地基的处理效果。对于大面积软基，利用该工法进行处理，是一种经济的方法。在考虑施工的简便性后，竖向排水体在施工中采用塑料排水板，这样也便于施工。因此，2D 工法即是塑料排水板与粉喷桩的一种有机结合的软基处理方法。2D 工法施工的平面布置图如图 9-15 所示。

粉喷桩与塑料排水板均采用梅花形布置。粉喷桩桩间距和塑料排水板间距可取相同。

在进行 2D 工法施工前，清理平整场地，清除高空和地面障碍物；测量放线、测

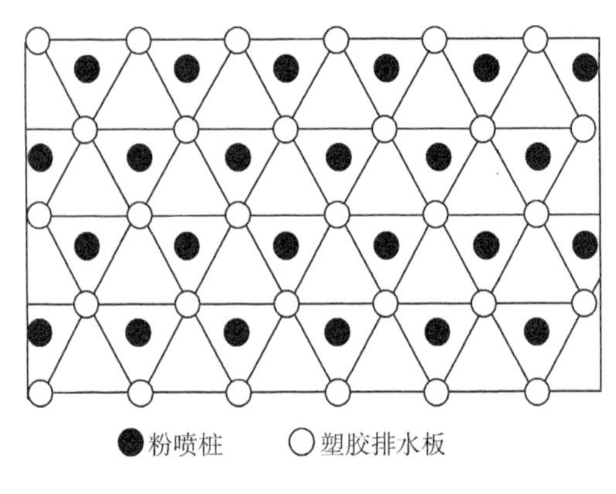

图 9-15　2D工法施工的平面布置图

量地面平整后标高。

砂垫层的铺设为2D工法施工的第一步，砂沟的位置应布置在塑料排水板连线上，同时注意以下几点：

(1) 用人工或挖槽设备按施工图开挖沟槽，沟槽深度和宽度严格按设计文件进行；沟槽深度以50 cm为宜，宽度为20 cm。

(2) 铺设砂垫层，选择中粗砂作为砂垫层的原料，铺设在已开挖好的沟槽内，简单压实。

(3) 路基二侧开挖边沟以利塑料排水板在施工时排水，同时防止砂垫层污染。

在沙沟开挖好(图9-16)，填上砂形成砂沟后，进行塑料排水板打设。

图 9-16　现场砂沟开挖

塑料板打设按下面几点要求进行。

塑料排水板施工工序按下面顺序进行：

(1) 根据打设板位进行打设定位。

(2) 将塑料带通过导管穿出。

(3) 安装管靴。

(4) 沉设导管。

(5) 开机打设至设计标高。

(6) 提升导管。

(7) 剪断塑料排水板。

(8) 检查并记录板位等打设情况。

(9) 移动打设机至下一板位。

塑料排水板施工过程应注意以下事项：

(1) 严格按施工图设计的位置、深度及间距进行测放。排水板的顶部伸入砂垫层至少 30 cm，使其与砂垫层沟通，保证排水畅通。

(2) 插板机上设有明显的进尺标记，以控制排水板的打设深度。

(3) 塑料排水板在打设过程中应保持排水带不扭曲，透水膜不被撕破和污染。

(4) 打设过程中，当塑料排水板长度不够时，不允许使用搭接延续的塑料排水板，以确保排水性能，须将不够尺寸的排水板抛弃。

(5) 排水板与锚销连接可靠，并且锚销与导管下端口密封要严，以免进泥。施工中采用 h 形锚销，一是防止打设过程中土层与插板直接接触，损伤排水板；二是防止泥土进入导管。

(6) 打设后外露的排水板不得遭污染，应及时清除排水板周围带出的泥土并用砂填实。

(7) 进场堆放在现场的塑料排水板应予遮盖，防止长时间暴露在阳光中造成老化。

塑料排水板施工现场质量控制要点：

(1) 塑料排水板施工允许偏差：板距偏差为±15 cm，竖直度偏差<1.5%，板长要求不小于设计长度。

(2) 塑料排水板透水滤套不得被撕破、划裂及污染，如发生上述现象须将破损段裁掉，以免影响排水板的有效工作性能。

(3) 塑料排水板搭接采用滤套内平接的方法，芯板对扣，凸凹对齐，搭接长度不小于 20 cm；滤套包裹后用绑丝或针线缝接牢靠。

(4) 插入过程中导轨要垂直，钢套管不得弯曲；每次施工前要检查套管中有无泥土杂物进入，一旦发现要及时清除，防止插入及拔出过程中污染排水板或划裂滤套。

(5) 排水板与靴头固定架要连接牢固，防止拔出套管时发生跟带现象。如排水板跟带大于 50 cm，则应在旁边重新补打。

(6) 插板施工完毕后，要注意及时将板头埋入砂砾垫层中，防止机械及车辆碾压损坏外露板头。

排水板整片施工完成后，进行粉喷桩施工，粉喷桩施工应由路的一侧往另一侧进行。粉喷桩施工的主要内容有下面几点。

(1) 粉喷桩主要施工机具

① 钻机：钻机是喷粉桩施工的主要成桩机械，故应满足：动力大、扭矩大，满足大直径钻头成桩；具有正向钻进、反向提升的功能；提升力大，并能匀速提升。

② 粉体发送器：粉体发送器是定时定量发送粉体材料的设备，是粉喷桩施工中的关键设备。所以施工时，应根据钻机的提升速度、钻机的转速、搅拌钻头的类型，选用合理的粉体发送量，然后通过控制发送器转鼓的转速来实现粉体的定量输出。

③ 空气压缩机：空气压缩机的选型主要受工程地质条件和加固深度所控制。其压力不需很大，风量也不宜太大。一般空气压力宜控制在 0.2～0.8 MPa 之间。

④ 搅拌钻头：搅拌钻头应保证在反向提升时，对桩中土体有压密作用，而不是使灰、土向上翻升而降低桩体质量。

⑤ 计量装置：计量装置是用于监测粉喷桩施工中粉体输入量的连续性、使输入量满足设计要求的装置，并能自动打开和输入计量值。

(2) 粉喷桩施工工艺流程

① 施工准备：依据施工图编制施工方案，做好平面布置。

② 桩机定位：根据设计在平整好的施工场地放出桩位，桩机到达桩位并对中，桩机要水平以保证粉喷桩的铅垂度。

③ 下钻：启动搅拌钻机，钻头边旋转边钻进。钻进时，先开动空压机，吹干喷粉管道内的水分，并边喷气边钻进，钻进过程中，始终要观察钻机的稳定性、垂直度和钻进深度，并记录钻进时间。

④ 提钻喷灰：钻进至设计标高后，空钻 2～3 min，然后打开喷灰阀，以选定的挡位转速，连续均匀地提钻喷灰，不得中断喷灰，严禁在尚未喷灰情况下提钻作业。

⑤ 提升结束：桩体形成钻头提升至设计标高或距地面 30～50 cm 时，喷粉系统停止工作，桩体形成。

⑥ 复拌：根据设计要求，在地面下一定深度范围内需进行重复搅拌，再喷粉一

次，以保证桩体质量。

⑦ 制桩完毕，桩机移位，进行下一单桩的施工。

(3) 粉喷桩施工质量控制措施

① 施工场地平整，清除杂物，挖除地下障碍物。场地低洼处应回填低剂量灰土，压实度不低于 90%。

② 施工中所用水泥为 425 号普通硅酸盐水泥，所有材料均经过指定部门检验合格，并附有产品出厂合格证及材料试验报告，经监理工程师批准后方可使用。

③ 施工前准确测放轴线和桩位，并用竹签或木桩标定，桩位布置与设计图误差不大于 5 cm。

④ 为保证搅拌桩的垂直度，注意起吊设备的平整度和导向架对地面的垂直度，垂直度偏差不超过 1.5%；为保证桩位准确度，必须使用定位卡，桩距偏差不大于 5 cm。

⑤ 严格控制钻孔深度、喷粉深度、喷粉量，确保粉喷桩长度和喷粉量达到规定要求。深度误差不大于 5 cm，水泥损耗量不大于 1%。

⑥ 为避免送气不足出现松散段，应进行复搅复喷。复搅深度原则上应贯穿全桩长，实在搅不下去的，以机械能够达到的深度为准。

⑦ 成桩过程中要时刻注意施工情况，并控制喷粉压力在 0.2～0.8 MPa 之间，避免发生供气不足、喷粉不够、断喷、喷道堵塞等不良现象，发现问题要及时解决。

⑧ 施工时应根据土层的含水量、密度、压缩系数、塑性指数、松散程度、抗剪指标、土层厚度、地下水埋深等，合理确定钻进速度、提升速度、成桩时间、水泥用量等，以达到最佳成桩效果。

⑨ 施工中经常检查机械设备状况，保证良好运转，定期更换或清洗阀门。

⑩ 设专人负责整理施工原始记录，原始记录由电脑打印，应按设计桩位放样记录统一编号，以便查对，施工中发现异常情况及时采取对策或报监理，必要时校正修改工艺参数。

⑪ 严格控制施工中水泥用量在规范允许误差范围内，每台桩机组及时做好水泥台账，写明每天的进水泥量、施工完成延米数、水泥耗用量、剩余水泥量，并由监理组人员签字认可，然后报项目经理部汇总。

图 9-17 为 2D 工法施工的整个流程图，该工法施工的主要环节是施工的先后顺序，同时注意把塑料排水板连成一条排水的盲沟，这主要是以便于粉喷桩施工时水的排出。并且，在粉喷桩施工时，注意对塑料排水板的保护。

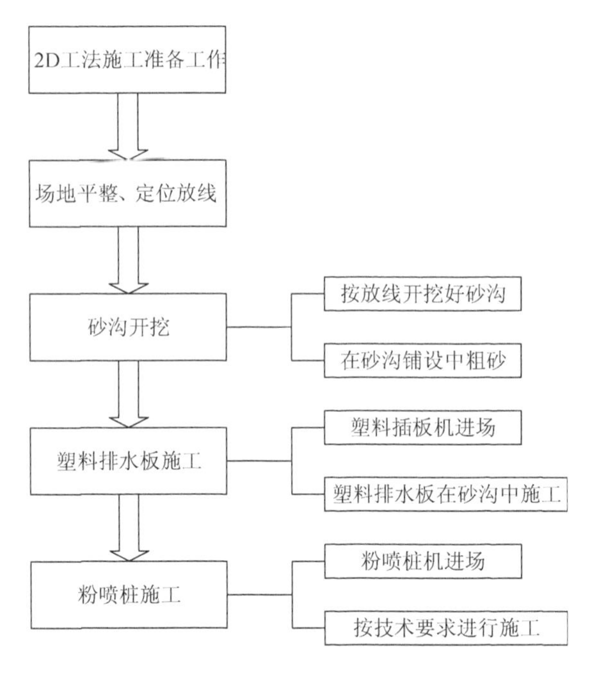

图 9-17　2D 工法施工流程图

9.4　排水粉喷桩复合地基加固软土工程应用

9.4.1　试验场地条件

结合江苏省淮盐高速公路软基处理工程，选择 K19＋688～K19＋798 段进行了排水粉喷桩复合地基工法现场试验研究。根据现场勘察，该段位于江苏里下河古潟湖平原区，软土层平均厚度 13 m。试验段内工程关心范围内土层主要可分为 3 层，其中第 2 层土可分为 2 个亚层，现分述如下：① 层土，为灰黄～黄褐色亚黏土，上部含少量植物根茎，可塑，层厚 1.5～2.0 m，层底埋深 1.5～2.0 m；②－1 层土，为灰～灰黑色亚黏土，含少量贝壳，软塑，层厚 0.8～1.1 m，层底埋深 2.6～3.0 m；②－2 层土，为灰～灰黑色淤泥质亚黏土，含贝壳，局部为淤泥，流塑，层厚 8.0～8.9 m，层底埋深为 10.6～11.7 m；③层土，为灰～灰绿色亚黏土，可塑，未揭穿。现场 CPT 和十字板试验结果见表 9-5，软土层（第 2 层）的土层室内试验结果见表 9-6，从表中可以看到，试验段软土含水量高、孔隙比大、高压缩性、黏粒含量高、强度低、渗透系数低、塑性指数大部分大于 35。软土的力学性质差，必须进行地基处理，因此采用排水粉喷桩工法进行软基加固。

表 9-5　试验段现场 CPT 和十字板试验结果

土层	静力触探指标			十字板剪切指标		
	q_c/MPa	f_s/kPa	R_f/%	c/kPa	c_u'/kPa	S_t
①	0.316	18.127	5.7	20.90	7.30	2.8
②－1	0.265	7.19	2.6	16.83	4.93	3.4
②－2	0.316	4.389	1.4			
③	1.664	52.911	3.2			

表 9-6　试验段软土层工程性质指标统计

指标	天然含水量 w/%	液限 w_L/%	塑限 w_p/%	塑性指数 I_p	液性指数 I_L	天然孔隙比 e_0
最大值	86.4	77.8	30.2	48.3	1.31	2.1
最小值	49.4	55.9	20.3	26.2	0.50	1.3
平均值	63.0	68.9	27.4	39.9	0.87	1.7

指标	固结快剪		无侧限抗压强度/kPa	压缩系数 a_{1-2}/MPa^{-1}	压缩模量 E_s/MPa
	φ/(°)	c/kPa			
最大值	12	21	36.1	4.91	4.79
最小值	0	5	2.1	0.55	0.91
平均值	7.5	13	16.5	2.34	1.68

9.4.2　现场试验内容

现场采用的塑料排水板为 SPB-IB 型原生塑料排水板，涤纶无纺土工布滤膜；芯板指标：厚度 4.0 mm±0.2 mm，宽度 100 mm±2 mm，纵向涌水量大于 35 cm^3/s；复合体抗拉强度≥1.3 kN/10 cm，延伸率≤10%。水泥为普通硅酸盐水泥，粉喷桩桩径 500 mm，桩长 13.0 m。每延米的水泥用量为 75～80 kg。

现场试验分为三个阶段：单桩试验、群桩试验和路堤填筑期监测(表 9-7)。

单桩试验时，先如图 9-18 所示打设 28 根塑料排水板，板长 13.0 m。排水板施工完成后进行粉喷桩施工。施工时监测距粉喷桩桩中心不同位置和不同深度处的超静孔隙水压力变化，压力计埋设位置如图 9-19 所示。

表 9-7　试验内容表

试验名称	试验内容
单桩试验	共 6 根粉喷桩，其中 3 根常规粉喷桩单桩，3 根排水粉喷桩单桩。 监测每根单桩施工时和施工后的桩周土中孔隙水压力变化；监测喷粉压力；施工后不同龄期时桩周土强度测试(CPT 与十字板)、桩身强度测试(SPT 和芯样无侧限孔压强度试验)。
群桩试验	分为三个段落(见图 9-20)，监测施工时和施工后桩周土的孔压变化；施工后不同龄期时桩周土强度测试(CPT 与十字板)、桩身强度测试(SPT 和芯样无侧限孔压强度试验)；静载荷试验(含桩土应力比测试)。
路堤填筑期监测	路堤荷载下的孔隙水压力变化；地表处桩顶应力和桩间土压力变化；沉降(地表点路堤中心、路肩)；路堤坡角深层水平位移。

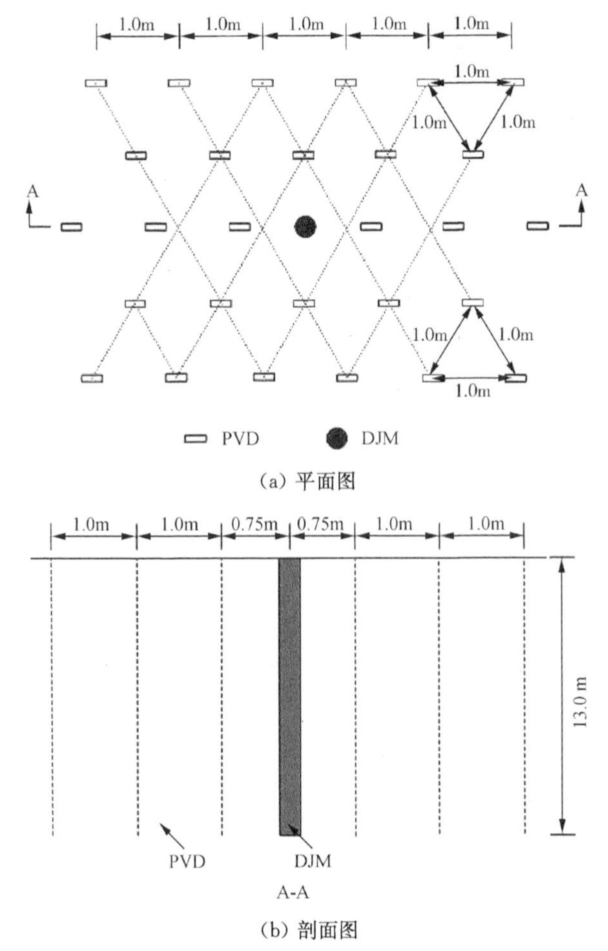

(a) 平面图

(b) 剖面图

图 9-18　单桩试验方案

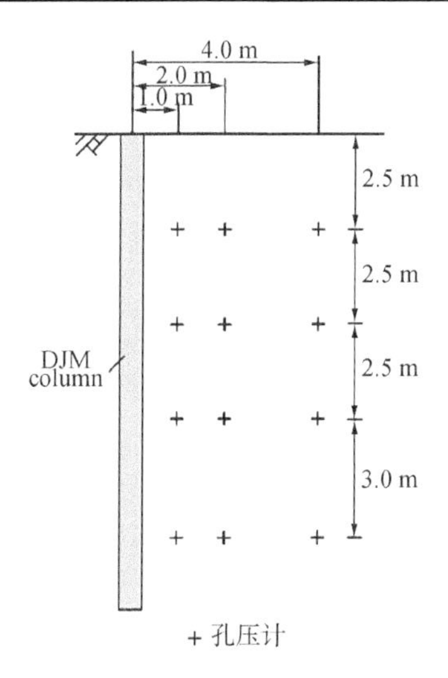

图 9-19　单桩试验中孔隙水压力计埋设

群桩试验时，试验现场分为三段(图 9-20)：试验段 A(K19＋688～K19＋738)、试验段 B(K19＋738～K19＋788)和试验段 C(K19＋788～K19＋798)，其中，试验段 A 和试验段 C 仅采用粉喷桩处理，桩间距分别为 1.5 m 和 1.3 m；试验段 B 采用排水粉喷桩处理，排水板和粉喷桩的间距均为 2.2 m。施工后不同龄期时测试桩周土的强度情况和桩身质量，并进行了 6 组单桩复合地基载荷试验。

在第三阶段，在上述群桩处理段落内进行路堤填筑。试验段 A 和试验段 B 的路堤填筑高度均为 4.0 m。现场监测仪器(孔隙水压力计、土压力计、沉降板、侧向位移管等)埋设位置如图 9-21 所示。

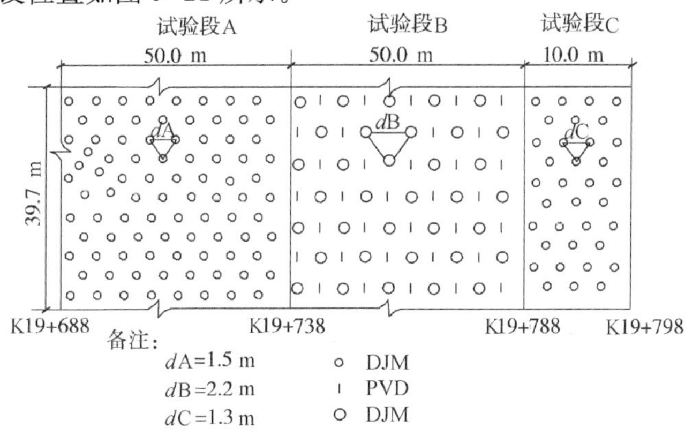

图 9-20　试验段位置示意图

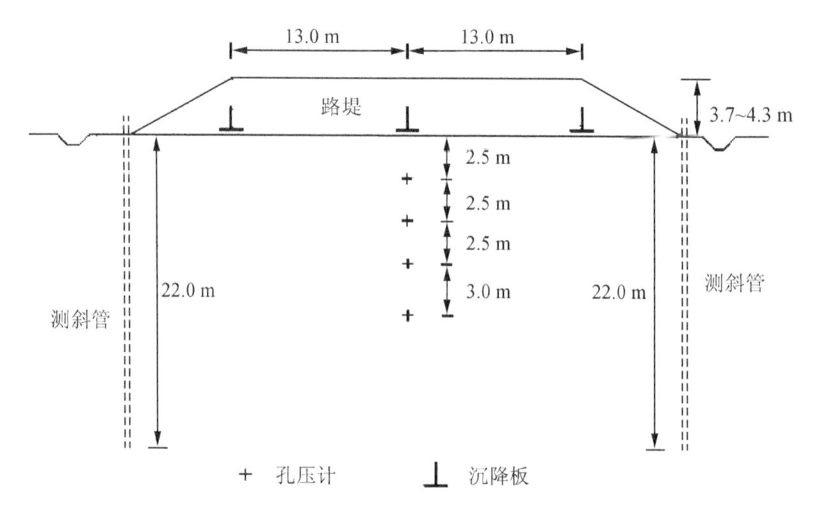

图 9-21 路堤填筑期监测仪器埋设位置

9.4.3 试验结果与分析

1. 实测超静孔压变化曲线

单桩试验孔隙水压力测试结果:共监测了 6 根单桩(3 根常规粉喷桩和 3 根排水粉喷桩)施工过程中和完工后的超静孔隙水压力变化情况。3 根常规粉喷桩试验中的测试结果规律相同,3 根排水粉喷桩试验中的测试结果规律也相同,这里只给出了其中 1 根常规粉喷桩和试验 1 根排水粉喷桩的测试结果。

图 9-22 和图 9-23 分别为常规粉喷桩和排水粉喷桩施工过程中和完工后的超静孔压变化情况。对比两图可以得到如下几点结论:

①粉喷桩施工时的喷粉压力和搅拌叶片的剪切力会引起桩周土内超静孔压的增大,施工结束后超静孔压逐渐消散。

②超静孔压的幅值随距桩中心距离的增大而减小。

③排水粉喷桩施工引起的超静孔压较常规粉喷桩小,如在距桩中心 1.0 m 孔深 10.5 m 处,常规粉喷桩施工产生的超静孔压最大值达 74 kPa,而排水粉喷桩施工引起的超静孔压最大值仅为 39 kPa。

④孔压消散结束的时间随深度的增加而增加,设置排水板大大加快了粉喷桩桩周土的孔压消散速率,常规粉喷桩超静孔压全部消散结束的时间约为 2 d,而排水粉喷桩桩周土中超静孔压的消散仅为几小时。

⑤排水粉喷桩中高的初始超静孔压是由于塑料排水板施工引起的。

⑥两种情况下的施工影响范围均小于 4.0 m。

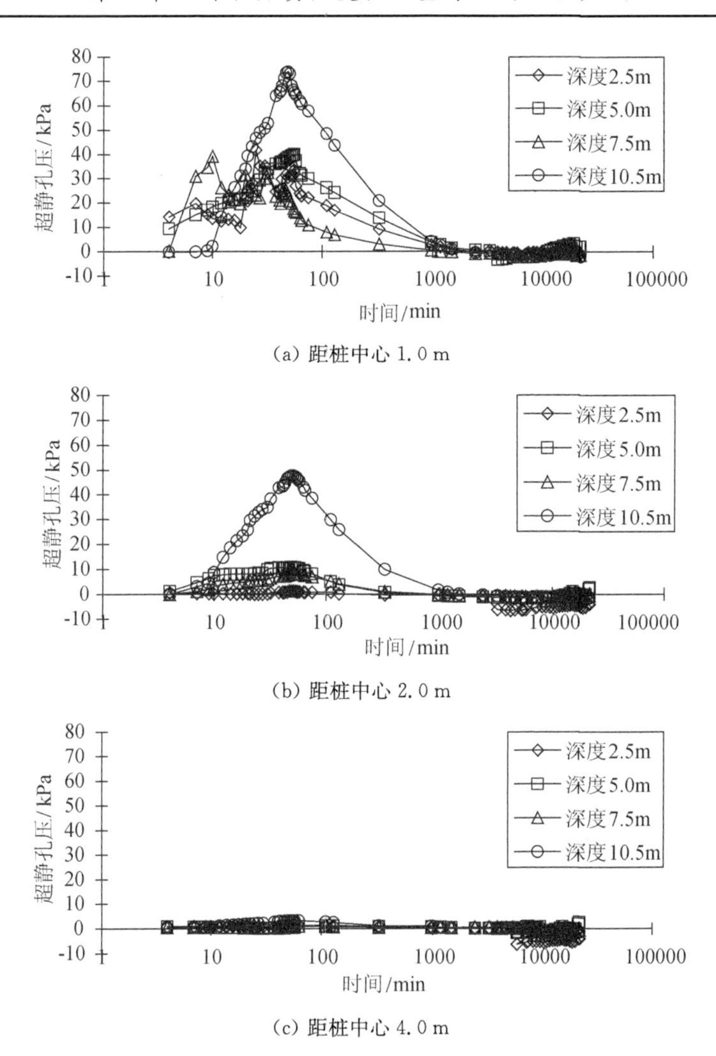

(a) 距桩中心 1.0 m

(b) 距桩中心 2.0 m

(c) 距桩中心 4.0 m

图 9-22　常规粉喷桩施工引起的桩周土超静孔压变化

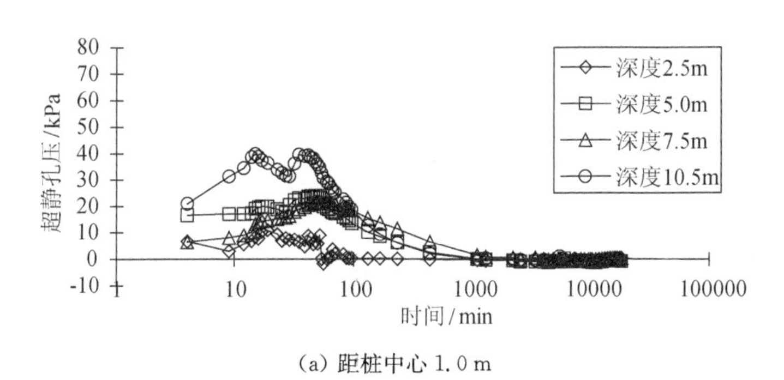

(a) 距桩中心 1.0 m

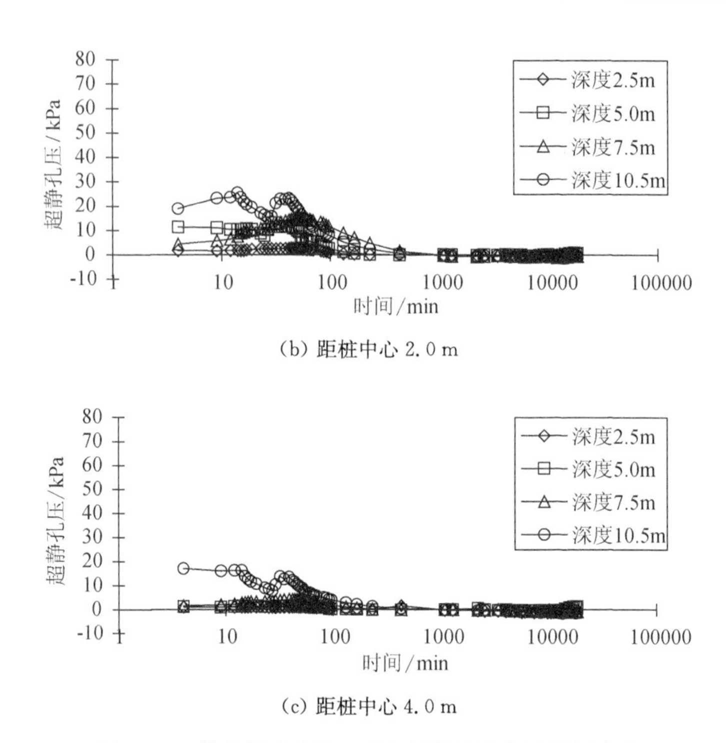

(b) 距桩中心 2.0 m

(c) 距桩中心 4.0 m

图 9-23　排水粉喷桩施工引起的桩周土超静孔压变化

上述测试结果表明，在排水粉喷桩施工过程中，由塑料排水板和土体裂隙组成的排水网络提供了良好的排水导气通道，加快了桩周土中超静孔压的消散速率。常规的粉喷桩施工过程中，尽管也产生了土体的局部劈裂，但是没有连通的竖向排水通道(塑料排水板)，超静孔压消散速率的提高程度依然有限。

2. 桩周土强度变化

(1) 单桩试验桩周土强度变化

粉喷桩施工结束后 1 d、7 d、14 d 和 28 d 时，分别在距粉喷桩桩边 0.2 m、0.5 m 和 1.0 m 处进行了静力触探试验(CPT)。图 9-24 显示了常规粉喷桩和排水粉喷桩的测试结果对比，图中的锥尖阻力值为软土层(2～12 m)的平均值。由图 9-24 可知，粉喷桩施工破坏了原地基土体的结构性，导致桩周土强度的降低，施工结束后桩周土强度随时间的增加慢慢恢复；由于排水板和粉喷桩施工的共同影响，排水粉喷桩中桩周土的强度降低程度略高于常规粉喷桩；施工结束 28 d 时，常规粉喷桩桩周土强度尚未恢复到未扰动的地基土强度，然而排水粉喷桩桩周土强度略高于未扰动的地基土强度，这说明排水粉喷桩中桩周土强度恢复速率较常规粉喷桩的快，这主要是因为由塑料排水板和土体裂隙组成的排水导气网络加快了超静孔压的消散速率，提高了桩周土强度的恢复速率。

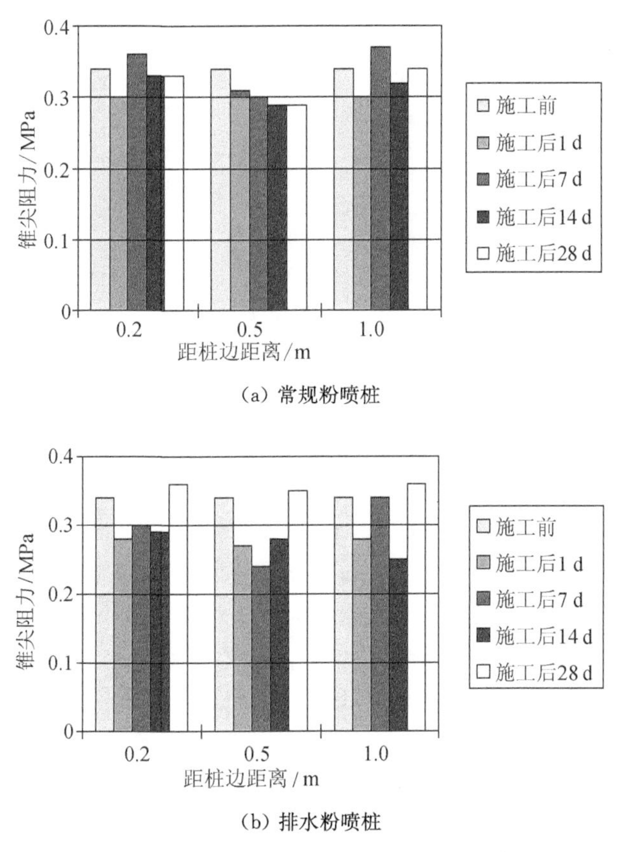

(a) 常规粉喷桩

(b) 排水粉喷桩

图 9-24　单桩试验桩周土静力触探试验结果

粉喷桩施工结束后 14 d 和 28 d 时，还分别在距粉喷桩桩边 0.2 m 和 0.5 m 处进行了十字板试验。图 9-25 显示了常规粉喷桩和排水粉喷桩的测试结果对比，图中的桩周土强度值为软土层(2～12 m)的平均值。由于没有测试粉喷桩施工结束后 1 d 和 7 d 时的桩周土十字板强度，因此无法反映两种工法施工导致的桩周土强度降低差异性，但是从图 9-25 可以得到以下几点结论：①粉喷桩施工结束 14 d 以后，相同龄期时，排水粉喷桩工法中距桩边相同距离处的桩周土平均强度高于常规粉喷桩。②相同龄期时，两种工法中桩周土平均强度恢复程度随距桩边距离的增大而增加。③28 d 龄期时，常规粉喷桩中桩周土十字板平均强度略低于未扰动的地基土强度；然而排水粉喷桩中桩周土十字板平均强度略高于未扰动的地基土强度。这些差异也均说明由塑料排水板和土体裂隙组成的排水导气网络提高了桩周土强度的恢复速率。

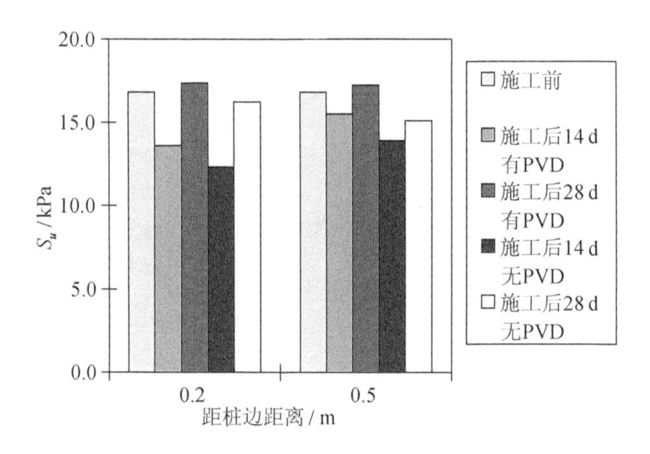

图 9-25　桩周土十字板试验结果

（2）群桩试验桩周土十字板强度变化

排水粉喷桩群桩试验施工后 14 d 和 28 d 时，也分别在距粉喷桩桩边 0.2 m 和 0.5 m 处进行了十字板试验。图 9-26 对比了排水粉喷桩单桩试验和群桩试验中桩周土十字板强度，图中的桩周土强度值为软土层（2～12 m）的平均值，从图中可以得到以下几点结论：①14 d 龄期时，单桩试验的桩周土十字板平均强度远没有恢复到未扰动的地基土强度，但是群桩试验的桩周土十字板平均强度已经超过了未扰动的地基土强度。②28 d 龄期时，单桩试验和群桩试验的桩周土十字板平均强度均超过了未扰动的地基土强度，但是群桩试验的桩周土十字板平均强度明显高于单桩试验。这两点可以解释为在群桩施工中，先施工的粉喷桩限制了桩周土的移动，从而减少了桩周土的扰动，另外，群桩施工引起的超静孔压叠加，增加了土体劈裂裂隙的张开时间，由裂隙排出的超静孔压量增多，桩周土强度恢复量增大。③14 d 龄期时，距桩边距离越近，桩周土的强度恢复程度越低；但是 28 d 龄期时，距桩边距离越近，桩周土的强度恢复程度越高。这是由于距桩边越近，粉喷桩施工扰动越大，强度降低越多，但是距桩边越近，超静孔压越大，裂隙闭合时间越迟，由裂隙排出的超静孔压量也越多，桩周土的强度恢复也越快。

3. 粉喷桩桩身质量

（1）单桩试验粉喷桩桩身质量

为了评价粉喷桩桩身质量，粉喷桩施工后 28～31 d 龄期时，进行了粉喷桩桩身标准贯入试验（SPT），并抽取水泥土芯样进行室内无侧限抗压强度试验。由于粉喷桩搅拌轴提出以后在桩中心留下的空洞，桩体中心 100 mm 范围内的水泥土质量不能完全代表桩体质量，因此标准贯入试验和钻芯取样位置均距桩中心 100 mm，每

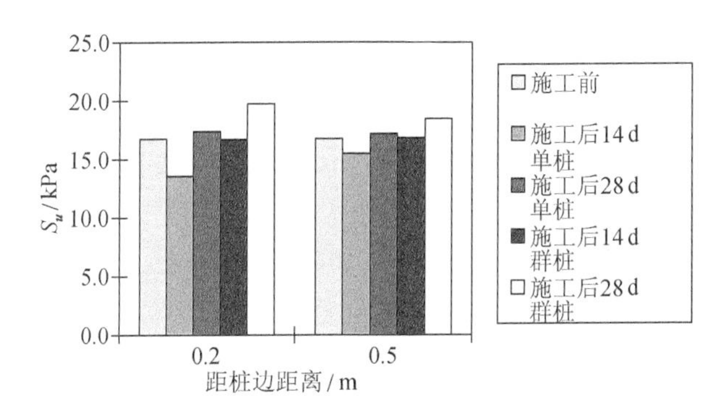

图 9-26　群桩和单桩试验中桩周土十字板强度对比

隔 1.5 m 进行一次标准贯入试验，同时在标准贯入试验之前，取原状芯样并及时进行室内无侧限抗压强度试验。

单桩试验中典型的粉喷桩桩身标准贯入试验结果如图 9-27 所示，从图中可以看出打设塑料排水板以后施工的粉喷桩（DJM＋PVD）质量明显优于常规粉喷桩（DJM），特别是深部的粉喷桩质量较常规粉喷桩明显提高。这主要是由于塑料排水板和土体裂隙组成的排水导气网络，及时排出了粉喷桩施工中的残余气体，并加速了桩周土中超静孔隙水压力的消散，从而使得粉喷桩施工时喷粉更为顺畅，旋转叶片需要克服的阻力也随之降低，提高了粉喷桩的搅拌均匀性，从而提高粉喷桩质量。

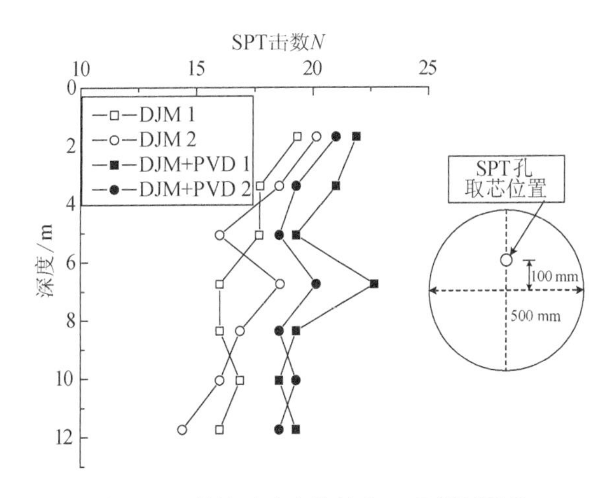

图 9-27　单桩试验中的桩身 SPT 测试结果

（2）群桩试验粉喷桩桩身质量

图 9-28 中给出了群桩试验中的粉喷桩施工后 28～31 d 龄期时粉喷桩桩身标准贯入试验(SPT)结果,标准贯入试验方法同单桩试验。从图中可以看出打设塑料排水板以后施工的粉喷桩标准贯入击数(N_{avg}=23.9)高于常规粉喷桩(N_{avg}=17.5)。这进一步说明由于塑料排水板和土体裂隙组成的排水导气网络对粉喷桩桩身质量的增强效应。图中还显示排水粉喷桩的桩身质量变异系数(COV=0.47)高于常规粉喷桩(COV=0.34),这是水泥土固有的高不均匀性所致,强度越高,离散性越大,这和 Jacobson[121]的研究结论是一致的。应该指出的是,在排水粉喷桩及常规粉喷桩复合地基的设计中应该考虑水泥土强度的这种高离散性。

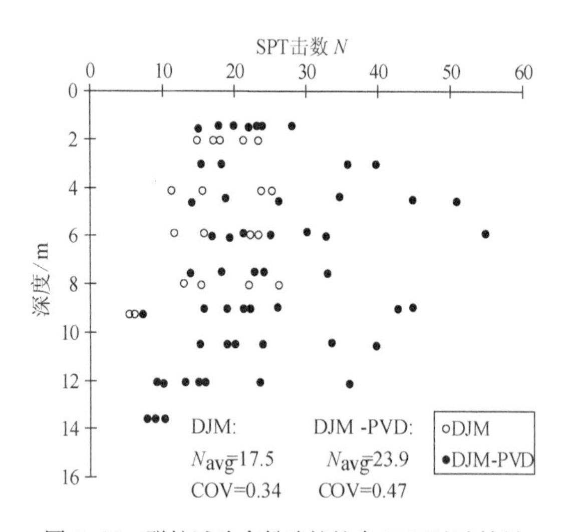

图 9-28 群桩试验中粉喷桩桩身 SPT 试验结果

4. 复合地基承载力

为了评价复合地基的整体性能,进行了 6 组粉喷桩单桩复合地基载荷试验,其中 4 组为排水粉喷桩复合地基,2 组为常规粉喷桩复合地基。试验中共采用了两种大小的载荷板:边长 1.1 m 的正方形载荷板用于常规粉喷桩复合地基载荷试验,边长 1.5 m 的正方形载荷板用于排水粉喷桩复合地基载荷试验。载荷试验信息和结果见表 9-8 所示,荷载一沉降曲线见图 9-29 所示,根据曲线性状,取 S/B=5%对应的承载力为复合地基的极限承载力,其中 S 为载荷板的平均沉降,B 为载荷板宽度。载荷试验中还测试了桩顶和桩间土的土压力,由此可以得到桩土应力比。

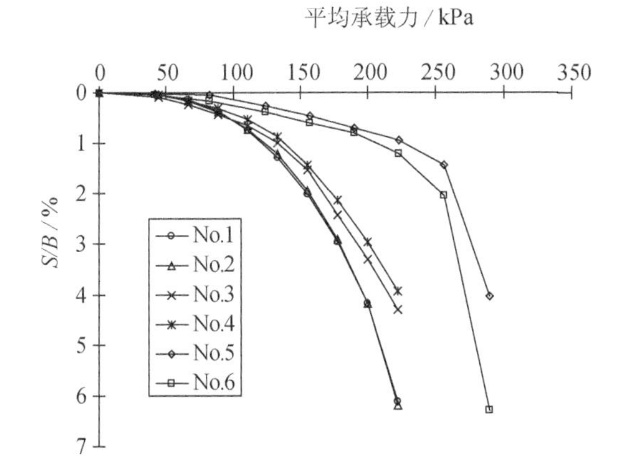

9-29　单桩复合地基载荷试验荷载—沉降曲线

根据表中实测的复合地基极限承载力，可以根据下式反算桩体的极限承载力：

$$q_f = q_{fc}m + q_{fs}(1 - m) \tag{9-20}$$

式中：q_f——复合地基极限承载力；

m——桩体面积置换率；

q_{fc}——桩体极限承载力；

q_{fs}——桩周土极限承载力，可由 Meyerhof 方法计算[122]：

$$q_{fs} = 6.2S_u \tag{9-21}$$

式中：S_u——桩周土不排水抗剪强度。

表 9-8　粉喷桩单桩复合地基载荷试验成果表

试点	桩径 /mm	桩长 /m	龄期 /d	桩间距 /m	极限承载力/kPa	最大桩土应力比	反算桩体极限承载力/kPa
试点 1(DJM-PVD)	500	13.5	29	2.2	210	6.60	1 272
试点 2(DJM-PVD)	500	13.5	33	2.2	210	6.50	1 272
试点 3(DJM-PVD)	500	11.5	78	2.2	230	6.82	1 500
试点 4(DJM-PVD)	500	11.5	91	2.2	235	6.76	1 558
试点 5(DJM)	500	11.3	175	1.5	290	7.39	1 291
试点 6(DJM)	500	11.3	182	1.5	280	7.72	1 229

根据图 9-25 中的现场实测十字板的测试结果，取排水粉喷桩桩周土强度为 17.5 kPa，常规粉喷桩桩周土强度为 15.5 kPa，根据上述方法和实际的载荷板面积计算得到桩体极限承载力见表 9-8。可以看出 175～182 d 龄期的常规粉喷桩桩

身(DJM)极限承载力和 29～33 d 的排水粉喷桩(DJM＋PVD)桩身极限承载力相当，这也表明由于塑料排水板和土体裂隙组成的排水导气网络可以提高粉喷桩桩身质量[123]。

根据上述复合地基承载力计算公式和实际的桩体面积置换率，可以计算得到实际复合地基承载力，6 个粉喷桩单桩实际复合地基承载力分别为 156 kPa、156 kPa、164 kPa、167 kPa、200 kPa 和 194 kPa。粉喷桩的桩间距从 1.5 m 增加到 2.2 m 时，可以近似减少 55％的粉喷桩数量，然而其复合地基承载力仅降低了 15％。

载荷试验测得的排水粉喷桩复合地基桩土应力比最大值较常规粉喷桩复合地基略低，这可能主要是由于桩周土中超静孔隙水压力的排出提高了桩周土抗剪强度和模量。

5. 路堤填筑监测结果

现场进行了路堤荷载下排水粉喷桩复合地基和常规粉喷桩复合地基的对比监测，监测内容包括地表路堤中心点和路肩处沉降、路堤中心线附近地表桩顶和桩间土土压力、路堤中心线下桩间土孔隙水压力和路堤坡角深层水平位移，监测仪器埋设情况见图 9-21 所示。

(1) 沉降

实测的路堤填土荷载一时间曲线和沉降一时间曲线如图 9-30 所示。每个断面监测了三个位置的沉降量，一个为地表路堤中心点，其余两个分别为左、右路肩对应地表点。由实测沉降曲线可知，尽管排水粉喷桩复合地基的桩间距(2.2 m)较常规粉喷桩复合地基桩间距(1.5 m)大得多，前者粉喷桩用量较后者减少了 55％，但是前者的沉降量仅较后者大 10％，这和前面讨论的复合地基载荷试验测试结果一致。应该指出的是，相同的时间内，由于设置了竖向排水板，排水粉喷桩复合地基的固结度较常规粉喷桩复合地基高，因此排水粉喷桩复合地基的大部分沉降量在监测期内完成，排水粉喷桩复合地基的工后沉降将会较常规粉喷桩复合地基的小。

(2) 桩土应力比

根据实测的地表处桩顶应力和桩间土应力可以计算桩土应力比(桩顶应力和桩间土应力的比值)，其结果见图 9-31 所示。桩土应力比是反映复合地基性能的最主要参数，它可以用来评价桩土荷载分担情况。Han 等[113]指出桩土应力比与桩土模量比、荷载大小、时间、桩间距以及基础刚度等影响有关。

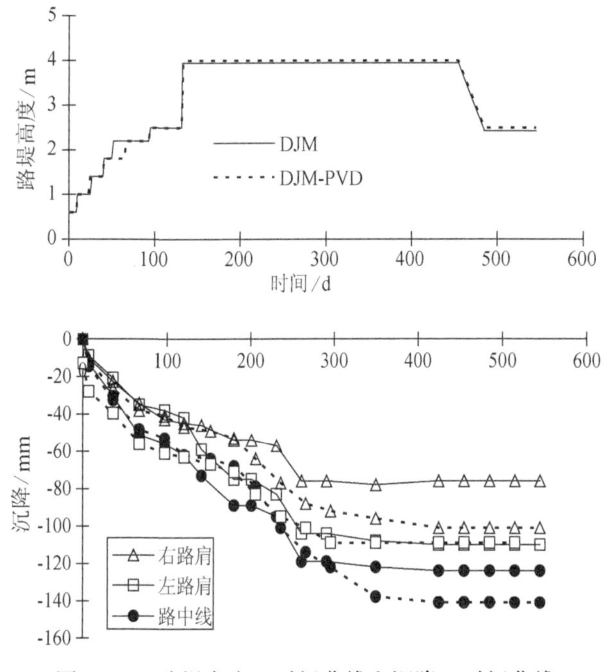

图 9-30　路堤高度—时间曲线和沉降—时间曲线

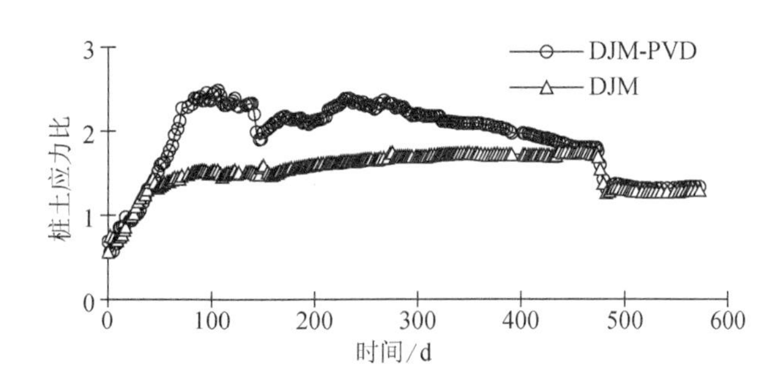

图 9-31　路堤荷载下实测的桩土应力比

从图 9-31 中可知：①起始时的桩土应力比小于 1.0，随后随路堤荷载的增加而增大，卸载时桩土应力也随之下跌。这是由于加荷瞬间，桩间土可以认为是不排水的，其不排水模量较桩体模量高，桩间土较桩体承担了更多的荷载，因此起始时的桩土应力比小于 1.0。②排水粉喷桩复合地基的桩土应力比较常规粉喷桩复合地基高，这可能是由于前者的桩间距较后者大的缘故。排水粉喷桩复合地基的桩间距大，则桩土差异沉降也大，因此更多的荷载传递给了桩体，但是当桩体承担的荷载较大时，桩体变形较桩间土快，此时桩体承担的荷载会反向传递给桩间土，图中也反映了这种桩体荷载转移给桩间土的情况。③路堤荷载下实测的桩体应力比较载荷试验中实测的桩土应力比小得多，这是由于基础刚度差异的缘故，基础刚度(如路堤荷载)较小时，桩土应力比也较小。

(3) 深层水平位移

采用测斜仪监测了路堤坡角下的深层水平位移，测试结果如图 9-32 所示。实测的排水粉喷桩复合地基水平位移略大于常规粉喷桩复合地基，这主要是由于排水粉喷桩复合地基的桩间距较常规粉喷桩复合地基的桩间距大得多的缘故。另外，结合图 9-30 可知，尽管路堤填筑速率较快，但是两种工况下的水平位移均很小，最大的深层水平位移仅为 25 mm。从图中也还可以看到监测后期，两种工况下的水平位移均发生回缩，这可能和桩土荷载转移有关[113-114]，桩间土承担的荷载转移给了桩体，因此其水平位移也随之减少。

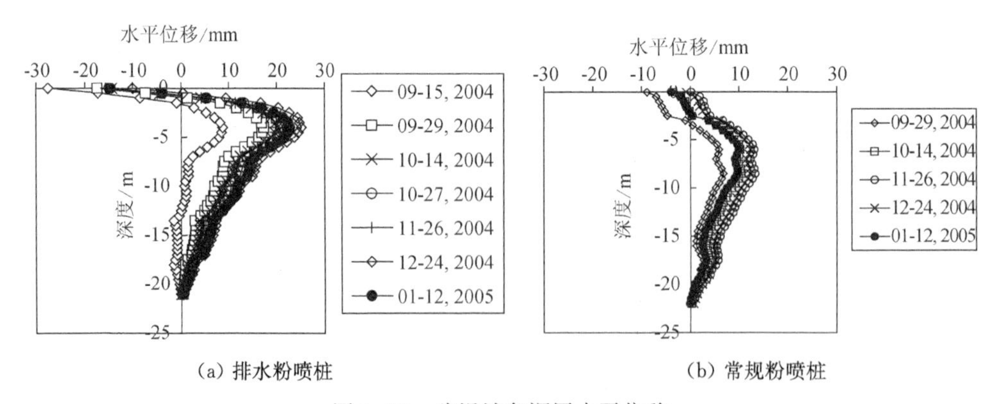

(a) 排水粉喷桩　　(b) 常规粉喷桩

图 9-32　路堤坡角深层水平位移

(4) 超静孔隙水压力

路堤中心线下不同深度处实测的超静孔压随时间变化曲线如图 9-33 所示。从图中可以得到以下几点结论：①路堤填筑期内，超静孔压随路堤荷载的增加而增大，然后随之消散。②排水粉喷桩桩间土内的超静孔隙水压力较常规粉喷桩工况低，且其消散速率也较常规粉喷桩工况快。③路堤填筑结束时，两种工况下均为 7.5 m 深度处的超静孔隙水压力最大；10.5 m 深度处的超静孔隙水压力消散速度最慢。④复合地基内的超静孔隙水压力消散速率均较快，因此累积的超静孔隙水压力并不高。

上述现场试验分析总结表明，排水粉喷桩复合地基具有下列优点：

(1) 利用排水板的排水排气作用，增强粉喷桩的搅拌均匀性和喷灰均匀性，明显提高了桩身强度。

(2)充分利用粉喷桩施工高压空气产生的侧向压力，向排水板挤压排水，提高

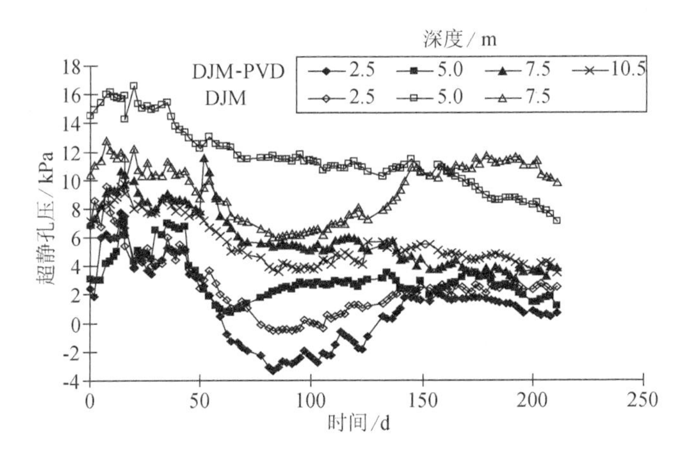

图 9-33　路堤荷载下实测的超静孔隙水压力

了桩周土的强度。

(3) 利用粉喷桩施工时的扩张作用，产生劈裂，增大桩周土的渗透性，加快了复合地基固结。

(4) 由于排水板的排水排气作用，减少了喷头周边围压，可使粉喷桩有效施工深度加大至 20 m 以上。

(5) 由于桩身和桩周土强度的提高，可较大幅度加大粉喷桩间距，且施工简单，大大节省工程投资。

因此，排水粉喷桩复合地基技术在高含水量软土地基处理工程中具有广阔的推广应用前景。

参考文献

[1] 龚晓南. 高等级公路地基处理设计指南[M]. 北京:人民交通出版社,2005.

[2] 龚晓南. 地基处理技术发展与展望[M]. 北京:中国水利水电出版社,知识产权出版社,2004:13-34.

[3] Göran Holm. State of Practice in Dry Deep Mixing Methods[C]// The 3rd International Specialty Conference on Grouting and Ground Treatment. ASCE Geotechnical Special Publication, 2003: 145-163.

[4] Masaaki Terashi. The State of Practice in Deep Mixing Methods[C]// The 3rd International Specialty Conference on Grouting and Ground Treatment. ASCE Geotechnical Special Publication, 2003: 25-49.

[5] 建筑地基处理技术规范(JGJ 79—2012)[S]. 北京:中国建筑工业出版社,2012.

[6] 复合地基技术规范(GB/T 50783—2012)[S]. 北京:中国建筑工业出版社,2012.

[7] 喷射搅拌工法研究会. 粉体喷射搅拌工法(Dry Jet Mixing)[S]. 1993.

[8] 刘松玉,钱国超,章定文. 粉喷桩复合地基理论与工程应用[M]. 北京:中国建筑工业出版社,2006.

[9] Songyu Liu, Roman D Hryciw. Evaluation and Quality Control of Dry-Jet-Mixed Clay Soil-Cement Columns by Standard Penetration Test[J]. Journal of the Transportation Research Board, 2003(1849):47-52.

[10] 刘松玉,洪振舜,陈蕾,等. 粉湿喷桩加固软土地基的选择方法研究[C]. 中国建筑学会地基基础分会 2006 年学术年会论文集:242-248.

[11] S Y Liu, Z S Hong, L Chen, et al. Difference in Behaviour between Dry Jet Mixing and Deep Wet Mixing for Soft Ground Improvement[C]. Proceedings of the International Symposium on Lowland Technology, Saga, Japan, September 14-16,2006:109-114.

[12] S Y Liu, D W Zhang, Z B Liu, et al. Assessment of Unconfined Compressive Strength of Cement Stabilized Marine clay[J]. Marine Georesources and Geotechnology, 2008, 26(1):19-35.

[13] 曹名葆. 水泥土搅拌法处理地基[M]. 北京:机械工业出版社,2004.

[14] 龚晓南主编. 地基处理手册[M]. 3 版. 北京:中国建筑工业出版社,2008.

[15] Coastal Development Institute of Technology(CDIT). The Deep Mixing Method: Principle, Design and Construction[M]. The Netherlands: A. A. Balkema Publishers, 2002.

[16] Klaus Kirsch, Alan Bell. Ground Improvement[M]. 3rd ed. Boca Raton, Fla.: CRC Press, 2013.

[17] 薛殿基.粉喷桩设计与施工[M].郑州:河南科学技术出版社,1997:87-89.

[18] 公路软土地基路堤设计与施工技术细则(JTG/T D31-02—2013)[S].北京:人民交通出版社,2013.

[19] 粉体喷搅法加固软弱土层技术规范(TB 10113—96)[S].

[20] 软土地基深层搅拌加固法技术规程(YBJ 225—91)[S].

[21] Ali Porbaha, Kouki Zen and Masaki Kobayashi. Deep Mixing Technology for Liquefaction Mitigation[J]. Journal of Infrastructure Systems, 1999, 5(1): 21-34.

[22] Masashi Kamon. Effect of Grouting and DMM on Big Construction Projects in Japan and the 1995 Hyogoken-Nambu Earthquake[A]. Proceedings of IS-TOYKO'96/ The Second International Conference on Ground Improvement Geosystems/ TOYKO/ 14 - 17 May 1996: 807-823.

[23] S K Mohanty. Solidification/Stabilization[R]. University of Hawaii at Manoa, December 29, 2004.

[24] A Al-Tabbaa. State of Practice Report: Stabilisation/Solidification of Contaminated Materials with Wet Deep Soil Mixing[R]. International Conference on Deep Mixing-Best Practice and Recent Advances, May, Stockholm, Published by Swedish Deep Stabilisation Research Centre, 2005, 2: 697-731.

[25] U S Environmental Protection Agency. Innovative Treatment Technologies for Site Cleanup: Annual Status Report[R]. (EPA 542-R-07-012. 12th Edition) September, 2007.

[26] Office of Solid Waste and Emergency Response (5102G). Environmental Protection Agency, U. S. Solidification/Stabilization Used at Superfund Sites[R]. EPA-542-R-00-010. September, 2000

[27] United Kingdom Environment Agency (UK EA). Review of Scientific Literature on the Use of Stabilization/Solidification for the Treatment of Contaminated Soil, Solid Waste and Sludge[R]. Environment Agency, Aztec West, Bristol, 2004.

[28] A Mollah, M Yousuf, K Vempati, et al. The Interfacial Chemistry of Solidification/Stabili Zation of Metals in Cement and Pozzolanic Material Systems[J]. Waste Management, 1995, 15(2): 137-148.

[29] S Glendinning, C D Rogers, D I Boardman. Lime Stabilization of Inorganic Contaminants in Clays, Contaminated Land and Groundwater: Future Directions[J]. Engineering Geology, 1998, 14: 19-28.

[30] Nenad Jelisic, Mikko Leppanen. Mass Stabilization of Organic Soils and Soft Clay[M]. Geotechnical Special Publication, No 120, 2003: 552-561.

[31] J Gunther, G Holm, G Westberg, et al. Modified dry mixing (MDM) : A New Possibility in Deep Mixing[C]. Geotechnical Engineering for Transportation, 2004: 1375-1384.

[32] 李茂坤,钱力航,何星华,等. 一种新的水泥土地下连续墙施工方法——TRD 工法[J]. 建筑科学, 1998, 14(5): 47-49.

[33] 安国明，宋松霞. 横向连续切削式地下连续墙工法——TRD工法[J]. 施工技术，2005（增）：278-282.

[34] 赵峰，倪锦初，刘立新. "TRD"工法在堤防工程中的应用研究[J]. 人民长江，2000，31(6)：23-27.

[35] Jeffrey C Evans. The TRD Method: Slag-cement Materials for in Situ Mixed Vertical Barriers[C]. Proceedings of Sessions of Geo-Denver 2007 Congress: Soil Improvement, 2007.

[36] 江苏省工程建设标准. 劲性复合桩技术规程(DGJ 32/TJ151—2013)[S].

[37] 徐超，叶观宝，姜竹生，等. 基于现场监测的软土地基联合处理机理研究[J]. 岩土工程学报，2006，28(7)：918-921.

[38] R Fiorotto, M Schöpf, E Stötzer. Cutter soil mixing (CSM)—An Innovation in Soil Mixing for Creating Cut-off and Retaining Walls[C]. International Conference on Deep Mixing: Best Practice and Recent Advances. Swedish Deep Stabilization Research Centre, Proceedings, 2005.

[39] R Fiorotto, M Schöpf, E Stötzer. Cutter Soil Mixing (CSM)[C]. International Conference on Deep Mixing: Proceedings, 2005.

[40] M Stocker, A Seidel. Twenty-Seven Years of Soil Mixing in Germany[C]. International-Conference on Deep Mixing: Proceedings, 2005.

[41] 刘松玉，储海岩，宫能和，等. 双向水泥土搅拌桩机：中国，CN200410065861.4[P]. 2005-06-29.

[42] 刘松玉，储海岩，宫能和，等. 双向搅拌桩的成桩操作方法：中国，CN200410065862.9[P]. 2006-09-13.

[43] 刘松玉，席培胜，储海岩，等. 双向水泥土搅拌桩加固软土地基试验研究[J]. 岩土力学，2007，28(3)：560-564.

[44] 席培胜，宫能和，储海岩，等. 双向搅拌桩加固软土地基应用研究[J]. 施工技术，2007，36(1)：5-8.

[45] 刘松玉，易耀林，朱志铎. 双向搅拌桩加固高速公路软土地基现场对比试验研究[J]. 岩石力学与工程学报，2008，27(11)：2272-2280.

[46] 席培胜. 变截面水泥土双向搅拌桩技术及承载特性研究[D]. 南京：东南大学，2007.

[47] Shui-Long Shen, Norihiko Miura, Jie Han, et al. Evaluation of Property Changes in Surrounding Clays due to Installation of Deep Mixing Columns[M]// L F Johnsen, D A Bruce, M J Byle. Grouting and Ground Treatment. Geotechnical Special Publication No. 120. ASCE Press-New Orleans, February, 2003.

[48] N Miura, S L Shen, K Koga, et al. Strengthen Change of the Clay in the Vicinity of Soil Cement Column[J]. J. of Geoteh. Engrg., JSCE, 1998, 596/Ⅲ-43：209-221.

[49] M F Randolph, J P Carter, C P Wroth. Driven Piles in Clay—the Effects of Installation and Subsequent Consolidation[J]. Geotechnique, 1979, 29(4)：361-393.

[50] 顾明芬. 基于电阻率特征的水泥土损伤模型初步研究[D]. 南京：东南大学，2005.

[51] 刘松玉,韩立华,杜延军. 水泥土的电阻率特性与应用探讨[J]. 岩土工程学报,2006,28(11):1921-1926.

[52] Liu Songyu, Du Yanjun, Han Lihua, et al. Experimental Study on the Electrical Resistivity of Soil-cement Admixtures[J]. Environmental Geology, 2008, 54(6): 1227-1233.

[53] K Komine. Evaluation of Chemical Grouted Soil by Electrical Resistivity[J]. Ground Improvement, 1997, 1(2): 101-113.

[54] G E Archie. The Electric Resistivity Log as Aid in Determining Some Reservoir Characteristics[J]. Trans., American Institute of Mining, Metallurgical and Petroleum Engineers, 1942, 146:54-61.

[55] G Keller, F Frischknecht. Electrical Methods in Geophysical Prospecting[M]. New York: Pergamom Press, 1966.

[56] M H Waxman, L J M Smits. Electrical Conductivity in Oil-bearing Shaly Sands[J]. Society of Petroleum Engineers Journal, 1968, 8(2):1577-1584.

[57] K Arulanandan, K K Muraleetharan. Level Ground Soil Liquefaction Analysis Using in Situ Properties, Part I [J]. J. Geotech. Engrg. Div., ASCE, 1988, 114(7):771-790.

[58] K Arulanandan. Dielectric Method for Prediction of Porosity of Saturated Soil [J]. Journal of Geotechnical Engineering, 1991, 117(2):319-326.

[59] S Zeyad, Abu-Hassanein. Electrical Resistivity of Compacted Clays [J]. Journal of Geotechnical Engineering, 1996, 122(5): 397-406.

[60] Liu Songyu, Zhang Dingwen, Zhu Zhiduo. On the Uniformity of Deep Mixed Soil-cement Columns with Electrical Resistivity Method[J]. ASCE Geotechnical Special Publication, 2009(188): 140-149.

[61] Zhang Dingwen, Chen Lei, Liu Songyu. Key Parameters Controlling Electrical Resistivity and Strength of Cement Treated Soils[J]. Journal of Central South University, 2012, 19(10): 2991-2998.

[62] Zhang Dingwen, Cao Zhiguo, Fan Libin, et al. Evaluation of the Influence of Salt Concentration on Cement Stabilized Clay by Electrical Resistivity Measurement Method[J]. Engineering Geology, 2014, 170 (20):80-88.

[63] 易耀林, 刘松玉. 路堤下双向水泥土搅拌桩复合地基工作性状[J]. 华中科技大学学报(自然科学版), 2009, 37(8): 103-107.

[64] 黄绍铭,高大钊. 软土地基与地下工程[M]. 2 版. 北京:中国建筑工业出版社,2005.

[65] 徐永福. 粉体搅拌桩下沉原因分析及其对策[J]. 建筑技术,2000, 31(3): 171-172.

[66] 徐永福,王驰,黄铭,等. 湿喷桩施工中饱和粉土的触变性研究[J]. 岩土工程学报,2013,35(10):1784-1789.

[67] S Larsson. State of Practice Report—Execution, Monitoring and Quality Control[C]. International Conference on Deep Mixing, Stockholm, Sweden, 2005:65-106.

[68] Shen Shuilong, Norihiko Miura, Hirofumi Koga. Interaction Mechanism Between Deep

Mixing Column and Surrounding Clay During Installation[J]. Canadian Geotechnical Journal, 2003, 40(2): 293-307.
[69] 刘吉福. 路堤下复合地基桩、土应力比分析[J]. 岩石力学与工程学报, 2003, 22(4): 674-677.
[70] 周龙翔, 童华炜, 王梦恕. 复合地基褥垫层的作用及其最小厚度的确定[J]. 岩土工程学报, 2005, 27(7): 841-843.
[71] D T Bergado, P Noppadol, G A Lorenzo. Bearing and Compression Mechanism of DMM Pile Supporting Reinforced Bridge Approach Embankment on Soft and Subsiding ground [C]. 16th International Conference on Soil Mechanics and Geotechnical Engineering. Osaka, Japan, 2005: 1149-1153.
[72] J Han, M A Gabr. Numerical Analysis of Geosynthetic-reinforced and Pile-supported Earth Platforms Over Soft Soil[J]. Journal of Geotechnical and Geoenvironmental Engineering, 2002, 128(1): 44-53.
[73] Shen Shuilong, Chai, Miura. Stress Distribution in Composite Ground of Column-Slab System under Road Pavement[C]. Proc. First Asian-Pacific Congress on Computational Mechanics, Elsevier Science Ltd., 2001: 485-490.
[74] 刘松玉, 宫能和, 冯锦林, 等. 钉形水泥土搅拌桩操作方法: 中国, ZL 200410065863. 3 [P]. 2007.
[75] 刘松玉, 储海岩, 宫能和, 等. 多功能自动扩径钻头: 中国, ZL 20052 0077017. 3[P]. 2007.
[76] 江苏省高速公路建设指挥部, 东南大学交通学院. 钉形与双向水泥土搅拌桩加固软土地基试验研究报告[R]. 南京, 2005.
[77] 朱志铎, 刘松玉, 席培胜, 等. 钉形水泥土双向搅拌桩加固软土地基的效果分析[J]. 岩土力学, 2009, 30 (7): 2064-2067.
[78] 朱志铎, 席培胜, 张八芳, 等. 路堤荷载下钉形水泥土双向搅拌桩复合地基监测分析[J]. 岩石力学与工程学报, 2007, 26 (s2): 4530-4531.
[79] Liu Songyu, Yi Yanlin, Anand J Puppala, et al. Field Investigations on Performance of T-Shaped Deep Mixed Soil Cement Column-Supported Embankments over Soft Ground [J]. Journal of Geotechnical and Geoenvironmental Engineering, 2012, 138(6): 718-727.
[80] 易耀林. 基于可持续发展的搅拌桩系列新技术与理论[D]. 南京: 东南大学, 2013.
[81] 刘松玉, 朱志铎, 席培胜, 等. 钉形搅拌桩与常规搅拌桩加固软土地基的对比研究[J]. 岩土工程学报, 2009, 31(7): 1059-1068.
[82] Yi Yaolin, Liu Songyu, Du Yanjun, et al. The T-shaped Deep Mixed Column Application in Soft Ground Improvement[C]. 4th International Conference on Grouting and Deep Mixing, New Orleans, 2012.
[83] Tsutsumi T, Chai J C, Hayashi S. Laboratory Model Test on the Behavior of Floating Column-slab Improved Soft Clayey Ground[C]. International Symposium on Lowland Technology(ISLT 2008), Busan, Korea, 2008: 325-330.

[84] 李宁,韩煊. 单桩复合地基加固机理数值试验研究[J]. 岩土力学, 1999, 20(4): 42-48.

[85] 楼晓明,房卫祥,费培芸,等. 单桩与带承台单桩荷载传递特性的比较试验[J]. 岩土力学, 2005, 26(9): 1399-1402.

[86] 龚晓南. 广义复合地基理论及工程应用[J]. 岩土工程学报,2007,29(1):1-13.

[87] 易耀林, 刘松玉, 杜延军. 路堤荷载下钉形搅拌桩复合地基附加应力扩散特性[J]. 中国公路学报, 2009, 22(5): 8-14.

[88] Yi Yaolin, Liu Songyu, Zhu Zhiduo, et al. Bearing Capacity Behavior of T-shaped Soil-cement Deep Mixing Column Composite Foundation[C]. Deep Mixing 2009 Okinawa Symposium International symposium on Deep Mixing and Admixture Stabilization Okinawa, Japan, 2009 May: 19-21.

[89] 易耀林,刘松玉,朱志铎. 钉形搅拌桩复合地基承载力特性[J]. 建筑结构学报, 2010,31(9): 119-125.

[90] Cai Guojun, Liu Songyu, Tong Liyuan. Stabilization Effectiveness of Treatment with T-shaped Deep-mixing Column for Low-Volume Roads[J]. Transportation Research Record, 2011(2):114-119.

[91] 谢康和. 双层地基一维固结理论与应用[J]. 岩土工程学报,1994, 16(5): 24-35.

[92] 谢康和,潘秋元. 变荷载下任意层地基一维固结理论[J]. 岩土工程学报,1995, 17(5): 80-85.

[93] K Terzaghi. Stress Distribution in Dry and in Saturated Sand Above a Yielding Trapdoor [C]. Proceedings of 1st Internatinal Conference on Soil Mechanics and Foundation Engineering, Cambridge, 1936, 1: 307-311.

[94] P J Naughton. The Significance of Critical Height in the Design of Piled Embankments [C]. Geo-Denver 2007: New Peaks in Geotechnics, ASCE Geotechnical Special Publication No. 172, CD-ROM.

[95] B Indraratna, A S Balasubramaniam, P Phamvan, et al. Development of Negative Skin Friction on Driven Piles in Soft Bangkok Clay[J]. Canadian Geotechnical Journal, 1992, 29(3): 393-404.

[96] Chai Jinchun, N Miura, Shen Shuilong. Performance of Embankments with and Without Reinforcement on Soft Subsoil [J]. Canadian Geotechnical Journal, 2002, 39(4): 838-848.

[97] Liu Han Long, Fei Kang. Performance of a Geogrid-reinforced and Pile-supported Highway Embankment over Soft Clay: Case Study[J]. Journal of Geotechnical and Geoenvironmental Engineering, 2007, 133(12): 1483-1493.

[98] 刘松玉,杜广印,洪振舜,等. 排水粉喷桩加固软土地基(2D 工法)的试验研究[J]. 岩土工程学报,2005,27(8):869-875.

[99] Liu Songyu, Han Jie, Zhang Dingwen, et al. A combined DJM-PVD Method for Soft Ground Improvement[J]. Geosynthetics International, 2008, 15(1):43-54.

[100] Liu Songyu, Wu Yankai, Hong Zhenshun, et al. DJM-PVD Combined Method Innovation and Practice in Soft Ground Improvement[C]. Proceedings of International Conference on Deep Mixing (Deep Mixing 05), Stockholm, Sweden, 2005:477-486.

[101] T C King. Mechanism of Pneumatic Fracturing[D]. New Jersey: New Jersey Institute of Technology, 1993.

[102] K R Massarsch. New Aspects of Soil Fracturing in Clay[J]. Journal of the Geotechnical Engineering Division, ASCE, 1978, 104(8): 1109-1123.

[103] S Larsson, H Stille, L Olsson. On Horizontal Variability in Lime-cement Columns in Deep Mixing[J]. Géotechnique, 2005, 55(1): 33-44.

[104] 沈水龙,许烨霜,常礼安.深层搅拌桩周围土体劈裂的研究与分析[J].岩土力学,2006,27(3):378-382.

[105] 吴燕开.排水粉喷桩(2D工法)加固软土地基原理与应用研究[D].南京:东南大学,2005.

[106] 章定文.软土地基上高速公路扩建工程变形特性研究[D].南京:东南大学,2004.

[107] 杜广印,吴燕开,刘松玉.排水粉喷桩(2D工法)加固软土地基对桩周土体强度的影响[J].工程地质学报,2006,14(1):122-126.

[108] 刘松玉,章定文,吴燕开,等.排水粉喷桩(2D工法)中粉喷桩成桩质量试验研究[J].工程地质学报,2006,14(4):542-546.

[109] Zhang Dingwen, Liu Songyu. An Innovation Method in Dry Jet Mixing for Improvement of Column Quality in Deeper Layers[C]. TRB 2007Annual Meeting, 2007:1-23.

[110] FHWA-SA-97-086R. Ground Improvement Technique Sammaries[R]. Federal Highway Administration, U. S. Department of Transportation, 1998.

[111] 谢康和,曾国熙.等应变条件下的砂井地基固结解析理论[J].岩土工程学报,1989,11(2):3-17.

[112] Xie K H ,Gao P, Xie X Y. Consolidation Theory for Soft Clays Reinforced by Cement or Granular Columns[C]. Computer Method and Advances in Geomechanics, 2001, Rotterdam: Balkema , 1263-1268.

[113] Han Jie, Ye Shulin. Simplified Method for Consolidation Rate of Stone Column Reinforced Foundation[J]. Journal of Geotechnical and Geoenvironmental Engineering, ASCE, 2001, 127(7): 597-603.

[114] 郑俊杰,刘志刚,吴世明.石灰桩复合地基的固结分析[J].华中理工大学学报,2000,28(5):111-113.

[115] 陈蕾,刘松玉,洪振舜.排水粉喷桩复合地基固结计算方法的探讨[J].岩土工程学报,2006,29(2):198-203.

[116] Hart E G, Kondner R L, Boyer W C. Analysis for Partially Penetrating Sand Drains[J]. Journal of Soil Mechanics and Foundation Division, Proceedings of ASCE,1958,84(S4):1-15.

[117] Liu Songyu, Jing Fei. Settlement Prediction of Embankments with Stage Construction on

Soft Ground [J]. Chinese Journal of Geotechnical Engineering,2003, 25(2): 228-232.

[118] British Standards Institution. BS 8006-Code of Practice for Strengthened/reinforced Soils and other fills[S]. London, 1995.

[119] Euro Soil Stab. Development of Design and Construction Methods to Stabilise Soft Organic Soils: Design Guide Soft Soil Stabilization[M]. Bracknell:IHS BRE Press, 2002.

[120] 赵维炳.排水固结加固软基技术指南[M].北京:人民交通出版社,2005.

[121] J Jacobson. Factors Affecting Strength Gain in Lime-Cement Columns and Development of a Laboratory Testing Procedure[D]. Blacksburg: The Virginia Polytechnic Institute and State University, 2002.

[122] G G Meyerhof. The Ultimate Bearing Capacity of Foundations[J]. Géotechnique, 1951, 2(4): 301-331.

[123] Yu Chuang, Liu Songyu. Behavior of Soil Lateral Deformation Under Embankments[J]. Journal of Southeast University(English Edition),2005,21(1):78-81.